赢在项目开发

ASP.NET 项目开发实战密码

吴善财　编著

清华大学出版社
北　京

内 容 简 介

ASP.NET 是当今使用最为频繁的 Web 开发技术之一，一直在开发领域占据重要的地位。本书通过 12 个综合实例的实现过程，详细讲解了 ASP.NET 在实践项目中的综合运用过程，这些项目在现实应用中具有极强的代表性。第 1 章讲解了在线留言簿系统的具体实现流程；第 2 章讲解了互动媒体学习社区的具体实现流程，第 3 章讲解了物业管理系统的具体实现流程，第 4 章讲解了浪漫七夕聊天系统的具体实现流程，第 5 章讲解了叮当图书商城系统的具体实现流程，第 6 章讲解了东海地产内部交互系统的具体实现流程，第 7 章讲解了图文处理系统的具体实现流程，第 8 章讲解了综合供求信息系统的具体实现流程，第 9 章讲解了客房管理系统的具体实现流程，第 10 章讲解了典型企业网站的具体实现流程，第 11 章讲解了在线考试系统的具体实现流程，第 12 章讲解了在线 BBS 论坛系统的具体实现流程。在具体讲解每个实例时，都遵循项目的进度来讲解，从接到项目到具体开发，直到最后的调试和发布。内容循序渐进，并穿插讲解了每一步骤为什么这样做的原因，深入讲解了每个重点内容的具体细节，引领读者全面掌握 ASP.NET。

本书不但适用于 ASP.NET 的初学者，也适用于有一定 ASP.NET 基础的读者，甚至还可以作为有一定造诣的程序员的参考书。

本书封面贴有清华大学出版社防伪标签，无标签者不得销售。
版权所有，侵权必究。侵权举报电话：010-62782989 13701121933

图书在版编目(CIP)数据

ASP.NET 项目开发实战密码/吴善财编著. —北京：清华大学出版社，2016 (2017.7重印)
(赢在项目开发)
ISBN 978-7-302-42513-7

Ⅰ. ①A… Ⅱ. ①吴… Ⅲ. ①网页制作工具—程序设计 Ⅳ. ①TP393.092

中国版本图书馆 CIP 数据核字(2015)第 299979 号

责任编辑：魏　莹　李玉萍
封面设计：杨玉兰
责任校对：王　晖
责任印制：宋　林

出版发行：清华大学出版社
　　　　网　　址：http://www.tup.com.cn, http://www.wqbook.com
　　　　地　　址：北京清华大学学研大厦 A 座　　邮　编：100084
　　　　社 总 机：010-62770175　　　　　　　　邮　购：010-62786544
　　　　投稿与读者服务：010-62776969, c-service@tup.tsinghua.edu.cn
　　　　质量反馈：010-62772015, zhiliang@tup.tsinghua.edu.cn
　　　　课件下载：http://www.tup.com.cn, 010-62791865

印 刷 者：清华大学印刷厂
装 订 者：北京市密云县京文制本装订厂
经　　销：全国新华书店
开　　本：185mm×260mm　　　印　张：33.5　　　字　数：800 千字
　　　　　附 DVD 1 张
版　　次：2016 年 1 月第 1 版　　　　　　　　　印　次：2017 年 7 月第 2 次印刷
印　　数：3001～4000
定　　价：65.00 元

产品编号：061318-01

前　　言

ASP.NET 的重要性

随着 Internet 的普及，Web 开发技术得到了迅速发展，软件行业对 Web 应用程序开发人员的需求也越来越大。目前，ASP.NET 技术已被广泛应用于电子商务、电子政务、远程教育、网上资源管理等领域，成为 Web 应用开发的主流技术之一，受到广大 Web 开发人员的喜爱。ASP.NET 全面支持面向对象的设计思想，提供了一个功能强大的 Web 应用程序开发模式，使 Web 应用程序开发变得更加直观、简单和高效。在 ASP.NET 中，HTML 代码和程序功能代码分离，大大提高了 ASP.NET 页面的设计效率以及程序代码的可阅读性、可调试性与可维护性。而基于 ASP.NET 进行 Web 项目开发需要综合应用服务器脚本语言(ASP.NET)、数据库技术(如 SQL Server)和软件工程等领域的知识和技能，并且需要经过不断的项目开发实践，做到"做中学、学中做"，才能持续提升项目开发能力和对软件开发的理论认识。

本书内容

从菜鸟到高手，从学生到系统架构师，详细记录了笔者在项目开发过程中如鱼得水的经历，传授了赢在项目开发的秘籍	第 1 章介绍在线留言簿系统的运行流程，并通过实例来讲解其具体的实现过程	赢在起点，做好职业规划和项目分析
	第 2 章介绍互动媒体学习社区的运行流程，并通过实例来讲解其具体的实现过程	赢在自身，快速提升自身的开发修为
	第 3 章介绍物业管理系统的运行流程，并通过实例来讲解其具体的实现过程	赢在职场，修炼程序员职场秘籍
	第 4 章介绍浪漫七夕聊天系统的运行流程，并通过实例来讲解其具体的实现过程	赢在公司，探讨部门沟通之道
	第 5 章介绍如何创建一个叮当图书商城系统，实现基本的电子商务功能	赢在代码本身，体现程序开发之美
	第 6 章介绍如何创建一个东海地产内部交互系统，实现企业间不同用户群体的信息交互	赢在灵活，让程序具有更好的可扩展性
	第 7 章介绍图文处理系统的运行流程，并通过实例来讲解其具体的实现过程	赢在面向对象，实现高内聚和低耦合
	第 8 章介绍如何利用 ASP.NET 快速开发一个综合供求信息系统，讲解 ASP.NET 技术在供求网站中的重要作用	赢在技术，通过可移植性实现跨平台
	第 9 章通过 ASP.NET 实现一个客房管理系统，讲解其具体实现过程，并剖析其技术核心和实现技巧	赢在高质量，提高程序的健壮性
	第 10 章介绍现实应用中典型企业网站的构建方法，并对企业网站的构建流程进行详细阐述	赢在管理，运转一个健步如飞的团队
	第 11 章通过 ASP.NET 实现一个在线考试系统，讲解其具体实现过程，并剖析其技术核心和实现技巧	赢在技术沉淀，使用计算机中的算法技术
	第 12 章介绍在线 BBS 论坛系统的构建方法，对网站的构建流程进行详细阐述	赢在架构，打造一个美丽的架构

读者服务

为方便读者解决学习过程中遇到的疑难问题,本书的编写团队特为广大读者提供了丰富的学习资源:

- 配书光盘——书中各开发项目的源代码和语音视频讲解。
- 网络下载资源——配套各章学习的电子书以及海量论文资料。

我们还特别开通了读者学习 QQ 群,群号是 105621466,欢迎广大读者加入本群,一起讨论并分享学习开发过程中的点点滴滴。

致谢

本书的主要编写人员有陈强、李佐彬、李淑芳、蒋凯、王梦、王书鹏、张子言、张建敏、陈德春、李藏、关立勋、秦雪薇、薛多鸯、李强、刘海洋、唐凯、吴善财、王石磊、席国庆、张家春、扶松柏、杨靖宇、王东华、罗红仙、曹文龙、胡郁、孙宇、于洋、李冬艳、代林峰、谭贞军、张玲玲、朱桂英、徐璐、徐娜子。

在编写本书的过程中,我们始终本着科学、严谨的态度,力求精益求精,但错误、疏漏之处在所难免,敬请广大读者批评指正。

最后感谢您购买本书,希望本书能成为您编程路上的领航者。祝您读书快乐!

编　者

目　　录

第 1 章　在线留言簿系统 ... 1

1.1　赢在起点 ... 2
- 1.1.1　赢在起点——程序员的职业规划 ... 2
- 1.1.2　赢在起点——做好项目分析 ... 2

1.2　项目开发流程分析 ... 4
- 1.2.1　了解使用流程 ... 4
- 1.2.2　规划开发流程 ... 4

1.3　系统分析 ... 5
- 1.3.1　系统功能分析 ... 5
- 1.3.2　模块结构规划 ... 6
- 1.3.3　规划系统文件 ... 6
- 1.3.4　选择开发工具 ... 7

1.4　系统配置文件 ... 7
- 1.4.1　新建网站项目 ... 7
- 1.4.2　配置系统文件 ... 8

1.5　搭建数据库平台 ... 9
- 1.5.1　数据库设计 ... 9
- 1.5.2　数据库访问层设计 ... 10

1.6　设置样式文件 ... 16
- 1.6.1　设置按钮元素样式 ... 17
- 1.6.2　设置页面元素样式 ... 17

1.7　留言数据显示模块 ... 18
- 1.7.1　留言列表显示页面 ... 18
- 1.7.2　留言展开回复页面 ... 23

1.8　留言分页列表显示模块 ... 24
- 1.8.1　留言分页显示页面 ... 25
- 1.8.2　分页处理页面 ... 25

1.9　留言回复模块 ... 27
- 1.9.1　留言回复表单页面 ... 27
- 1.9.2　回复数据处理页面 ... 29

1.10　留言发布模块 ... 30

1.11　留言管理模块 ... 32
- 1.11.1　留言管理列表页面 ... 32
- 1.11.2　留言删除处理页面 ... 34

1.12　测试运行 ... 35

第 2 章　互动媒体学习社区 ... 37

2.1　修炼自身 ... 38
- 2.1.1　"码农"和"高大上" ... 38
- 2.1.2　赢在自身——快速提升自身修为 ... 38

2.2　开发背景简介 ... 39

2.3　系统设计分析 ... 40
- 2.3.1　互动媒体学习社区的优势 ... 40
- 2.3.2　系统特点 ... 41
- 2.3.3　系统目标 ... 41
- 2.3.4　确定设计方案——B/S 体系结构 ... 42

2.4　需求分析 ... 42
- 2.4.1　可行性分析 ... 43
- 2.4.2　功能分析 ... 43
- 2.4.3　业务流程 ... 43

2.5　总体设计 ... 44

2.6　系统预览 ... 46

2.7　构建开发环境 ... 47

2.8　数据库设计 ... 48
- 2.8.1　概念设计 ... 48
- 2.8.2　实体 E-R 图 ... 49
- 2.8.3　逻辑设计 ... 50

2.9　文件组织结构和功能模块设计 ... 53
- 2.9.1　文件组织结构设计 ... 53
- 2.9.2　用户功能模块设计 ... 53

2.10　公共类设计 ... 56
- 2.10.1　数据库操作类设计 ... 56
- 2.10.2　业务功能类设计 ... 59

	2.11	网站首页设计	61
	2.12	实现用户注册模块	64
		2.12.1 login.aspx 页面部分代码分析	64
		2.12.2 用户登录设计	65
	2.13	发布并管理教程	67
		2.13.1 发布教程	68
		2.13.2 查看教程页设计	70
	2.14	后台管理页面设计	72
		2.14.1 用户管理页面	72
		2.14.2 视频管理页面	73
	2.15	系统测试	74

第 3 章 物业管理系统 … 77

- 3.1 程序员职场生存秘籍 … 78
  - 3.1.1 国内程序员的生存现状 … 78
  - 3.1.2 赢在职场——入职需谨慎 … 78
- 3.2 系统分析 … 79
  - 3.2.1 系统背景介绍 … 80
  - 3.2.2 系统需求分析 … 80
- 3.3 系统设计 … 81
  - 3.3.1 系统目标 … 81
  - 3.3.2 系统功能结构 … 81
  - 3.3.3 业务流程图 … 82
  - 3.3.4 构建开发环境 … 83
- 3.4 编写可行性研究报告及项目计划书 … 83
  - 3.4.1 编写可行性研究报告 … 83
  - 3.4.2 编写项目计划书 … 85
- 3.5 系统预览 … 86
- 3.6 数据库设计 … 87
  - 3.6.1 数据库概念设计 … 87
  - 3.6.2 数据库逻辑结构设计 … 89
- 3.7 设计公共类 … 91
- 3.8 设计网站首页 … 91
  - 3.8.1 网站首页技术分析 … 92
  - 3.8.2 网站首页实现过程 … 93
- 3.9 欠费信息查询页 … 95
  - 3.9.1 欠费信息查技术分析 … 96
  - 3.9.2 欠费信息查询页实现过程 … 96
- 3.10 管理员登录页设计 … 99
  - 3.10.1 管理员登录页技术分析 … 100
  - 3.10.2 管理员登录页实现过程 … 100
- 3.11 设计值班员工页 … 102
  - 3.11.1 值班员工页实现过程 … 102
  - 3.11.2 编写实现代码 … 103
- 3.12 设计业主住房信息管理页 … 104
  - 3.12.1 业主住房信息管理页实现过程 … 104
  - 3.12.2 编写实现代码 … 105
- 3.13 业主投诉信息审核页设计 … 106
  - 3.13.1 业主投诉信息审核页技术分析 … 107
  - 3.13.2 业主投诉信息审核页具体实现 … 107

第 4 章 浪漫七夕聊天系统 … 111

- 4.1 部门沟通之"钥" … 112
  - 4.1.1 开发公司部门现状 … 112
  - 4.1.2 赢在公司——探讨部门沟通之道 … 113
- 4.2 新的项目 … 114
- 4.3 项目规划分析 … 114
  - 4.3.1 在线聊天系统功能原理 … 115
  - 4.3.2 在线聊天系统构成模块 … 115
- 4.4 系统配置文件 … 116
- 4.5 搭建数据库 … 117
  - 4.5.1 数据库设计 … 117
  - 4.5.2 系统参数设置 … 117
- 4.6 数据库访问层 … 119
  - 4.6.1 数据访问层——登录验证处理 … 119
  - 4.6.2 数据访问层——聊天处理 … 121
  - 4.6.3 数据访问层——系统管理 … 124
- 4.7 设计样式文件 … 129

4.7.1　按钮元素样式 129
　　4.7.2　页面元素样式 130
4.8　用户登录验证模块 131
　　4.8.1　用户登录表单页面 131
　　4.8.2　登录验证处理页面 132
4.9　系统主界面 133
　　4.9.1　在线聊天页面 134
　　4.9.2　在线聊天处理页面 134
4.10　新增功能 137
　　4.10.1　修改数据库——
　　　　　　添加 Chat 表 137
　　4.10.2　修改数据访问层——聊天室
　　　　　　房间处理 137
4.11　聊天室显示界面 139
　　4.11.1　聊天室列表显示页面 139
　　4.11.2　聊天室列表处理页面 139
4.12　聊天室管理界面 141
　　4.12.1　聊天室添加模块 141
　　4.12.2　聊天室列表模块 143
　　4.12.3　聊天室修改模块 145
4.13　项目调试 147

第5章　叮当图书商城系统 151

5.1　体验代码之美 152
　　5.1.1　程序员经常忽视的问题 152
　　5.1.2　赢在代码本身——
　　　　　　体现程序之美 152
5.2　新的项目 153
5.3　项目规划分析 154
　　5.3.1　电子商务的简要介绍 154
　　5.3.2　在线商城系统构成模块 155
5.4　规划项目文件 156
5.5　系统配置文件 157
5.6　搭建数据库 158
　　5.6.1　数据库设计 158
　　5.6.2　系统参数设置文件 161
5.7　数据访问层 162

　　5.7.1　商品显示 162
　　5.7.2　订单处理 167
　　5.7.3　商品评论 175
　　5.7.4　商品分类 177
　　5.7.5　商品管理 183
5.8　商品显示模块 185
　　5.8.1　系统主页 185
　　5.8.2　顶部导航页面 185
　　5.8.3　左侧类别列表页面 186
　　5.8.4　右侧商品列表页面 186
　　5.8.5　按被点击次数显示模块 187
　　5.8.6　按商品名称显示模块 189
　　5.8.7　商品详情显示模块 191
5.9　商品分类处理模块 193
　　5.9.1　设置分类层次结构 194
　　5.9.2　添加分类模块 196
　　5.9.3　修改分类模块 197
　　5.9.4　分类管理模块 199
5.10　商品管理模块 200
　　5.10.1　商品添加模块 201
　　5.10.2　商品修改模块 202
　　5.10.3　商品管理列表模块 203
　　5.10.4　商品图片修改模块 205
5.11　购物车模块 208
　　5.11.1　购物车组件设计模块 209
　　5.11.2　购物车商品添加模块 213
　　5.11.3　购物车查看和管理模块 214
5.12　订单处理模块 218
　　5.12.1　生成订单编号 219
　　5.12.2　提交、创建订单 220
　　5.12.3　订单详情模块 222
　　5.12.4　订单列表模块 223
　　5.12.5　订单状态处理模块 224
5.13　商品评论模块和商品搜索模块 ... 227
　　5.13.1　智能提示 227
　　5.13.2　分类检索 230
5.14　项目调试 231

第6章 东海地产内部交互系统 ... 235

6.1 软件项目的可扩展性 ... 236
6.1.1 成熟软件的完善是一个不断更新的过程 ... 236
6.1.2 赢在项目质量——让程序具有更好的可扩展性 ... 236

6.2 组建团队 ... 237

6.3 项目规划分析 ... 239
6.3.1 在线交互系统的背景 ... 239
6.3.2 企业在线交互系统构成模块 ... 239

6.4 规划项目文件 ... 240

6.5 系统配置文件 ... 241

6.6 搭建数据库 ... 242
6.6.1 数据库设计 ... 243
6.6.2 系统参数设置文件 ... 246

6.7 数据访问层 ... 247
6.7.1 数据访问层——用户登录验证 ... 247
6.7.2 数据访问层——客户分组 ... 251
6.7.3 数据访问层——团队模块 ... 256

6.8 用户登录验证模块 ... 260
6.8.1 用户登录验证模块 ... 260
6.8.2 登录用户注销模块 ... 262

6.9 客户分组处理模块 ... 263
6.9.1 用户分组添加模块 ... 263
6.9.2 用户分组修改模块 ... 264
6.9.3 用户组管理列表模块 ... 265
6.9.4 客户检索模块 ... 267
6.9.5 客户管理列表模块 ... 270
6.9.6 客户移动转换模块 ... 272
6.9.7 客户信息显示模块 ... 274

6.10 系统团队处理模块 ... 276
6.10.1 添加团队模块 ... 276
6.10.2 团队修改处理模块 ... 277
6.10.3 团队管理列表模块 ... 278
6.10.4 加入团队处理模块 ... 280

6.11 在线交互模块 ... 282
6.11.1 系统主页显示模块 ... 282
6.11.2 一对一交互处理模块 ... 284
6.11.3 团队交互处理模块 ... 286
6.11.4 文件发送模块 ... 290

6.12 项目调试 ... 296

第7章 图文处理系统 ... 299

7.1 模块化编程思想 ... 300
7.1.1 现实中的模块化编程 ... 300
7.1.2 赢在面向对象——实现高内聚和低耦合代码 ... 300

7.2 组建团队 ... 302

7.3 项目规划分析 ... 302
7.3.1 图文处理模块的功能原理 ... 303
7.3.2 图文处理系统的构成模块 ... 303

7.4 规划项目文件 ... 303

7.5 系统配置文件 ... 304
7.5.1 配置连接字符串参数 ... 304
7.5.2 配置 Ajax 服务器参数 ... 305
7.5.3 系统设置文件 ... 305

7.6 搭建数据库 ... 306

7.7 数据访问层 ... 306
7.7.1 数据访问层——定义 FileImage 类 ... 307
7.7.2 数据访问层——获取上传文件信息 ... 307
7.7.3 数据访问层——添加上传文件信息 ... 308
7.7.4 数据访问层——删除上传文件信息 ... 309

7.8 系统文件列表显示模块 ... 310
7.8.1 列表显示页面 ... 310
7.8.2 列表处理页面 ... 310

7.9 创建缩略图模块 ... 313

7.10 创建水印图模块 ... 316

7.11	文件上传处理模块	319
7.11.1	多文件上传处理模块	319
7.11.2	文件自动上传处理模块	321
7.12	项目调试	326

第 8 章 综合供求信息系统 329

- 8.1 程序的可移植性 330
  - 8.1.1 什么是可移植性 330
  - 8.1.2 C#实现跨平台的背景 330
  - 8.1.3 赢在技术——通过可移植性实现跨平台项目 331
- 8.2 新的项目 332
- 8.3 需求分析 332
  - 8.3.1 开发背景 332
  - 8.3.2 需求分析 332
- 8.4 项目规划 333
  - 8.4.1 系统目标 333
  - 8.4.2 网站功能结构 333
- 8.5 MVC 设计思想 334
  - 8.5.1 MVC 设计思想介绍 335
  - 8.5.2 MVC 设计模式的实现 335
  - 8.5.3 MVC 设计模式的扩展和优点 336
- 8.6 搭建数据库 337
  - 8.6.1 数据库 E-R 图分析 337
  - 8.6.2 数据结构表 338
- 8.7 具体编码 340
  - 8.7.1 数据层功能设计 340
  - 8.7.2 网站逻辑业务功能设计 345
  - 8.7.3 网站主页设计 351
  - 8.7.4 网站招聘信息页设计 353
  - 8.7.5 免费供求信息发布页设计 ... 356
  - 8.7.6 后台主页设计 357
  - 8.7.7 免费供求信息审核页设计 ... 358
  - 8.7.8 免费供求信息删除页设计 ... 362
- 8.8 项目调试 364
- 8.9 Visual Studio.NET 的跨平台应用 ... 366
  - 8.9.1 Mainsoft Grasshoppe 框架实现和 Java 的跨平台 366
  - 8.9.2 Mono 框架实现跨平台、跨语言 366

第 9 章 客房管理系统 369

- 9.1 提高程序的健壮性 370
  - 9.1.1 一段房贷代码引发的深思 ... 370
  - 9.1.2 赢在高质量——提高程序的健壮性 370
- 9.2 新的项目 372
- 9.3 系统需求分析 372
  - 9.3.1 系统背景介绍 373
  - 9.3.2 功能模块划分 373
- 9.4 规划和运作 374
  - 9.4.1 规划系统文件 374
  - 9.4.2 运作流程 374
- 9.5 设计数据库 375
  - 9.5.1 设计 E-R 图 375
  - 9.5.2 设计表 376
  - 9.5.3 建立和数据库的连接 378
- 9.6 设计基类 380
  - 9.6.1 PageBase 基类 381
  - 9.6.2 ModuleBase 基类 382
- 9.7 具体编码 386
  - 9.7.1 设计界面 386
  - 9.7.2 管理员登录模块 388
  - 9.7.3 客房类型管理模块 389
  - 9.7.4 客房信息管理模块 396
  - 9.7.5 客房经营管理模块 403
  - 9.7.6 经营状况分析模块 406
- 9.8 项目调试 409

第 10 章 典型企业网站 413

- 10.1 做好项目管理者 414
  - 10.1.1 软件工程师到项目经理到管理者之路 414

10.1.2 赢在管理——运转一个
　　　 健步如飞的团队....................414
10.2 新的项目..........................417
10.3 功能分析..........................417
10.4 编写项目计划书....................418
10.5 设计界面..........................419
10.6 功能模块分析......................420
10.7 数据库设计........................421
　　10.7.1 数据库需求分析..............421
　　10.7.2 数据库概念结构设计..........422
　　10.7.3 数据表结构..................423
10.8 具体编码..........................425
　　10.8.1 编写公用模块代码............426
　　10.8.2 设计界面控件................428
　　10.8.3 用户登录模块................430
　　10.8.4 新闻管理模块................431
　　10.8.5 产品管理模块................434
　　10.8.6 用户管理模块................438
10.9 项目调试..........................441

第 11 章　在线考试系统..............443

11.1 算法是程序的灵魂..................444
　　11.1.1 何谓算法....................444
　　11.1.2 赢在技术沉淀——
　　　　　 计算机中的算法.............445
　　11.1.3 赢在技术沉淀——
　　　　　 表示算法的方法.............446
11.2 背景介绍..........................448
　　11.2.1 系统开发的目的..............449
　　11.2.2 系统开发的意义..............449
11.3 可行性分析........................450
　　11.3.1 经济可行性..................450
　　11.3.2 技术可行性..................450
11.4 系统需求分析和总体设计............450
11.5 系统功能结构和运行流程分析........451
11.6 项目计划书........................452
11.7 数据库设计........................453

　　11.7.1 数据库需求分析..............453
　　11.7.2 数据库概念结构设计..........454
　　11.7.3 设计表......................455
11.8 编写公共类........................457
11.9 实现登录界面......................465
　　11.9.1 技术分析....................465
　　11.9.2 实现登录页面................466
　　11.9.3 实现考生注册页面............468
11.10 实现在线考试页面.................471
　　11.10.1 在线考试页面技术分析.......473
　　11.10.2 具体实现...................473
11.11 实现后台管理页面.................477
　　11.11.1 考试套题管理页面技术
　　　　　　分析......................478
　　11.11.2 考试套题管理页面实现
　　　　　　过程......................479
　　11.11.3 实现代码...................479
11.12 系统测试.........................482

第 12 章　在线 BBS 论坛系统.........483

12.1 走向架构师之路....................484
　　12.1.1 什么是架构师................484
　　12.1.2 赢在架构之——如何成为
　　　　　 一名架构师.................484
　　12.1.3 赢在架构之——何种架构
　　　　　 才算是一个"美丽"的
　　　　　 架构........................485
　　12.1.4 赢在架构之——如何打造
　　　　　 一个美丽的架构.............485
12.2 系统需求分析......................486
12.3 系统可行性分析....................487
　　12.3.1 经济可行性..................487
　　12.3.2 技术可行性..................487
　　12.3.3 时机可行性..................487
　　12.3.4 管理可行性..................487
　　12.3.5 角色分析....................488
12.4 系统设计..........................488

目录

- 12.4.1 系统功能结构 488
- 12.4.2 功能描述 489
- 12.4.3 业务流程图 489
- 12.4.4 网站主要数据绑定控件技术分析 490
- 12.5 项目计划书 491
- 12.6 数据库设计 492
  - 12.6.1 数据库概念设计 493
  - 12.6.2 数据库逻辑结构设计 493
- 12.7 编写公共类 494
- 12.8 实现网站首页 495
  - 12.8.1 设计思路 495
- 12.8.2 具体实现 495
- 12.9 实现用户注册信息页面 503
  - 12.9.1 设计思路 503
  - 12.9.2 核心代码 503
- 12.10 浏览帖子详情页面及回帖页面设计 515
  - 12.10.1 技术分析 516
  - 12.10.2 浏览帖子和回复帖子功能的具体编码 516
- 12.11 实现发表新帖子页面 521
  - 12.11.1 实现过程 521
  - 12.11.2 具体实现 521

第 1 章　在线留言簿系统

随着 Internet 的普及和发展，现实中对互联网的应用也越来越多，人们将更多地使用网络进行交流，而作为交流方式之一的在线留言簿系统，更是深受人们的青睐。通过在线留言簿系统，可以实现用户间信息的在线交流。本章将向读者介绍在线留言簿系统的运行流程，并通过实例来讲解其具体的实现过程。

赠送的超值电子书

001. 认识网页和网站
002. Web 技术介绍和工作原理
003. 常用 Web 开发技术
004. 常用 Web 概念
005. 介绍 Web 标准
006. ASP.NET 的作用
007. 三种必备技术
008. ASP 与 ASP.NET 之间的差异
009. ASP 程序员向 ASP.NET 程序员转换时的主要问题
010. ASP.NET 技术和新兴技术 HTML 5 的结合

1.1 赢在起点

视频讲解 光盘：视频\第 1 章\赢在起点.avi

如果你现在是一名著名的系统架构师，那么你的成长也离不开码农、软件工程师、软件架构师等职位的磨砺。国内每年都有成千上万的 IT 应届毕业生走向社会，他们从步入程序员职场的那一刻起，也曾经努力过、坚持过，但是最后奋斗在开发一线的会剩下多少呢？从开始立志成为一名优秀程序员，并开始学习程序开发的那一刻起，就要向自己的目标努力，从细节上为自己的成功做好准备。在优秀程序员的一生之中，最初的成功细节是"从起点开始就做好职业规划"。好的职业规划，能够为自己日后的学习和工作起到一个很好的指引作用。

1.1.1 赢在起点——程序员的职业规划

通常来说，程序开发人员的职业发展有如下几个选择。

(1) 专注于技术，成为技术专家或架构师。在扎实的技术基础上(高级软件工程师)，如果有比较强的抽象设计能力，又打算专注于技术开发，那么软件架构师是一个比较好的选择。

(2) 转型到技术型销售或技术支持等职位。

(3) 随着技术成长，从技术型管理到高级管理。如果性格更适合做管理，并且交际能力突出，则技术型管理应该是下一步的方向。

上述三个发展方向十分典型，绝大多数程序员也都在向这些方向的金字塔尖努力，并且这三个方向都是以技术为基础的。例如，对已经工作两年以上的程序员来说，可以有几种基本的职业规划：技术专家、软件架构师、实施顾问或销售。其中程序员最主要的发展方向是资深技术专家，无论是 C、C++、C#、Java、.NET，还是数据库领域，都要首先成为专家，然后才可能继续发展为架构师。尽管架构师的地位较高，待遇也非常好，对于科班出身的程序员最为适合，但这种工作职位非常有限。因为在国内目前的 IT 行业中，软件架构师需要具备的条件比较复杂，而且需求量也比较少，这也是我国软件行业有待成熟的因素之一。

综上所述，通过对主流程序员三种发展方向的理解，读者可以根据自身情况来规划自己的未来。

1.1.2 赢在起点——做好项目分析

很多开发者，特别是一些初级开发者在进行项目开发时，总是看到功能后就立即投入到代码编写工作中，需要什么功能就编写函数去一一实现。但是在后期调试时，总是会遇到这样或那样的错误，需要返回重新修改。好在初学者接触到的都是小项目，修改的工作量也不是很大。但是如果开发的是大型项目，那么返回修改几千行代码将会是一件很恐怖的事情。所以在求学时期，老师们都会反复强调提前进行项目规划的重要性。

第 1 章　在线留言簿系统

一个软件项目的开发主要分为 5 个阶段：需求分析阶段、设计阶段、编码阶段、测试阶段和维护阶段。其中，需求分析阶段得到的结果是其他四个阶段的基础。从以往的经验来看，需求分析中的一个小的偏差，就可能导致整个项目无法达到预期的效果，或者说最终开发出的产品不是用户所需要的。

软件需求分析阶段的任务不是确定系统怎样完成工作，而是确定系统必须完成哪些工作，也就是对目标系统提出完整、准确、清晰、具体的要求。这一阶段所做的工作包括深入描述软件的功能和性能，确定软件设计的限制和软件同其他系统的接口细节，定义软件的其他有效性要求。

在现实开发过程中，可以将软件需求分析阶段进一步分为 4 个子阶段：问题识别、分析与综合、制订规格说明和评审。这 4 个阶段的具体说明如下。

1. 问题识别

问题识别是指系统分析人员研究可行性分析报告和软件项目实施计划，确定目标系统的综合要求，并提出这些需求的实现条件，以及应达到的标准。这些需求有功能性需求和非功能性需求，具体如下。

(1) 功能需求：列举出所开发软件应具备什么功能。

(2) 性能需求：给出所开发软件的技术性能指标，如存储容量限制、运行时间限制、安全保密性要求等。

(3) 环境需求：给出软件系统运行时所处环境的要求，如硬件方面的机型、外部设备、数据通信接口，软件方面的操作系统、网络软件、数据库管理系统，使用方面的使用制度、操作人员的技术水平。

(4) 可靠性需求：对所开发软件在投入运行后不发生故障的概率，按实际的运行环境提出要求。对于重要的软件，或是运行失效会造成严重后果的软件，应提出较高的可靠性要求。

(5) 安全保密要求：应当在这方面恰当地做出规定，对所开发的软件给予特殊的设计，使其在安全保密方面的性能得到必要的保证。

(6) 用户界面需求：为用户界面细致地规定要达到的要求。

(7) 资源使用需求：给出开发的软件在运行时和开发时所需要的各种资源。

(8) 软件成本消耗与开发进度需求：在软件项目立项后，要根据合同规定，对软件开发的进度和各步骤的费用提出要求，作为开发管理的依据。

(9) 开发目标需求：预先估计系统可能达到的目标，这样可以比较容易地对系统进行必要的补充和修改。

除了明确以上需求外，问题识别的另一个工作是建立分析所需要的通信途径，以保证能顺利地对问题进行分析。

2. 分析与综合

分析与综合的目标是给出目标系统的详细逻辑模型。在此阶段，分析和综合工作需反复地进行。

3．制订规格说明

这一阶段需要编制需求分析文档(又称为软件需求规格说明书)。此外，还要制订数据要求说明书，并编写初步的用户手册。

4．评审

评审是需求分析阶段的最后一步，要求对系统功能的正确性、完整性和清晰性，以及其他需求，给予评价。

1.2 项目开发流程分析

视频讲解　光盘：视频\第 1 章\项目开发流程分析.avi

本章介绍的在线留言簿系统的客户是一家小型IT产品零售店，系统使用ASP.NET+Ajax技术实现。在讲解本项目的具体实现过程之前，首先讲解本项目的具体开发流程。

1.2.1 了解使用流程

程序员在开发一个应用系统之前，需要彻底弄清这个应用系统的使用过程和必备的具体功能。几乎所有的程序员都知道这一点，但是绝大多数开发者对此都不重视，认为太基本、太简单和太理所当然。在此提醒广大读者，一定要重视市场调研工作。因为市场的发展是瞬息万变的，一夜之间可能会诞生很多新奇好用的应用。

为此，在开发留言簿系统之前，需要先在网上浏览相关最新版本的留言系统，并尝试着发布几条留言信息，这样可以彻底了解在线留言簿系统的运作流程。典型在线留言簿系统的界面效果如图 1-1 所示。

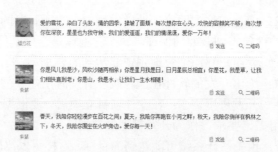

图 1-1　在线留言簿系统的界面

在大体了解了在线留言簿系统的运作流程和基本的功能模块后，可以尝试做出一个简单的项目规划书，整个规划书分为如下两个部分：
- 在线留言簿模块功能原理
- 在线留言簿系统构成模块

1.2.2 规划开发流程

系统规划是一个项目的基础，也是任何项目的第一步工作。在线留言簿系统能够实现发布在线留言的功能，可以让用户为了某一主题或某一件事发表自己的观点。在线留言簿系统的实现原理很简单，是一个添加、删除、修改和显示数据库的过程。整个项目的开发流程如图1-2所示。

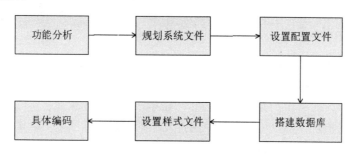

图 1-2　开发流程

- 功能分析：分析整个系统所需要的功能；
- 规划系统文件：规划系统中所需功能模块的各个实现文件；
- 设置配置文件：设置ASP.NET项目所独有的系统配置文件；
- 搭建数据库：规划、设计并搭建系统数据，实现数据库建模分析；
- 设置样式文件：根据页面和表现和功能相分离的原则，为ASP.NET页面编写对应的样式文件；
- 具体编码：编写系统的具体实现代码。

对于初次开发完整软件项目的程序员来说，开发的第一个完整项目十分重要。在开发伊始可能会信心不足，此时就需要建立充分的自信心。自信心使人勇敢，自信的人总是能够以一种轻松自然的态度来面对生活中复杂的情景或挑战，表现出一种大智大勇的气度；自信心使人果断，自信的人勇于承担责任，不会因为事关重大而优柔寡断，不会因为想着逃避不好的结果而瞻前顾后，因而会保持一贯的果断作风。作为一名程序员，面对项目时要仔细分析，勇于尝试，想办法去实现，这样才能进步，才能找到自己的不足。

1.3　系统分析

视频讲解　光盘：视频\第1章\系统分析.avi

经过前面对在线留言簿系统的了解和功能分析，接下来将根据规划的开发流程进行系统分析工作。

1.3.1　系统功能分析

Web 站点在线留言簿系统的实现原理比较清晰明了，其主要操作是对数据库中的数据进行添加和删除操作。在实现过程中，往往要根据系统的需求而进行功能模块的设置。在线留言簿模块的必备功能如下：

(1) 提供信息发布表单供用户发布新的留言；
(2) 将用户发布的留言添加到系统库中；

(3) 在页面内显示系统库中的留言数据；
(4) 对某条留言数据进行在线回复；
(5) 删除系统内不需要的留言。

1.3.2 模块结构规划

典型在线留言簿系统的构成模块如下。
- 留言发布模块：用户可以在系统上发布新的留言。
- 留言显示模块：用户发布的留言能够在系统上显示出来。
- 留言回复模块：用户可以对其他用户发布的留言进行回复，以实现相互间的交互。
- 留言管理模块：站点管理员能够对发布的留言进行管理控制。

系统具体运行流程如图 1-3 所示。

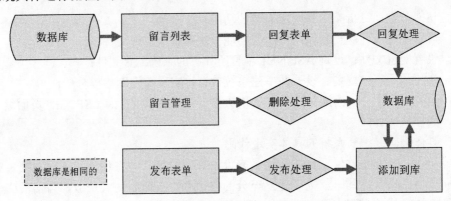

图 1-3　在线留言簿系统运行流程

通过前面的介绍，已初步了解了在线留言簿系统的原理和具体的运行流程。在接下来的内容中，将通过一个具体的在线留言簿系统实例，向读者讲解典型在线留言簿系统的具体设计流程。

> **注意：** 上面的运行流程仅代表当前主流的 Web 留言簿系统，而没有对用户的身份权限进行认证。

1.3.3 规划系统文件

根据总结的系统功能和规划的模块结构，可以规划出整个项目的实现文件，具体说明如下。
- 系统配置文件：用来对项目程序进行总体配置。
- 样式设置文件：用来设置系统文件的显示样式。
- 数据库文件：用来搭建系统数据库平台，保存系统的登录数据。
- 留言簿列表文件：用来将系统内的留言信息以列表样式显示出来。
- 留言发布文件：用来向系统内添加新的留言数据。
- 留言簿管理文件：用来删除系统内不需要的留言数据。

1.3.4 选择开发工具

完成了文件规划，接下来就可以选择开发工具了。古人云"工欲善其事，必先利其器"，我也深知一个好的开发工具对整个项目进展的重要性。但是长久以来我一直很困惑：Visual Studio.NET 已经推出了好几个版本，我最熟悉的是 Visual Studio 2010，而现在最新的是 Visual Studio 2015。在此建议读者使用 Visual Studio 2013，因为这样可以体验 Visual Studio 2013 的最新功能。

1.4 系统配置文件

视频讲解 光盘：视频\第 1 章\系统配置文件.avi

在接下来的内容中，将根据各构成功能模块进行实质性工作。本节将主要完成如下两个工作：

- 新建网站项目
- 配置系统文件

1.4.1 新建网站项目

选择好自己的"武器"后，接下来开始配置网站项目。此时我明白了整个留言系统的核心内容是显示留言、回复留言和管理留言。整个项目就是要实现上述功能，而我的目标就是编码实现上述功能。既然目标已明确，我需要做的就是大步往前！

实质性工作的第一步是创建一个 Visual Studio 2013 项目，具体流程如下。

(1) 打开 Visual Studio 2013，选择【文件】|【项目】|【网站】命令，在弹出的【新建网站】对话框中创建一个名为"Liuyan"的网站项目，如图 1-4 所示。

图 1-4　新建网站项目

(2) 根据 1.3.3 节中的规划文件，分别创建对应的程序文件并命名。创建完毕后的效果如图 1-5 所示。

图 1-5　Visual Studio 2013 解决方案中的程序文件

1.4.2　配置系统文件

建立网站项目并规划好实现文件之后，就可以进行具体的配置工作了。在使用 Visual Studio 2013 开发 ASP.NET 程序时，系统配置文件是 Web.config，其主要功能是设置数据库的连接参数，并配置系统与 Ajax 服务器的相关内容。

1. 配置连接字符串参数

配置连接字符串参数即设置系统程序连接数据库的参数，其对应的实现代码如下：

```
<connectionStrings>
        <add name="SQLCONNECTIONSTRING" connectionString="data source=GUAN\AAA;user id=sa;pwd=888888;database=liuyan" providerName="System.Data.SqlClient"/>
</connectionStrings>
```

其中，source 设置连接的数据库服务器；user id 和 pwd 分别指定数据库的登录名和密码；database 设置连接数据库的名称。

文件 Web.config 是 ASP.NET 项目的基本构成文件，通常用于存储系统的公用信息，数据库的连接语句就在里面建立。而上述代码是通用的 ASP.NET 配置代码，但是在 ASP.NET 代码调试时需要加入如下调试代码：

```
<compilation
defaultLanguage="c#"
debug="true"
 />
```

设置"compilation debug="true""后就启用了 ASPX 调试。如果将此值设置为 false，将提高此应用程序的运行时性能。设置为"true"以将调试符号(.pdb 信息)插入到编译页中。因为这将创建执行起来较慢的大文件，所以应该只在调试时将此值设置为 true，而在其他所有时候都设置为 false。

2. 配置 Ajax 服务器参数

配置 Ajax 服务器参数即配置 Ajax Control Toolkit 程序集参数，为 AjaxControlToolkit.dll 程序集提供一个前缀字符串"AjaxControlToolkit"。这样，系统页面在引用 AjaxControlToolkit.dll 中的控件时，便不需要额外添加<Register>代码。上述功能在<controls>元素内的对应实现代码如下：

```
<pages>
    <controls>
      <add namespace="AjaxControlToolkit" assembly="AjaxControlToolkit" tagPrefix="ajaxToolkit"/>
      <add tagPrefix="asp" namespace="System.Web.UI" assembly="System.Web.Extensions, Version=1.0.61025.0, Culture=neutral, PublicKeyToken=31bf3856ad364e35"/>
    </controls>
</pages>
```

到此为止，完成了系统的配置工作。Web.config 文件在 ASP.NET Web 项目中十分重要。在 ASP.NET 中，资源的配置信息包含在一组配置文件中，每个文件都名为 Web.config。每个配置文件都包含 XML 标记和子标记的嵌套层次结构，这些标记带有指定配置设置的属性。因为这些标记必须是格式正确的 XML，所以标记、子标记和属性是区分大小写的。标记名和属性名是 Camel 大小写形式的，这意味着其第一个字符是小写的，任何后面连接单词的第一个字母是大写的。属性值是 Pascal 大小写形式的，这意味着其第一个字符是大写的，任何后面连接单词的第一个字母也是大写的。true 和 false 例外，它们总是小写的。

应用程序的调试十分重要，当写好的网页运行出错后，ASP.NET 就会在页面上告知程序有错，但究竟错在哪里是没有提示的。为了能让 ASP.NET 进一步提示出错的详细信息，就需要编辑 Config.web 中的配置信息。

具体做法是在 Config.web 文件中输入下面的语句：

```
<configuration>
<customerrors mode="off"></customerrors>
</configuration>
```

输完后将文件保存到与当前页面相同的文件夹中即可。经过上述操作后，即可详细地查看程序出错的原因。

1.5 搭建数据库平台

视频讲解 光盘：视频\第1章\搭建数据库平台.avi

本项目中的系统开发主要包括后台数据库的建立、维护和前端应用程序的开发两个方面。数据库设计是开发本留言簿系统的一个重要组成部分。

1.5.1 数据库设计

下面开始搭建系统数据库。开发数据库管理信息系统需要选择后台数据库和相应的数据库访问接口。后台数据库的选择需要考虑用户需求、系统功能和性能要求等因素。考虑到系统所要管理的数据量比较大，且需要多用户同时运行访问，本项目将使用 SQL Server

作为后台数据库管理平台。

市面上有 SQL Server 2005、SQL Server 2008 和 SQL Server 2015 三个主流的版本，具体说明如下：

- SQL Server 2005：当前最流行的版本，但是仅限于企业级领域。
- SQL Server 2008：将时效性和功能性结合的最好的一款产品。
- SQL Server 2015：当前(本书截稿时)最新的版本，但是不稳定。

本项目究竟选哪一个版本呢？因为数据库决定了整个项目的访问效率，应用程序的开发采用目前比较流行的 ADO 数据库访问技术，并将每个数据库表的字段和操作封装到相应的类中，使应用程序的各个窗体都能够共享对表的操作，而不需要重复编码，使程序更加易于维护，从而将面向对象的程序设计思想成功应用于应用程序设计中，这也是本系统的优势和特色。综合考虑系统的稳定性和版本的新颖性，建议本项目首选使用 SQL Server 2008，等 SQL Server 2015 稳定后再考虑。

在 SQL Server 2008 中创建一个名为"Liuyan"的数据库，并新建两个表：Message 和 Reply。

(1) 表 Message 用于保存留言信息，具体设计结构如表 1-1 所示。

表 1-1 Message 信息表结构

字段名称	数据类型	是否主键	默 认 值	功能描述
ID	int	是	递增 1	编号
Title	varchar(200)	否	Null	标题
Message	text	否	Null	内容
CreateDate	datetime	否	Null	时间
IP	varchar(20)	否	Null	IP 地址
Email	varchar(250)	否	Null	邮箱
Status	tinyint	否	0	状态

(2) 表 Reply 用于保存留言回复信息，具体设计结构如表 1-2 所示。

表 1-2 Reply 信息表结构

字段名称	数据类型	是否主键	默 认 值	功能描述
ID	int	是	递增 1	编号
Reply	varchar(1000)	否	Null	内容
CreateDate	datetime	否	Null	时间
IP	varchar(20)	否	Null	IP 地址
MessageID	int	否	Null	留言编号

1.5.2 数据库访问层设计

数据库的核心内容是查询数据、添加数据、修改数据、删除数据。为了更好地实现对数据的处理，本项目将使用数据库访问层实现数据处理功能。编写文件 lei.cs，实现应用程序的数据库访问层。文件 lei.cs 的主要功能是，在 ASPNETAJAXWeb. AjaxLeaveword 空间内建立 Message 类，并实现对系统库中数据的处理。上述功能的实现流程如图1-6所示。

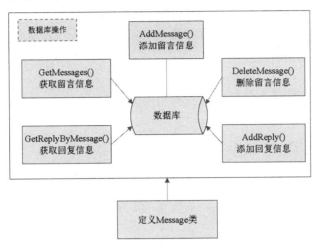

图 1-6　数据访问层实现流程

根据数据访问层.NET 框架的核心内容，建立合理的数据库访问层结构，可以提高系统的效率，并为后期维护带来极大的方便。通过实现数据的访问模式，可达到对物理数据库中的表、视图等的访问。应用程序对数据库的访问有如下 3 种方式。

(1) 事务脚本：存储过程。

(2) ORM：对象-关系映射。

(3) 表模型：以物理数据表为基本单位进行访问，类似 .NET 中的 DataTable。

此处笔者的想法是：在.NET 中第三种方式更为容易实现。因为表和视图有很多相似点，不同的是视图是只读的。通过表模型可以很好地解决实现和表现的结合，并解决效率问题，这在大型站点中十分重要。

下面来看文件 lei.cs 的具体实现流程。

1．定义 Message 类

定义 Message 类的实现代码如下：

```
using System;
using System.Data;
using System.Configuration;
using System.Data.SqlClient;
namespace ASPNETAJAXWeb.AjaxLeaveword
{
    public class Message
    {
        public Message()
        {
            …
        }
```

2．获取系统内留言信息

获取系统内留言信息即获取系统库内已存在的留言信息，其功能是由方法 GetMessages()

实现的。方法 GetMessages()的具体实现流程如下:
(1) 从系统配置文件 Web.config 内获取数据库连接参数,并将其保存在 connectionString 内。
(2) 使用连接字符串创建 con 对象,实现数据库连接。
(3) 新建获取数据库留言数据的 SQL 查询语句。
(4) 创建获取数据的对象 da。
(5) 打开数据库连接,获取查询数据。
(6) 将获取的查询结果保存在 ds 中,并返回 ds。

上述功能的对应实现代码如下:

```
public DataSet GetMessages()
        {     ///获取连接字符串
              string connectionString =
ConfigurationManager.ConnectionStrings["SQLCONNECTIONSTRING"].ConnectionString;
              ///创建连接
              SqlConnection con = new SqlConnection(connectionString);
              ///创建 SQL 语句
              string cmdText = "SELECT * FROM Message Order by CreateDate DESC";
              ///创建 SqlDataAdapter
              SqlDataAdapter da = new SqlDataAdapter(cmdText,con);
              ///定义 DataSet
              DataSet ds = new DataSet();
              try
              {   ///打开连接
                  con.Open();
                  ///填充数据
                  da.Fill(ds,"DataTable");
              }
              catch(Exception ex)
              {   ///抛出异常
                  throw new Exception(ex.Message,ex);
              }
              finally
              {   ///关闭连接
                  con.Close();
              }
              return ds;
        }
```

  数据库的设计很重要,因为几乎所有动态 Web 站点的内容都是基于数据库数据的,所以对数据库的操作应该充分考虑效率问题。在此给读者一个小小的建议,建议读者充分利用所在机器内存中缓存的 ADO 对象。

  其实在 ASP.NET 项目中,经常会涉及一些存储在数据库中的常用信息。这些信息对于每一个访问用户都是相同的。若每一个用户访问时,都要去数据库里取出来,然后显示给用户,会加重数据库服务器负载,使之无法快速服务于更重要的事务处理。而且 Web 服务器也必须不停地创建 ADO 对象,从而消耗大量资源,导致当用户很多时几乎失去响应。如果能把一些常用信息事先存储在内存中,当用户访问时,直接从内存中取出,显示给用户,则可以大大减小系统的压力,提高响应速度。

  在具体应用时,可以把已经取得了数据的 RecordSet 对象存储在 Application 变量中。当用户访问时,从 Application 变量中取得 RecordSet 对象,而不需要再次建立数据库连接。也可以将 RecordSet 对象里的数据存储在数组中,然后再将数组存储在 Application 变量中,使

第1章 在线留言簿系统

用时用数组的方式读取。

3. 添加系统留言信息

添加系统留言信息即将新发布的留言信息添加到系统库中,此功能是由方法 AddMessage(string title,string message,string ip,string email)实现的。该方法的具体实现流程如下:

(1) 从系统配置文件 Web.config 内获取数据库连接参数,并将其保存在 connectionString 内;

(2) 使用连接字符串创建 con 对象,实现数据库连接;

(3) 使用 SQL 添加语句,然后创建 cmd 对象准备执行插入操作;

(4) 打开数据库连接,执行数据插入操作;

(5) 将数据插入操作所涉及的行数保存在 result 中;

(6) 插入成功则返回 result 值,失败则返回-1。

上述功能的对应实现代码如下:

```csharp
public int AddMessage(string title,string message,string ip,string email)
        {
            string connectionString =
ConfigurationManager.ConnectionStrings["SQLCONNECTIONSTRING"].ConnectionString;
            SqlConnection con = new SqlConnection(connectionString);
            ///创建SQL语句
            string cmdText = "INSERT INTO
Message(Title,Message,IP,Email,CreateDate,Status)VALUES(@Title,@Message,@IP,@Email,GE
TDATE(),0)";
            SqlCommand cmd = new SqlCommand(cmdText,con);
            ///创建参数并赋值
            cmd.Parameters.Add("@Title",SqlDbType.VarChar,200);
            cmd.Parameters.Add("@Message",SqlDbType.Text);
            cmd.Parameters.Add("@Ip",SqlDbType.VarChar,20);
            cmd.Parameters.Add("@Email",SqlDbType.VarChar,255);
            cmd.Parameters[0].Value = title;
            cmd.Parameters[1].Value = message;
            cmd.Parameters[2].Value = ip;
            cmd.Parameters[3].Value = email;
            int result = -1;
            try
            {   ///打开连接
                con.Open();
                ///操作数据
                result = cmd.ExecuteNonQuery();
            }
            catch(Exception ex)
            {   ///抛出异常
                throw new Exception(ex.Message,ex);
            }
            finally
            {   ///关闭连接
                con.Close();
            }
            return result;
        }
```

4. 删除系统留言信息

删除系统留言信息即将系统内存在的留言数据从系统库中删除,此功能是由方法

DeleteMessage(int messageID)实现的。其具体实现流程如下：

(1) 从系统配置文件 Web.config 内获取数据库连接参数，并将其保存在 connectionString 内；

(2) 使用连接字符串创建 con 对象，实现数据库连接；

(3) 使用 SQL 删除语句，然后创建 cmd 对象准备执行删除操作；

(4) 打开数据库连接，执行数据删除操作；

(5) 将数据删除操作所涉及的行数保存在 result 中；

(6) 删除成功则返回 result 值，失败则返回-1。

上述功能的对应实现代码如下：

```
public int DeleteMessage(int messageID)
    {string connectionString =
ConfigurationManager.ConnectionStrings["SQLCONNECTIONSTRING"].ConnectionString;
        SqlConnection con = new SqlConnection(connectionString);
        ///创建SQL语句
        string cmdText = "DELETE Message WHERE ID = @ID";
        SqlCommand cmd = new SqlCommand(cmdText,con);
        ///创建参数并赋值
        cmd.Parameters.Add("@ID",SqlDbType.Int,4);
        cmd.Parameters[0].Value = messageID;
        int result = -1;
        try
        {   ///打开连接
            con.Open();
            ///操作数据
            result = cmd.ExecuteNonQuery();
        }
        catch(Exception ex)
        {   ///抛出异常
            throw new Exception(ex.Message,ex);
        }
        finally
        {   ///关闭连接
            con.Close();
        }
        return result;
    }
```

5. 获取系统内留言回复信息

获取系统内留言回复信息即查询系统库内用户对留言的回复信息数据，此功能是由方法 GetReplyByMessage(int messageID)实现的。其具体实现流程如下：

(1) 从系统配置文件 Web.config 内获取数据库连接参数，并将其保存在 connectionString 内；

(2) 使用连接字符串创建 con 对象，实现数据库连接；

(3) 新建查询数据库留言回复数据的 SQL 查询语句；

(4) 创建获取数据的对象 da；

(5) 打开数据库连接，获取查询数据；

(6) 将获取的查询结果保存在 ds 中，并返回 ds。

上述功能的对应实现代码如下：

```csharp
public DataSet GetReplyByMessage(int messageID)
        {
            string connectionString = 
ConfigurationManager.ConnectionStrings["SQLCONNECTIONSTRING"].ConnectionString;
            SqlConnection con = new SqlConnection(connectionString);
            ///创建 SQL 语句
            string cmdText = "SELECT * FROM Reply WHERE MessageID = @MessageID Order by CreateDate DESC";
            SqlDataAdapter da = new SqlDataAdapter(cmdText,con);
            ///创建参数并赋值
            da.SelectCommand.Parameters.Add("@MessageID",SqlDbType.Int,4);
            da.SelectCommand.Parameters[0].Value = messageID;
            ///定义 DataSet
            DataSet ds = new DataSet();
            try
            {
                con.Open();
                ///填充数据
                da.Fill(ds,"DataTable");
            }
            catch(Exception ex)
            {
                throw new Exception(ex.Message,ex);
            }
            finally
            {   ///关闭连接
                con.Close();
            }
            return ds;
        }
```

6. 添加留言回复信息

添加留言回复信息即将新发布的留言回复信息添加到系统库中，此功能是由方法 AddReply(string message,string ip,int messageID)实现的。其具体实现流程如下：

(1) 从系统配置文件 Web.config 内获取数据库连接参数，并将其保存在 connectionString 内；

(2) 使用连接字符串创建 con 对象，实现数据库连接；

(3) 使用 SQL 添加语句，然后创建 cmd 对象准备执行插入操作；

(4) 打开数据库连接，执行数据插入操作；

(5) 将数据插入操作所涉及的行数保存在 result 中；

(6) 插入成功则返回 result 值，失败则返回-1。

上述功能的对应实现代码如下：

```csharp
public int AddReply(string message,string ip,int messageID)
        {
            string connectionString = 
ConfigurationManager.ConnectionStrings["SQLCONNECTIONSTRING"].ConnectionString;
            SqlConnection con = new SqlConnection(connectionString);
            string cmdText = "INSERT INTO Reply(Reply,IP,CreateDate,MessageID)VALUES(@Reply,@IP,GETDATE(),@MessageID)";
            SqlCommand cmd = new SqlCommand(cmdText,con);
            ///创建参数并赋值
            cmd.Parameters.Add("@Reply",SqlDbType.VarChar,1000);
            cmd.Parameters.Add("@Ip",SqlDbType.VarChar,20);
            cmd.Parameters.Add("@MessageID",SqlDbType.Int,4);
```

```
            cmd.Parameters[0].Value = message;
            cmd.Parameters[1].Value = ip;
            cmd.Parameters[2].Value = messageID;
            int result = -1;
            try
            {   ///打开连接
                con.Open();
                ///操作数据
                result = cmd.ExecuteNonQuery();
            }
            catch(Exception ex)
            {   ///抛出异常
                throw new Exception(ex.Message,ex);
            }
            finally
            {   ///关闭连接
                con.Close();
            }
            return result;
        }
    }
```

在上述各处理方法中，使用了 SQL 的查询、添加和删除语句，对系统数据库内的数据进行了操作处理。在现实的 Web 应用系统中，各类应用的数据库相关操作都基于上述 3 种操作。SQL 语句是数据库技术的核心知识之一，读者可以在百度中搜索"SQL 教程"关键字来获取其相关知识。

到此为止，完成了数据库访问层的设计工作。在设计过程中，我越发体会到了数据查询效率的重要性。因为数据库技术是动态站点的基础，所以在 Web 程序中会有大量的查询语句。同时随着站点访问量的增加，一个站点可能需要同时查询大量数据，所以数据库查询的效率问题便提上了日常议程。在此我总结了如下两条经验：

(1) 合理使用索引

并不是所有索引对查询都有效，SQL 是根据表中数据来进行查询优化的，当索引列有大量数据重复时，SQL 查询可能不会去利用索引，如一表中有字段 sex、male、female 几乎各一半，那么即使在 sex 上建了索引也无法提高查询效率。读者可以在百度中搜索"索引效率优化"关键字来获取相关知识。

(2) 使用存储过程

存储过程是一个很好的工具，不但提高了程序的安全性，而且也提高了数据处理效率。编写合理的语句可以提高存储过程和触发器的效率。

1.6 设置样式文件

视频讲解 光盘：视频\第 1 章\设置样式文件.avi

其实前面的编码工作都是准备工作，接下来的工作是设置项目的样式文件，这才是真正的实现阶段。在 ASP.NET 中，样式文件也称为皮肤，它用来对系统页面元素进行修饰，使各页面以指定的样式效果显示。

1.6.1 设置按钮元素样式

文件 mm.skin 的功能是对页面内的各按钮元素进行修饰，使之以指定样式显示出来。文件 mm.skin 的主要代码如下：

```
<asp:Button runat="server" SkinID="anniu" BackColor="red" Font-Names="Tahoma"
Font-Size="9pt" CssClass="Button" />
<asp:TextBox runat="server" SkinID="nn" BackColor="green" Font-Names="Tahoma" />
<asp:GridView SkinID="mm" runat="server" GridLines="Both" CssClass="Text"
BackColor="White" BorderColor="Black"
    BorderStyle="Solid" BorderWidth="1px" CellPadding="4" AutoGenerateColumns="False"
Font-Names="Tahoma" Width="100%">
    <FooterStyle BackColor="#E8F4FF" ForeColor="#330099" />
    <AlternatingRowStyle BorderColor="Black" BorderStyle="Solid" BorderWidth="1px" />
    <RowStyle BorderColor="Black" BorderStyle="Solid" BorderWidth="1px" />
    <SelectedRowStyle BackColor="#E8F4FF" Font-Bold="True" ForeColor="#663399" />
    <PagerStyle BackColor="#E8F4FF" ForeColor="#330099" HorizontalAlign="Center" />
    <HeaderStyle BackColor="#333333" Font-Bold="True" ForeColor="yellow"
Font-Names="Tahoma" BorderStyle="Solid" BorderWidth="1px" />
</asp:GridView>
```

1.6.2 设置页面元素样式

文件 web.css 的功能是对页面内的整体样式和 Ajax 控件的样式进行修饰，使之以指定样式显示出来。文件 web.css 的主要代码如下：

```
body {
    font-family: "Tahoma";
    font-size:9pt;
    margin-top:0;
    background-color:#99CC66;
}
.Text {
    font:Tahoma;
    font-size:9pt;
}
.Table {
    width:80%;
    font-size: 9pt;
    background-color:#CC66FF;
    border:1;
    font-family: Tahoma;
}
A {
    font-size: 9pt;
    color: #006699;
    text-decoration: none;
}
A:ACTIV {
    color: red;
    text-decoration: none;
}
A:FOCUS {
    color: red;
    text-decoration: none;
}
A:HOVER {
```

```
    color: red;
    text-decoration: underline;
} A:LINK
{
    text-decoration: none;
}
Hr {
    width:95%;
    color:red;
}
.Watermark {
    background-color:Gray;
    color:#666666;
}
.Validator {
    background-color:Red;
}
.PopulatePanel {
    background-repeat:no-repeat;
    padding:2px;
    height:2em;
    margin:5px;
}
```

其实 ASP.NET 的皮肤是基于 CSS 技术的，CSS 技术是 Web 2.0 的核心知识之一，它的推出给传统网页布局带来了巨大冲击。有些读者往往忽略了 CSS 技术，但是随着 Web 标准的普及和浏览器的更新，迫使读者必须使用 CSS 技术来实现网页布局，只有这样才能使自己设计出的网页能够在不同的浏览器中正确显示。

1.7 留言数据显示模块

视频讲解 光盘：视频\第 1 章\留言数据显示模块.avi

留言数据显示模块的功能是，将系统库内的留言信息以列表的样式显示出来，并提供新留言发布表单，将发表的数据添加到系统库中。留言数据显示模块的实现文件如下：

- 文件 Index.aspx
- 文件 Index.aspx.cs
- 文件 Yanzhengma.aspx
- 文件 AjaxService.cs

1.7.1 留言列表显示页面

文件 Index.aspx 的功能是，插入专用控件将系统内的数据读取并显示出来，然后提供发布表单供用户发布新留言。下面将详细介绍其实现过程。

1. 列表显示留言数据

本模块的功能是将系统内的留言数据显示出来，其具体实现流程如下：
(1) 插入 1 个 GridView 控件，以列表样式显示库内的数据；
(2) 在表格内显示各留言的数据内容；

第1章 在线留言簿系统

(3) 添加3个链接用于实现留言发布、留言回复和留言回复管理操作；
(4) 调用Ajax程序集内的DynamicPopulate控件，通过动态面板样式显示留言回复内容。
文件Index.aspx的主要实现代码如下：

```
<%@ Page Language="C#" AutoEventWireup="true" CodeFile="Index.aspx.cs"
StylesheetTheme="css" Inherits="Board" %>
...
   <form id="form1" runat="server">
    <asp:ScriptManager ID="sm" runat="server" >
        <Services>
         <asp:ServiceReference Path="AjaxService.asmx" />
        </Services>
    </asp:ScriptManager>
   <table class="Table" border="0" cellpadding="0" cellspacing="0" align="center">
        <tr><td colspan="2">
        <asp:UpdatePanel runat="server" ID="up">
        <ContentTemplate>
            <asp:GridView ID="gvMessage" runat="server" Width="100%"
AutoGenerateColumns="False" SkinID="mm" ShowHeader="False">
            <Columns>
            <asp:TemplateField>
            <ItemTemplate>
            <table align="center" cellpadding="3" cellspacing="0" class="Table">
            <tr>
             <td>作者：<a href='mailto:<%# Eval("Email") %>'><%# Eval("Email") %></a>
于[<%# Eval("IP") %>]、[<%# Eval("CreateDate") %>] 留言</td>
            </tr>
            <tr><td><hr size="1" /></td></tr>
            <tr><td class="Title">  <%# Eval("Title") %></td></tr>
            <tr><td>  <%# Eval("Message") %></td></tr>
            <tr>
<td align="right"><a href="#message">我要留言</a> 
<a href='Huifu.aspx?MessageID=<%# Eval("ID") %>'>我要回复</a>
 <asp:HyperLink runat="server" ID="hlShowReply" NavigateUrl="#">展
开>></asp:HyperLink>
             <asp:Panel runat="server" ID="pReply"></asp:Panel>
             <ajaxToolkit:DynamicPopulateExtender ID="dpeReply" runat="server"
ClearContentsDuringUpdate="true" UpdatingCssClass="PopulatePanel"
ServiceMethod="GetReplyByMessage" ServicePath="AjaxService.asmx"
ContextKey='<%# Eval("ID") %>' TargetControlID="pReply"
PopulateTriggerControlID="hlShowReply">
</ajaxToolkit:DynamicPopulateExtender>
            </td>
            </tr>
        </table>
        </ItemTemplate>
        </asp:TemplateField>
        </Columns>
        </asp:GridView>
        </ContentTemplate>
        </asp:UpdatePanel>
        </td></tr>
```

上述代码执行后将在页面内显示系统内已存在的留言数据，如图1-7所示。

图1-7　留言列表显示效果图

2. 留言发布表单

本模块的功能是为用户提供新留言的发布表单，其具体实现流程如下：

（1）插入5个TextBox控件，分别用于输入留言标题、IP地址、邮件地址、留言内容和验证码；

（2）插入TextBoxWatermark控件，用于确保留言标题不为空；

（3）调用TextBoxWatermark控件，用于确保邮件格式的合法性；

（4）调用ValidatorCallout控件，用于显示邮件非法提示水印效果；

（5）调用TextBoxWatermark控件，用于确保邮件内容的合法性；

（6）插入激活按钮，用于执行相关操作事件；

（7）定义MessageValidator函数，确保留言内容大于10字符而不多于8000字符；

（8）调用验证码生成文件。

文件Index.aspx的主要实现代码如下：

```
        <td>留言标题：</td>
        <td width="90%"><asp:TextBox ID="tbTitle" runat="server" SkinID="nn" Width="80%"></asp:TextBox>
          <asp:RequiredFieldValidator ID="rfTitle" runat="server" ControlToValidate="tbTitle"ErrorMessage="标题不能为空！"></asp:RequiredFieldValidator>
          <asp:RegularExpressionValidator ID="revTitle" runat="server" ControlToValidate="tbTitle" Display="Dynamic" ErrorMessage="标题不能为空！" ValidationExpression=".+">
</asp:RegularExpressionValidator>
          <ajaxToolkit:TextBoxWatermarkExtender ID="wmeTitle" runat="server" TargetControlID="tbTitle" WatermarkText="请输入留言标题" WatermarkCssClass="Watermark">
</ajaxToolkit:TextBoxWatermarkExtender>
        </td>
      </tr>
      <tr bgcolor="white">
        <td>IP地址：</td>
```

```
            <td width="90%"><asp:TextBox ID="tbIP" runat="server" Enabled="false"
SkinID="nn" Width="40%"></asp:TextBox></td>
        </tr>
        <tr bgcolor="white">
            <td>电子邮件：</td>
            <td width="90%"><asp:TextBox ID="tbEmail" runat="server" SkinID="nn"
Width="40%"></asp:TextBox>
            <asp:RequiredFieldValidator ID="rfEmail" runat="server" ErrorMessage="不能为空！
" ControlToValidate="tbEmail" Display="Dynamic"></asp:RequiredFieldValidator>
            <asp:RegularExpressionValidator ID="revEmail" runat="server"
ControlToValidate="tbEmail"
Display="None" ErrorMessage="电子邮件格式不正确，请输入如下形式的电子邮件：
<br />mmmm@nnn.com"
ValidationExpression="\w+([-+.']\w+)*@\w+([-.]\w+)*\.\w+([-.]\w+)*">
</asp:RegularExpressionValidator>
            <ajaxToolkit:TextBoxWatermarkExtender ID="wmeEmail" runat="server"
TargetControlID="tbEmail" WatermarkText="请输入电子邮件"
WatermarkCssClass="Watermark">
</ajaxToolkit:TextBoxWatermarkExtender>
            <ajaxToolkit:ValidatorCalloutExtender ID="vceEmail" runat="server"
TargetControlID="revEmail"
HighlightCssClass="Validator">
</ajaxToolkit:ValidatorCalloutExtender>
            </td></tr>
        <tr bgcolor="white">
            <td valign="top">留言内容：</td>
            <td width="90%">
            <asp:TextBox ID="tbMessage" runat="server" Height="200px" SkinID="nn"
TextMode="MultiLine" Width="80%"></asp:TextBox>
            <asp:CustomValidator ID="cvMessage" runat="server"
 ClientValidationFunction="MessageValidator" ControlToValidate="tbMessage"
Display="None"ErrorMessage="长度至少为10，最多为8000。">
</asp:CustomValidator>
            <ajaxToolkit:TextBoxWatermarkExtender ID="wmeMessage" runat="server"
TargetControlID="tbMessage" WatermarkText="请输入留言内容"
WatermarkCssClass="Watermark">
</ajaxToolkit:TextBoxWatermarkExtender>
            <ajaxToolkit:ValidatorCalloutExtender ID="vceMessage" runat="server"
TargetControlID="cvMessage" HighlightCssClass="Validator">
</ajaxToolkit:ValidatorCalloutExtender>
            </td></tr>
        <tr bgcolor="white">
            <td>验 证 码：</td>
            <td width="90%">
                <asp:TextBox ID="tbCode" runat="server" SkinID="nn"
Width="80px"></asp:TextBox>
                <asp:Image ID="imgCode" runat="server" ImageUrl = "Yanzhengma.aspx" />
                <asp:Label ID="lbMessage" runat="server" ForeColor="red"
CssClass="Text"></asp:Label>
            </td></tr>
        <tr bgcolor="white">
            <td> </td>
            <td width="90%">
                <asp:UpdatePanel ID="upbutton" runat="server">
        <ContentTemplate>
            <asp:Button ID="btnCommit" runat="server" Text="提交" SkinID="anniu"
 Width="100px" OnClick="btnCommit_Click" />   
            <asp:Button ID="btnReview" runat="server" Text="预览" SkinID="anniu"
Width="100px" />   
            <asp:Button ID="btnClear" runat="server" Text="清空" SkinID="anniu"
Width="100px" CausesValidation="False" OnClick="btnClear_Click" />
```

```
            </ContentTemplate>
            <Triggers>
            <asp:PostBackTrigger ControlID="btnClear" />
            </Triggers>
            </asp:UpdatePanel>
            </td>        </tr>
</table>
   <script language="javascript" type="text/javascript">
   function MessageValidator(source,argument)
   {
        if(argument.Value.length > 10 && argument.Value.length < 8000)argument.IsValid
= true;
        else argument.IsValid = false;
   }
   </script>
   </form>
```

上述代码执行后将在页面内显示留言发布表单，如图1-8所示。

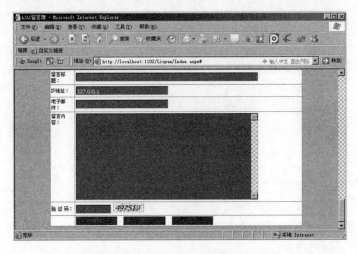

图1-8 留言发布表单效果图

如果输入的邮件地址格式非法，则调用Ajax控件显示对应的提示，如图1-9所示。

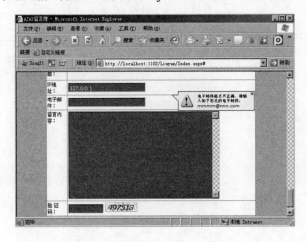

图1-9 邮件格式非法提示效果图

第1章 在线留言簿系统

3. 调用验证码文件

验证码文件 Yanzhengma.aspx 的功能是，调用 bin 目录内的 ASPNETAJAXWeb.ValidateCode.dll 控件，实现验证码显示效果。文件 Yanzhengma.aspx 的具体实现代码如下：

```
<%@ Page Language="C#" AutoEventWireup="false"
Inherits="ASPNETAJAXWeb.ValidateCode.Page.ValidateCode" %>
```

1.7.2 留言展开回复页面

留言展开回复页面的功能是，当单击某留言后的"展开"链接后，将动态显示此留言的回复数据。其具体实现流程如下：

(1) 调用 Ajax 的 DynamicPopulate 控件，实现动态显示效果；
(2) 调用文件 AjaxService.cs 内的 GetReplyByMessage 方法，获取回复内容。

上述功能的运行流程如图 1-10 所示。

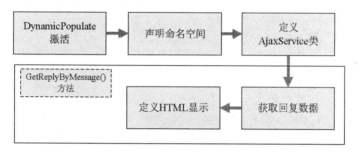

图 1-10　动态回复列表运行流程

文件 AjaxService.cs 的具体实现代码如下：

```csharp
///开始引入新的命名空间
using System.Data;
using System.Text;
using System.Web.Script.Services;
using ASPNETAJAXWeb.AjaxLeaveword;
/// AjaxService 的摘要说明
[WebService(Namespace = "http://tempuri.org/")]
[WebServiceBinding(ConformsTo = WsiProfiles.BasicProfile1_1)]
///添加脚本服务
[System.Web.Script.Services.ScriptService()]
public class AjaxService : System.Web.Services.WebService {
   public AjaxService ()
     {
     }
   [WebMethod]
   public string GetReplyByMessage(string contextKey)
     { ///获取参数 ID
         int messageID = -1;
         if(Int32.TryParse(contextKey,out messageID) == false)
         {
             return string.Empty;
         }
         Message message = new Message();
         DataSet ds = message.GetReplyByMessage(messageID);
         if(ds == null || ds.Tables.Count <= 0 || ds.Tables[0].Rows.Count <= 0)
         {
```

```
            return string.Empty;
        }
        StringBuilder returnHtml = new StringBuilder();
        foreach(DataRow row in ds.Tables[0].Rows)
        {
            returnHtml.AppendFormat("<div>{0}于[{1}] 回复</div>",row["IP"],row["CreateDate"]);
            returnHtml.Append("<br />");
            returnHtml.AppendFormat("<div>{0}</div>",row["Reply"]);
            returnHtml.Append("<br />");
        }
        return returnHtml.ToString();
    }
}
```

通过上述代码处理，执行系统留言列表显示页面后，将首先默认显示留言数据，而不显示留言的回复数据。当单击某留言后的【展开】链接后，此留言的回复信息将动态显示出来。具体如图1-11所示。

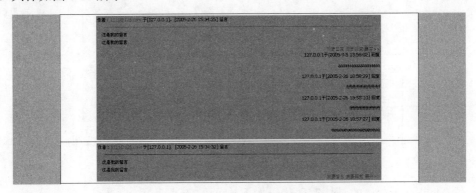

图1-11　动态展开留言回复信息效果图

在上面的留言回复处理过程中，通过 foreach 语句对内容进行了 HTML 化处理，因为只有处理后，才能使回复内容以浏览者希望的格式显示。但是这里有一个问题，我是一名初学者，在代码中添加 HTML 转换代码对我来说十分复杂，不但在视觉上感觉烦琐，而且在后期维护上也感到无所适从，并且也不能保证所有的特殊字符都能被成功转换。我很想找一种快速而有效的方法实现，于是向师兄 A 求救。师兄说网络中有专门处理 HTML 标记的工具，例如 HtmlArea。HtmlArea 是一款很简捷的 WTYSWTYG 编辑器，是纯 JS+Html 的编辑器，理论上可以套用在任何语言平台上，经过实际使用可以和 ASP.NET 2.0+Ajax 很好地结合。

看来无论是留言系统还是新闻系统，只要涉及信息发布和维护的项目，都可以使用现成的文本编辑器。市面上免费的文本编辑器比较多，并且使用方法简单，功能强大，是提高开发效率的重要工具，可以多加使用。

1.8　留言分页列表显示模块

视频讲解　光盘：视频\第1章\留言分页列表显示模块.avi

留言分页列表显示模块的功能是，将系统库内的留言信息以分页列表的样式显示出来。

上述功能的实现文件如下：
- 文件 LiuyanFen.aspx
- 文件 LiuyanFen.aspx.cs

1.8.1 留言分页显示页面

留言分页显示页面文件 LiuyanFen.aspx 的功能是，插入专用控件将系统内的数据读取出来，并将获取的留言数据以分页样式显示。其具体实现流程如下：

(1) 插入 1 个 GridView 控件，用于以列表样式显示留言信息，包括留言者、邮箱地址、时间和留言内容等；

(2) 通过 GridView 控件设置分页显示留言数为 5；

(3) 通过 GridView 控件设置分页处理事件为 gvMessage_PageIndexChanging；

(4) 通过 PagerSettings 设置分页模式为 NumericFirstLast。

文件 LiuyanFen.aspx 的主要代码如下：

```
<%@ Page Language="C#" AutoEventWireup="true" CodeFile="LiuyanFen.aspx.cs"
StylesheetTheme="css" Inherits="BoardPaging" %>
...
    <form id="form1" runat="server">
    <asp:ScriptManager ID="sm" runat="server" />
    <table class="Table" border="0" cellpadding="0" cellspacing="0" align="center">
        <asp:UpdatePanel runat="server" ID="up">
            <ContentTemplate>
            <asp:GridView ID="gvMessage" runat="server" Width="100%"
AutoGenerateColumns="False" SkinID="mm" ShowHeader="False"
AllowPaging="True" OnPageIndexChanging="gvMessage_PageIndexChanging"
PageSize="5">
            <Columns>
            <asp:TemplateField>
            <ItemTemplate>
            <table class="Table" cellpadding="3" cellspacing="0">
                <tr>
                <td>作者：<a href='mailto:<%# Eval("Email") %>'><%# Eval("Email") %></a>
于[<%# Eval("IP") %>]、[<%# Eval("CreateDate") %>] 留言</td>
                </tr>
                <tr><td><hr size="1" /></td></tr>
                <tr><td class="Title">  <%# Eval("Title") %></td></tr>
                <tr><td>  <%# Eval("Message") %></td></tr>
            </table>
            </ItemTemplate>
            </asp:TemplateField>
            </Columns>
             <PagerSettings Mode="NumericFirstLast" />
            </asp:GridView>
            </ContentTemplate>
        </asp:UpdatePanel>
            </td></tr>
    </table>
    </form>
```

1.8.2 分页处理页面

分页处理文件 LiuyanFen.aspx.cs 的功能是，定义分页事件对留言数据进行重新处理。

其实现流程如下：

(1) 引入 AjaxLeaveword 命名空间；
(2) 定义 Page_Load，用来载入页面文件；
(3) 定义 BindPageData()，用来读取并显示留言信息；
(4) 声明分页事件 gvMessage_PageIndexChanging(object sender,GridViewPageEventArgs e)，设置 gvMessage 控件的新页码，然后重新绑定 gvMessage 控件数据。

文件 LiuyanFen.aspx.cs 的主要代码如下：

```csharp
public partial class BoardPaging : System.Web.UI.Page
{
    protected void Page_Load(object sender,EventArgs e)
    {
        if(!Page.IsPostBack)
        {
            BindPageData();
        }
    }
    private void BindPageData()
    {   ///获取数据
        Message message = new Message();
        DataSet ds = message.GetMessages();
        ///显示数据
        gvMessage.DataSource = ds;
        gvMessage.DataBind();
    }
    protected void gvMessage_PageIndexChanging(object sender,GridViewPageEventArgs e)
    {   ///设置新页面，并重新绑定数据
        gvMessage.PageIndex = e.NewPageIndex;
        BindPageData();
    }
}
```

经过上述代码设置，程序执行后将首先按照分页模式显示第一分页数据，如图 1-12 所示。单击页面下方的对应分页链接，将进入指定页面。

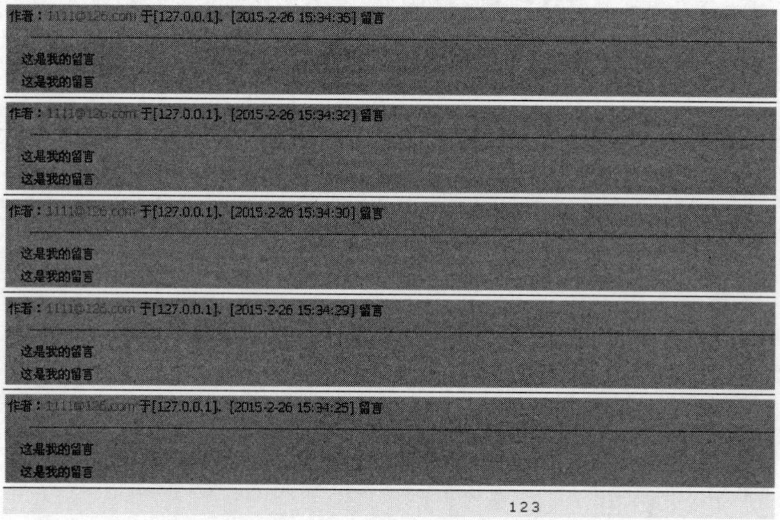

图 1-12 分页默认显示效果图

分页模块是 Web 系统中的常用模块之一，对于各种动态站点来说，通过分页计数能够用更好的效果将站点内容展示在浏览用户面前。对于 ASP.NET 程序员来说，不必担心分页功能。因为 ASP.NET 固有的 GridView 控件很好地实现了分页处理功能，并且通过它本身的属性可以实现灵活的设置。除了使用 GridView 控件进行分页处理外，还可以结合数据在库中的保存方式来分页。常见的分页方式有存储过程分页和控件分页两种。

现在终于完成了分页模块的工作。其实在具体编码之前，在我脑海中有很多分页处理的思路，包括函数实现和控件实现。但是在具体编码时，我发现一行代码也写不出来。这种情况我相信在很多初学者身上都发生过，并且不止发生一次。我没有办法，只能自己搜集资料学习。我想在以后的工作中，也总是需要学习新的知识，特别是计算机行业，更新速度太快，我已经做好了随时学习的准备。

1.9 留言回复模块

视频讲解 光盘：视频\第 1 章\留言回复模块.avi

留言回复模块的原理是向数据库里添加新的数据，即通过数据访问层的 SQL 语句向系统数据库内添加新的数据。留言回复模块的功能是提供系统内留言的回复表单，供用户发布对某留言的回复信息。上述功能的实现文件如下：

- 文件 Huifu.aspx
- 文件 Huifu.aspx.cs

1.9.1 留言回复表单页面

留言回复表单页面文件 Huifu.aspx 的功能是，提供留言回复表单，供用户发布对某留言的回复信息。其具体实现流程如下：

(1) 插入 3 个 TextBox 控件，分别用于输入 IP 地址、回复内容和验证码；
(2) 插入 1 个 CustomValidator 控件，用于验证回复内容；
(3) 插入 1 个 TextBoxWatermarkExtender 控件，用于显示水印提示；
(4) 插入 1 个 ValidatorCalloutExtender 控件，用于实现多样式验证；
(5) 调用验证码文件 Yanzhengma.aspx 实现验证码的显示；
(6) 定义 MessageValidator(source,argument)来控制输入的回复内容。

文件 Huifu.aspx 的主要代码如下：

```
<%@ Page Language="C#" AutoEventWireup="true" CodeFile="Huifu.aspx.cs"
StylesheetTheme="css" Inherits="Reply" %>
...
    <form id="form1" runat="server">
    <asp:ScriptManager ID="sm" runat="server" />
    <table class="Table" border="0" cellpadding="2" bgcolor="Black" cellspacing="1"
align="center">
        <tr bgcolor="white"><td colspan="2"><hr /></td></tr>
        <tr bgcolor="white">
            <td>IP 地址: </td>
```

```
                    <td width="90%"><asp:TextBox ID="tbIP" runat="server" Enabled="false"
SkinID="nn" Width="40%"></asp:TextBox></td>
                </tr>
                <tr bgcolor="white">
                    <td valign="top">回复内容: </td>
                    <td width="90%">
                        <asp:TextBox ID="tbMessage" runat="server" Height="200px" SkinID="nn"
TextMode="MultiLine" Width="80%"></asp:TextBox>
                        <asp:CustomValidator ID="cvMessage" runat="server"
ClientValidationFunction="MessageValidator" ControlToValidate="tbMessage"
Display="None" ErrorMessage="长度至少为10,最多为1000。">
</asp:CustomValidator>
                        <ajaxToolkit:TextBoxWatermarkExtender ID="wmeMessage" runat="server"
TargetControlID="tbMessage" WatermarkText="请输入留言内容"
WatermarkCssClass="Watermark">
</ajaxToolkit:TextBoxWatermarkExtender>
                        <ajaxToolkit:ValidatorCalloutExtender ID="vceMessage"
runat="server"
TargetControlID="cvMessage" HighlightCssClass="Validator">
</ajaxToolkit:ValidatorCalloutExtender>
                    </td></tr>
                <tr bgcolor="white">
                    <td>验 证 码: </td>
                    <td width="90%">
                        <asp:TextBox ID="tbCode" runat="server" SkinID="nn"
Width="80px"></asp:TextBox>
                        <asp:Image ID="imgCode" runat="server" ImageUrl = "Yanzhengma.aspx" />
                        <asp:Label ID="lbMessage" runat="server" ForeColor="red"
CssClass="Text"></asp:Label>
                    </td></tr>
                <tr bgcolor="white"><td> </td><td width="90%">
                 <asp:UpdatePanel ID="upbutton" runat="server">
                 <ContentTemplate>
                    <asp:Button ID="btnCommit" runat="server" Text="提交" SkinID="anniu"
Width="100px" OnClick="btnCommit_Click" />   
                    <asp:Button ID="btnClear" runat="server" Text="清空" SkinID="anniu"
Width="100px" CausesValidation="False" OnClick="btnClear_Click" />
                 </ContentTemplate>
                 <Triggers><asp:PostBackTrigger ControlID="btnClear" /></Triggers>
                 </asp:UpdatePanel>
                    </td></tr>
            </table>
            <script language="javascript" type="text/javascript">
            function MessageValidator(source,argument)
            {
                if(argument.Value.length > 10 && argument.Value.length < 8000)argument.IsValid
= true;
                else argument.IsValid = false;
            }
            </script>
            </form>
```

上述实例代码执行后,将首先显示回复表单界面,如图1-13所示;当输入的回复内容非法时,则调用Ajax控件显示对应的提示,如图1-14所示。

图 1-13 回复表单界面效果图

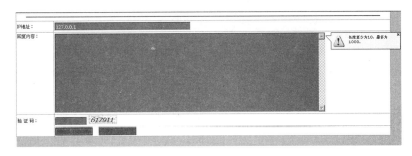

图 1-14 回复内容非法提示效果图

1.9.2 回复数据处理页面

回复数据处理页面文件 Huifu.aspx.cs 的功能是，获取用户回复表单的数据，并将获取的回复数据添加到系统库中。其具体实现流程如下：

(1) 引入命名空间，声明类 Reply；
(2) 通过 Page_Load 载入初始化回复表单界面；
(3) 进行 IP 地址判断处理，如果 IP 为空则停止处理；
(4) 定义 btnCommit_Click，进行数据处理；
(5) 进行验证码判断处理，如果非法则输出提示；
(6) 将数据添加到系统库中。

上述过程的运行流程如图 1-15 所示。

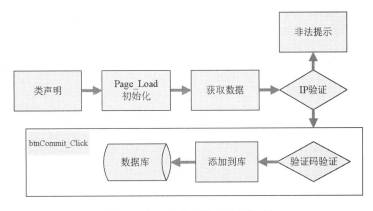

图 1-15 回复数据处理运行流程

文件 Huifu.aspx.cs 的主要代码如下：

```
using ASPNETAJAXWeb.ValidateCode.Page;
public partial class Reply : System.Web.UI.Page
{
    int messageID = -1;
    protected void Page_Load(object sender, EventArgs e)
    {   ///获取客户端的 IP 地址
        tbIP.Text = Request.UserHostAddress;
        if(Request.Params["MessageID"] != null)
        {
            messageID = Int32.Parse(Request.Params["MessageID"].ToString());
        }
        btnCommit.Enabled = messageID > 0 ? true : false;
    }
    protected void btnCommit_Click(object sender,EventArgs e)
    {
        if(Session[ValidateCode.VALIDATECODEKEY] != null)
        {   ///判断验证码是否正确
            if(tbCode.Text != Session[ValidateCode.VALIDATECODEKEY].ToString())
            {
                lbMessage.Text = "验证码输入错误，请重新输入";
                return;
            }
            Message message = new Message();
            ///发表回复
            if(message.AddReply(tbMessage.Text,Request.UserHostAddress,messageID) > 0)
            {   ///重定向到留言页面
                Response.Redirect("Index.aspx");
            }
        }
    }
    protected void btnClear_Click(object sender,EventArgs e)
    {
        tbMessage.Text = string.Empty;
    }
}
```

1.10　留言发布模块

视频讲解　光盘：视频\第 1 章\留言发布模块.avi

现在都宣传言论自由，留言簿的目的是提供一个平台供大家交流，所以我决定不使用登录验证功能，只要用户发布了留言信息，就将信息添加到数据库中去。接下来需要完成的留言发布模块的实现原理和之前完成的留言回复模块类似，其留言发布模块功能是将用户发布的留言信息添加到系统库中。

留言发布功能是由文件 Index.aspx.cs 实现的，其具体实现流程如下：

(1) 引入命名空间，声明类 Board；

(2) 通过 Page_Load 载入初始化发布表单界面；

(3) 进行 IP 地址判断处理，如果 IP 为空则停止处理；

(4) 定义 btnCommit_Click，进行数据处理；

(5) 进行验证码判断处理,如果非法则输出提示;
(6) 将数据添加到系统库中。

上述过程的运行流程如图 1-16 所示。

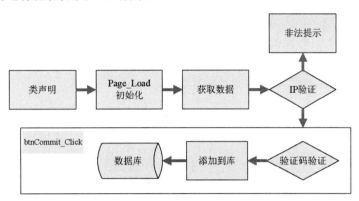

图 1-16 留言发布运行流程

文件 Index.aspx.cs 的主要代码如下:

```
public partial class Board : System.Web.UI.Page
{
    protected void Page_Load(object sender, EventArgs e)
    {   ///获取客户端的IP地址
        tbIP.Text = Request.UserHostAddress;
        if(!Page.IsPostBack)
        {
            BindPageData();
        }
        sm.RegisterAsyncPostBackControl(tbMessage);
    }
    private void BindPageData()
    {   ///获取数据
        Message message = new Message();
        DataSet ds = message.GetMessages();
        ///显示数据
        gvMessage.DataSource = ds;
        gvMessage.DataBind();
    }
    protected void btnCommit_Click(object sender,EventArgs e)
    {
        if(Session[ValidateCode.VALIDATECODEKEY] != null)
        {   ///判断验证码是否正确
            if(tbCode.Text != Session[ValidateCode.VALIDATECODEKEY].ToString())
            {
                lbMessage.Text = "验证码输入错误,请重新输入";
                return;
            }
            Message message = new Message();
            ///发表留言
    if(message.AddMessage(tbTitle.Text,tbMessage.Text,Request.UserHostAddress,tbEmail.Text) > 0)
            {       ///重新显示数据
                    BindPageData();
            }
        }
```

```
    }
    protected void btnClear_Click(object sender,EventArgs e)
    {
        tbMessage.Text = string.Empty;
    }
}
```

从上述留言发布模块的实现过程中可以看出，留言回复和留言发布的实现过程基本类似，都是基于数据库的添加处理，不同的是留言发布的数据被添加到库内的留言信息表内，而留言回复的数据被添加到库内的回复信息表内。

1.11 留言管理模块

视频讲解 光盘：视频\第 1 章\留言管理模块.avi

都说"没有规矩，不成方圆"，现在是和谐社会，而对作为舆论大平台的在线留言簿系统来说，一定要抵制违法言论的出现。所以我决定添加一个留言管理模块，其功能不仅是保证系统数据库够用，删除不需要的留言数据，更重要的功能是删除违法信息。留言管理功能的实现文件如下：

- 文件 Guanli.aspx
- 文件 Guanli.aspx.cs

1.11.1 留言管理列表页面

留言管理列表页面文件 Guanli.aspx 的功能是，将系统内的留言数据以分页列表样式显示出来，并提供每条留言的删除按钮。其具体实现流程如下：

（1）插入 1 个 GridView 控件，用于以列表样式显示留言的信息，包括留言者、邮箱地址、时间和留言内容等；

（2）通过 GridView 控件设置分页显示留言数为 5；

（3）通过 GridView 控件设置分页处理事件为 gvMessage_PageIndexChanging；

（4）在每条留言的后面插入 1 个 Button 按钮，用于激活删除处理事件；

（5）通过 PagerSettings 设置分页模式为 NextPreviousFirstLast。

文件 Guanli.aspx 的主要代码如下：

```
<%@ Page Language="C#" AutoEventWireup="true" CodeFile="Guanli.aspx.cs"
Inherits="BoardManage" StylesheetTheme="css" %>
...
    <form id="form1" runat="server">
    <asp:ScriptManager ID="sm" runat="server" />
    <table class="Table" border="0" cellpadding="0" cellspacing="0" align="center">
        <tr><td colspan="2">
        <asp:UpdatePanel runat="server" ID="up">
        <ContentTemplate>
        <asp:GridView ID="gvMessage" runat="server" Width="100%"
AutoGenerateColumns="False"
 SkinID="mm" ShowHeader="False" AllowPaging="True"
 OnPageIndexChanging="gvMessage_PageIndexChanging"
PageSize="5" OnRowDataBound="gvMessage_RowDataBound"
OnRowCommand="gvMessage_RowCommand">
```

```
            <Columns>
            <asp:TemplateField>
            <ItemTemplate>
            <table class="Table" cellpadding="3" cellspacing="0">
            <tr><td>作者: <a href='mailto:<%# Eval("Email") %>'><%# Eval("Email") %></a>
于[<%# Eval("IP") %>]、[<%# Eval("CreateDate") %>] 留言</td>
                <td align="right">
                <asp:Button ID="btnDelete" CommandArgument='<%# Eval("ID") %>'
CommandName="del" runat="server" Text="删除该留言" CssClass="Button"
CausesValidation="false" />
                </td></tr>
                <tr><td colspan="2"><hr size="1" /></td></tr>
                <tr><td colspan="2" class="Title"> <%# Eval("Title") %></td></tr>
                <tr><td colspan="2"> <%# Eval("Message") %></td></tr>
            </table>
            </ItemTemplate>
            </asp:TemplateField>
            </Columns>
            <PagerSettings Mode="NextPreviousFirstLast" />
            </asp:GridView>
            </ContentTemplate>
            </asp:UpdatePanel>
            </td></tr>
    </table>
    </form>
```

上述实例代码执行后,将以分页列表的样式显示系统内的留言数据,并在每条留言的后面显示一个删除操作按钮,如图 1-17 所示。单击某留言后的【删除该留言】按钮,将会激活删除处理程序。

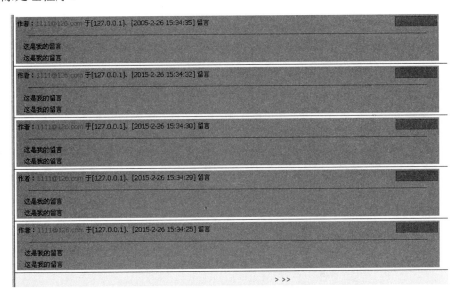

图 1-17 留言管理列表页面效果图

注意: 无论是本节介绍的留言管理列表页面,还是前面介绍的留言列表显示页面,都采用了 GridView 控件来实现信息显示。GridView 控件是 ASP.NET 中的核心控件,它能灵活地绑定数据,并且通过属性来设置元素的显示格式。

1.11.2 留言删除处理页面

留言删除处理页面文件 Guanli.aspx.cs 的功能是，对系统留言数据进行分页处理，并将用户选中的留言数据从系统库中删除。其具体实现流程如下：

(1) 引入命名空间，声明类 BoardManage；
(2) 通过 Page_Load 载入初始化留言管理列表界面；
(3) 获取并显示系统内的数据；
(4) 设置分页处理事件，对数据进行重新绑定；
(5) 定义 gvMessage_RowDataBound(object sender,GridViewRowEventArgs e)，用来弹出【删除确认】对话框；
(6) 定义 gvMessage_RowCommand(object sender,GridViewCommandEventArgs e)，将用户选中的数据从系统库中删除。

上述过程的运行流程如图 1-18 所示。

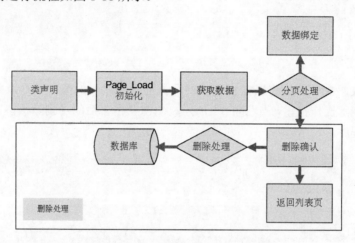

图 1-18 留言删除处理运行流程

文件 Guanli.aspx.cs 的主要代码如下：

```
public partial class BoardManage : System.Web.UI.Page
{
    protected void Page_Load(object sender,EventArgs e)
    {
        if(!Page.IsPostBack)
        {
            BindPageData();
        }
    }
    private void BindPageData()
    {   ///获取数据
        Message message = new Message();
        DataSet ds = message.GetMessages();
        ///显示数据
        gvMessage.DataSource = ds;
        gvMessage.DataBind();
    }
    protected void gvMessage_PageIndexChanging(object sender,GridViewPageEventArgs e)
    {   ///设置新页面，并重新绑定数据
        gvMessage.PageIndex = e.NewPageIndex;
```

```
            BindPageData();
        }
        protected void gvMessage_RowDataBound(object sender,GridViewRowEventArgs e)
        {
            Button button = (Button)e.Row.FindControl("btnDelete");
            if(button != null)
            {
button.Attributes.Add("onclick","return confirm(\"您确认要删除当前行的留言吗? \");");
            }
        }
        protected void gvMessage_RowCommand(object sender,GridViewCommandEventArgs e)
        {
            if(e.CommandName.ToLower() == "del")
            {   ///删除选择的留言
                Message message = new Message();
                if(message.DeleteMessage(Int32.Parse(e.CommandArgument.ToString())) > 0)
                    {   ///重新绑定数据
                        BindPageData();
                    }
            }
        }
}
```

上述代码执行后的显示效果:用户单击【删除该留言】按钮后,将首先弹出确认删除对话框,如图1-19所示;如果单击【取消】按钮则返回列表页面,如果单击【确定】按钮则将此留言数据从系统内删除。

图 1-19 确认删除对话框

1.12 测试运行

视频讲解　光盘: 视频\第1章\测试运行.avi

主界面如图1-20所示。

图 1-20 主界面

发布表单界面如图 1-21 所示。

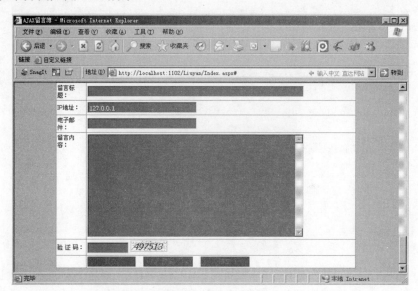

图 1-21　发布表单界面

管理界面如图 1-22 所示。

图 1-22　管理界面

第 2 章　互动媒体学习社区

随着 Internet 的普及，网络已成为人们学习、工作、生活不可或缺的一部分。网络学习是信息化社会学习的主要途径之一，而网络学习受到广大学习者青睐的原因是，网络上学习资源丰富，学习时间可灵活安排，还可以通过互动交流方式进行学习。互动交流是非常有效的网络学习手段，对学习者的创新能力和认知能力的发展起着不可低估的作用。本章通过开发一个媒体学习网站——互动媒体学习社区，介绍利用 ASP.NET ＋ Access 快速开发一个互动媒体学习社区的方法。

赠送的超值电子书

011. 配置 ASP.NET 环境
012. SQL Server 2005 的安装
013. 配置 SQL Server 2005
014. 编译和部署 ASP.NET 程序
015. SQL Server 2005 的卸载顺序
016. C#的地位
017. 什么是 C#
018. .NET Framework 框架介绍
019. 几个常见的概念
020. 程序编译

2.1 修炼自身

视频讲解 光盘：视频\第 2 章\修炼自身.avi

作为一名优秀的程序员，必须具备基本的程序员修为。修为是指一个人的修养、素质和能力，对于程序员来说，最重要的修为是自身的技术水平。

2.1.1 "码农"和"高大上"

程序员从事的是创造性的工作，十分注重个人的修为。IT 界的程序员可以分为两类，具体说明如下。

(1) 码农：因为学艺不精，自身技术水平有限，所以主要工作是加班修改代码。

(2) 牛人大佬：开发经验丰富，技术水平高，主要负责系统架构和项目管理等工作。

广大读者应该能意识到：在当今的程序员大军中，总有那么一些优秀者能从众多的"码农"中脱颖而出，成为高高在上的架构师或 CTO，拥有令人羡慕的薪资待遇；而与之相对应的是，也总有一些无休止绝对服从的"码农"们，总是在无奈的加班中度过自己的大好年华，但是得到的仅仅是微薄的工资。那么，为什么有些人能成为"高大上"的工程师和架构师？这是因为他们具备了"码农"们所没有的特质。在众多特质当中，自身的技术修为是最为重要的。

2.1.2 赢在自身——快速提升自身修为

包括广大读者在内，程序员们都想成为金字塔顶端的"高大上"一族。但是现实情况是，用人单位对软件架构师和 CTO 的要求非常高，其中最基本的一条要求是有较高的自身修为。那么，该如何迅速提高自己的修为呢？建议广大读者从如下 8 条开始做起。

(1) 掌握基础。

对于任何行业、任何工作来说，融会贯通是获得成功的关键。一个人要想成为优秀的程序员，就必须有坚实的基础。理解核心理念会帮助你用最好的方法设计和实施出最完美的方案。如果你感觉自己不能掌握计算机科学或者某个编程语言的核心知识点，现在开始回顾一下基础一点儿都不晚。

(2) 尽量编写简单易懂、有逻辑性的代码。

编写的代码要保持短小而精悍的特点，尽量编写有逻辑的代码，避免复杂化。有时，人们编写复杂代码的原因仅仅是为了展示他们有能力写出这样的代码。根据笔者的经验，简单而富有逻辑的代码非常好，产生的问题更少，也更容易扩展。

(3) 花更多的时间分析问题，将会花更少时间去解决问题。

花更多的时间理解和分析问题，然后再设计方案，你就会发现剩下的事情变得很容易了。设计不是非要使用建模语言和工具，可以是仅仅看看天空在脑子里构思。那些一遇到问题就开始敲代码的人往往最终会偏离需求。

(4) 成为第一个检查自己代码的人。

这虽然有一点儿难度，但是试着在其他人修改你的代码之前修改它，随着时间的推移，你就会写出几乎没有错误(bug)的代码。你需要对自己的代码做没有任何偏见的检查，也不要犹豫让其他人来检查你的代码。和其他优秀的程序员一起工作，接受他们的意见，能够帮助自己成长为一名优秀的程序员。

(5) 养成阅读文档的习惯。

阅读很多文档是优秀程序员的必备习惯之一。文档可以是产品说明书、JSR、API 文档、教程等。阅读文档可以帮助你获得必要的基础知识，写出更好的代码。

(6) 及时把握技术风向标。

IT 界的新技术层出不穷，新版本、新工具和新语言充斥在我们耳边。一项新的技术往往能够彻底颠覆一个行业，例如 Android 彻底颠覆了智能手机世界。要想迅速成为一名优秀的程序员，并且做到脱颖而出，就需要你具备随时学习新技术的能力。学习新技术的好处很多，例如，使你的知识面更广，使你能够对各项开发技术进行横向比较，使你掌握的开发技术更能融会贯通。更为重要的是，你能够站在技术前沿的最高点，不但增加了自己的一项生存技能，而且也能够做到与他人的不同，你能够更快地从整个团队中，甚至公司中脱颖而出。

(7) 不要迷失在快速更迭的科技世界。

及时把握技术风向标并不意味着每出现一门新技术，都要马上投入到学习中。在 IT 行业中，经常会遇到许多，对现在的工作不满，甚至离开它去追寻新的工作，理由是想要学习最新科技的人。我们每天听到的都是新工具、新接口、新框架，它们能让程序更简单，速度更快。这在科技世界中司空见惯并且会一直如此。但是，最基本、最核心的科技变化比那些工具、接口和框架的变化小得多。

举个例子，在 Java 企业级应用中，每个星期都会出现新的框架，但是核心的技术是不变的。例如基于"客户端-服务器端"的请求、MVS 模式、数据源绑定、XML 解析等。所以要花工夫去学习核心概念，而不是去担忧日新月异的框架和工具的出现。只要具备了核心技术的基础，你就会发现学习新的框架、工具以及接口变得更加容易。

(8) 阅读别人的代码，"让别人无路可走"。

如果你不能吸收 IT 界前辈大师的经验知识，那么你永远都无法成为一位大师。成为大师的方法之一是，找到一位大师，让其倾囊传授其所知。有这种可能吗？当然有。大师们的经验和技巧都保存在他们所编写的代码中，我们要做的就是去阅读他们的代码。打个比方，要想成为一名卓越的木匠，得观察大量结构优良的家具。大师们的源码少则几行，多则上万行。例如 Linux 是全世界大师们的呕心力作，而 Android 更是软件巨头谷歌公司开发大师们的心血之作。通过阅读他们的代码，分析他们建立的架构，在吸收消化之后，我们离大师就不远了。

2.2 开发背景简介

视频讲解 光盘：视频\第 2 章\开发背景简介.avi

信息化是当今世界经济和社会发展的大趋势，科学技术特别是信息技术和生命科学的不断突破，对世界政治、经济、文化生活都产生了更加深刻的影响。互联网的发展，不仅改变了人们的工作和生活方式，也改变了教育和学习方式。

计算机网络是计算机技术和通信技术紧密结合的产物，它涉及通信与计算机两个领域。它的诞生使计算机体系结构发生了巨大的变化，在当今社会经济中起着非常重要的作用，对人类社会的进步做出了巨大贡献。随着信息技术日益渗透到社会经济和生活的方方面面，没有人可以否认因特网带来的巨大变化和革命性的影响。

网络技术的发展和国际互联网在全球的开通，改变了人类以往的生活方式、工作方式、学习方式，甚至也改变了我们的思维方式。传统意义上的教学方式正由于因特网的飞速发展和广泛应用而产生着质的变化。基于计算机数字技术的多媒体教学，已经发展成为综合利用计算机网络通信和多媒体技术，以因特网为传播媒介，远程对学生进行交互式教学的网络教育，不但改变了传统的教学模式和手段，而且也从本质上改变了传统的教学思想和观念，促进了教育的终身化、现代化、社会化和国际化。

在网络上丰富多彩的学习资源中，传统的文档资源和图片资源已不能满足学习者对学习资源的需求，学习者迫切需要通过视觉或听觉直观地对学习资源进行深刻的了解，从而产生了视频学习资源和语音学习资源。互动媒体学习社区通过一个虚拟的网络学习环境，让学习者可以观看或发布视频教程和语音教程，进行相互学习交流。而且，因特网上的学习网站不受时空的限制，自由性比较强，有利于实现各取所需；方便轻松的学习方法，有利于提高学生的学习兴趣。

2.3 系统设计分析

视频讲解 光盘：视频\第 2 章\系统设计分析.avi

软件项目开发的第一步是系统设计分析和项目需求分析，本节将详细讲解本项目系统设计的具体分析工作，为读者步入后面的具体编码工作打下基础。

2.3.1 互动媒体学习社区的优势

互动媒体学习社区的最大优势不是快，而是多且深，它为学习者提供了无限大的选择空间，通过多种媒体表现形式，使学习者可以选择最适合自己的学习方式。互动媒体学习社区是传统课堂的延伸和拓展，是一个很好的课后学习平台。与学校相比，它有着更好的学习气氛，与平常的网络学习系统相比，则又多了些针对性的纵深辅导。

在现实应用中，互动媒体学习社区的魅力主要表现在如下 3 个方面。

(1) 内容丰富，学习者选择学习媒体的余地大。

凡是稍具规模的学科网站，一般都具有良好的网络学习界面，互动媒体学习社区向学习者提供的学习方法可达五六种，学习者可以自由选择适合自己的学习方式。如时下流行的视频媒体，就因其图文声像四样俱全，使学习过程变得活泼有趣，从而使学习者能够更有兴趣地学习。

(2) 方便学习和交流。

读者可以通过学科网站的留言板等功能模块，方便地与其他学友进行互动交流，而且这种交流具备不受地域限制、友善和人性化的特点。

(3) 功能齐全。

在系统中，学习者可进行学科授课计划、学习课程简介等信息的查看，相关课件的下载，视频教程的观看和下载等操作。

2.3.2 系统特点

本系统主要是在现有正常的网上学习的基础上，增加了视频、语音的学习内容，而且学习者还可以上传、下载视频，大大提高了学习者的学习兴趣。系统把大量信息的人工管理转变为计算机管理，简化了网站管理员的工作，提高了管理效率，同时方便用户学习。

本系统采用数据库对数字化信息资源进行组织管理。系统采用的数据库是关系数据库 Access，前台使用 Microsoft Visual Studio 2013 平台开发。Access 采用了关系型数据库结构，是一套简洁、快速的数据库管理系统，提供了多人使用的管理模式。同时，Microsoft Visual Studio 2013 平台和 Access 作为微软公司的产品，具有良好的整合性。信息平台的前台和后台操作均采用 B/S 操作结构，以增强系统的安全保密性、系统稳定性和易操作性。开发语言为 C#，它是目前最完备的面向对象语言。系统采用高度集成的模块结构，将所有的模块整合到一个通用的中央数据库中。

概括来说，本系统的具体特点如下。

(1) 完备的学习功能

系统设计的学习功能模块，可分为公告通知，语音、视频课程观看，用户注册，在线留言，语音、视频课程下载，论坛讨论等，操作功能健全而不冗余，简约而无遗漏。

(2) 科学的学习模式

系统采用多种学习方式，学习者可结合自己的情况灵活多样地进行检索，轻松找到适合自己的学习方法；通过学习者意见反馈系统，管理员可以随时把握学习者的各种新的需求，可及时与学习者进行网上互动交流；通过完善的信息发布系统，学习者可以及时得到网站最新动态和新闻，掌握行业动向；后台结构化管理模式涵盖了学科介绍、视频课程、语音视频、留言板、论坛等，为学校的电子化管理提供了一套良好的管理模式。

(3) 人性化的操作界面

一个网站要想吸引用户经常光顾，就应拥有美观的界面。本互动媒体学习社区通过专业美工的精心打造，让整个网站的功能操作变得十分简捷、可续、合理。

(4) 完善的安全机制

独立的密码校验功能，可以确保用户和网站数据的安全。

2.3.3 系统目标

根据需求分析的描述以及实际考察，现制定系统目标如下。

- 操作简单方便，界面简洁美观。
- 提供注册功能，用户可以通过注册成为网站会员。
- 对会员提供发布教程和下载教程的功能。
- 提供密码找回功能，当会员忘记密码时可以通过此功能找回。
- 提供留言功能，用户可以通过留言功能进行互动交流。

- 提供查询功能，使用户快速找到需要的教程。
- 提供后台管理功能，管理员通过后台进行网站的维护和管理。
- 系统运行稳定，安全可靠。

2.3.4 确定设计方案——B/S 体系结构

本系统面向的对象是广大的互联网用户。因此，要采用比较流行的 B/S 三层结构，如图 2-1 所示。

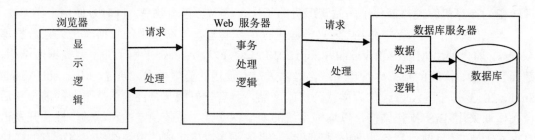

图 2-1　B/S 三层结构

与 C/S 体系结构相比，B/S 体系结构不仅具有 C/S 体系结构的全部优点，而且又有 C/S 体系结构所不具备的独特优势，具体说明如下。

- 开放的标准：B/S 所采用的标准都是开放的、非专用的，是经过标准化组织所确定的，而非单一厂商所制定，保证了其应用的通用性和跨平台性。
- 较低的开发和维护成本：B/S 的应用只需在客户端安装通用的浏览器即可，维护和升级工作都在服务器端进行，无须对客户端进行任何改变，故而大大降低了开发和维护的成本。
- 用户使用简单，界面友好：B/S 用户的界面都在统一的浏览器上，浏览器易于使用、界面友好，又因为它不再负责数据的存取和复杂数据计算等任务，只需进行显示，因而大大降低了对客户端的要求。

从以上的分析与比较中可以看出，B/S 模式具有 C/S 模式无法替代的优越性：它简化了系统的开发和维护，并且特别适用于网上信息发布。因此，我开发的互动媒体学习社区采用了基于 B/S 模式的体系结构。

2.4 需 求 分 析

视频讲解　光盘：视频\第 2 章\需求分析.avi

需求分析是指对要解决的问题进行详细的分析，弄清楚问题的要求，包括需要输入什么数据、要得到什么结果、最后应输出什么。可以这么说，软件工程当中的需求分析就是确定要计算机做什么，要达到什么样的效果。在开发软件项目的过程中，需求分析工作是在系统开发之前必须做的重要工作之一。本节将详细讲解本项目需求分析工作的具体过程。

2.4.1 可行性分析

(1) 风险分析

① 系统软件和硬件的风险：尽管采用了性能较高的硬件设备和较稳定的系统软件，网站仍存在一定的因软硬件崩溃而带来的风险。解决办法之一是定期备份数据，以降低风险。

② 计划的拖延：网站的开发存在因计划拖延带来的风险。

(2) 技术可行性

大学学科中的"数据库系统概论""计算机操作系统""计算机网络"等多门学科为整个课题开发提供了坚实的基础。C#是一种相对简单的语言，Access 也是一种简单的数据库，所以技术难度并不高。

(3) 操作可行性

该系统如投入使用，预期可以做到界面友好、管理方便、使用简单。管理人员经过培训，即能够使用本网站管理教程的相关信息。

(4) 经济可行性

该系统可以运行于现在市场上出售的各种个人电脑上，系统成本主要集中在系统的开发上。当系统投入运行后，可以实现在网上学习的功能，所带来的效益远远大于系统软件的开发成本。经济上完全可行。

2.4.2 功能分析

互动媒体学习社区系统从两种用户角度进行功能划分。

(1) 会员部分

- 学科信息展台：为会员提供学科操作平台。
- 下载视频：会员进行视频下载操作。
- 下载语音：会员进行语音下载操作。
- 观看视频：会员观看学科的视频教程。
- 网站论坛：会员对网站的学科内容和服务进行建议或交流的平台。

(2) 管理员部分

- 管理员账号管理：添加用户，编辑用户。
- 编辑视频：编辑视频简介，上传学科视频。
- 编辑语音：编辑语音简介，上传语音课程。
- 留言管理：查看留言信息，回复留言信息，删除留言信息。
- 公告管理：发布公告，删除公告。

2.4.3 业务流程

互动媒体学习社区的业务流程如图 2-2 所示。

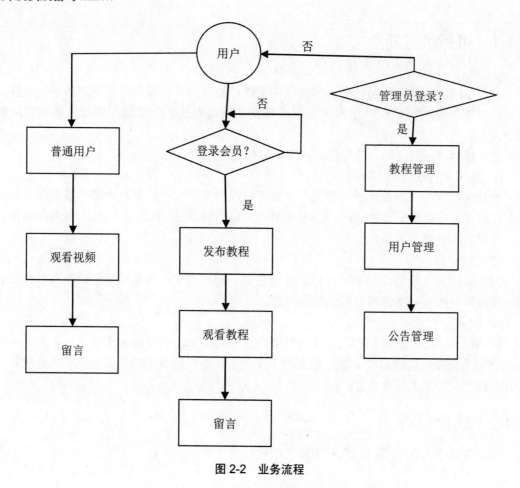

图 2-2　业务流程

2.5　总 体 设 计

视频讲解　光盘：视频\第 2 章\总体设计.avi

　　本系统采用的是 B/S 三层结构。这种模式统一了客户端，将系统功能实现的核心部分集中到服务器上，简化了系统开发、维护和使用。客户端只要安装一个浏览器(Browser)，如 IE 浏览器；服务器端安装 Access 或 SQL Server 等数据库。浏览器通过 Web Server 同数据库进行数据交互。

　　根据互动媒体学习社区的特点，可以将其分为前台和后台两个部分进行设计。前台主要实现发布教程(发布视频或语音教程，查看已发布的语音教程，查看已发布的视频教程)、浏览教程(浏览视频或语音教程，发布留言)、登录、查询等功能。后台主要实现公告管理(管理公告、发布公告)、教程管理(发布教程、管理视频教程、管理语音教程)、用户管理等功能。互动媒体学习社区的前台功能框架如图 2-3 所示。互动媒体学习社区的后台功能框架如图 2-4 所示。

第 2 章　互动媒体学习社区

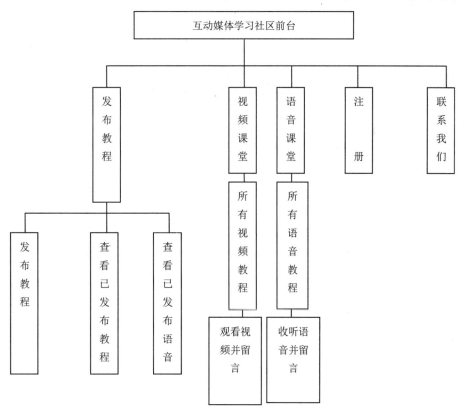

图 2-3　前台功能框架

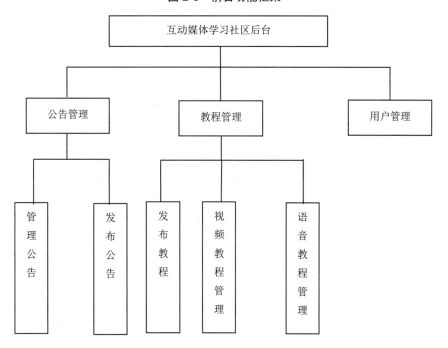

图 2-4　后台功能框架

2.6 系统预览

视频讲解 光盘：视频\第 2 章\系统预览.avi

互动媒体学习社区网由多个页面组成，下面仅列出几个典型页面，其他页面参见光盘中的源程序。首页效果如图 2-5 所示，主要实现显示导航、最新教程、教程排行、公告信息、登录功能和搜索功能。查看教程页面效果如图 2-6 所示，主要实现观看视频教程和发布留言功能。发布教程页面如图 2-7 所示，主要实现教程发布、教程管理功能。后台视频管理页面如图 2-8 所示，主要实现查看视频详细信息、管理视频留言、删除视频等功能。

图 2-5 系统首页

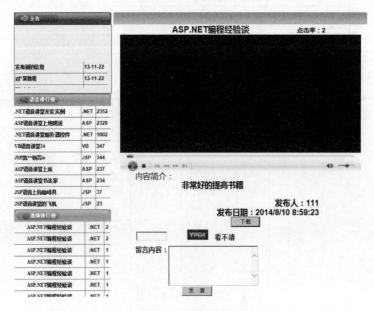

图 2-6 查看教程页面

第 2 章 互动媒体学习社区

图 2-7 发布教程页面

图 2-8 后台视频管理页面

作为在线 Web 系统，网页界面的美感十分重要。好的网页效果能给客户带来视觉冲击，留下好的印象，增加客户的满意度。在具体美化时，我们通常会用一些漂亮的素材图片作为背景，并用 CSS 来配合完成控件和信息的显示。至于具体怎样搭配，就要根据客户和设计师的喜好了。

2.7 构建开发环境

视频讲解 光盘：视频\第 2 章\构建开发环境.avi

1. 网站开发环境

- 网站开发环境：Microsoft Visual Studio 2005 集成开发环境。
- 网站开发语言：ASP.NET+C#。
- 网站后台数据库：Microsoft Access。
- 开发环境运行平台：Windows XP(SP2)/Windows 2000(SP4)/Windows Server 2003 (SP1)/Windows 7/Windows 8。

> **注意**： SP(Service Pack)为 Windows 操作系统补丁。

2．服务器端

- 操作系统：Windows 7。
- Web 服务器：Internet 信息服务(IIS)管理器。
- 数据库服务器：Microsoft Access。
- 浏览器：IE 6.0 及以上。
- 网站服务器运行环境：Microsoft .NET Framework SDK 4.5.1。

3．客户端

- 浏览器：IE 6.0。
- 分辨率：最佳效果为 1024×768 像素。

2.8 数据库设计

视频讲解 光盘：视频\第 2 章\数据库设计.avi

数据库技术是动态网站的核心，是实现动态网页效果的根本。本系统将采用 Access 数据库作为后台数据库，数据库名称为 db_study，其中包含 6 个数据表。本节将详细讲解本系统数据库的设计过程。

2.8.1 概念设计

数据库设计是在系统分析之后进行的，这时功能需求已经明确，只需在 DBA 的参与下对数据库方案进行详细设计即可。在这一个阶段的设计工作过程中，为了提高开发效率，可以考虑使用第三方设计工具。最佳工具首推 PowerDesigner(以下简称 PD)。PD 不仅能满足我们的设计需求，还可以通过逆向工程从数据库对象生成设计模型，并且具有相当的灵活性。PD 设计界面如图 2-9 所示。

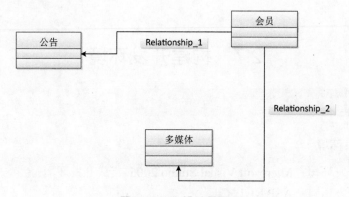

图 2-9　PD 设计界面

在概念设计阶段，从用户的角度看待数据及处理要求和约束，产生一个反映用户观点的概念模式，然后再把概念模式转换成逻辑模式。利用 E-R 方法进行数据库的概念设计，可分成三步进行：首先设计局部 E-R 模式；然后把各局部 E-R 模式综合成一个全局模式；最后对全局 E-R 模式进行优化，得到最终的模式，即概念模式。

2.8.2 实体 E-R 图

通过对网站进行的需求分析与系统功能结构的确定，规划出系统中使用的数据库实体对象分别为公告信息实体、语言类型实体、留言信息实体、会员信息实体和视频教程信息实体(由于视频教程信息实体和语音教程信息实体类似，这里只给出视频教程信息实体)。本系统中各个实体 E-R 图的具体说明如图 2-10～图 2-14 所示。

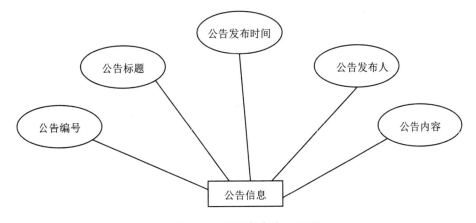

图 2-10　公告信息实体 E-R 图

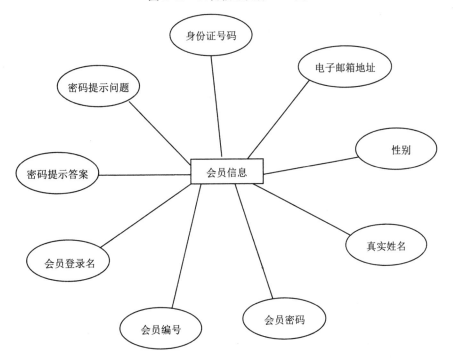

图 2-11　会员信息实体 E-R 图

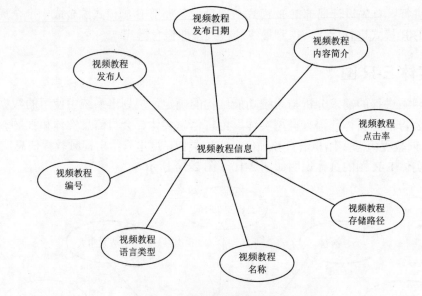

图 2-12　视频教程信息实体 E-R 图

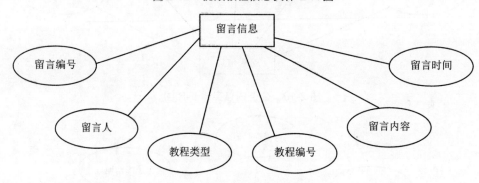

图 2-13　留言信息实体 E-R 图

图 2-14　语言类型实体 E-R 图

2.8.3　逻辑设计

根据系统功能设计的要求以及功能模块的划分，在本项目的数据库中需要包含以下数据表。

（1）公告信息表(见表 2-1)，主要包括公告信息的相关消息(例如：公告标题、公告发布时间、公告内容等)，以自动增长 ID 为主键，包括一个外键 Name。

第 2 章 互动媒体学习社区

表 2-1 tb_Bulletin(公告信息表)

字段名称	数据类型	字段大小	允许为空	说明
ID	自动编号	长整型	自增编号	公告编号
Title	文本	50	否	公告标题
Content	备注	16	否	公告内容
Date	日期/时间	50	否	公告发布时间
Name	文本	50	否	公告发布人

(2) 会员信息表(见表 2-2)，主要用来存储会员注册的信息，以自动增长 ID 为主键，包括一个外键 Name。

表 2-2 tb_login(会员信息表)

字段名称	字段类型	大小	允许为空	说明
ID	自动编号	长整型	自增编号	会员编号
Name	文本	50	否	会员登录名
Pass	文本	50	否	会员密码
Email	文本	50	否	电子邮箱地址
IDcard	文本	50	否	身份证号码
Zname	文本	50	否	真实姓名
Sex	文本	4	否	性别
PassQuestion	文本	50	否	密码提示问题
PassSolution	文本	50	否	密码提示答案
LoginDate	日期/时间	50	否	注册时间
Lock	数字	长整型	是	锁定状态

(3) 语音教程信息表(见表 2-3)，主要用来存储会员发布的语音教程信息，以自动增长 SoundID 为主键，包括一个外键 Name。

表 2-3 tb_Sound(语音教程信息表)

字段名称	字段类型	大小	允许为空	说明
SoundID	数字	自动编号	自增编号	语音教程编号
SoundType	数字	4	否	语音教程语言类型
SoundName	文本	50	否	语音教程名称
SoundUrl	文本	500	否	语音教程存储路径
ClickSum	数字	4	是	语音教程点击率
SoundContent	文本	20	是	语音教程内容简介
FBDate	日期/时间	10	否	语音教程发布日期
Name	文本	50	是	语音教程发布人

(4) 视频教程信息表(见表 2-4)，主要用来存储会员发布的视频教程信息，以自动增长 VideoID 为主键，包括一个外键 Name。

表 2-4 tb_Video(视频教程信息表)

字段名称	字段类型	大　小	允许为空	说　明
VideoID	数字	自动编号	自增编号	视频教程编号
VideoType	数字	4	否	视频教程语言类型
VideoName	文本	50	否	视频教程名称
VideoUrl	文本	500	否	视频教程存储路径
ClickSum	数字	4	是	视频教程点击率
VideoContent	文本	20	是	视频教程内容简介
FBDate	日期/时间	10	否	视频教程发布日期
Name	文本	50	是	视频教程发布人

(5) 留言信息表(见表 2-5)，主要用来存储用户留言的详细信息。

表 2-5 tb_Speak(留言信息表)

字段名称	字段类型	大　小	允许为空	说　明
SpeakID	自动编号	长整型	自增编号	留言编号
Speaksman	文本	50	否	留言人
TutorialType	文本	50	否	教程类型
TutorialID	数字	4	否	教程编号
SpeakContent	备注	50	是	留言内容
SpeakDate	日期/时间	8	否	留言日期

(6) 语言类型表(见表 2-6)，主要用来存储用户选择的编程语言。

表 2-6 tb_Type(语言类型表)

字段名称	字段类型	大　小	允许为空	说　明
TypeID	自动编号	长整型	自增编号	语言类型编号
TypeName	文本	50	是	语言类型名称

(7) 讨论区留言信息表(见表 2-7)，主要用来存储讨论区留言的详细信息。

表 2-7 Messages 表(讨论区留言信息表)

字段名称	字段类型	大　小	允许为空
ID	自动编号	长整型	自增编号
TopicID	数字	长整型	否
MsgTitle	文本	50	是
SpeakContent	文本	50	否

续表

字段名称	字段类型	大 小	允许为空
Speaksman	文本	50	否
SpeakDate	文本	50	否

2.9 文件组织结构和功能模块设计

视频讲解 光盘：视频\第 2 章\文件组织结构和功能模块设计.avi

为了便于读者对本网站的学习和理解，在此将网站文件的组织结构展示出来，这样读者会对本系统从整体结构上有一个大体的了解，便于大家对后面各个文件具体实现过程的学习。

2.9.1 文件组织结构设计

前台文件组织结构如图 2-15 所示。后台文件组织结构如图 2-16 所示。

图 2-15 前台文件组织结构

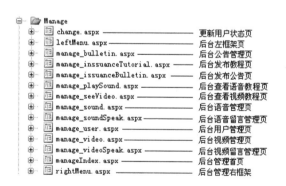

图 2-16 后台文件组织结构

2.9.2 用户功能模块设计

(1) 识别参与者

参与者有游客、会员、管理员。

在用户功能模块中，对于普通用户，提供相关的用户登录、注册、注销、修改密码的功能；而对于后台的管理员，不仅提供相关的登录及验证机制，同时，管理员可以对所有普通用户的信息进行锁定、删除操作。

管理员用例图如图 2-17 所示。

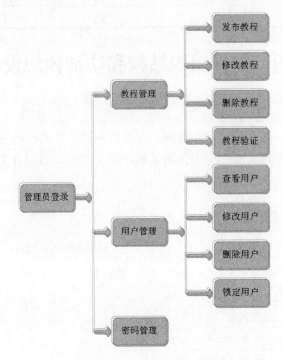

图 2-17　管理员用例图

会员用例图如图 2-18 所示。

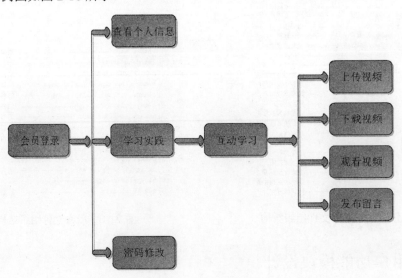

图 2-18　会员用例图

(2) 教程模块的设计

在教程模块中，普通用户与管理员都可以浏览教程信息，所有用户都可以通过教程简介、教程排行来查看信息，也可以通过关键字来查询有关教程的信息。所有用户在观看教程后可以留言。对于注册用户，除了浏览教程外，还可以发布自己的教程。管理员查看并管理教程，对所有教程进行验证。

游客与教程模块、注册用户与教程模块、管理员与教程模块的功能分别如图 2-19、图 2-20、图 2-21 所示。

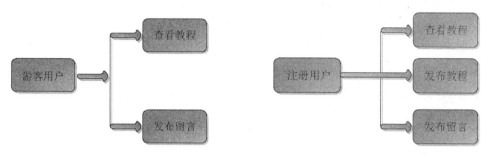

图 2-19　游客与教程模块的功能　　　　　图 2-20　注册用户与教程模块的功能

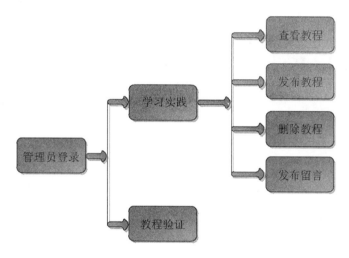

图 2-21　管理员与教程模块的功能

(3) 留言模块的设计

在留言模块中，普通用户或者管理员都可以在网站上进行留言，但管理员能在后台读取并浏览相关留言或者对留言信息进行相应操作处理。

图 2-22 和图 2-23 分别为普通用户留言模块及管理员留言模块的功能。

图 2-22　普通用户留言模块的功能　　　　　图 2-23　管理员留言模块的功能

2.10　公共类设计

视频讲解　光盘：视频\第 2 章\公共类设计.avi

在软件项目中，公共类的设计遵循了面向对象的模块化设计思想。其主要目的是将在项目中被多次用到的功能编写成独立的类，在使用时直接调用这些类即可。这样做的好处是便于维护，提高开发效率，减少代码编写量。有关模块化设计的好处，读者可以从古龙先生的武侠小说片段中得到启迪。

一座高山，一处低岩，一道新泉，一株古松，一炉红火，一壶绿茶，一位老人，一个少年。

"天下最可怕的武器是什么？"少年问老人，"是不是例不虚发的小李飞刀？"

"以前也许是，现在却不是了。"

"为什么？"

"因为自从小李探花仙去后，这种武器已成绝响。"老人黯然叹息，"从今以后，世上再也不会有小李探花这种人；也不会再有小李飞刀这种武器了。"

少年仰望高山，山巅白云悠悠。

"现在世上最可怕的武器是什么？"少年又问老人，"是不是蓝大先生的蓝山古剑？"

……

"不是。"老人道，"你说的这些武器虽然都很可怕，却不是最可怕的一种。"

"最可怕的一种是什么？"

"是一口箱子。"

"一口箱子？"少年惊奇极了，"当今天下最可怕的武器是一口箱子？"

"是的。"

这是出自古龙的武侠名著《英雄无泪》的一段对白，没错，最厉害的武器是一口箱子。等看完整本小说之后才明白，这不是一口简单的箱子，箱子里有很多个零部件，能够根据不同的对手而迅速组成一个战胜对手的武器。将箱子中的武器引申到 C#程序中，会发现这个箱子和程序中的类十分相似。我们要编程解决一个问题，要实现某个功能，可以编写一个类来实现它。如果有多个问题，则编写多个类就可以实现，类就是我们编程中的那个神秘的箱子。

数据库操作类用来完成数据库的连接操作以及数据库的查询、添加、删除和修改操作，将这几种操作编写到一个公共类里，可以减少重复代码的编写，有利于代码的维护。本节将详细讲解本系统公共类的具体设计过程。

2.10.1　数据库操作类设计

创建数据库操作类的方法：在 Microsoft Visual Studio 2013 菜单栏中选择【网站】|【添加新项】命令，在弹出的【添加新项】对话框中选择【类】，将其命名为"dataOperate.cs"，如图 2-24 所示。

第 2 章　互动媒体学习社区

图 2-24　创建数据库操作类

单击【添加】按钮将弹出一个提示对话框，如图 2-25 所示，询问是否将刚才创建的类存放在 App_Code 文件夹中，单击【是】按钮，完成数据库操作类的创建。

图 2-25　提示对话框

在解决方案资源管理器里的 App_Code 文件夹中可以看到新创建的数据库操作类。双击数据库操作类，进行此类的编写。在此类里可以看到系统自动添加的命名空间、公共类和构造函数。由于此类需要对数据库进行操作，所以需要引用命名空间 System.Data.OleDb。代码如下：

```
using System;
using System.Data;
using System.Configuration;
using System.Web;
using System.Web.Security;
using System.Web.UI;
using System.Web.UI.WebControls;
using System.Web.UI.WebControls.WebParts;
using System.Web.UI.HtmlControls;
using System.Data.OleDb;
/// <summary>
/// dataOperate 的摘要说明
/// </summary>
public class dataOperate
{
    public static DataSet ds;
    public dataOperate()
    {
```

```
//
// TODO: 在此处添加构造函数逻辑
//
}
}
```

在 dataOperate 类中一共定义了 6 个方法，下面分别对这几个方法进行讲解。

(1) createCon 方法

createCon()方法用来连接数据库。此方法返回的类型为 OleDbConnection，主要用来构造数据库的连接。代码如下：

```
public OleDbConnection createCon()
{
OleDbConnection odbc = new OleDbConnection("Provider=Microsoft.Jet.OLEDB.4.0;Data source=|DataDirectory|db_study.mdb;"); //生成 OleDbConnection 的一个对象用于连接数据库
return odbc;
}
```

(2) adlData 方法

adlData(string sql)方法用来添加或删除数据。此方法返回一个布尔值，用来表示添加或删除数据是否成功，执行成功返回 true；否则返回 false。调用此方法时应传入一个 string 类型的参数，此参数表示所要执行的 SQL 语句。代码如下：

```
public bool adlData(string sql)
{
OleDbConnection Odbc =createCon(); //调用 createCon 方法连接数据库
Odbc.Open(); //打开数据库连接
OleDbCommand com = new OleDbCommand(sql, Odbc); //对 Access 数据库执行一个 SQL 语句
int i = Convert.ToInt32(com.ExecuteNonQuery()); //返回所影响的行并转换成 int 类型
Odbc.Close();
if (i > 0)
{
return true;
}
else
{
return false;
}
}
```

(3) isData 方法

isData(string sql)方法用来查找数据是否存在。此方法返回一个整型值，用来表示是否查找到数据，查找到数据则返回一个大于 0 的值；否则返回 0。调用此方法时应传入一个 string 类型的参数，此参数表示所要执行的 SQL 语句。代码如下：

```
public int isData(string sql)
{
OleDbConnection Odbc =createCon(); //调用 createCon 方法连接数据库
Odbc.Open(); //打开数据库连接
OleDbCommand com = new OleDbCommand(sql, Odbc); //对 Access 数据库执行一个 SQL 语句
int i = Convert.ToInt32(com.ExecuteScalar()); //返回首行首列
Odbc.Close();
return i;
}
```

(4) UpdateData 方法

updateData(string sql)方法用来更新数据。此方法没有返回值。在调用此方法时应传入一个 string 类型的参数，此参数表示所要执行的 SQL 语句。代码如下：

```
public void updateData(string sql)
{
OleDbConnection Odbc =createCon();  //调用 createCon 方法连接数据库
Odbc.Open();  //打开数据库连接
OleDbCommand com = new OleDbCommand(sql,Odbc);  //对 Access 数据库执行一个 SQL 语句
com.ExecuteScalar();  //返回首行首列
Odbc.Close();
}
```

(5) row 方法

row(string sql)方法用来查找并返回一行数据。此方法返回一个 OleDbDataReader 对象。在调用此方法时应传入一个 string 类型的参数，此参数表示所要执行的 SQL 语句。代码如下：

```
public OleDbDataReader row(string sql)
{
OleDbConnection Odbc =createCon();  //创建 OleDbConnection 对象
Odbc.Open();  //打开数据库连接
OleDbCommand com = new OleDbCommand(sql, Odbc);
return com.ExecuteReader();  //返回 OleDbDataReader 对象
}
```

(6) rows 方法

rows(string sql, string table)方法用来查找并返回多行数据。此方法返回一个 DataTable 对象。在调用此方法时应传入两个 string 类型的参数：第一个参数表示要执行的 SQL 语句；第二个参数表示表名。代码如下：

```
public DataTable rows(string sql, string table)
{
DataSet ds;
OleDbConnection Odbc =createCon();
Odbc.Open();
OleDbDataAdapter oda = new OleDbDataAdapter(sql,Odbc);
ds = new DataSet();  //创建数据集
oda.Fill(ds,table);  //填充数据集
Odbc.Close();
return ds.Tables[table];  //返回数据表
}
```

2.10.2 业务功能类设计

业务功能类用来存放开发中常用的方法，可以减少重复代码的编写，有利于代码的维护。在此类中有两个自定义方法：Encrypting 方法和 Decrypting 方法，这两个方法主要用来完成重要信息的加密和解密。

(1) Encrypting 方法

Encrypting(string Source)方法用来对比较重要的信息进行加密操作。此方法返回一个 string 类型的值，该值表示已经加密的信息。在调用此方法时应传入一个 string 类型的参数，此参数表示需要加密的信息。代码如下：

```csharp
public static string Encrypting(string strSource)
{
//把字符串放到byte数组中
byte[] bytIn = System.Text.Encoding.Default.GetBytes(strSource);
//建立加密对象的密钥和偏移量
byte[] iv = { 102, 16, 93, 156, 78, 4, 218, 32 };  //定义偏移量
byte[] key = { 55, 103, 246, 79, 36, 99, 167, 3 };  //定义密钥
//实例DES加密类
DESCryptoServiceProvider mobjCryptoService = new DESCryptoServiceProvider();
mobjCryptoService.Key = iv;
mobjCryptoService.IV = key;
ICryptoTransform encrypto = mobjCryptoService.CreateEncryptor();
//实例MemoryStream流加密文件
System.IO.MemoryStream ms = new System.IO.MemoryStream();
CryptoStream cs = new CryptoStream(ms, encrypto, CryptoStreamMode.Write);
cs.Write(bytIn, 0, bytIn.Length);
cs.FlushFinalBlock();
return System.Convert.ToBase64String(ms.ToArray());
}
```

(2) Decrypting 方法

Decrypting(string Source)方法用来对已加密的信息进行解密。此方法返回一个 string 类型的值，该值表示解密后的信息。在调用此方法时应传入一个 string 类型的参数，此参数表示需要解密的信息。代码如下：

```csharp
public static string Decrypting(string Source)
{
try
{
//将解密字符串转换成字节数组
byte[] bytIn = System.Convert.FromBase64String(Source);
//给出解密的密钥和偏移量，密钥和偏移量必须与加密时的密钥和偏移量相同
byte[] iv = { 102, 16, 93, 156, 78, 4, 218, 32 };  //定义偏移量
byte[] key = { 55, 103, 246, 79, 36, 99, 167, 3 };  //定义密钥
DESCryptoServiceProvider mobjCryptoService = new DESCryptoServiceProvider();
mobjCryptoService.Key = iv;
mobjCryptoService.IV = key;
//实例流进行解密
System.IO.MemoryStream ms = new System.IO.MemoryStream(bytIn, 0, bytIn.Length);
ICryptoTransform encrypto = mobjCryptoService.CreateDecryptor();
CryptoStream cs = new CryptoStream(ms, encrypto, CryptoStreamMode.Read);
StreamReader strd = new StreamReader(cs, Encoding.Default);
return strd.ReadToEnd();
}
catch (Exception ex)
{
throw new Exception("在文件解密的时候出现错误！错误提示： \n" + ex.Message);
}
}
```

> **注意：** 实现 Encrypting 方法和 Decrypting 方法需引用 System.Security.Cryptography 命名空间、System.IO 命名空间、System.Text 命名空间。

第 2 章 互动媒体学习社区

2.11 网站首页设计

视频讲解 光盘：视频\第 2 章\网站首页设计.avi

　　界面设计是窗体项目的第一个步骤，需要在 Visual Studio 2013 窗体中插入布局控件。网站首页是项目运行后显示的界面，用户可以在此页面上实现对游戏的控制，使用 Visual Studio 2013 可以轻松地实现网页的设计。在网页设计过程中，需要遵循网站用户界面的设计原则。

　　网站用户界面是指网站用于和用户交流的外观、部件和程序等。广大读者在上网时会看到，很多网站设计得很朴素，看起来很舒服；有的网站很有创意，能给人带来意外的惊喜和视觉冲击。而相当多的网站界面上充斥着怪异的字体、花哨的色彩和图片，给人以软件制作粗劣的感觉。网站界面的设计，既要从外观上进行创意以到达吸引眼球的目的，还要结合图形和版面设计的相关原理，从而使得网站设计变成一门独特的艺术。通常来讲，企业网站用户界面的设计应遵循以下几个基本原则。

　　1) 用户导向(User oriented)原则

　　设计网站首先要明确到底谁是使用者，要站在用户的观点和立场上来考虑。要做到这一点，必须要与用户沟通，了解他们的需求、目标、期望和偏好等。界面的设计者要清楚，用户之间差别很大，他们的需求和审美各有不同。另外，用户使用的计算机配置也千差万别，包括显卡、声卡、内存、网速、操作系统以及浏览器等都会有不同。设计者如果忽视了这些差别，设计出的网页在不同的机器上显示会造成混乱。

　　2) KISS(Keep It Simple And Stupid)原则

　　KISS 原则就是 Keep It Simple And Stupid 的缩写，简洁和易于操作是网页设计最重要的原则。毕竟，网站建设出来是为普通网民来查阅信息和使用网络服务的。没有必要在网页上设置过多的操作，堆积上很多复杂和花哨的图片。该原则一般的要求是减少大幅图片和动画的使用，确保操作设计尽量简单，并且有明确的操作提示，软件所有的内容和服务都在显眼处向用户予以说明等。

　　3) 布局控制

　　关于界面排版布局方面，很多界面设计者重视不够，界面排版设计得过于死板，甚至照抄他人。如果界面的布局凌乱，仅仅把大量信息堆积在页面上，会干扰浏览者的阅读。一般在界面设计上要遵循的原理有：

- Miller 公式
- 分组处理

　　4) 色彩的搭配和文字的可阅读性

　　颜色是影响网页的重要因素，不同的颜色会给人不同的感觉，例如：红色和橙色使人兴奋并心跳加速；黄色使人联想到阳光，是一种快活的颜色；黑色显得比较庄重。

　　为方便阅读网页上的信息，可以参考报纸的编排方式，将软件内容分栏设计，甚至两栏也要比一满页的视觉效果要好。另一种能够提高文字可读性的因素是所选择的字体，通用的字体(Arial、Courier New、Garamond、Times New Roman、中文宋体)最易阅读，特殊字体用于标题效果较好，但是不适合正文。如果在整个页面使用一些特殊字体(如 Cloister、Gothic、Script、Westminster、华文彩云、华文行楷)，读者阅读起来感觉会很糟糕。该类特殊字体如果在页面上大量使用，会使得阅读颇为费力，浏览者的眼睛很快就会疲劳，不得不转移到其他界面。

5) 和谐与一致性

通过对网站的各种元素(颜色、字体、图形、空白等)使用一定的规格，使得设计良好的界面看起来应该是和谐的。或者说，网站的众多单独界面应该看起来像一个整体。网站设计上要保持一致性，这又是很重要的一点。一致的结构设计，可以让浏览者对网站的形象有深刻的记忆；一致的导航设计，可以让浏览者迅速而又有效地进入网站中自己所需要的部分；一致的操作设计，可以让浏览者快速学会整个网站的各种功能操作。破坏这一原则，会误导浏览者，并且让整个网站显得杂乱无章，给人留下不好的印象。

6) 个性化

(1) 符合网络文化

企业网站不同于传统的企业商务活动，要符合互联网网络文化的要求。整个互联网的文化是一种休闲的、非正式性的、轻松活泼的文化。在网站上使用幽默的网络语言，创造一种休闲的、轻松愉快、非正式的氛围会使软件的访问量大增。

(2) 塑造网站个性

网站首页的整体风格和整体气氛表达要同企业形象相符合并应该很好地体现企业 CI。在这方面比较经典的案例有，可口可乐个性鲜明的前卫网站首页"Life Tastes Good"；工整、全面、细致的通用电气公司网站首页"We bring good things to life(GE 带来美好的生活)"；崇尚科技创新文化的 3M 公司网站首页"Creating solutions for business，industry and home"；刻意扮演一个数字电子娱乐之集大成者的角色，要成为新时代梦想实现者的索尼网站首页。

在接下来的内容中，将遵循上述网站首页设计原则创建互动媒体学习社区的首页。网站首页中包括如下模块。

- 网站导航：包括【发布教程】、【视频课堂】、【语音课堂】、【注册】、【联系我们】等导航按钮。
- 教程搜索：可以根据教程类型和教程语言进行搜索。
- 网站公告：网站近期的动态，或是一些通告事项。
- 用户登录：只有登录用户才有权限发布教程和下载教程。
- 最新发布教程：包括最新发布的视频教程和语音教程。
- 教程排行榜：包括点击率最高的视频教程和语音教程。

首页设计的好坏直接影响到浏览者及用户对网站的印象，因此页面整体布局要合理、简洁、美观。网站首页的运行效果如图 2-26 所示。

第 2 章　互动媒体学习社区

图 2-26　网站首页

在主页 Web 窗体的加载事件中调用各个功能绑定到 DataList 控件上的方法。实现代码如下：

```
    protected void cretVideo()
    {
      try
       {
    string Sql = "SELECT top 10 * from tb_Video as a inner join tb_Type as b on a.VideoType=b.TypeID  ORDER BY VideoID DESC"; gvNewVideo.DataSource = mydo.rows(Sql, "tb_Video").DefaultView;
      gvNewVideo.DataBind();
       }
      catch (Exception error)
       { Response.Redirect(error.Message.ToString());}
}
    //最新语音
    protected void creatSound()
{
    try
     {
 string Sql = "select top 10 * from tb_sound as a inner join tb_Type as b on a.SoundType=b.TypeID order by SoundID DESC";
 gvNewSound.DataSource = mydo.rows(Sql, "tb_sound").DefaultView;
  gvNewSound.DataBind();
 }
 catch (Exception error)
{
     Response.Write(error.ToString());
Response.Write("<script language=javascript>alert('数据库失败')</script>");
     }
}
```

2.12 实现用户注册模块

视频讲解 光盘：视频\第2章\实现用户注册模块.avi

浏览者可以通过用户注册功能注册成为本网站的会员，用户注册并登录后，可以发布自己制作的视频教程和语音教程，也可以下载自己喜欢的教程。当用户在首页单击导航栏中【注册】按钮或在登录模块中单击【新用户注册】按钮时，将进入用户注册页面。实现用户注册信息时应注意：用户名不能为空，密码必须填写，两次密码输入必须一致，电子邮件地址、格式和身份证号位数必须正确。这些信息的验证都是通过服务器验证控件实现的。用户注册页面如图 2-27 所示。

图 2-27 用户注册页面

2.12.1 login.aspx 页面部分代码分析

首先通过调用 add 方法将用户添加的注册信息添加到数据库中，具体实现代码如下：

```
protected bool add()
{
    dataOperate mydo = new dataOperate(); //创建数据库操作类的对象
    string name = txtName.Text;
    string pass =Operate.Encrypting(txtPass.Text);   //调用业务功能类中的Enctyping方法
将用户密码进行加密
    string sex; //获取性别
    if (RadioButtonMan.Checked)
    {
        sex = "男";
    }
    else
    {
        sex = "女";
```

```
    }
    string trueName = txtTrueName.Text;//获取真实姓名
    string idCard = this.txtIDCard.Text;//获取电话
    string passQuestion = this.txtPassQuestion.Text;
    string passSolution =
FormsAuthentication.HashPasswordForStoringInConfigFile(this.txtPassSolution.Text,
"MD5");
    //根据指定的密码和哈希算法生成一个适合于存储在配置文件中的哈希密码
    string email = txtEmail.Text;//获取电子邮件
    string sql = "insert into
tb_login(Name,Pass,ZName,Sex,Email,IDCard,PassQuestion,PassSolution) values('" + name +
"','" + pass + "','" + trueName + "','" + sex + "','" + email + "','" + idCard + "','"
+ passQuestion + "','" + passSolution + "')";
    return mydo.adlData(sql);
}
```

2.12.2 用户登录设计

在登录框中输入对应的用户名、密码后，确定登录，提交后所需参数会传到后台的 entry.aspx 中，如图 2-28 所示。

图 2-28 用户登录框

首先通过用户名对数据库中的 tb_login 表进行检索，若检索到的记录集为空，则提示用户名不正确；若记录不为空，再进行密码判断，若密码与数据表中的密码不一致，则同样提示错误信息；若用户名与密码都正确，则成功登录后台管理页面，并将用户以 Session 对象保存起来。用户登录流程如图 2-29 所示。

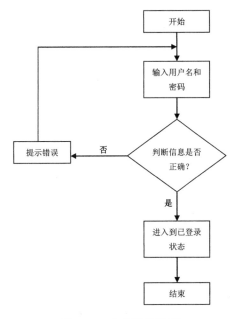

图 2-29 会员登录流程

当用户注册为本网站的会员后,必须进行登录后才能使用上传或下载教程和管理教程的功能。当用户登录成功后进行留言时,会将发言人保存为用户的登录名。如果是普通用户,发言人将保存为游客。这里主要应用了 Session 对象,利用 Session 对象来保存用户登录名。当用户发布教程或发布留言时,可以将 Session 对象保存的用户名添加到数据库中。Session 对象是 HttpSessionState 类的一个实例,其功能是存储跨网页程序的变量或者对象。Session 对象只针对单一界面使用,也就是说各个连接的机器都有各自的 Session 对象,不同的客户端无法互相存取。Session 对象中止于联机机器离线时,也就是当界面使用者关掉浏览器或超过设定的 Session 变量的有效时间时,Session 对象就会消失。Session 对象常用属性及说明如下。

(1) Contents 属性:获取对当前会话状态对象的引用。

语法:Public HttpSessionState Contents{get;}

属性值:当前的 HttpSessionState。

(2) Item 属性:获取或设置会话值,该属性可重载,它有两种格式。

① 按数字索引获取或设置会话值。

语法:public Object this[int index]{get;set;}

属性值:存储在指定索引中的会话状态值。

② 按名称获取或设置会话值。

语法:public Object this[string name]{get;set;}

属性值:带指定名称的会话状态值。

(3) TimeOut 属性:获取并设置在会话状态提供程序终止会话之前各请求之间所允许的时间(以分钟为单位)。

语法:public int Timeout{get;set;}

属性值:超时期限(以分钟为单位)。

登录功能的实现需要先判断验证码是否正确,验证码正确后需要使用数据库操作类中的 row 方法来判断用户输入的用户名和密码是否正确。实现代码如下:

```
protected void imgbtnLanding_Click(object sender,ImageClickEventArgs e)
    {
        string name = txtName.Text;    //将登录名存储到变量中
        string pass = Operate.Encrypting(txtPass.Text);//将密码加密并存储到变量中
        string yzm = txtYzm.Text;    //将验证码存储到变量中
        if (Session["CheckCode"].ToString().Equals(yzm))   //判断验证码是否正确
        //Session['CheckCode']:用来存储自动生成的验证码
        {
            try
            {
                string sql = "select count(*) from tb_login where Name='" + name + "' and Pass ='" + pass + "'";   //调用数据库操作类中的 isData 方法判断用户是否存在
                int i = mydo.isData(sql);
                if (i > 0)
                {
                    sql = "select * from tb_login where Name='" + name + "'";
                    OleDbDataReader odr = mydo.row(sql);//返回一条记录
                    odr.Read();
                    if (odr["lock"].ToString() == "0")//判断用户是否锁定
                    {
                        Session["UserName"] = name;    //将登录名保存到 Session 中
```

```
                        Response.Redirect("index.aspx");
                    }
                    else
                    {
                        Page.RegisterStartupScript("false", "<script>alert('此用户已被锁定!')</script>");
                    }
                }
                else
                {
                    Response.Write("<script>alert('密码或用户名错误! ')</script>");
                }
            } catch (Exception ex)
            {
                Response.Write(ex.Message.ToString());
            }
        } else
        {
            Page.RegisterStartupScript("false", "<script>alert('验证码错误!')</script>");
        }
    }
```

2.13 发布并管理教程

视频讲解 光盘：视频\第 2 章\发布并管理教程.avi

网站的会员用户可以将自己制作的或从其他途径收集到的教程发布到网站上，供其他用户使用，还可以对自己发布的教程进行管理，以及查看其他用户的留言，效果如图 2-30 所示。

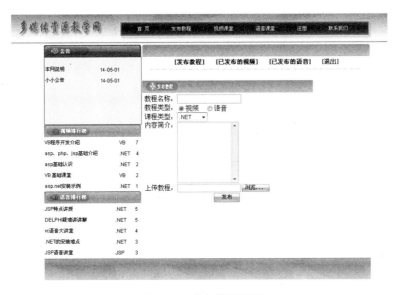

图 2-30 发布教程页面

当用户登录成功后，单击【发布教程】按钮，将进入发布教程页面，发布并管理教程的流程如图 2-31 所示。

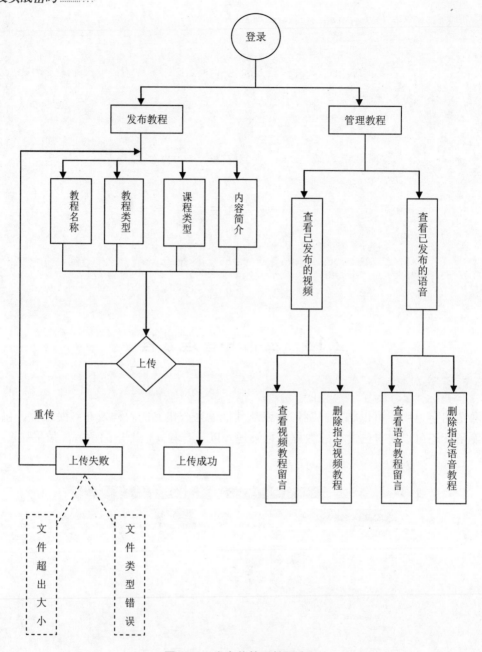

图 2-31 发布并管理教程流程

2.13.1 发布教程

在主页 Web 窗体的加载事件中需要先判断用户是否登录，如果已登录才可以发布教程或管理自己发布的教程；如果没有登录，将弹出对话框，跳转到首页。而在发布教程时，当用户将教程信息添加正确后，单击【发布】按钮，系统即将用户所发布的教程信息保存到数据库中，此方法的代码如下：

```
protected void btnFB_Click(object sender, EventArgs e)
```

```csharp
{
    string vsname = txtName.Text;              //获取教程名称
    string isVS;
    if (rdibtnSound.Checked)                   //获取教程类型
    {
        isVS = "tb_Sound";
    }
    else
    {
        isVS = "tb_Video";
    }
    string typ = this.ddlLanguage.SelectedValue;    //获取课程类型
    string content = txtContent.Text;               //获取内容简介
    string name = Session["UserName"].ToString();   //获取用户登录名
    int clicksum = 0;                               //初始化点击率
    string Path = "";
    try
    {
        string sql = "";
        if (isVS == "tb_Sound")                 //判断教程是否是语音类型
        {
            //判断用户上传的文件类型
            if(FileUpload1.FileName.Substring(FileUpload1.FileName.LastIndexOf(".") + 1) == "mp3")
            {
                //判断用户上传的语音教程是否存在
                if (!File.Exists(Server.MapPath(".") + "\\Sound\\" + this.FileUpload1.FileName))
                {
                    sql = "insert into tb_Sound(SoundType,SoundName,SoundUrl,ClickSum,SoundContent,Name) values('" + typ + "','" + vsname + "','" + this.FileUpload1.FileName + "','" + clicksum + "','" + content + "','" + name + "')";
                    //设置路径用于保存上传的语音
                    Path = Server.MapPath("./") + "Sound" + "\\" + this.FileUpload1.FileName;
                    if (mydo.adlData(sql))
                    {   //将文件保存到指定位置
                        FileUpload1.PostedFile.SaveAs(Path);
                        Page.RegisterStartupScript("true", "<script>alert('上传成功!')</script>");
                        txtName.Text="";
                        txtContent.Text="";
                    }
                    else
                    {
                        Page.RegisterStartupScript("true", "<script>alert('上传失败!')</script>");
                    }
                }
                else
                    Page.RegisterStartupScript("false", "<script>alert('教程名称已经存在!')</script>");
            }
            else
```

```
                RegisterStartupScript("false", "<script>alert('只能上传mp3 类型!
')</script>");
            }
            else
            { //判断用户上传的文件类型
if(FileUpload1.FileName.Substring(FileUpLoad1.FleName.LastIndexOf(".") + 1) == "wmv")
                { //判断用户上传的视频教程是否存在
                    if (!File.Exists(Server.MapPath(".") + "\\Video\\" +
this.FileUpload1.FileName))
                    {
                        sql = "insert into
tb_Video(VideoType,VideoName,VideoUrl,ClickSum,VideoContent,Name) values(" + typ + ",'"
+ vsname + "','" + this.FileUpload1.FileName + "'," + clicksum + ",'" + content + "','"
+ name + "')";
                        //设置路径用于保存上传的视频
                        Path = Server.MapPath("./") + "Video" + "\\" +
this.FileUpload1.FileName;
                        if (mydo.adlData(sql))
                        {
                            FileUpload1.PostedFile.SaveAs(Path);
                            Page.RegisterStartupScript("true", "<script>alert('上传成功!
')</script>");
                    txtName.Text="";
                    txtContent.Text="";
                        }
                        else
                        {
                            Page.RegisterStartupScript("true", "<script>alert('上传失败!
')</script>");
                        }
                    }
                    else
                    {
                        Page.RegisterStartupScript("false", "<script>alert('教程名称已经存在!
')</script>");
                    }
                }
                else
                    RegisterStartupScript("false", "<script>alert('只能上传wmv 类型!
')</script>");
            }
        }
        catch (Exception ex)
        {
            Page.RegisterStartupScript("false", "<script>alert('上传教程不能为空!
')</script>");
        }
    }
```

2.13.2 查看教程页设计

在视频教程详细信息页面中(因视频教程详细信息页面和语音教程详细信息页面相似,这里主要介绍视频教程详细信息页面),用户可以查看教程的发布日期、发布人、点击率和内容简介。用户看完视频教程后,可以通过留言功能发表自己的看法或与其他用户进行技

第 2 章 互动媒体学习社区

术交流。视频教程详细信息页面如图 2-32 所示。

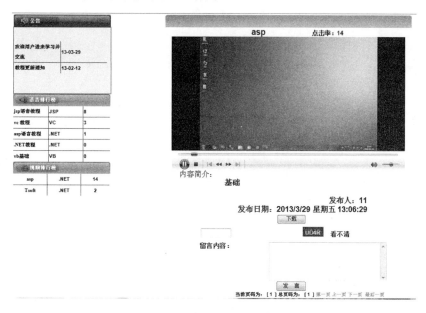

图 2-32 视频教程详细信息页面

在 Web 窗体的加载事件中需要判断是否是首次加载，如果是首次加载，需要绑定验证码、调用添加点击率的自定义方法和显示留言的自定义方法。而视频教程需要在每次加载时绑定。在页面中还需要定义几个全局变量用来存储视频教程的详细信息。实现代码如下：

```csharp
public string VUrl;                         //存储视频路径
public string VideoTitle;                   //存储视频名称
public string Content;                      //存储视频内容简介
public string Name;                         //存储发布人
public string FBDate;                       //存储发布时间
public string ClickSum;                     //存储点击率
dataOperate mydo = new dataOperate();       //创建数据库操作类对象
protected void Page_Load(object sender, EventArgs e)
{
    if (!IsPostBack)
    {
        this.Image1.ImageUrl = "ValidateCode.aspx";
        addClickSum();      //自定义方法添加点击率
        seekSpeak();        //自定义方法显示留言信息
    }
    seeVi();                //自定义方法绑定视频教程
}
```

在视频教程的下方有一个留言框，发布留言可以使用户相互交流和讨论，要通过【发言】按钮的 Click 事件来实现。在 Click 事件中需要判断用户是否登录，如果登录，将发言人保存为用户的登录名；如果未登录，将发言人保存为"游客"。为了防止用户使用非法程序连续发言，使数据库中的数据量过大，这里也使用了验证码功能。留言框模块的实现代码如下：

```csharp
protected void btnSpeak_Click(object sender, EventArgs e)
{
    string spokesman;
    //判断用户是否登录。如登录，发言人存储为登录名；未登录，存储为"游客"
```

```
            if (Session["UserName"] != null)
            {  spokesman = Session["UserName"].ToString();
            }
            else
            {  spokesman = "游客";
            }
            string speakContent = this.txtContent.Text;  //存储用户发言内容
            string tutorialType = "Video";    //教程类型
            string tutorialID = Request.QueryString["VideoID"];  //视频编号
            string insertSql = "insert into
tb_Speak([Spokesman],[TutorialType],[TutorialID],[SpeakContent]) values('" + spokesman
+ "','" + tutorialType + "'," + tutorialID + ",'" + speakContent + "')";
            if (Session["CheckCode"].ToString().Equals(this.txtYzm.Text.ToString()))        //判
断验证码是否正确
            {
                bool bo = mydo.adlData(insertSql);
                if (bo)
                {
                    seekSpeak();     //重新绑定留言信息
                    Page.RegisterStartupScript("true", "<script>alert('发言成功!
');</script>");
                }
                else
                {  Page.RegisterStartupScript("false", "<script>alert('发言失败!
')</script>");
                }
            }
            else
            {  Page.RegisterStartupScript("false", "<script>alert('验证码错误')</script>");
            }
```

2.14 后台管理页面设计

视频讲解 光盘：视频\第2章\后台管理页面设计.avi

2.14.1 用户管理页面

在用户管理页面中管理员可以对注册用户进行锁定和删除操作。当用户发布了不当的视频或留言时可将其锁定，使其不能登录。用户管理页面的运行效果如图 2-33 所示。

图 2-33 用户管理页面

第 2 章 互动媒体学习社区

在用户管理页面的实现中，前台 GridView 控件是个关键，GridView 控件用于显示用户并管理用户。将所有的注册用户信息绑定到 GridView 控件时，如果此用户为锁定状态，那么在 GridView 控件中用户的【状态】栏显示为锁定图标，【操作】栏的提示信息显示为"解锁"。此功能主要使用数据绑定方法来实现。在后台创建两个自定义方法：ImgUrl 方法和 BtnText 方法。ImgUrl 方法主要用来绑定用户的状态图标，BtnText 方法主要用来绑定【操作】栏的显示值。而在前台 GridView 控件中，绑定以上两方法并传入用户的编号显示相应的值。加载 GridView 控件的主要代码如下：

```
<Columns>
    <asp:BoundField DataField="Name" HeaderText="用户名" />
    <asp:TemplateField HeaderText="状态">
        <ItemTemplate>
            <asp:Image ID="Image1" ImageUrl='<%#ImgUrl(Convert.ToString(Eval("ID")))%>' runat="server" />
        </ItemTemplate>
    </asp:TemplateField>
    <asp:BoundField DataField="LoginDate" HeaderText="注册时间" />
    <asp:TemplateField HeaderText="操作">
        <ItomTemplate>
            <a href="change.aspx?id=<%#Convert.ToString(Eval("ID"))%>"><%#BtnText(Convert.ToString(Eval("ID")))%></a>
        </ItemTemplate>
    </asp:TemplateField>
    <asp:CommandField HeaderText="删除" ShowDeleteButton="True">
        <ControlStyle Font-Underline="False" />
    </asp:CommandField>
</Columns>
```

在 Web 窗体页面的加载事件中，可通过调用自定义 createUser()方法将用户的详细信息显示出来。createUser 自定义方法可将用户的详细信息绑定到 GridView 控件上。管理员可以将注册用户删除，这里主要使用了 GridView 控件中的 RowDeleting 事件，此事件在删除用户前引发。在此事件中通过用户的编号使用 SQL 语句将此用户删除，如果删除成功将给出相应的提示。实现代码如下：

```
protected void GridView1_RowDeleting(object sender, GridViewDeleteEventArgs e)
{
    string sql = "delete from tb_login where ID=" + GridView1.DataKeys[e.RowIndex].Value.ToString();
    if (mydo.adlData(sql))
    {
        Page.RegisterStartupScript("true", "<script>alert('删除成功！')</script>");
    }
    else
    {
        Page.RegisterStartupScript("false", "<script>alert('删除失败！')</script>");
    }
    createUser();
}
```

2.14.2 视频管理页面

管理员可以通过视频管理和语音管理页面对所有的教程进行管理，由于视频管理和语音管理基本类似，这里主要介绍视频管理页面。在视频管理页面中可以看到所有视频并对其留言进行管理，如图 2-34 所示。

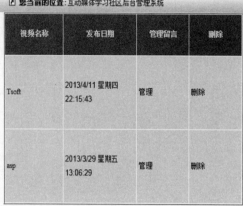

图 2-34 视频管理页面

由于数据信息量不断增大，表格的高度将会增加，这样一来不但影响界面的美观，而且对界面的性能也有一定的影响。在这种情况下，可以利用 GridView 控件进行分页，每页显示指定的行数即可。GridView 控件自带分页功能，只要设置相关属性即可实现分页功能。

在此将 GridView 控件的 AllowPaging 属性设置为 true，表示允许；将 pageSize 属性设置为正整数，用来控制每个页面中显示的行数，在此设为 5。设置完这两个属性后，在 GridView 控件的 PageIndexChanging 事件中编写代码来实现翻页功能。实现翻页功能的代码如下：

```
protected void grvVideo_PageIndexChanging(object sender, GridViewPageEventArgs e)
{
    grvVideo.PageIndex = e.NewPageIndex;     //设置当前页的索引值
    grvVideo.DataBind();                      //重新绑定 GridView 控件
}
```

2.15 系统测试

视频讲解　光盘：视频\第 2 章\系统测试.avi

系统测试不是为了表明程序是正确的，因为如果是这样，就会设计一些不易暴露错误的测试方案，也不会主动去检测、排除程序中可能存在的一些隐患。

- 测试是为了发现程序中的错误而执行程序的过程。
- 好的测试方案是极可能发现迄今为止尚未发现的错误的测试方案。
- 成功的测试是发现了至今为止尚未发现的错误的测试。

在对程序进行调试时，可能出现如图 2-35 所示的错误。

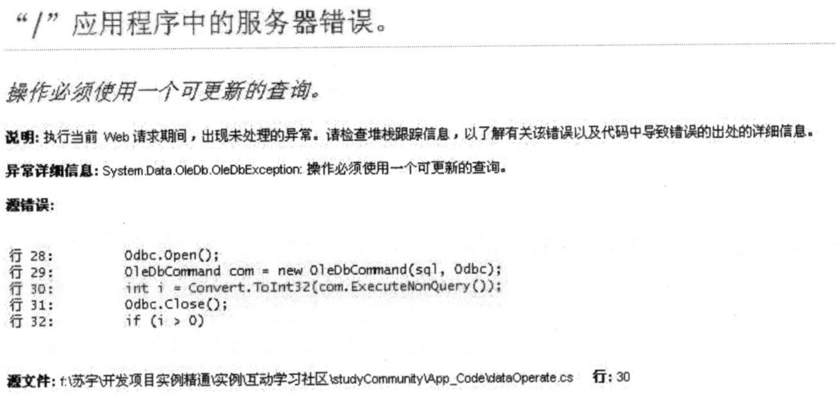

“/” 应用程序中的服务器错误。
操作必须使用一个可更新的查询。
说明: 执行当前 Web 请求期间，出现未处理的异常。请检查堆栈跟踪信息，以了解有关该错误以及代码中导致错误的出处的详细信息。
异常详细信息: System.Data.OleDb.OleDbException: 操作必须使用一个可更新的查询。
源错误:
行 28:　Odbc.Open();
行 29:　OleDbCommand com = new OleDbCommand(sql, Odbc);
行 30:　int i = Convert.ToInt32(com.ExecuteNonQuery());
行 31:　Odbc.Close();
行 32:　if (i > 0)
源文件: f:\苏宇\开发项目实例精通\实例\互动学习社区\studyCommunity\App_Code\dataOperate.cs　行: 30

图 2-35　错误信息

当程序试图更新数据库中的数据或类似操作时，会出现此错误。产生此错误的普遍原因是没有给数据库写的权限。解决办法如下。

右击 Access 数据库文件，在弹出的快捷菜单中选择【属性】命令，打开【数据库属性】对话框。

(1) 选择【安全】选项卡，单击【编辑】按钮，如图 2-36 所示。

组或用户名(G):
Authenticated Users
SYSTEM
Administrators (guan-PC\Administrators)
Users (guan-PC\Users)
要更改权限，请单击“编辑”。
编辑(E)...
Authenticated Users 的权限(P)
允许
拒绝
完全控制
修改
读取和执行
读取
写入
特殊权限
有关特殊权限或高级设置，请单击“高级”。
高级(V)
了解访问控制和权限
确定
取消
应用(A)

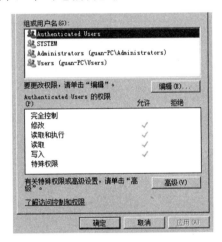

图 2-36 【安全】选项卡

(2) 弹出【db_study 的权限】对话框，单击【添加】按钮。

(3) 弹出【选择用户或组】对话框，在其中的【输入对象名称来选择】文本框中输入字母“e”后，单击【检查名称】按钮，在【输入对象名称来选择】文本框中将显示 Everyone 用户组，单击【确定】按钮。

此时 Everyone 用户组已经添加到【安全】选项卡中的【组或用户名】列表框里。选择 Everyone 用户组，下面将显示出 Everyone 的权限，选中【Everyone 的权限】列表框中【完全控制】选项的【允许】复选框，最后单击【确定】按钮。

1. 错误信息

本系统有如下三类错误信息：

(1) 用户输入时的输入错误提示：对所有的用户输入做合法性检查。

(2) 运行中的错误：主要是数据库连接错误或动态生成的 SQL 脚本错误。

(3) 页面错误：一般是因网络中断或程序中的 BUG 引起的。浏览器将会提示相应的错误信息。

2. 补救措施

系统故障或瘫痪后可采取的措施如下。

(1) 后备技术

系统在页面设计上尽量做到相对独立，即在局部页面的错误或损坏，不会影响其他模块的运行，这就避免了整个网站不能访问。

(2) 恢复和再启动技术

系统管理员定期在本地备份数据库，万一原始系统数据丢失，可重新上传页面文件和数据库，则整个系统即可恢复正常运行。

第 3 章　物业管理系统

物业管理在手工操作时代的工作程序非常烦琐，需要大量的人力、物力和财力，极大地浪费了小区物业的资源，工作人员不能及时了解业主的各项需求，无法提供细致周到的服务使用物业管理网站可以提升小区的管理水平，使小区的日常管理更加方便，同时确保物业公司取得最大的经济效益。将计算机的强大功能与现代化的管理思想相结合，建立现代的智能小区是物业管理发展的方向。本章将向读者介绍构建小区物业管理系统的流程，并通过具体的实例来讲解其具体的实现过程。

赠送的超值电子书

021. C#的基本语法
022. C#的类型
023. C#常量
024. 类型转换
025. 其他数据类型
026. 基本.NET框架类
027. C#表达式
028. C#运算符
029. 运算符的优先级
030. if 选择语句

3.1 程序员职场生存秘籍

视频讲解 光盘：视频\第3章\程序员职场生存秘籍.avi

程序员的人生是由很多个多姿多彩的阶段构成的，在这些阶段中，因为职场生涯阶段占据了程序员人生中的绝大部分历程，所以总有人说职场就是程序员的人生。那么究竟怎样做才能使自己的职场生涯变得多姿多彩呢？本节将和读者探讨程序员在职场中如鱼得水的秘籍。

3.1.1 国内程序员的生存现状

IT在中国的大发展不过近30年，但却是风起云涌、豪杰四起的30年，马云、马化腾、张朝阳和李彦宏的故事并不久远。不可否认，在中国的IT人中诞生了许多天才和富豪，但是这里比较关心的还是人数最多的大众IT人的生存现状，毕竟是千千万万的他们盖起了中国的IT大厦。

(1) 高薪，个体差异巨大

IT从业者的确高薪，但是个体贫富差距很大，往往刚刚入门的程序员和高级顾问的收入差距会有几十倍。而中国IT人的薪水呈两头小、中间大的梭子形分布，拿低薪和高薪的人少，大部分人都在中间徘徊。

(2) 低龄化

中国IT专业人员的年龄主要集中在21～35岁，其中26～30岁比例最高，占到四成；其次是21～25岁人群，略少于前者；31～35岁居第三位，不足两成；剩下不足半成的是其他年龄段的，大都是35岁以上的开发人员。

(3) 理科天才的汇聚地

IT行业是一个理科天才的聚集地，是个对个人能力要求比较高的行业，没有真本事会立刻被踢出队伍。IT研究的是毫无趣味的代码和缥缈的算法，但是创造出来的却是极大方便人们的各种软件，这些软件功能强大，却简单易用。

(4) 改变了人们的生活

IT正以前所未有的速度改变着人们的生活，用神奇来说一点也不为过。阿里巴巴和京东已经改变了人们的购物习惯，谷歌的技术创新产品已经彻底颠覆了人们的生活形态。

3.1.2 赢在职场——入职需谨慎

当你怀揣毕业证书加入浩浩荡荡的求职大军中时，一定要明确自己心中的目标，并结合自身的现状选择目标应聘公司。在求职应聘时，一定要注意如下两点。

(1) 明确自己要加入"大"公司还是"小"公司

很多计算机专业的学生在第一次求职的时候几乎都会遇到"到大公司还是到小公司"的问题。人们通常认为大公司的薪水高、工作稳定、技术水平高、升迁机会多，但是，大公司要求高、竞争激烈；而小公司薪水相对低一些，工作稳定性较差、技术水平参差不齐、升迁机会不多，但是，录取率相对较高。针对具体情况，这里给出如下建议。

第 3 章 物业管理系统

- 在程序员趋向于安稳工作，并具有大公司所要求的学历、经验、证书、能力的情况下，应该首选大公司。这里的大公司指的是国内外著名企业，或者地区内的著名企业。进入大公司后，可以保证收入高，岗位稳定。
- 在程序员技术水平一般的情况下，只能选择进入小公司了。小公司的好处是起点低、机会多，缺点是收入低、开发流程不规范。
- 对于有理想和抱负的程序员，建议先进小公司，然后再进大公司。小公司专业化分工比较粗糙，有的甚至一个人就负责一个项目，对人的锻炼机会很多。程序员既可以学到编程，又可以学到设计和项目管理，往往会成为一个"全能型"的程序员，这对程序员以后的发展很有好处。但是，程序员在小公司完成编程积累之后，应该转向到大公司发展，学习大公司的软件开发流程、团队意识、大项目的开发经验、规范和管理、企业间的合作以及技术交流和运用等。
- 对于那些缺乏远大理想、把软件开发当普通工作、只希望获得平均工资和正常收入的程序员，最好能到一些较为稳定的部门工作，以保证有稳定的收入。这些人无论进入大公司或小公司，都可能面临被解雇的危险。最好的情况就是，处在一个岗位多年不动、工资多年不涨的局面。

(2) 在简历中体现出自己的亮点

简历是程序员进入大公司或小公司的敲门砖，在简历中除了要真实地反映你的情况，不要浮夸之外，还需要尽可能地体现出自己的亮点。尽可能地列出所有能提升你形象的事情(如奖励，特别的项目)，例如：

- ××公司产品的技术负责人，此产品为用户执行×任务提供了完整的企业级解决方案。
- 曾优化×××组件代码，使其执行效率提高 40%。

另外，如果在业余时间完成了一些有技术挑战性的项目，或者有一批可观的用户，也要一并列在你的简历中。

3.2 系 统 分 析

视频讲解 光盘：视频\第 3 章\系统分析.avi

在开发一个软件项目之前，首先需要完成详细的系统需求分析工作。软件开发是一个系统工程，需要开发人员对软件工程有一个深层次的了解。软件工程是一门研究用工程化方法构建和维护有效的、实用的和高质量的软件的学科。它涉及程序设计语言、数据库、软件开发工具、系统平台、标准、设计模式等方面。由此可见，软件工程软件开发的全过程。所以，开发人员从始至终都要遵循软件工程的要求来进行具体的开发。软件工程的目标是：在给定成本、进度的前提下，开发出具有适用性、有效性、可修改性、可靠性、可理解性、可维护性、可重用性、可移植性、可追踪性、可互操作性和满足用户需求的软件产品。追求这些目标有助于提高软件产品的质量和开发效率，减少维护的困难。

软件工程的过程主要包括开发过程、运作过程、维护过程，它们覆盖了需求、设计、实现、确认以及维护等活动。需求活动包括问题分析和需求分析。由问题分析获取需求定义，又称软件需求规约。需求分析生成功能规约。设计活动一般包括概要设计和详细设计。概要设计建立整个软件系统结构，包括子系统、模块，以及相关层次的说明、每一模块的接口定义。详细设计产生程序员可用的模块说明，包括每一模块中数据结构的说明及加工描述。实现活动把设计结果转换为可执行的程序代码。确认活动贯穿于整个开发过程，实现完成后的确认，保证最终产品满足用户的要求。维护活动包括使用过程中的扩充、修改与完善。伴随以上过程，还有管理过程、支持过程、培训过程等。

本节将详细讲解系统需求分析方面的工作，为读者步入本书后面知识的学习打下基础。

3.2.1 系统背景介绍

在实际的小区物业管理过程中，业主和物业公司均有其各自需求，具体说明如下。

(1) 业主的需求

如果要对物业管理公司提供的服务收费，如上门维修等内容的收费、对每月应缴纳的水电费、管理费等进行查询，必须等候物业管理的工作人员翻阅历史记录，费时费力。

(2) 物业管理公司的需求

业主们申请的各种服务项目，均要填写、打印大量的各类表单，并要经过相关部门的审核、签字、存档，工作人员需要往返于各单位与各个部门之间。对于小区内公共配套的各个环节和工作进程、完成情况均以人工记录、填写，再转交给上级领导，各种报表所采用的方式是根据表单汇总每条记录等。这些工作既造成了物业管理公司人力、财力的浪费，也延长了工作时间，降低了效率。

针对以上的需求，为了更大限度地提高服务质量，减轻劳动强度、提高工作效率、减少成本、缩短工作周期，实现信息化、正规化的物业管理工作，结合小区物业管理的实际情况，为物业管理公司开发设计了基于 C/S 模式的物业管理系统。

3.2.2 系统需求分析

物业管理在手工操作时代的工作程序非常烦琐，需要大量的人力、物力和财力，极大地浪费了小区物业的资源，工作人员不能及时了解业主的各项需要，无法提供细致周到的服务。使用物业管理网站可以提升小区的管理水平，使小区的日常管理更加方便，同时确保物业管理公司取得最大的经济效益。将计算机的强大功能与现代化的管理思想相结合，建立现代的智能小区是物业管理发展的方向。

通过计算机网络系统对企业进行全面的管理，可以满足企业现代化管理的需求。

(1) 技术可行性

随着软件开发工具的发展，面向对象的、可视化的开发工具不断涌现，如 Power2 builder、VB、Delphi。这些开发工具能帮助软件开发者提高软件开发的质量和效率，缩短开发周期。在硬件方面，目前的硬件足以支撑系统的开发以及运行。

(2) 经济可行性

目前组建公司局域网的费用及上网费用都有大幅度的降低，物业公司完全能够接受，也不会给业主带来任何经济负担。在新系统运行后，不仅可以提升公司的管理水平、服务质量及客户满意度，还可减轻管理人员的工作强度，提高工作效率，给业主带来许多方便。

这在无形之中提升了公司形象，公司获得的收益将远远高于系统开发的成本。

(3) 管理可行性

新系统的功能是按照对物业管理公司组织机构、业务流程等做了详细调查后，根据其组织机构及管理职能来进行设置的。新系统的运行不会对组织机构有太大的改变，同时物业管理公司也迫切需要实现信息化。基于以上分析，开发小区物业管理系统是完全可行的。

(4) 设计研究的意义

在微软的平台上所构建的物业管理服务系统综合应用了网络技术、开发技术、数据库技术、通信技术等多种技术。如何有效地将多种技术应用在物业管理服务系统软件的开发中，如何使得整个系统更加稳定、灵活，从而能够适应物业管理企业在管理和服务上的业务扩展等诸多问题，都是值得研究和深入探讨的，具有一定的理论意义。

从实践上而言，在物业中使用这种利用多种先进技术构建的物业管理服务系统，将能够更加有效地对物业管理中的房产、住户、服务、公共设施、工程档案、各项费用及维修信息等资料，进行数据采集、传递、加工、存储、计算等操作，形成一个高效、便捷的体系来协调小区居民、物业管理人员、物业服务人员三者之间的关系，同时也能够为提供一种真正意义上的数字化社区而服务。

3.3 系 统 设 计

视频讲解　光盘：视频\第 3 章\系统设计.avi

系统设计是新系统的物理设计阶段，是指根据系统分析阶段所确定的新系统的逻辑模型、功能要求，在用户提供的环境条件下，设计出一个能在计算机网络环境上实施的方案。本节将详细讲解本项目系统设计的具体内容。

3.3.1 系统目标

小区物业内部管理网属于中小型网络管理网站，可以对中小型物业进行有效管理。通过本网站可以达到以下目标：

- 网站采用人机对话方式，界面美观友好、操作方便。
- 业主可以及时了解各项费用的欠费情况。
- 业主可以及时获得物业公告及小区新闻。
- 实现业主在线投诉及设备报修，并提供及时周到的服务。
- 智能化管理业主车位及车费的缴费情况。
- 全方位的数据查询，提高工作效率。
- 完整的数据及服务档案管理，提高管理水平。
- 完善的权限管理，提高网站安全性。
- 最大限度地实现易安装性、易维护性和易操作性。

3.3.2 系统功能结构

根据小区物业内部管理的特点，可以将小区物业内部管理网分为前台和后台两个部分进行设计。前台主要提供用户注册和登录、用户相关信息查询以及网站新闻查看和站内公告等功能。后台主要用于管理员对员工信息、业主信息、欠费信息、新闻信息、停车信息、业主投诉信息、设备维修信息、值班员工信息等进行管理。

接下来开始详细规划网站的功能，其中前台功能结构如图3-1所示。

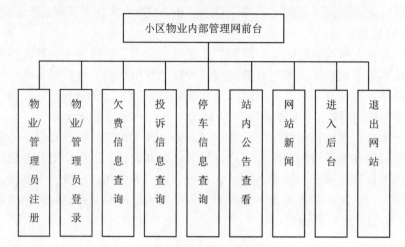

图3-1　前台功能结构

小区物业内部管理网的后台功能结构如图3-2所示。

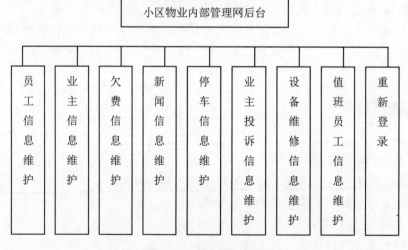

图3-2　后台功能结构

3.3.3　业务流程图

业主在小区物业内部管理网上通过注册可成为网站用户，登录网站进行相关操作。业主登录后，可以进行欠费信息查询、投诉信息查询、停车信息查询、设备维护信息查询、网站新闻查看和站内公告查看等操作。网站管理员通过登录模块可以登录到网站的后台系统管理员主页面，对业主信息、欠费信息、停车信息、新闻信息、投诉信息和值班员工信息等进行管理。系统业务的运行流程如图3-3所示。

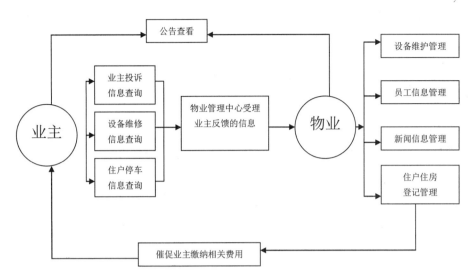

图 3-3　业务运行流程

3.3.4　构建开发环境

- 网站开发环境：Microsoft Visual Studio 2013
- 网站开发语言：ASP.NET+C#
- 网站后台数据库：Access
- 开发环境运行平台：Windows 7

3.4　编写可行性研究报告及项目计划书

> 视频讲解　光盘：视频\第 3 章\编写可行性研究报告及项目计划书.avi

3.4.1　编写可行性研究报告

根据《GB8567—88 计算机软件产品开发文件编制指南》中对可行性分析的要求，编制可行性研究报告如下。

1. 引言

(1) 编写目的

为了给企业的决策层提供是否进行项目实施的参考依据，现以文件的形式分析项目的风险、需要的投资与效益。

(2) 背景

××物业是国内央企开发商旗下的著名物业公司，物业领导为了响应政府提出的"高效办公"倡议，现计划建立一个物业管理系统，采用计算机对管理信息进行维护，进一步提高办公自动化和现代化水平。现委托我公司开发一个物业管理系统。

2. 可行性研究的前提

(1) 要求

要求系统具有业主投诉、设备管理维护、停车信息查询等功能。

(2) 目标

一个典型的物业管理系统的开发目标如下：
- 网站采用人机对话方式，界面美观友好、操作方便。
- 业主可以及时了解各项费用的欠费情况。
- 业主可以及时获得物业公告及小区新闻。
- 实现业主在线投诉及设备报修，并提供及时周到的服务。
- 智能化管理业主车位及车费的缴费情况。
- 全方位的数据查询，提高工作效率。
- 完整的数据及服务档案管理，提高管理水平。
- 完善的权限管理，提高网站安全性。
- 最大限度地实现易安装性、易维护性和易操作性。

(3) 条件、假定和限制

要求整个项目在立项后的 1 个月内交付用户使用。系统分析人员需要 3 天内到位，用户需要 2 天时间确认需求分析文档。那么程序开发人员需要在 25 天的时间内进行系统设计、程序编码、系统测试和程序调试工作，其间还包括了员工每周的休息时间。

(4) 评价尺度

根据客户的要求，系统应能按照规定正确地根据使用者的要求提供物业管理功能。因为系统的信息数量需求不大，系统应能快速、有效地对相关信息进行操作。

3. 投资及效益分析

(1) 支出

由于系统规模比较小，而客户要求的项目周期不是很短(30 天)，因此公司决定只安排 3 人投入到其中。公司将为此支付 4 万元的工资及各种福利待遇。在项目安装及调试阶段，用户培训、员工出差等费用支出需要 3000 元。在项目维护阶段，预计需要投入 7000 元的资金，累计项目投入需要 5 万元资金。

(2) 收益

××物业提供项目资金 8 万～10 万元。对于项目运行后进行的改动，采取协商的原则，根据改动规模额外提供资金。因此从投资与收益的效益比上，公司最低可以获得 3 万元的利润。

项目完成后，会给公司提供资源储备，包括技术、经验的积累，其后再开发类似的项目时，可以极大地缩短项目开发周期。

4. 结论

根据上面的分析，在技术上不会存在问题，因此项目延期的可能性很小；在效益上公司投入 3 个人、30 天，最低获利 3 万元，比较可观；在公司发展上可以储备网站开发的经验和资源。因此认为该项目可以开发。

3.4.2 编写项目计划书

根据《GB8567—88 计算机软件产品开发文件编制指南》中对项目开发计划的要求，结合单位实际情况，编写项目计划书如下。

1. 引言

(1) 编写目的

为了保证项目开发人员按时保质地完成预定目标，更好地了解项目实际情况，按照合理的顺序开展工作，现以书面的形式将项目开发生命周期中的项目任务范围、项目团队组织结构、团队成员的工作责任、团队内外沟通协作方式、开发进度、检查项目工作等内容描述出来，作为项目相关人员之间的共识和约定，以及项目生命周期内所有项目活动的行动基础。

(2) 背景

××物业管理系统是由××物业委托我公司开发的一款办公软件，项目周期为30天。项目背景规划如表 3-1 所示。

表 3-1 项目背景规划

项目名称	项目委托单位	任务提出者	项目承担部门
物业管理系统	××物业	项目经理	项目开发部门 项目测试部门

2. 概述

(1) 项目目标

项目目标应当符合 SMART 原则，把项目要完成的工作用清晰的语言描述出来。物业管理系统的项目目标如下：

- 界面友好，美观大方；
- 具备业主投诉、设备管理维护、停车信息查询等功能。

(2) 应交付成果

项目开发完成后，交付内容包括编译后的物业管理系统和系统使用说明书。系统安装后，提供 6 个月的系统无偿维护服务，超过 6 个月则提供有偿维护服务。

(3) 项目开发环境

操作系统为 Windows XP、Windows 2000、Windows 2003、Windows 7 或 Windows 8，开发工具为 Turbo C。

(4) 项目验收方式与依据

项目验收分为内部验收和外部验收两种方式。在项目开发完成后，首先进行内部验收，由测试人员根据用户需求和项目目标进行验收。项目在通过内部验收后交给用户进行验收，验收的主要依据为需求规格说明书。

3. 项目团队组织

(1) 组织结构

为了完成物业管理系统的项目开发，公司组建了一个临时的项目团队，由项目经理、系统分析员、软件工程师和测试人员构成，其组织结构如图3-4所示。

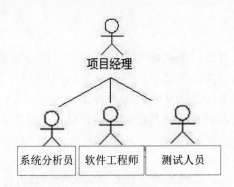

图 3-4　项目团队组织结构

(2) 人员分工

为了明确项目团队中每个人的任务分工，现制定人员分工表如表3-2所示。

表 3-2　人员分工表

姓　名	技术水平	所属部门	角　色	工作描述
项目经理	MBA	项目开发部	项目经理	负责项目的审批、决策的实施以及前期分析、策划、项目开发进度的跟踪、项目质量的检查以及系统功能分析与设计
系统分析员	软件工程师	项目开发部	系统分析	根据项目经理的要求编写系统分析规划书
软件工程师	高级软件工程师	项目开发部	软件工程师	负责软件设计与编码
测试人员	初级系统测试工程师	项目测试部	测试人员	对软件进行测试、编写软件测试文档

3.5　系统预览

> 视频讲解　光盘：视频\第 3 章\系统预览.avi

小区物业内部管理网由多个页面组成，其中网站首页如图3-5所示，主要实现用户注册和登录、站内链接、用户相关信息查询以及网站新闻和站内公告查看等功能。

第 3 章 物业管理系统

图 3-5 网站首页

后台管理页面主要实现业主投诉管理、业主报修管理、反馈信息受理、物业设备维修、业主停车位管理、业主费用管理、费用催缴管理和值班员工信息管理等功能。网站后台管理员登录页面如图 3-6 所示，主要实现管理员登录功能。

图 3-6 网站后台管理页面

3.6 数据库设计

视频讲解 光盘：视频\第 3 章\数据库设计.avi

本网站采用 Access 数据库，命名为 db_wygl，其中包含 9 张表。本节将详细给出本系统数据库表 E-R 图，并且展示了主要数据表结构数据库概念设计的具体设计过程。

3.6.1 数据库概念设计

通过对网站进行的需求分析、网站流程设计以及系统功能结构的确定，规划出网站中使用的数据库实体对象分别为业主欠费信息实体、设备维护信息实体、新闻信息实体、住户信息实体、业主投诉信息实体。

业主欠费信息实体 E-R 图如图 3-7 所示。

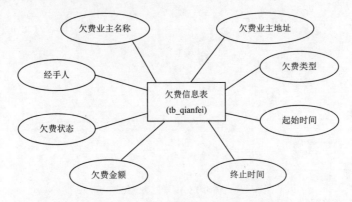

图 3-7　业主欠费信息实体 E-R 图

设备维护信息实体 E-R 图如图 3-8 所示。

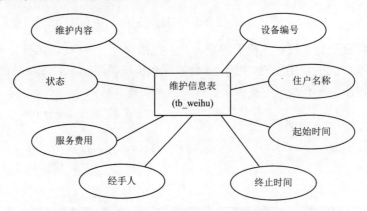

图 3-8　设备维护信息实体 E-R 图

网站新闻信息实体 E-R 图如图 3-9 所示。

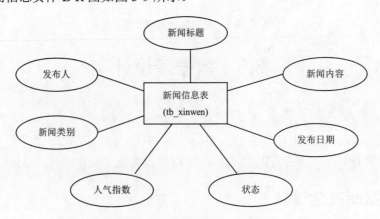

图 3-9　新闻信息实体 E-R 图

住户信息实体 E-R 图如图 3-10 所示。

第 3 章 物业管理系统

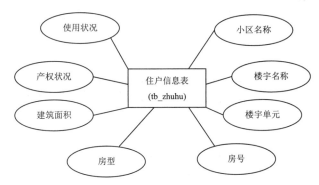

图 3-10 住户信息实体 E-R 图

业主投诉信息实体 E-R 图如图 3-11 所示。

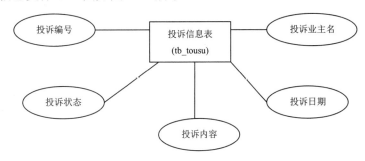

图 3-11 业主投诉信息 E-R 实体图

3.6.2 数据库逻辑结构设计

业主欠费信息表结构如表 3-3 所示。

表 3-3 业主欠费信息表结构

字 段 名	数据类型	默 认 值	必填字段	说 明
name	文本	无	是	欠费业主名称
address	文本	无	是	欠费业主地址
leibie	文本	无	是	欠费类型
stime	日期/时间	无	是	欠费的起始日期
etime	日期/时间	无	是	欠费的终止日期
qianfei	文本	无	是	欠费金额
state	文本	无	是	欠费状态
person	文本	无	是	经手人

业主投诉信息表结构如表 3-4 所示。

表 3-4 业主投诉信息表结构

字 段 名	数据类型	默 认 值	必填字段	说 明
id	文本	无	是	投诉编号
person	文本	无	是	投诉业主名

续表

字段名	数据类型	默认值	必填字段	说明
time	日期、时间	无	是	投诉日期
neirong	文本	无	是	投诉内容
zhuangtai	文本	无	是	投诉状态

设备维护信息表结构如表 3-5 所示。

表 3-5 设备维护信息表结构

字段名	数据类型	默认值	必填字段	说明
id	文本	无	是	设备维护编号
name	文本	无	是	业主名称
stime	日期/时间	无	是	起始日期
etime	日期/时间	无	是	终止日期
person	文本	无	是	经手人
feiyong	文本	无	是	服务费用
state	文本	无	是	设备状态
neirong	备注	无	是	维护内容

网站新闻信息表结构如表 3-6 所示。

图 3-6 网站新闻信息表结构

字段名	数据类型	默认值	必填字段	说明
title	文本	无	是	新闻标题
neirong	文本	无	是	新闻内容
fabushijian	日期/时间	无	是	发布时间
faburen	文本	无	是	发布人
xinwenleibie	文本	无	是	新闻类别
renqi	文本	无	是	人气指数
state	文本	无	是	状态

其实，作为一个更为完善的物业管理系统，应提供更为便捷与强大的信息查询功能，例如相应的网络操作及服务。由于开发时间和计算机数量有限，该系统并未提供这一功能。对信息的保护手段仅限于设置用户级别，以及提供数据文件的备份，比较简单，不能防止恶意的破坏，安全性能有待进一步完善。

3.7 设计公共类

视频讲解 光盘：视频\第 3 章\设计公共类.avi

在开发项目中以类的形式来组织、封装一些常用的方法和事件，不仅可以提高代码的重用率，也大大方便了代码的管理。本网站中创建了一个公共类——DB 类，主要用于访问数据库。数据库操作类主要的功能是连接数据库。

首先在命名空间区域引用 using system.data.oledb 命名空间，具体代码如下：

```
using system.data.oledb;
```

小区物业内部管理网采用 Access 数据库，下面给出链接数据库的字符串：

```
/// <summary>
/// DB 的摘要说明
/// </summary>
public class DB
{
    public DB()
    {
        //
        // TODO: 在此处添加构造函数逻辑
        //
    }
    public static OleDbConnection createDB()
    {
        OleDbConnection odbc = new OleDbConnection("Provider=Microsoft.Jet.OLEDB.4.0;Data source=|DataDirectory|db_wygl.mdb;");
        return odbc;
    }
}
```

3.8 设计网站首页

视频讲解 光盘：视频\第 3 章\设计网站首页.avi

网站首页的设计效果关系到网站的建设及形象宣传，对网站的生存和发展起着非常重要的作用。网站首页应是信息含量较高、内容较丰富的宣传平台，主要包含以下内容：
- 网站菜单导航。
- 信息快速查询。
- 用户注册及登录。
- 站内公告显示。
- 网站新闻显示：按时间先后顺序显示新闻信息。
- 后台登录入口：为管理员进入后台提供一个入口。

小区物业内部管理网的首页如图 3-12 所示。

图 3-12 小区物业内部管理网首页

本节将详细讲解实现本系统首页的过程。

3.8.1 网站首页技术分析

小区物业内部管理网的首页主要使用了用户控件技术。用户控件基本的应用就是把网页中经常用到的且使用频率较高的程序封装到一个模块中，以便在其他页面中重复使用，以此提高代码的重用性和程序开发的效率。用户控件的应用始终融会着一个高层的设计思想，即"模块化设计、模块化应用"的原则。

用户控件的好处是能够更好地解决用户界面的复杂问题，创建完成用户控件后，不需要预编译。当用户在.aspx 页面中引用用户控件时，页面解析器将从.aspx 文件中等待生成一个页面，并将得到的内容编译到一个配件中，这个页面式的创建方式和不用编译的部署方式使得用户控件的开发变得极为容易。用户控件在小区物业内部管理网的网页中频繁地使用，从而提升了整个程序的开发效率。

1. 用户控件的概念

用户控件是一种服务器控件，它与 ASP.NET 页面有着同样的"所见即所得"的特点和声明性样式，并以.ascx 为扩展名存储为文本文件。Web 用户控件与完整的 ASP.NET 页面非常相似，同时具有自己独立的用户界面页和代码。开发人员可以采取与创建 ASP.NET 页面相似的方法创建 Web 用户控件，然后向其中添加所需的标记和子控件。Web 用户控件可以像页面一样包含对其内容进行操作的代码。

2. 创建 Web 用户控件

创建普通用户控件的基本步骤如下：

(1) 创建一个新的文件并将其扩展名指定为.ascx。

(2) 在该页面顶部创建一个@Control 指令，并指定要为控件使用的编程语言。

(3) 添加希望用户控件显示的控件。

(4) 添加用户控件要执行任务的代码。

(5) 如果希望在用户控件和宿主页之间共享信息，需要在控件中创建相应的属性。根据需要可以创建任何类的属性。

下面介绍在 Visual Studio 2013 中手动创建一个用户控件的过程，主要操作步骤如下：

(1) 打开解决方案资源管理器，右击项目名称，在弹出的快捷菜单中选择【添加新项】命令，将弹出【添加新项】对话框。在该对话框中，选择【Web 用户控件】项，并为其命名，然后单击【添加】按钮即可将 Web 用户控件添加到项目中。

(2) 打开已创建好的 Web 用户控件，在文件中可以直接向页面添加各种服务器控件以及静态文本、图片等。

(3) 双击页面上的任何位置，或者直接按下快捷键 F7，可以将视图切换到后台代码文件，程序开发人员可以直接在文件中编写程序控制逻辑，包括定义各种成员变量、方法以及事件处理程序等。

通过 Web 用户控件，可以很好地重用公共用户界面功能，从而提升程序开发效率。用户控件提供了一个面向对象的编程模型，在一定程度上取代了服务器端文件包含(<!--#include-->)指令，并且提供的功能比服务器端包含文件提供的功能更多。

使用用户控件的主要优点如下：

可以将常用的内容或者控件以及控件的运行程序逻辑设计为用户控件，然后便可以在多个网页中重复使用该用户控件，从而省去了重复性的工作。例如，网页上的导航栏，几乎每个页面都需要相同的导航栏，这时便可以将其设计为一个用户控件，在多个页面中使用。

如果网页内容需要改变，只需修改用户控件中的内容，其他添加使用该控件的网页也会随之改变，因此网页的设计以及维护变得简单易行了。

3.8.2　网站首页实现过程

1．设计步骤

下面对网站首页的制作过程进行详细讲解，具体步骤如下：

(1) 在该网站中创建一个 Web 窗体，将其命名为 "Default.aspx"，用于显示网站首页的相关信息。

(2) 在 Web 窗体中添加一个 Table 表格，用于页面的布局。

(3) 在 Table1 表格中添加相关服务器控件，属性设置及其用途如表 3-7 所示。

表 3-7　服务器控件的属性设置及其用途

控件类型	控件名称	主要属性设置	控件用途
TextBox	txtyhname	无	输入登录用户名
	txtyhmm	PasswordChar 属性设置为*	输入登录用户密码
Button	btnDl	Text 属性设置为"登录"	登录
	btnZc	Text 属性设置为"注册"	注册

续表

控件类型	控件名称	主要属性设置	控件用途
GridView	gvXw	无	显示网站新闻信息
	gvQf	无	显示业主欠费信息
Calendar	calRq	无	显示当前的年、月、日
LinkButton	lbgly	Text 属性设置为"进入后台"	进入后台

2. 编写实现代码

首先导入必要的命名空间 using.system.data.oledb。引入命名空间的代码如下：

```
using system.data.oledb;
```

在 Page_Load 单击事件中，分别调用 xinwenfillgv、fillgougao、qianfeifillgv 自定义方法，用于显示网站新闻、站内公告、欠费用户通告。实现代码如下：

```
protected void Page_Load(object sender, EventArgs e)
{
    this.xinwenfillgv();//调用用户自定义的 xinwenfillgv()方法
    this.fillgougao();//调用用户自定义的 fillgougao()方法
    this.qianfeifillgv();//调用用户自定义的 qianfeifillgv()方法
}
```

自定义方法 xinwenfillgv 主要用来实现网站新闻的显示，此方法主要通过 OleDbDataAdapter 对象获取网站新闻信息并将信息填充到数据集中。具体实现代码如下：

```
public void xinwenfillgv()              //用户自定义的方法
{
    OleDbConnection con = DB.createDB();//调用用户自定义的 DB 类的 createDB()的方法
    OleDbCommand cmd = new OleDbCommand();//声明一个 OleDbCommand 的对象，并将该对象 cmd 实
例化
    cmd.Connection = con;
    con.Open();//打开数据库连接
    OleDbDataAdapter sda = new OleDbDataAdapter("select top 9 * from tb_xinwen order
by fabushijian desc", con);//将新闻表 tb_xinwen 按发布时间 fabushijian 的降序排序
    DataSet ds = new DataSet();//声明一个 DataSet 的对象，并将该对象 ds 实例化
    sda.Fill(ds, "tb_xinwen");//将新闻表 tb_xinwen 填充到数据库中
    this.gvXw.DataSource = ds;
    //this.GridView2.DataKeyNames = new string[] { "title" };
    this.gvXw.DataBind();//将数据绑定到 GridView 控件中
    for (int i = 0; i <= gvXw.Rows.Count - 1; i++)
    {
        DataRowView mydrv;  //声明一个 DataRowView 的对象
        string gintro;
        if (this.gvXw.PageIndex == 0)
        {
            mydrv = ds.Tables["tb_xinwen"].DefaultView[i];
            gintro = Convert.ToString(mydrv["title"]);
            this.gvXw.Rows[i].Cells[0].Text = SubStr(gintro, 10);
        }
        else
```

```
            mydrv = ds.Tables["tb_xinwen"].DefaultView[i + (5 * gvXw.PageIndex)];
            gintro = Convert.ToString(mydrv["title"]);
            this.gvXw.Rows[i].Cells[0].Text = SubStr(gintro, 10);
        }
    }
    con.Close();//关闭数据库连接
}
```

自定义方法 fillgougao 主要用来显示站内公告。此方法使用 OleDbDataReader 对象获取公告信息，并将公告信息绑定到 Label 标签上。实现代码如下：

```
public void fillgougao()
{
    OleDbConnection con = DB.createDB();//调用用户自定义的 DB 类的 createDB()的方法
    OleDbCommand cmd = new OleDbCommand(" select  * from tb_zhannei", con);
    con.Open();//打开数据库连接
    OleDbDataReader sdr = cmd.ExecuteReader();
    sdr.Read();//
    this.lblGgxx.Text = sdr.GetString(0);//从数据库中读取第一个数据放到 Label 标签中
    sdr.Close();//关闭阅读器
    con.Close();//关闭数据库连接
}
```

自定义方法 qianfeifillgv 主要用来显示欠费通知。此方法使用 OleDbDataAdapter 对象获取用户欠费信息并将此信息填充到数据集中，通过将数据集中的信息绑定到 GridView 控件上来将用户欠费信息显示出来。实现代码如下：

```
public void qianfeifillgv()
{
    OleDbConnection con = DB.createDB();//调用用户自定义的 DB 类的 createDB()的方法
    con.Open();  //打开数据库连接
    OleDbCommand cmd = new OleDbCommand();
    OleDbDataAdapter sda = new OleDbDataAdapter("select top 10 * from tb_qianfei", con);
    DataSet ds = new DataSet();//声明一个 DataSet 的 ds 对象，并将其实例化
    sda.Fill(ds, "tb_qianfei");
    this.gvQf.DataSource = ds;
    this.gvQf.DataBind();//将数据绑定到 GridView 控件中
    con.Close();//关闭数据库连接
}
```

3.9 欠费信息查询页

视频讲解 光盘：视频\第 3 章\欠费信息查询页.avi

在本物业管理系统中，任何用户都可以查询自己的相关费用(水费、电费、煤气费等)信息，如果用户查询到自己使用的水、电、煤气已欠费，则可将自己所欠的费用及时缴纳上。这改进了以往物业人员挨家挨户上门通知的方式，大大提高了物业人员的工作效率。欠费信息查询页如图 3-13 所示。

图 3-13　欠费信息查询页

3.9.1　欠费信息查技术分析

欠费信息查询页中使用了 Select 语句，根据用户不同的查询需求，选择不同的 RadioButton 按钮，可根据"欠费住户名""欠费类型""欠费金额"等进行不同的查询操作。欠费信息查询页中用到的代码如下：

```
OleDbConnection con = DB.createDB();//调用用户自定义的DB类的createDB()的方法
    OleDbCommand cmd = new OleDbCommand();//声明一个OleDbCommand的cmd对象，并将其实例化
    cmd.Connection = con;
    con.Open();
    DataSet ds = new DataSet();//声明一个DataSet的ds对象,并将其实例化
    if (this.rbtnqfzh.Checked == true)
    {
        OleDbDataAdapter sda = new OleDbDataAdapter("select * from tb_qianfei where name='" + this.txtqfzh.Text + "'", con);
        sda.Fill(ds, "tb_qianfei");
        this.gvqf.DataSource = ds;
        this.gvqf.DataBind();//将数据绑定到GridView控件中
    }
    if (this.rbtnlx.Checked == true)
    {
        OleDbDataAdapter sda = new OleDbDataAdapter("select * from tb_qianfei where leibie='" + this.ddllx.SelectedItem.Text.ToString() + "'", con);
        sda.Fill(ds, "tb_qianfei");
        this.gvqf.DataSource = ds;
        this.gvqf.DataBind();//将数据绑定到GridView控件中
    }
    if (this.rbtnqfje.Checked == true)
    {
        OleDbDataAdapter sda = new OleDbDataAdapter("select * from tb_qianfei where qianfei='" + this.txtqfje.Text.ToString() + "'", con);
        sda.Fill(ds, "tb_qianfei");
        this.gvqf.DataSource = ds;
        this.gvqf.DataBind();//将数据绑定到GridView控件中
    }
}
```

3.9.2　欠费信息查询页实现过程

在本系统中，欠费信息查询页的具体设计步骤如下。

(1) 在该网站中创建 qianfeixinxi 文件夹，用于存放基本信息 Web 窗体。

第 3 章 物业管理系统

(2) 在 qianfeixinxi 文件夹下创建一个 Web 窗体,将其命名为 qianfeixinxi.aspx,用于业主欠费信息的查询。

(3) 在 Web 窗体中添加一个 Table 表格,用于页面的布局。

(4) 在 Table1 表格中添加相关服务器控件,属性设置及其用途如表 3-8 所示。

表 3-8 服务器控件的属性设置及其用途

控件类型	控件名称	主要属性设置	控件用途
TextBox	txtqmc	无	输入小区名称
	txtlymc	无	输入楼宇名称
Button	btnAdd	Text 属性设置为"添加"	添加
	btnDelete	Text 属性设置为"删除"	删除
GridView	gvzhzf	AllowPaging 属性设置为 True AutoGenerateColumns 属性设置为 False、 PageSize 设置为 5	显示业主住户信息

接下来开始编写实现代码,首先在 Page_Load 事件中判断管理员是否已经登录,如果 Session["name"]和 Session["pwd"]的值为空,说明管理员没有登录,否则说明管理员已经成功登录。

```
protected void Page_Load(object sender, EventArgs e)
{
    if (Session["nameyh"] == null && Session["pwdyh"] == null)
    {
        if (Session["name"] == null && Session["pwd"] == null)
        {
            Response.Redirect("~/denglu.aspx");//跳转到指定的页面中
        }
    }
    this.aa();
}
```

在用户自定义方法 aa 中,查询欠费信息表(tb_qianfei),并且利用 Fill 方法将数据填充到 GridView 控件中,然后利用 SubStr 方法将较长字符用"…"替换。

```
public void aa()
{
    OleDbConnection con = DB.createDB();       //调用用户自定义的 DB 类的 createDB()的方法
    con.Open();
    OleDbCommand cmd = new OleDbCommand();//声明一个 OleDbCommand 的 cmd 对象,并将其实例化
    OleDbDataAdapter sda = new OleDbDataAdapter("select * from tb_qianfei", con);
    DataSet ds = new DataSet();           //声明一个 DataSet 的 ds 对象,并将其实例化
    sda.Fill(ds, "tb_qianfei");
    this.gvqf.DataSource = ds;
    this.gvqf.DataKeyNames = new string[] { "name" };
    this.gvqf.DataBind();//将数据绑定到 GridView 控件中
    for (int i = 0; i <= gvqf.Rows.Count - 1; i++)
    {
        DataRowView mydrv;
        string gintro;
        if (this.gvqf.PageIndex == 0)
```

```
            {
                mydrv = ds.Tables["tb_qianfei"].DefaultView[i];
                gintro = Convert.ToString(mydrv["address"]);
                this.gvqf.Rows[i].Cells[1].Text = SubStr(gintro, 10);
            }
            else
            {
                mydrv = ds.Tables["tb_qianfei"].DefaultView[i + (5 * gvqf.PageIndex)];
                gintro = Convert.ToString(mydrv["address"]);
                this.gvqf.Rows[i].Cells[1].Text = SubStr(gintro,10);
            }
        }
        con.Close();
    }
```

上面的 aa 方法中，在显示"住户地址"内容时，调用了 SubStr 方法截取字符串。SubStr 方法的返回值为 String 类型，该方法有两个参数 sString 和 nLeng，其中 sString 表示要截取的字符串，nLeng 表示截取的长度。SubStr 方法的关键代码如下：

```
public string SubStr(string sString, int nLeng)
{
    if (sString.Length <= nLeng)
    {
        return sString;
    }
    string sNewStr = sString.Substring(0, nLeng);
    sNewStr = sNewStr + "...";
    return sNewStr;
}
```

在欠费信息查询页中，利用 RadioButton 控件中 Check 属性的判断，可实现不同的查询功能。实现代码如下：

```
protected void Button1_Click(object sender, EventArgs e)
    {
        OleDbConnection con = DB.createDB();//调用用户自定义的DB类的createDB()的方法
        OleDbCommand cmd = new OleDbCommand();//声明一个OleDbCommand的cmd对象,并将其实例化
        cmd.Connection = con;
        con.Open();
        DataSet ds = new DataSet();//声明一个DataSet的ds对象,并将其实例化
        if (this.rbtnqfzh.Checked == true)
        {
            OleDbDataAdapter sda = new OleDbDataAdapter("select * from tb_qianfei where name='" + this.txtqfzh.Text + "'", con);
            sda.Fill(ds, "tb_qianfei");
            this.gvqf.DataSource = ds;
            this.gvqf.DataBind();//将数据绑定到GridView控件中
        }
        if (this.rbtnlx.Checked == true)
        {
            OleDbDataAdapter sda = new OleDbDataAdapter("select * from tb_qianfei where leibie='" + this.ddllx.SelectedItem.Text.ToString() + "'", con);
            sda.Fill(ds, "tb_qianfei");
            this.gvqf.DataSource = ds;
```

```
            this.gvqf.DataBind();//将数据绑定到GridView控件中
        }
        if (this.rbtnqfje.Checked == true)
        {
            OleDbDataAdapter sda = new OleDbDataAdapter("select * from tb_qianfei where
qianfei='" + this.txtqfje.Text.ToString() + "'", con);
            sda.Fill(ds, "tb_qianfei");
            this.gvqf.DataSource = ds;
            this.gvqf.DataBind();//将数据绑定到GridView控件中
        }
    }
```

在 btnqx_Click 单击事件中，调用用户自定义 aa 方法，实现将所有的欠费信息绑定到 GridView 控件中。实现代码如下：

```
protected void btnqx_Click(object sender, EventArgs e)
    {
        this.aa();
    }
```

在 gvqf_RowDataBound 的单击事件中，添加一个属性，实现高亮显示的功能。然后判断用户欠费的状态，如果是"已处理"，将字体颜色改为蓝色；如果是"未处理"，将字体颜色改为红色。实现代码如下：

```
protected void gvqf_RowDataBound(object sender, GridViewRowEventArgs e)
    {
        if (e.Row.RowType == DataControlRowType.DataRow)
        {
            e.Row.Attributes.Add("onMouseOver",
"Color=this.style.backgroundColor;this.style.backgroundColor='lightBlue'");
            e.Row.Attributes.Add("onMouseOut", "this.style.backgroundColor=Color;");
            if (e.Row.Cells[6].Text == "已处理")
            {
                e.Row.Cells[6].Text = "<font color=blue>已处理</font>";
            }
            else
            {
                e.Row.Cells[6].Text = "<font color=red>未处理</font>";
            }

            e.Row.Cells[3].Text =
Convert.ToDateTime(e.Row.Cells[3].Text).ToShortDateString();
            e.Row.Cells[4].Text =
Convert.ToDateTime(e.Row.Cells[4].Text).ToShortDateString();
        }
```

3.10 管理员登录页设计

视频讲解 光盘：视频\第 3 章\管理员登录页设计.avi

物业人员通过管理员登录模块，进入网站后台进行相关信息的维护及管理等操作。系统登录模块主要用于对进入系统的用户进行安全性检查，以防止非法用户进入系统。在登录时只有合法的用户才能进入系统，同时，系统根据登录用户的级别，给予不同的操作权限。管理员登录页运行效果如图 3-14 所示。

图 3-14 管理员登录页运行效果

3.10.1 管理员登录页技术分析

在管理员登录页中，物业工作人员输入用户名、密码，并选择相应的权限，单击【进入】按钮时系统将输入的数据与数据库中的数据进行比较，如果相同则进入管理员的操作界面，否则会弹出提示框，提示用户输入的用户名或者密码错误。

在实现管理员登录页时，主要利用了以下技术：

(1) 利用聚合函数 Count 返回组中相关数据的个数

Count 函数用于返回组中项目的数量。管理员登录页中利用 Count 函数实现根据员工输入的用户名、密码、权限在数据表中进行查询，如果查询有该记录 Count(*)返回 1，否则返回 0。

(2) 利用 Session 对象来保存管理员的用户名和密码

当管理员成功登录后，在 Session 对象中保存管理员登录的用户名和密码。如果管理员没有退出该网站，则 Session 中始终保存当时使用该网站的管理员的用户名和密码。当进入后台中的其他页时，只需判断 Session 里存的值是否为空，如果不为空，说明使用者是管理员，便可直接访问。否则说明两点：一是还没登录，二是登录的权限不是管理员。这样可以防止在 IE 地址栏输入相应地址，非法访问该网页情况的发生，大大提高网站的安全性。

3.10.2 管理员登录页实现过程

下面介绍管理员登录页的实现过程，具体设计步骤如下。

(1) 在网站中创建一个 Web 窗体，将其命名为"denglu.aspx"，用于管理员登录。

(2) 在 Web 窗体中添加一个 Table 表格，用于页面的布局。

(3) 在 Table1 表格中添加相关服务器控件，属性设置及其用途如表 3-9 所示。

第 3 章 物业管理系统

表 3-9 服务器控件的属性设置及其用途

控件类型	控件名称	主要属性设置	控件用途
TextBox	txtworkname	无	输入登录用户名
	txtworkpwd	PasswordChar 属性设置为*	输入登录密码
DropDownList	ddlQx	Items 属性添加两个成员，分别是"管理员""普通员工"	用于显示管理员的权限
ImageButton	imbtn	ImageUrl 属性设置为~/image/login_10.jag	用于显示"进入"信息的文字按钮

开始编写实现代码，首先引入命名空间，具体代码如下：

```
using system.data.oledb;
```

单击【进入】按钮时，系统根据从文本框中传来的用户名、密码及权限查询注册表中的信息，用 ExecuteScalar()方法执行查询语句，并返回查询结果集中的第一行第一列。然后将其返回结果转化成整型数据赋值给变量 a，如果变量大于 0，登录成功，跳转到管理员主页；否则弹出一个"很遗憾，登录失败！！"的提示对话框。代码如下：

```
protected void ImageButton1_Click(object sender, ImageClickEventArgs e)
    {
        OleDbConnection con = DB.createDB();//调用用户自定义的DB类的createDB()的方法

        OleDbCommand cmd = new OleDbCommand();//声明一个OleDbCommand的cmd对象,并将其实例化
        cmd.Connection = con;
        con.Open();//打开数据库连接
        cmd.CommandText = "select count(*) from tb_zhuce where name='" + this.TextBox1.Text
+ "'and pwd='" + this.TextBox2.Text + "' ";
        int a = Convert.ToInt32(cmd.ExecuteScalar());
        if (a > 0)  //数据库中有这条字段的信息
        {

            this.LinkButton1.Visible = true;
            //this.lblxzchdl.Visible = false;//显示登录失败信息的Label 标签
            Session["nameyh"] = this.TextBox1.Text.ToString();
            //将管理员输入的姓名存储在Session["name"]中
            Session["pwdyh"] = this.TextBox2.Text.ToString();
            //将管理员输入的密码存储在Session["pwd"]中
            this.LinkButton1.Visible = true;
            //Response.Write("<script language=javascript>alert('恭喜您,登录成功！！
');location='javascript:history.go(-1)'</script>");

            Response.Redirect("~/default.aspx");//将该页跳转到指定的页面中
        }
        else //数据库中没有这条字段的信息
        {
            // this.lblshibai.Visible = true;
            // this.lblxzchdl.Visible = false;
            Response.Write("<script language=javascript>alert('很遗憾,登录失败！！
');location='javascript:history.go(-1)'</script>");
            //this.lblshibai.Text = "登录失败,请重新登录..."; //用Label 标签显示登录失败的信息
        }
        con.Close();   //关闭数据库的连接
    }
```

3.11 设计值班员工页

视频讲解 光盘：视频\第3章\设计值班员工页.avi

在管理员主页的导航栏中单击【值班员工】超链接进入值班员工页，其中根据小区物业员工的在岗状况显示员工的信息。该页可方便物业对值班员工进行管理。值班员工页运行效果如图3-15所示。

图3-15 值班员工页运行效果

在值班员工页中，主要用到了Table控件的动态添加行和单元格功能。在页面的单元格中存放员工信息的用户自定义控件，根据实际页面布局的需要将Table控件布局为两行三列。

3.11.1 值班员工页实现过程

下面讲解值班员工页的实现过程，具体设计步骤如下。

(1) 在网站中创建一个Web窗体，将其命名为"zhibanyuangong.aspx"，用于显示值班员工的信息。

(2) 在Web窗体中添加一个Table表格，用于页面的布局。

(3) 在Table1表格中添加相关服务器控件，属性设置及其用途如表3-10所示。

表3-10 服务器控件的属性设置及其用途

控件类型	控件名称	主要属性设置	控件用途
Label	lblzz	Text属性设置为"小区物业内部管理网欢迎您。"	显示标题
Table	Table1	无	将用户自定义控件绑定到Table空间中

3.11.2 编写实现代码

首先引入命名空间,具体代码如下:

```
Using system.data.oledb;
```

在 Page_Load 单击事件中,根据传过来的变量 id 的值查询员工信息表,通过 OleDbDataReader 类的 Read 方法,将数据从数据库中读取出来加以显示,实现通过变量传来的值读取并显示对应员工的信息。具体代码如下:

```
public partial class zhibanyuangong : System.Web.UI.Page
{
    private int numrow = 3;    //设置表格中一行显示的个数
    protected void Page_Load(object sender, EventArgs e)
    {
        if (Session["name"] == null && Session["pwd"] == null)
        {
            Response.Redirect("~/guanliyuan/guanliyuandenglu.aspx");//将该页跳转到指定的页面中
        }
        OleDbConnection con = DB.createDB();         //调用用户自定义的DB类的createDB()的方法
        OleDbCommand cmd = new OleDbCommand();//声明一个OleDbCommand的cmd对象,并将其实例化
        cmd.Connection = con;
        con.Open();
        cmd.CommandText = "select top 6 id from tb_yuangong where state='在岗'order by id Desc";
        int i = 0;
        System.Web.UI.WebControls.TableRow tr = new TableRow();

        OleDbDataReader sdr = cmd.ExecuteReader();
        while (sdr.Read())
        {
            i = i + 1;
            System.Web.UI.WebControls.TableCell tc = new TableCell();
            yuangong yg = (yuangong)this.LoadControl("~/yuangong.ascx");
            yg.id1 = sdr.GetString(0);
            tc.Controls.Add(yg);
            tr.Controls.Add(tc);
            if (i % numrow == 0)
            {
                this.Table1.Rows.Add(tr);
                tr = new TableRow();
            }
            if (i % numrow != 0)
            {
                this.Table1.Rows.Add(tr);
            }
        }

        sdr.Close();
        con.Close();
    }
```

3.12 设计业主住房信息管理页

视频讲解 光盘：视频\第 3 章\设计业主住房信息管理页.avi

业主住房信息管理页是小区物业内部管理网必不可少的一部分，在该模块中涉及业主住房信息的添加、修改、删除和查询几项内容。其运行效果如图 3-16 所示。

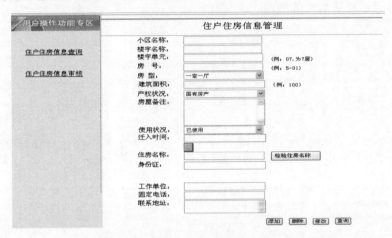

图 3-16 业主住房信息管理页运行结果

业主住房信息管理页中主要用到了一个典型功能：如何将数据控件中的日期以编程的方式转换为指定格式。在开发网站的过程中，如开发新闻网站、论坛、聊天室等，都需要获取日期。有一些网站将数据控件中的日期以编程的方法转换为指定格式显示出来，以美化网站。

3.12.1 业主住房信息管理页实现过程

业主住房信息管理页的具体设计步骤如下。

(1) 在该网站中创建 zhuhuxinxi 文件夹，用于存放基本信息 Web 窗体。

(2) 在文件夹 zhuhuxinxi 下创建一个 Web 窗体，将其命名为"zhuhuxinxiguanli.aspx"，用于业主住房信息管理。

(3) 在 Web 窗体中添加一个 Table 表格，用于页面的布局。页面中的主要控件及说明如表 3-11 所示。

表 3-11 控件说明

控件类型	控件名称	主要属性设置	控件用途
TextBox	txtxqmc	无	输入小区名称
	txtlymc	TextMode 属性设置为""	输入楼宇名称
Button	btnAdd	Text 属性设置为"添加"	添加
	btmDelete	Text 属性设置为"删除"	删除

控件类型	控件名称	主要属性设置	控件用途
GridView	gvzhzf	AllowPaging 属性设置为 True AutoGenerateColumns 属性设置为 False PageSize 属性设置为 5	
LinkButton	lbtnzfcx	Text 属性设置为"业主住房信息查询"	链接到业主住房信息查询页
	lbtnzfsh	Text 属性设置为"业主住房信息审核"	链接到业主住房信息审核页

3.12.2 编写实现代码

首先引入命名空间，具体代码如下：

```
using system.data.oledb;
```

在 Page_Load 事件中判断业主或者管理员是否已登录，如果没有登录，业主跳转到业主登录页中，管理员跳转到管理员登录页中，并且调用用户自定义的 aa 方法，将业主住房信息绑定到 GridView 空间中并加以显示。实现代码如下：

```
protected void Page_Load(object sender, EventArgs e)
    {
        if (Session["name"] == null && Session["pwd"] == null)
        {
            Response.Redirect("~/guanliyuan/guanliyuandenglu.aspx");//将该页跳转到指定的页面中
        }
        this.calqrtime.Visible = false;
        this.txtqrsj.Enabled = false;
        this.aa();
    }
```

aa 方法是用户自定义的方法，用于查询业主住房信息，将业主住房信息填充到数据集中，通过调用 DataBind()方法将业主住房信息绑定到 GridView 控件中，并加以显示。实现代码如下：

```
public void aa()
    {
        OleDbConnection con = DB.createDB();        //调用用户自定义的DB类的createDB()的方法
        con.Open();        //打开数据库连接
        OleDbCommand cmd = new OleDbCommand();//声明一个OleDbCommand 的 cmd 对象，并将其实例化
        OleDbDataAdapter sda = new OleDbDataAdapter("select * from tb_zhuhu", con);
        DataSet ds = new DataSet();        //声明一个DataSet 的ds 对象,并将其实例化
        sda.Fill(ds, "tb_zhuhu");
        this.gvzhzf.DataSource = ds;
        this.gvzhzf.DataBind();//将数据绑定到GridView 控件中
        con.Close();
    }
```

【住户住房信息审核】超链接实现的主要功能是将页面跳转到住户住房信息审核页。实现代码如下：

```
protected void LinkButton3_Click(object sender, EventArgs e)
    {
        Response.Redirect("zhuhurzshenhe.aspx");//将该页跳转到指定的页面中
```

【住户住房信息查询】超链接,实现的主要功能是将页面跳转到住户住房信息查询页。实现代码如下:

```
protected void LinkButton1_Click(object sender, EventArgs e)
    {
        Response.Redirect("zhuhucx.aspx");//将该页跳转到指定的页面中
```

【检验住房名称】按钮用于根据输入的住房名称来查找业主住房信息表,其通过执行ExecuteScalar()进行查询,并返回查询所返回结果集中的第一行第一列。再将返回的结果转换为整型格式,将其值传递给变量i,并加以判断,如果变量i的值大于1,则弹出一个"住房名称存在,请再添加一个!"提示对话框;否则弹出一个"住房名称不存在,请您继续添加!"对话框。实现代码如下:

```
protected void Button1_Click1(object sender, EventArgs e)
    {
        OleDbConnection con = DB.createDB();         //调用用户自定义的DB类的createDB()的方法
        OleDbCommand cmd = new OleDbCommand();//声明一个OleDbCommand的cmd对象,并将其实例化
        cmd.Connection = con;
        con.Open();          //打开数据库连接
        cmd.CommandText = "select count(*) from tb_zhuhu where zfname='" + this.txtzfmc.Text + "'";
        int i = Convert.ToInt32(cmd.ExecuteScalar());
        if (i > 0)
        {

            this.txtzfmc.Text = "";
            this.txtzfmc.Focus();
            Response.Write("<script language=javascript>alert('住房名称存在,请再添加一个!');</script>");
        }
        else
        {

            Response.Write("<script language=javascript>alert('住房名称不存在,请您继续添加!');</script>");
        }
        con.Close();
    }
```

3.13 业主投诉信息审核页设计

视频讲解 光盘:视频\第3章\业主投诉信息审核页设计.avi

业主投诉信息审核页主要实现对业主投诉信息的审核,主要审核业主的投诉信息是否已处理,如果未处理,则通知相关部门进行处理;如果已处理,则设置为已处理状态。对于已处理的投诉信息可适当删除。业主投诉信息审核页运行效果如图3-17所示。

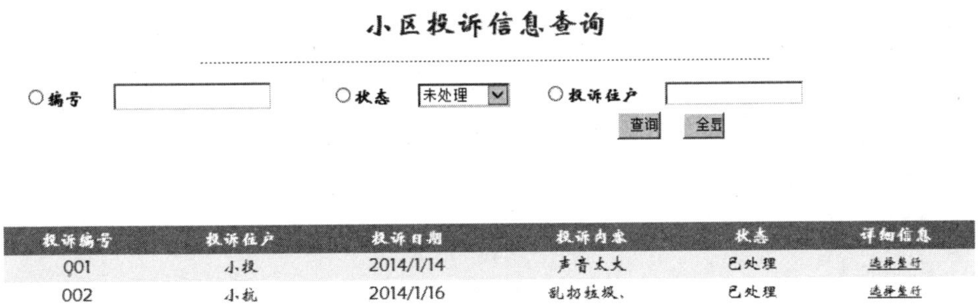

图 3-17　业主投诉信息审核页运行效果

3.13.1　业主投诉信息审核页技术分析

由于小区物业内部管理网涉及的信息量很大，如果将已处理和未处理的投诉信息混在一起，看上去会很乱，因此本程序将信息表【状态】列中的【未处理】和【已处理】的字体颜色分别设置成红色和蓝色，以给人一目了然的感觉。页面中信息的显示是通过使用 GridView 控件实现的，为了将不同的状态信息以不同的颜色显示，需要处理 GridView 控件 RowDataBound 事件，在该事件中判断表格行，如果为数据行，则读取【状态】单元格的信息，根据不同的状态设置不同的字体颜色。

3.13.2　业主投诉信息审核页具体实现

业主投诉信息审核页的具体设计步骤如下。
(1) 在该网站中创建 tousuxinxi 文件夹，用于存放基本信息 Web 窗体。
(2) 在文件夹 tousuxinxi 下创建一个 Web 窗体，将其命名为 "tousushenhe.aspx"，用于业主投诉信息审核。
(3) 在 Web 窗体中添加一个 Table 表格，用于页面的布局。
(4) 在 Table1 表格中添加相关的服务器控件，属性设置及其用途如表 3-12 所示。

表 3-12　服务器控件的属性设置及其用途

控件类型	控件名称	主要属性设置	控件用途
LinkButton	txtxqmc	Text 属性设置为 "业主投诉信息审核"	链接到业主投诉信息页
	txtlymc	Text 属性设置为 "业主投诉信息查询"	链接到业主投诉查询页
GridView	gvzhzf	AllowPaging 属性设置为 True AutoGenerateColumns 属性设置为 False PageSize 属性设置为 5	显示小区业主投诉信息

下面开始编写具体实现代码。首先在 Page_Load 事件中，利用 Session 对象判断是否登录，并且调用自定义 aa 方法。代码如下：

```
protected void Page_Load(object sender, EventArgs e)
    {
```

```
        if (Session["name"] == null && Session["pwd"] == null)
        {
            Response.Redirect("~/guanliyuan/guanliyuandenglu.aspx");//跳转到指定的页面中
        }
        this.aa();
    }
```

在自定义 aa 方法中,利用 OleDbDataAdapter 的 Fill 方法,将投诉信息填充到 GridView 控件中。实现代码如下:

```
private void aa()
{
    OleDbConnection con = DB.createDB();//调用用户自定义的 DB 类的 createDB()的方法
    con.Open();
    OleDbCommand cmd = new OleDbCommand();//声明一个 OleDbCommand 的 cmd 对象,并将其实例化
    OleDbDataAdapter sda = new OleDbDataAdapter("select * from tb_tousu", con);
    DataSet ds = new DataSet();//声明一个 DataSet 的 ds 对象,并将其实例化
    sda.Fill(ds, "tb_tousu");
    this.GridView1.DataSource = ds.Tables[0].DefaultView;
    this.GridView1.DataKeyNames = new string[] { "id" };
    this.GridView1.DataBind();//将数据绑定到 GridView 控件中
    con.Close();
}
```

GirdView1_RowDataBoud 事件主要实现改变单元格中信息的功能。实现代码如下:

```
protected void GridView1_RowDataBound(object sender, GridViewRowEventArgs e)
{
    if (e.Row.RowType == DataControlRowType.DataRow)
    {
        e.Row.Attributes.Add("onMouseOver", "Color=this.style.backgroundColor;this.style.backgroundColor='lightBlue'");
        e.Row.Attributes.Add("onMouseOut", "this.style.backgroundColor=Color;");
        if (e.Row.Cells[4].Text == "已处理")
        {
            e.Row.Cells[4].Text = "<font color=blue>已处理</font>";
        }
        else
        {
            e.Row.Cells[4].Text = "<font color=red>未处理</font>";
        }
        e.Row.Cells[2].Text = Convert.ToDateTime(e.Row.Cells[2].Text).ToShortDateString();
    }
}
```

在 GridView1_RowDeleting 事件中,利用 OleDbCommand 的 ExecuteNonQuery()方法,实现将相应记录删除的功能。主要代码如下:

```
protected void GridView1_RowDeleting(object sender, GridViewDeleteEventArgs e)
{
    string id = this.GridView1.DataKeys[e.RowIndex].Value.ToString();
    OleDbConnection con = DB.createDB();
    con.Open();
    OleDbCommand cmd = new OleDbCommand("delete from tb_tousu where id='" + id + "'", con);
    cmd.ExecuteNonQuery();
```

```
        this.aa();
        this.GridView1.EditIndex = -1;
    }
```

在 GridView1_SelecteIndexChanging 事件中，利用 OleDbCommand 的 ExecuteScalar()方法查询投诉信息表，并且修改投诉信息表中状态。实现代码如下：

```
protected void GridView1_SelectedIndexChanging(object sender, GridViewSelectEventArgs e)
    {
string id = this.GridView1.DataKeys[e.NewSelectedIndex].Value.ToString();
OleDbConnection con = DB.createDB();        //调用用户自定义的DB类的createDB()的方法
con.Open();
OleDbCommand cmd = new OleDbCommand("select zhuangtai from tb_tousu where id='" + id + "'", con);
string count = cmd.ExecuteScalar().ToString();
    if (count == "已处理")
    {
        count = "未处理";
    }
else
    {
        count = "已处理";
    }
cmd.CommandText = "update tb_tousu set zhuangtai='" + count + "'where id='" + id + "'";
cmd.ExecuteNonQuery();
con.Close();
this.aa();
    }
```

在 LinkButton1_Click 事件中，利用 Response 对象的 Redirect 方法，将页面跳转到 tousuguanli.aspx 中。实现代码如下：

```
protected void LinkButton1_Click(object sender, EventArgs e) {
    Response.Redirect("tousuguanli.aspx");//跳转到指定的页面中
    }
```

在 LinkButton2_Click 事件中，将页面跳转到 tousucx.aspx 中。实现代码如下：

```
protected void LinkButton2_Click(object sender, EventArgs e){
    Response.Redirect("tousucx.aspx");//跳转到指定的页面中
    }
```

通过小区物业内部管理网的开发过程，可以了解如何通过系统目标设计业务流程和数据库，如何合理组织系统文件结构。通过对主要模块的实现过程，可以深入了解用户控件的应用、聚合函数 count 的应用，如何利用 Table 控件添加行和单元格，将数据空间中的日期以编程的方式转换为指定格式显示出来。希望可以对读者今后的开发工作有所启发和帮助。

第 4 章 浪漫七夕聊天系统

当今网上冲浪风行,越来越多的人纷纷加入其中。网络聊天已经日益成为人们必不可少的通信方式和休闲方式之一。为此,各种聊天工具和聊天站点纷纷建立起来。本章将向读者介绍在线聊天系统的运行流程,并通过一个"浪漫七夕聊天系统"实例来讲解其具体的实现过程。

赠送的超值电子书

031. 面向对象编程基础
032. 一个简单的 ASP.NET 文件
033. ASP.NET 页面元素介绍
034. ASP.NET 页面指令
035. 两种布局 ASP.NET 页面的方式
036. Page 指令
037. ASP.NET 内置对象介绍
038. 配置 ASP.NET 应用程序
039. 配置文件结构
040. 配置文件的继承层次结构

4.1 部门沟通之"钥"

视频讲解　光盘：视频\第 4 章\部门沟通之"钥".avi

职场如战场，职场菜鸟们需要经过摸爬滚打之后才能在职场中立于不败之地。在程序员职场生涯中，开发者们往往不只是生活在开发团队这个圈子中，还需要经常和其他的部门进行沟通。公司内部门之间的沟通十分重要，决定了程序员在职场中的生存环境和人际关系。

4.1.1　开发公司部门现状

对于大多数开发公司来说，整个公司通常分为财务部、销售部、产品部、开发部、培训部和市场部。

- 财务部：负责公司财务、费用、预算决策和战略规划等工作。
- 销售部：负责销售本公司的产品，拉客户来公司做项目。
- 产品部：负责和客户沟通，了解客户的真实需求，并将客户的需求传达给开发人员。
- 开发部：负责程序开发，包括从规划到调试。
- 培训部：负责内部员工培训，提升员工业务能力。
- 市场部：负责市场调研、市场宣传和产品包装等工作。

上述每一个部门都有一个部门总监，直接向老总负责。每个部门之间相互协调，将整个公司运转起来。

下面接着分析和程序员密切相关的开发部，在笔者所在的开发部中，除去部门总监外，下面有十几个程序员、5 个软件工程师，3 个高级软件工程师。具体结构如图 4-1 所示。

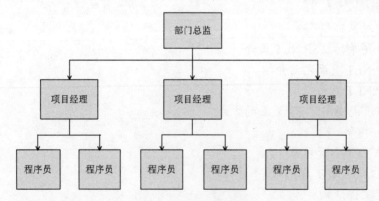

图 4-1　开发部组织结构

图中的 3 个项目经理即为 3 个高级软件工程师，每个项目经理下的程序员实行弹性调动，即接到一个新项目时，项目经理可以抽调任何程序员组织自己的项目团队。另外，每个程序员的任务也不一样。在一个开发团队中，有的负责具体编码工作，有的负责产品测试工作。

4.1.2 赢在公司——探讨部门沟通之道

在开发公司中，和程序员所在的开发部打交道最多是产品部，请看下面的一个场景：

晚上 8 点多了，程序员小菜仍在公司噼里啪啦地敲着代码，此时产品部的赵经理走过来说："小菜呀，我发现 A 页面上的×××几个字很不美观，大小也不合适，你调整一下吧！"

小菜忙打开 Visual Studio 2010，经过长达七八分钟的等待，终于将项目加载完毕，小菜瞪着布满血丝的双眼，在几千个页面中，找到了赵经理所说的 A 页面，然后找到了他提到的那几个字，问赵经理说："字改成多大的？"

"多大的？就改大一点就行呀！"小菜将原来的 9pt 更改为了 10pt，按 Ctrl+S 组合键保存后，又按下 F5 键，经过漫长的等待，页面终于出来了，赵经理看了看说："还有点小，再大点！"小菜只好又将 10pt 更改为了 12pt。

赵经理端着杯子喝了口水说："这次感觉大了点，调小一点。"此时快 8:30 了，小菜和好朋友商量好 8:30 在超市门口见的，见赵经理没完没了地改，于是极不情愿地又将字体改为了 11pt。见赵经理还站在边上一个劲地端详，小菜拿起包，快速地关机闪人了，一边走，一边想："什么人呀！事先没有界面设计，没有美工，程序员将界面做出来之后，对字体还调来调去，没完没了！"

上述案例中的工作只是修改字体大小，还算简单。如果产品部在设计产品伊始便出现问题，而开发部已经根据当初的规划完成了整个开发工作。那么一旦客户此时不满意，开发部将面临整个项目重新架构开发的境地，这将给公司带来不可估量的损失。

部门与部门之间的沟通的确比较麻烦，有时虽然明知很多问题的根源，但因为身处不同的部门而没有力气去解决。例如在上述案例中，产品部觉得稍微的调整十分简单，此时的开发人员应该有一些容人之量，然后主动和对方部沟通、交流，尽量本着解决问题的目的来做事。但是开发人员觉得改来改去，体现了产品部对研发人员工作成果的不尊重。站在开发者的角度，最不希望的就是干了活却因为其他部门的原因不被认可。当发生类似情况时，应该按照如下规则进行处理。

(1) 产品部：首先要解决的问题就是学会尊重研发者的劳动，认识到研发人员不是实现自己毫无边际遐想的工具。

(2) 开发部：在开发过程中，如果一直抱怨这个不公，那个不平，却不思考解决问题的方法，也是有不妥之处的。当程序员因为情绪不满影响到工作动力和态度的时候，应该及时找到问题所在，并及时加以解决。当出现沟通问题后，研发人员应该将出现问题的地方及时反馈给项目经理，让他去帮助大家来解决此类问题，毕竟抱怨是没有用的。

(3) 企业运维：产品部和开发部之间的沟通不要仅仅局限于口头，建议和项目有关的沟通全部实现文字化，将需求和实现统一体现在文档中，并经过部门经理签字盖章。这样每个部门发出的指令就都具有很强的效力，能够避免出现问题时的相互扯皮。

4.2 新的项目

视频讲解　光盘：视频\第 4 章\新的项目.avi

本章介绍的项目是为"三江化工集团"开发的一个内部聊天系统，客户要求在项目中必须实现如下三个功能：

(1) 用户登录验证
(2) 在线聊天
(3) 在线群聊

整个开发团队的具体职能架构如下。

- 项目经理：负责前期功能分析，策划构建系统模块，检查项目进度及质量。
- 软件工程师 PrA：配置系统文件，搭建数据库，实现数据访问层。
- 软件工程师 PrB：软件设计和具体编码。
- 软件工程师 PrC：样式设计、系统调试、后期发布。

整个项目的开发流程如图 4-2 所示。

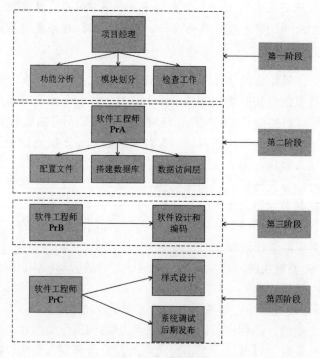

图 4-2　开发流程

4.3 项目规划分析

视频讲解　光盘：视频\第 4 章\项目规划分析.avi

整个团队成立了，也确定了明确的分工，为了赶工期，马上进入规划分析阶段。项目经理亲自做好了在线聊天系统的需求规划分析，并规划好了构成模块。

4.3.1 在线聊天系统功能原理

在线聊天系统是一个综合性的系统，不仅仅涉及表单数据的发布处理过程，而且在实现过程中会应用到本书前面章节中介绍的模块知识，并要实现对数据库的整合处理。本节将对在线聊天系统的功能原理进行简要介绍。

Web 站点的在线聊天系统系统的实现原理比较清晰明了，其主要操作是对数据库数据进行添加和删除操作，并且设置了不同的类别，使信息在表现上更加清晰明了。在不同在线聊天系统的实现过程中，往往会根据系统的需求而进行不同功能模块的设置。

一个典型在线聊天系统的必备功能如下：

(1) 用户登录验证功能。
(2) 聊天语句发布功能。
(3) 聊天内容动态显示功能。
(4) 聊天页面刷新功能。
(5) 系统管理功能。

4.3.2 在线聊天系统构成模块

一个典型在线聊天系统的构成模块如下：

(1) 用户登录验证

用户登录模块是聊天系统的重要模块之一。系统用户登录成功后，将在用户列表中显示用户名或昵称。而系统中的其他用户，可以及时了解本系统的人气状况。

(2) 聊天语句显示

聊天者发表谈话内容后，需要将内容显示在系统中，这样才能与其他用户实现及时交互。

(3) 页面刷新

因为聊天者不定期地发表谈话，所以要求谈话对象及时接收到谈话内容。为此，系统页面必须具备及时刷新的功能。

(4) 用户更新

为解决聊天用户离开系统后，其用户信息在用户列表依然显示的问题，系统必须设置用户更新功能。所以在系统中应专门设置一链接，用户退出时通过单击此链接告知管理员退出系统，使用户列表做出相应的更新。

(5) 聊天内容更新

当用户发布聊天内容后，能够使发布的内容及时在页面内更新显示，使对方用户及时浏览。

(6) 提供多个聊天室

为满足不同类型客户的需求，应该提供不同的聊天室供用户选择登录，从而提高站点的人气。

(7) 聊天室管理功能

为方便对系统的管理控制,通过对聊天室的设置以实现对整个聊天系统的灵活管理。上述应用模块的具体运行流程如图 4-3 所示。

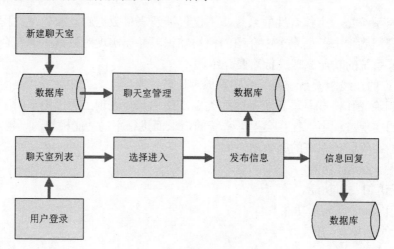

图 4-3　在线聊天系统运行流程

4.4　系统配置文件

视频讲解　光盘：视频\第 4 章\系统配置文件.avi

本项目使用 SQL Server 2008 数据库,并用 Ajax 技术实现了无刷新处理。配置文件 Web.config 的主要功能是设置数据库的连接参数,并配置系统与 Ajax 服务器的相关内容。

1. 配置连接字符串参数

配置连接字符串参数即设置系统程序连接数据库的参数,其对应实现代码如下：

```
<connectionStrings>
        <add name="SQLCONNECTIONSTRING" connectionString="data source=GUAN\AAA;user id=sa;pwd=888888;database=Liao" providerName="System.Data.SqlClient"/>
</connectionStrings>
```

其中,source 设置连接的数据库服务器；user id 和 pwd 分别指定数据库的登录名和密码；database 设置连接数据库的名称。

2. 配置 Ajax 服务器参数

配置 Ajax 服务器参数即配置 Ajax Control Toolkit 程序集参数,为 AjaxControlToolkit.dll 程序集提供一个前缀字符串"AjaxControlToolkit"。这样,系统页面在引用 AjaxControlToolkit.dll 中的控件时,便不需要额外添加<Register>代码。

上述功能在<controls>元素内的对应实现代码如下：

```
<pages>
    <controls>
     <add namespace="AjaxControlToolkit" assembly="AjaxControlToolkit" tagPrefix="ajaxToolkit"/>
```

```
    <add tagPrefix="asp" namespace="System.Web.UI" assembly="System.Web.Extensions,
Version=1.0.61325.0, Culture=neutral, PublicKeyToken=31bf3856ad364e35"/>
  </controls>
</pages>
```

4.5 搭建数据库

视频讲解 光盘：视频\第 4 章\搭建数据库.avi

本系统采用 SQL Server 2008 数据库，首先创建了一个名为 Liao 的数据库，然后根据系统需求新建两个表，分别用于存储聊天内容和用户信息。

4.5.1 数据库设计

表 Message 的具体设计结构如表 4-1 所示。

表 4-1 系统聊天内容信息表(Message)

字段名称	数据类型	是否主键	默认值	功能描述
ID	int	是	递增 1	编号
Message	varchar(1000)	否	Null	内容
UserID	int	否	Null	用户编号
ChatID	int	否	Null	聊天室编号
CreateDate	datetime	否	Null	时间

表 User 的具体设计结构如表 4-2 所示。

表 4-2 系统用户信息表(User)

字段名称	数据类型	是否主键	默认值	功能描述
ID	int	是	递增 1	编号
Username	varchar(1000)	否	Null	用户名
Password	int	否	Null	密码
Status	int	否	Null	状态

4.5.2 系统参数设置

系统参数设置功能由文件 chat.cs 和 Global.asax 实现。

1．文件 chat.cs

文件 chat.cs 的功能是声明类 UserInfo，用以封装保存当前登录用户的信息，并定义数据库访问层的操作方法。文件 chat.cs 内核系统参数设置相关的代码如下：

```
namespace ASPNETAJAXWeb.AjaxChat
{
    public class UserInfo
    {
```

```csharp
            private int userID;
            private int chatID = -1;
            private string username;
            public int ChatID
            {
                get
                {
                    return chatID;
                }
                set
                {
                    chatID = value;
                }
            }
            public int UserID
            {
                get
                {
                    return userID;
                }
                set
                {
                    userID = value;
                }
            }
            public string Username
            {
                get
                {
                    return username;
                }
                set
                {
                    username = value;
                }
            }
        }
    }
```

2. 文件 Global.asax

文件 Global.asax 的功能是，当系统项目启动时初始化保存处理当前用户列表，当项目结束运行时把用户列表信息清空。主要实现代码如下：

```csharp
    /// 保存登录用户的列表
    public static List<UserInfo> Users = new List<UserInfo>();
void Application_Start(object sender, EventArgs e)
    {   ///登录用户列表初始化
        Users.Clear();
    }
void Application_End(object sender, EventArgs e)
{
}
void Application_Error(object sender, EventArgs e)
}
void Session_Start(object sender, EventArgs e)
{
        ///
}
void Session_End(object sender, EventArgs e)
{
        if(Session["UserID"] != null)
        {   ///用户离开时，清空用户登录的信息
```

第 4 章　浪漫七夕聊天系统

```
        string userID = Session["UserID"].ToString();
        foreach(UserInfo ui in Users)
        {   ///根据用户 ID 找到离开的用户
            if(ui.UserID.ToString() == userID)
            {
                Users.Remove(ui);
                break;
            }
        }
    }
</script>
```

在 ASP.NET 项目中，Global.asax 文件也是一个重要的配置文件，有时候被称为 ASP.NET 应用程序文件，提供了一种在一个中心位置响应应用程序级或模块级事件的方法，可以使用这个文件实现应用程序安全性以及其他任务。Global.asax 文件位于应用程序根目录下，虽然 Visual Studio.NET 会自动插入这个文件到所有的 ASP.NET 项目中，但是它实际上是一个可选文件。删除它不会出问题——当然是在你没有使用它的情况下。.asax 文件扩展名指出它是一个应用程序文件，而不是一个使用 aspx 的 ASP.NET 文件。Global.asax 文件被配置为任何(通过 URL 的)直接 HTTP 请求都被自动拒绝，所以用户不能下载或查看其内容。ASP.NET 页面框架能够自动识别出对 Global.asax 文件所做的任何更改。在 Global.asax 被更改后 ASP.NET 页面框架会重新启动应用程序，包括关闭所有的浏览器会话，去除所有状态信息，并重新启动应用程序域。

4.6　数据库访问层

视频讲解　光盘：视频\第 4 章\数据库访问层.avi

作为整个项目的核心和难点，整个数据访问层分为如下 3 个部分：
(1) 登录验证
(2) 聊天交流处理
(3) 系统管理

本项目数据访问层的实现文件是 chat.cs，主要功能是在 ASPNETAJAXWeb.AjaxChat 空间内建立 Chat 类，并定义多个方法实现对各系统文件在数据库中的处理。

4.6.1　数据访问层——登录验证处理

在文件 chat.cs 中，与用户登录验证模块相关的是方法 GetUser(string username,string password)，其运行流程如图 4-4 所示。

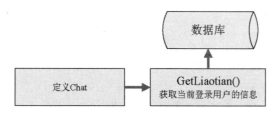

图 4-4　登录验证模块数据访问层运行流程

下面将分别介绍上述方法的实现流程。

1. 定义 Chat 类

定义 Chat 类的实现代码如下：

```
using System;
using System.Data;
using System.Configuration;
using System.Data.SqlClient;
namespace ASPNETAJAXWeb.AjaxChat
…
public class Chat
    {
        public Chat()
        {
            ///
        }
```

2. 获取登录用户信息

获取登录用户信息即获取当前登录用户的用户名和密码，确保合法用户才能登录系统。上述功能是由方法 GetUser(string username,string password)实现的，其具体实现流程如下：

(1) 从系统配置文件 Web.config 内获取数据库连接参数，并将其保存在 connectionString 内。

(2) 使用连接字符串创建 con 对象，实现数据库连接。

(3) 新建获取数据库内用户名和密码信息的 SQL 查询语句。

(4) 创建获取数据的对象 cmd。

(5) 打开数据库连接，获取查询数据。

(6) 将获取的查询结果保存在 dr 中，并返回 dr。

上述功能的对应实现代码如下：

```
public SqlDataReader GetUser(string username,string password)
        {   ///获取连接字符串
            string connectionString =
ConfigurationManager.ConnectionStrings["SQLCONNECTIONSTRING"].ConnectionString;
            ///创建连接
            SqlConnection con = new SqlConnection(connectionString);
            ///创建SQL语句
            string cmdText = "SELECT ID FROM [User] WHERE Username=@Username AND Password=@Password";
            ///创建SqlCommand
            SqlCommand cmd = new SqlCommand(cmdText,con);
            ///创建参数并赋值
            cmd.Parameters.Add("@Username",SqlDbType.VarChar,50);
            cmd.Parameters.Add("@Password",SqlDbType.VarChar,255);
            cmd.Parameters[0].Value = username;
            cmd.Parameters[1].Value = password;
            ///定义SqlDataReader
            SqlDataReader dr;
            try
            {   ///打开连接
                con.Open();
                ///读取数据
                dr = cmd.ExecuteReader(CommandBehavior.CloseConnection);
            }
            catch(Exception ex)
```

```
        {    ///抛出异常
             throw new Exception(ex.Message,ex);
        }
        return dr;
}
```

4.6.2 数据访问层——聊天处理

在文件 chat.cs 中，与系统在线聊天处理模块相关的方法如下：
- 方法 GetNeirong(int chatID)
- 方法 GetSingleNeirong(int messageID)
- 方法 AddNeirong(string message,int userID,int chatID)

上述方法的运行流程如图 4-5 所示。

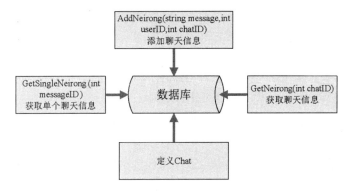

图 4-5　聊天处理模块数据访问层运行流程

下面将分别介绍上述方法的具体实现过程。

1. 方法 GetNeirong(int chatID)

方法 GetNeirong(int chatID)的功能是，获取某 ID 编号聊天室的聊天信息，其具体实现流程如下：

(1) 从系统配置文件 Web.config 内获取数据库连接参数，并将其保存在 connectionString 内。
(2) 使用连接字符串创建 con 对象，实现数据库连接。
(3) 新建 SQL 查询语句，获取数据库内某 ID 编号聊天室的聊天信息。
(4) 创建获取数据的对象 da。
(5) 打开数据库连接，获取查询数据。
(6) 将获取的查询结果保存在 ds 中，并返回 ds。

上述功能的对应实现代码如下所示：

```
public DataSet GetNeirong(int chatID)
        {
                string connectionString = 
ConfigurationManager.ConnectionStrings["SQLCONNECTIONSTRING"].ConnectionString;
                SqlConnection con = new SqlConnection(connectionString);
                ///创建 SQL 语句
                string cmdText = "SELECT Message.*,[User].Username FROM Message INNER JOIN 
[User] ON Message.UserID=[User].ID WHERE ChatID=@ChatID Order by CreateDate DESC";
                ///创建 SqlDataAdapter
```

```
        SqlDataAdapter da = new SqlDataAdapter(cmdText,con);
        ///创建参数并赋值
        da.SelectCommand.Parameters.Add("@ChatID",SqlDbType.Int,4);
        da.SelectCommand.Parameters[0].Value = chatID;
        ///定义 DataSet
        DataSet ds = new DataSet();
        try
        {
            con.Open();
            ///填充数据
            da.Fill(ds,"DataTable");
        }
        catch(Exception ex)
        {
            throw new Exception(ex.Message,ex);
        }
        finally
        {
            con.Close();
        }
        return ds;
    }
```

2. 方法 GetSingleNeirong(int messageID)

方法 GetSingleNeirong(int messageID)的功能是，获取某 ID 编号的聊天信息。其具体实现流程如下：

(1) 从系统配置文件 Web.config 内获取数据库连接参数，并将其保存在 connectionString 内。
(2) 使用连接字符串创建 con 对象，实现数据库连接。
(3) 新建 SQL 查询语句，获取数据库内某 ID 编号的聊天信息。
(4) 创建获取数据的对象 cmd。
(5) 打开数据库连接，获取查询数据。
(6) 将获取的查询结果保存在 dr 中，并返回 dr。

上述功能的对应实现代码如下

```
public SqlDataReader GetSingleNeirong(int messageID)
    {
        string connectionString = ConfigurationManager.ConnectionStrings
["SQLCONNECTIONSTRING"].ConnectionString;
        SqlConnection con = new SqlConnection(connectionString);
        string cmdText = "SELECT * FROM Message WHERE ID = @ID";
        ///创建 SqlCommand
        SqlCommand cmd = new SqlCommand(cmdText,con);
        ///创建参数并赋值
        cmd.Parameters.Add("@ID",SqlDbType.Int,4);
        cmd.Parameters[0].Value = messageID;
        ///定义 SqlDataReader
        SqlDataReader dr;
        try
        {
            con.Open();
            ///读取数据
            dr = cmd.ExecuteReader(CommandBehavior.CloseConnection);
        }
        catch(Exception ex)
        {
```

```
            throw new Exception(ex.Message,ex);
        }
        return dr;
    }
```

3. 方法 AddNeirong(string message,int userID,int chatID)

方法 AddNeirong(string message,int userID,int chatID)的功能是，将用户发送的聊天信息添加到系统库中。其具体实现流程如下：

(1) 从系统配置文件 Web.config 内获取数据库连接参数，并将其保存在 connectionString 内。

(2) 使用连接字符串创建 con 对象，实现数据库连接。

(3) 新建 SQL 添加语句，向数据库内添加某 ID 编号的聊天信息。

(4) 创建获取数据的对象 cmd。

(5) 打开数据库连接，执行添加处理。

(6) 将操作结果保存在 dr 中，并返回 dr。

上述功能的对应实现代码如下：

```
public int AddNeirong(string message,int userID,int chatID)
    {
        string connectionString = 
ConfigurationManager.ConnectionStrings["SQLCONNECTIONSTRING"].ConnectionString;
        SqlConnection con = new SqlConnection(connectionString);
        ///创建 SQL 语句
        string cmdText = "INSERT INTO 
Message(Message,UserID,ChatID,CreateDate)VALUES(@Message,@UserID,@ChatID,GETDATE())";
        ///创建 SqlCommand
        SqlCommand cmd = new SqlCommand(cmdText,con);
        ///创建参数并赋值
        cmd.Parameters.Add("@Message",SqlDbType.VarChar,1000);
        cmd.Parameters.Add("@UserID",SqlDbType.Int,4);
        cmd.Parameters.Add("@ChatID",SqlDbType.Int,1);
        cmd.Parameters[0].Value = message;
        cmd.Parameters[1].Value = userID;
        cmd.Parameters[2].Value = chatID;
        int result = -1;
        try
        {
            con.Open();
            ///操作数据
            result = cmd.ExecuteNonQuery();
        }
        catch(Exception ex)
        {
            throw new Exception(ex.Message,ex);
        }
        finally
        {
            con.Close();
        }
        return result;
    }
```

4.6.3 数据访问层——系统管理

在文件 chat.cs 中,与系统聊天室管理模块相关的方法如下:
- 方法 GetUser(string username,string password)
- 方法 GetLiaotian()
- 方法 GetSingleLiaotian(int chatID)
- 方法 AddLiaotian(string chatName,int maxNumber,byte status,string remark)
- 方法 UpdateLiaotian(int chatID,string chatName,int maxNumber,byte status,string remark)
- 方法 DeleteLiaotian(int chatID)

上述方法的运行流程如图 4-6 所示。

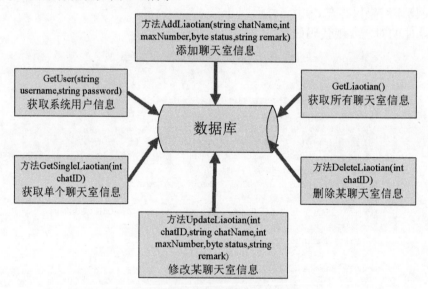

图 4-6 聊天室管理模块数据访问层运行流程

下面分别介绍上述方法的具体实现过程。

1. 方法 GetUser(string username,string password)

方法 GetUser(string username,string password)的功能是,获取系统会员用户的信息,其具体实现流程如下:

(1) 从系统配置文件 Web.config 内获取数据库连接参数,并将其保存在 connectionString 内。
(2) 使用连接字符串创建 con 对象,实现数据库连接。
(3) 新建 SQL 查询语句,获取数据库内会员用户的信息。
(4) 创建获取数据的对象 cmd。
(5) 打开数据库连接,获取查询数据。
(6) 将获取的查询结果保存在 dr 中,并返回 dr。

上述功能的对应实现代码如下:

```
public SqlDataReader GetUser(string username,string password)
```

```
        {   ///获取连接字符串
            string connectionString = 
ConfigurationManager.ConnectionStrings["SQLCONNECTIONSTRING"].ConnectionString;
            SqlConnection con = new SqlConnection(connectionString);
            ///创建SQL语句
            string cmdText = "SELECT ID FROM [User] WHERE Username=@Username AND 
Password=@Password";
            SqlCommand cmd = new SqlCommand(cmdText,con);
            ///创建参数并赋值
            cmd.Parameters.Add("@Username",SqlDbType.VarChar,50);
            cmd.Parameters.Add("@Password",SqlDbType.VarChar,255);
            cmd.Parameters[0].Value = username;
            cmd.Parameters[1].Value = password;
            ///定义SqlDataReader
            SqlDataReader dr;
            try
            {   ///打开连接
                con.Open();
                dr = cmd.ExecuteReader(CommandBehavior.CloseConnection);
            }
            catch(Exception ex)
            {   ///抛出异常
                throw new Exception(ex.Message,ex);
            }
            return dr;
        }
```

2. 方法 GetLiaotian()

方法 GetLiaotian()的功能是，获取系统内所有的聊天室信息，其具体实现流程如下：

(1) 从系统配置文件 Web.config 内获取数据库连接参数，并将其保存在 connectionString 内。
(2) 使用连接字符串创建 con 对象，实现数据库连接。
(3) 新建 SQL 查询语句，获取数据库内所有聊天室的信息。
(4) 创建获取数据的对象 da。
(5) 打开数据库连接，获取查询数据。
(6) 将获取的查询结果保存在 ds 中，并返回 ds。

上述功能的对应实现代码如下：

```
public DataSet GetLiaotian()
        {   ///获取连接字符串
            string connectionString = ConfigurationManager.ConnectionStrings
["SQLCONNECTIONSTRING"].ConnectionString;
            ///创建连接
            SqlConnection con = new SqlConnection(connectionString);
            ///创建SQL语句
            string cmdText = "SELECT * FROM Chat Order by CurrentNumber DESC";
            ///创建SqlDataAdapter
            SqlDataAdapter da = new SqlDataAdapter(cmdText,con);
            ///定义DataSet
            DataSet ds = new DataSet();
            try
            {
                con.Open();
                ///填充数据
                da.Fill(ds,"DataTable");
            }
            catch(Exception ex)
```

```
            {
                throw new Exception(ex.Message,ex);
            }
            finally
            {   ///关闭连接
                con.Close();
            }
            return ds;
        }
```

3. 方法 GetSingleLiaotian(int chatID)

方法 GetSingleLiaotian(int chatID)的功能是获取系统内指定编号的聊天室信息，具体实现流程如下：

(1) 从系统配置文件 Web.config 内获取数据库连接参数，并将其保存在 connectionString 内。
(2) 使用连接字符串创建 con 对象，实现数据库连接。
(3) 新建 SQL 查询语句，获取数据库内某编号的聊天室信息。
(4) 创建获取数据的对象 cmd。
(5) 打开数据库连接，获取查询数据。
(6) 将获取的查询结果保存在 dr 中，并返回 dr。

上述功能的对应实现代码如下：

```
public SqlDataReader GetSingleLiaotian(int chatID)
        {   ///获取连接字符串
            string connectionString = ConfigurationManager.ConnectionStrings
["SQLCONNECTIONSTRING"].ConnectionString;
            SqlConnection con = new SqlConnection(connectionString);
            ///创建 SQL 语句
            string cmdText = "SELECT * FROM Chat WHERE ID = @ID";
            ///创建 SqlCommand
            SqlCommand cmd = new SqlCommand(cmdText,con);
            ///创建参数并赋值
            cmd.Parameters.Add("@ID",SqlDbType.Int,4);
            cmd.Parameters[0].Value = chatID;
            ///定义 SqlDataReader
            SqlDataReader dr;
            try
            {
                con.Open();
                ///读取数据
                dr = cmd.ExecuteReader(CommandBehavior.CloseConnection);
            }
            catch(Exception ex)
            {
                throw new Exception(ex.Message,ex);
            }
            return dr;
        }
```

4. 方法 AddLiaotian(string chatName,int maxNumber,byte status,string remark)

方法 AddLiaotian(string chatName,int maxNumber,byte status,string remark)的功能是，向系统内添加新的聊天室信息，其具体实现流程如下：

(1) 从系统配置文件 Web.config 内获取数据库连接参数，并将其保存在 connectionString 内。
(2) 使用连接字符串创建 con 对象，实现数据库连接。

(3) 新建 SQL 插入语句，向系统数据库内添加新的聊天室信息。

(4) 创建获取数据的对象 cmd。

(5) 打开数据库连接，执行插入操作。

(6) 将操作结果保存在 result 中，并返回 result。

上述功能的对应实现代码如下：

```
public int AddLiaotian(string chatName,int maxNumber,byte status,string remark)
        {
            ///获取连接字符串
            string connectionString = ConfigurationManager.ConnectionStrings
["SQLCONNECTIONSTRING"].ConnectionString;
            ///创建连接
            SqlConnection con = new SqlConnection(connectionString);
            ///创建 SQL 语句
            string cmdText = "INSERT INTO Chat(ChatName,MaxNumber,CurrentNumber,Status,
CreateDate,Remark)VALUES(@ChatName,@MaxNumber,0,@Status,GETDATE(),@Remark)";
            ///创建 SqlCommand
            SqlCommand cmd = new SqlCommand(cmdText,con);
            ///创建参数并赋值
            cmd.Parameters.Add("@ChatName",SqlDbType.VarChar,200);
            cmd.Parameters.Add("@MaxNumber",SqlDbType.Int,4);
            cmd.Parameters.Add("@Status",SqlDbType.TinyInt,1);
            cmd.Parameters.Add("@Remark",SqlDbType.VarChar,1000);
            cmd.Parameters[0].Value = chatName;
            cmd.Parameters[1].Value = maxNumber;
            cmd.Parameters[2].Value = status;
            cmd.Parameters[3].Value = remark;
            int result = -1;
            try
            {
                con.Open();
                result = cmd.ExecuteNonQuery();
            }
            catch(Exception ex)
            {
                throw new Exception(ex.Message,ex);
            }
            finally
            {
                con.Close();
            }
            return result;
        }
```

5. 方法 UpdateLiaotian(int chatID,string chatName,int maxNumber,byte status,string remark)

方法 UpdateLiaotian(int chatID,string chatName,int maxNumber,byte status,string remark) 的功能是，修改系统内某编号的聊天室信息，其具体实现流程如下：

(1) 从系统配置文件 Web.config 内获取数据库连接参数，并将其保存在 connectionString 内。

(2) 使用连接字符串创建 con 对象，实现数据库连接。

(3) 新建 SQL 更新语句，对系统数据库内某编号的聊天室信息进行修改。

(4) 创建获取数据的对象 cmd。

(5) 打开数据库连接，执行修改操作。

(6) 将修改结果保存在 result 中，并返回 result。

上述功能的对应实现代码如下：

```csharp
public int UpdateLiaotian(int chatID,string chatName,int maxNumber,byte status,string remark)
        {
            string connectionString = ConfigurationManager.ConnectionStrings["SQLCONNECTIONSTRING"].ConnectionString;
            ///创建连接
            SqlConnection con = new SqlConnection(connectionString);
            ///创建SQL语句
            string cmdText = "UPDATE Chat SET ChatName=@ChatName,MaxNumber=@MaxNumber,Status=@Status,Remark=@Remark WHERE ID=@ID";
            ///创建SqlCommand
            SqlCommand cmd = new SqlCommand(cmdText,con);
            ///创建参数并赋值
            cmd.Parameters.Add("@ChatName",SqlDbType.VarChar,200);
            cmd.Parameters.Add("@MaxNumber",SqlDbType.Int,4);
            cmd.Parameters.Add("@Status",SqlDbType.TinyInt,1);
            cmd.Parameters.Add("@Remark",SqlDbType.VarChar,1000);
            cmd.Parameters.Add("@ID",SqlDbType.Int,4);
            cmd.Parameters[0].Value = chatName;
            cmd.Parameters[1].Value = maxNumber;
            cmd.Parameters[2].Value = status;
            cmd.Parameters[3].Value = remark;
            cmd.Parameters[4].Value = chatID;
            int result = -1;
            try
            {
                con.Open();
                ///操作数据
                result = cmd.ExecuteNonQuery();
            }
            catch(Exception ex)
            {
                throw new Exception(ex.Message,ex);
            }
            finally
            {
                con.Close();
            }
            return result;
        }
```

6. 方法 DeleteLiaotian(int chatID)

方法 DeleteLiaotian(int chatID)的功能是，删除系统内某编号的聊天室信息，其具体实现流程如下：

(1) 从系统配置文件 Web.config 内获取数据库连接参数，并将其保存在 connectionString 内。

(2) 使用连接字符串创建 con 对象，实现数据库连接。

(3) 新建 SQL 删除语句，删除系统数据库内某编号的聊天室信息。

(4) 创建获取数据的对象 cmd。

(5) 打开数据库连接，执行删除操作。

(6) 将操作结果保存在 result 中，并返回 result。

上述功能的对应实现代码如下：

```csharp
public int DeleteLiaotian(int chatID)
```

```
        {
            string connectionString = ConfigurationManager.ConnectionStrings
["SQLCONNECTIONSTRING"].ConnectionString;
            SqlConnection con = new SqlConnection(connectionString);
            string cmdText = "DELETE Chat WHERE ID = @ID";
            ///创建SqlCommand
            SqlCommand cmd = new SqlCommand(cmdText,con);
            ///创建参数并赋值
            cmd.Parameters.Add("@ID",SqlDbType.Int,4);
            cmd.Parameters[0].Value = chatID;
            int result = -1;
            try
            {
                con.Open();
                ///操作数据
                result = cmd.ExecuteNonQuery();
            }
            catch(Exception ex)
            {
                throw new Exception(ex.Message,ex);
            }
            finally
            {
                con.Close();
            }
            return result;
        }
}
```

数据库技术是动态网站的根本，正是因为它的重要性，所以数据库的安全性就成为我们当务之急要解决的问题。在数据库安全问题上，多数采用用户标识机制。用户标识是指用户向系统出示自己的身份证明，最简单的方法是输入用户 ID 和密码。标识机制用于唯一标志进入系统的每个用户的身份，因此必须保证标识的唯一性。鉴别是指系统检查验证用户的身份证明，用于检验用户身份的合法性。标识和鉴别功能保证了只有合法的用户才能存取系统中的资源。

由于数据库用户的安全等级不同，因此分配给他们的权限也不一样，数据库系统必须建立严格的用户认证机制。身份的标识和鉴别是 DBMS 对访问者授权的前提，并且通过审计机制使 DBMS 保留追究用户行为责任的能力。功能完善的标识与鉴别机制也是访问控制机制有效实施的基础，特别是在一个开放的多用户系统的网络环境中，识别与鉴别用户是构筑 DBMS 安全防线的 1 个重要环节。

4.7 设计样式文件

视频讲解　光盘：视频\第 4 章\设计样式文件.avi

在设计本项目的样式文件时，主要完成按钮元素和页面元素的样式设置工作。

4.7.1 按钮元素样式

文件 mm.skin 的功能是对页面内的各按钮元素进行修饰，使之以指定样式显示出来。文件 mm.skin 的主要代码如下：

```
<asp:Button runat="server" SkinID="anniu" BackColor="red" Font-Names="Tahoma"
Font-Size="9pt" CssClass="Button" />
<asp:TextBox runat="server" SkinID="mm" BackColor="green" Font-Names="Tahoma" />
<asp:ListBox SkinID="lbSkin" runat="server" BackColor="red" Font-Names="Tahoma"
Font-Size="9pt" />
<asp:DropDownList SkinID="dd" runat="server" BackColor="#daeeee" Font-Names="Tahoma"
Font-Size="9pt" />
<asp:GridView SkinID="gg" runat="server" GridLines="Both" CssClass="Text"
BackColor="White" BorderColor="Black"
    BorderStyle="Solid" BorderWidth="1px" CellPadding="4" AutoGenerateColumns="False"
Font-Names="Tahoma" Width="80%">
    <FooterStyle BackColor="#E8F4FF" ForeColor="#330099" />
    <AlternatingRowStyle BorderColor="Black" BorderStyle="Solid" BorderWidth="1px" />
    <RowStyle BorderColor="Black" BorderStyle="Solid" BorderWidth="1px" />
    <SelectedRowStyle BackColor="#E8F4FF" Font-Bold="True" ForeColor="#663399" />
    <PagerStyle BackColor="#E8F4FF" ForeColor="#330099" HorizontalAlign="Center" />
    <HeaderStyle BackColor="#DAEEEE" Font-Bold="True" ForeColor="#0361D4"
Font-Names="Tahoma" BorderStyle="Solid" BorderWidth="1px" />
</asp:GridView>
<asp:DataList SkinID="dl" runat="server" RepeatColumns="5" RepeatDirection="Horizontal"
BackColor="White" BorderColor="#DAEEEE" BorderStyle="Double" BorderWidth="3px"
CellPadding="4" GridLines="Horizontal" Width="100%" CssClass="Text">
    <FooterStyle BackColor="White" ForeColor="#333333" />
    <SelectedItemStyle BackColor="#DAEEEE" Font-Bold="True" ForeColor="Blue"
Font-Names="Tahoma" Font-Size="9pt" HorizontalAlign="Center" />
    <ItemStyle BackColor="White" ForeColor="#333333" Font-Names="Tahoma"
HorizontalAlign="Center" />
    <HeaderStyle BackColor="#336666" Font-Bold="True" ForeColor="White" />
</asp:DataList>
```

4.7.2 页面元素样式

文件 web.css 的功能是对页面内的整体样式和 Ajax 控件的样式进行修饰，使之以指定样式显示出来。文件 web.css 的主要代码如下：

```
body
{
    font-family: "Tahoma";
    font-size:9pt;
     margin-top:0;
    background-color:#CCCCFF;
}

.Text
{
    font:Tahoma;
    font-size:9pt;
}

.Title
{
    font:Tahoma;
    font-size:10pt;
    font-weight:bold;
```

```
}
.Table
{
    width:80%;
    font-size: 9pt;
    border:1;
    font-family: Tahoma;
}
.Button
{
    font-family: "Tahoma";
    font-size: 9pt; color: #003399;
    border: 1px yellow solid;color:yellow;
    BORDER-BOTTOM: yellow 1px solid;
    BORDER-LEFT: yellow 1px solid;
    BORDER-RIGHT: yellow 1px solid;
    BORDER-TOP: yellow 1px solid;
    background-image:url(../Images/c_annu.gif);
    background-color: red;
    CURSOR: hand;
    font-style: normal;
}
.Watermark
{
    background-color:gree;
    color:#666666;
}
.Validator
{
    background-color:Red;
}
```

4.8 用户登录验证模块

视频讲解 光盘：视频\第 4 章\用户登录验证模块.avi

登录验证的原理很简单，具体说明如下：

(1) 设计一个表单供用户输入登录数据；

(2) 获取用户的登录数据后，和数据库内的合法用户数据进行比较，如果完全一致则登录聊天系统；如果不一致则不能登录系统。

4.8.1 用户登录表单页面

用户登录表单页面文件 Login.aspx 的功能是，提供用户登录表单，供用户输入登录数据。其具体实现流程如下：

(1) 插入 1 个 TextBox 控件，供用户输入用户名。

(2) 插入 2 个 RequiredFieldValidator 控件，用于验证输入用户名的合法性。

(3) 调用 1 个 Ajax 程序集内的 TextBoxWatermarkExtender 控件，实现用户名验证。

(4) 调用 2 个 Ajax 程序集内的 ValidatorCalloutExtender 控件，实现用户名的多样式

验证。

(5) 插入 1 个 TextBox 控件,供用户输入登录密码。

(6) 插入 2 个 RequiredFieldValidator 控件,用于验证输入密码的合法性。

(7) 调用 3 个 Ajax 程序集内的 ValidatorCalloutExtender 控件,实现密码的多样式验证。

(8) 调用文件 Yanzhengma.aspx,实现验证码显示。

(9) 插入 2 个 Button 控件,分别用于激活验证处理事件和取消输入。

4.8.2 登录验证处理页面

登录验证处理页面文件 Login.aspx.cs 的功能是,获取登录表单数据,并将合法用户的登录信息保存到用户列表数组中。其具体实现流程如下:

(1) 引入命名空间。

(2) 通过 Page_Load 载入初始化。

(3) 定义事件 btnLogin_Click(object sender,EventArgs e)。

(4) 判断输入验证码的合法性。

(5) 判断登录数据是否合法。

(6) 读取用户的登录信息,并保存处理。

(7) 重定向到系统主页。

(8) 输入框清空处理。

上述操作的具体运行流程如图 4-7 所示。

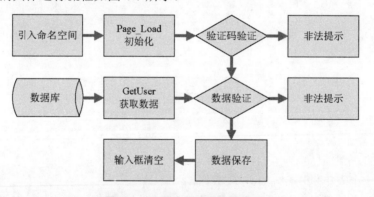

图 4-7 登录验证处理运行流程

文件 Login.aspx.cs 的具体实现代码如下:

```
using ASPNETAJAXWeb.AjaxChat;
using ASPNETAJAXWeb.ValidateCode.Page;
using System.Data.SqlClient;
public partial class UserLogin : System.Web.UI.Page
{
    protected void Page_Load(object sender, EventArgs e)
    {
    }
    protected void btnLogin_Click(object sender,EventArgs e)
    {
        if(Session[ValidateCode.VALIDATECODEKEY] != null)
        {   ///判断验证码是否正确
```

```
            if(tbCode.Text != Session[ValidateCode.VALIDATECODEKEY].ToString())
            {
                lbMessage.Text = "验证码输入错误，请重新输入";
                return;
            }
            ///判断用户的密码和名称是否正确
            Chat chat = new Chat();
            SqlDataReader dr = chat.GetUser(tbUsername.Text,tbPassword.Text);
            if(dr == null)return;
            bool isLogin = false;
            if(dr.Read())
            {   //读取用户的登录信息，并保存
                UserInfo ui = new UserInfo();
                ui.UserID = Int32.Parse(dr["ID"].ToString());
                ui.Username = tbUsername.Text;
                ///保存到Session中
                Session["UserID"] = ui.UserID;
                Session["Username"] = ui.Username;
                ///保存到全局信息中
                ASP.global_asax.Users.Add(ui);
                isLogin = true;
            }
            dr.Close();
            ///如果用户登录成功
            if(isLogin == true)
            {
                Response.Redirect("~/Default.aspx");
                return;
            }
        }
    }
    protected void btnReturn_Click(object sender,EventArgs e)
    {   ///清空各种输入框中的信息
        tbUsername.Text = tbPassword.Text = tbCode.Text = string.Empty;
    }
}
```

由此可见，登录验证模块是一个综合性的系统，不仅仅涉及表单登录和数据验证，而且在实现过程中会应用到数据库和验证码的知识。对于 C#项目的用户登录验证系统来说，其主要功能是对系统数据进行验证处理，如果数据非法则不能登录，如果数据合法则可以登录。但是在实现过程中，往往会根据目前情况的特定需求，编写特定的功能模块来实现特定验证。典型用户登录验证模块的必备功能如下：

（1）预先设置一些合法数据，把用户的登录数据和这些数据进行对比，如果一致，则合法登录；如果不一致，则不能登录。

（2）设置注册表单收集用户注册数据，并预先规定注册数据的规则。如果数据符合规则，则成功注册；如果不符合预设规则，则注册失败。

4.9 系统主界面

视频讲解　光盘：视频\第 4 章\系统主界面.avi

经过统筹分析，发现系统主界面主要分为如下 3 个部分。

（1）用户列表界面：显示当前在聊天室内的用户。

(2) 信息显示界面：显示系统内用户的聊天信息。
(3) 发布表单界面：用于用户发布聊天信息。

4.9.1 在线聊天页面

系统在线聊天页面文件 LiaoTian.aspx 的功能是，为在线用户提供聊天表单，并实现用户间的聊天处理。其具体实现流程如下：

(1) 插入 1 个 ListBox 控件，用于显示此聊天室内的在线用户。
(2) 插入 1 个 TextBox 控件，用于显示在线聊天信息。
(3) 插入 1 个 TextBox 控件，供用户输入发布的聊天信息。
(4) 插入 1 个 Button 控件，用于激活聊天内容的发布处理事件。
(5) 插入 1 个 Timer 控件，用于定时刷新聊天页面的信息。

4.9.2 在线聊天处理页面

在线聊天处理页面文件 LiaoTian.aspx.cs 的功能是，获取并显示系统内此聊天室的在线用户，并对用户发布的聊天信息进行处理。其具体实现流程如下：

(1) 引入命名空间和声明 ChatRoom 类。
(2) 通过 Page_Load 获取聊天室的编号，并进行初始化处理。
(3) 通过函数 ChatUserInit()初始化聊天室信息。
(4) 定义函数 ShowUserData()，显示在线用户信息。
(5) 定义函数 ShowMessageData()，显示用户发布的聊天信息。
(6) 定义 tUser_Tick(object sender,EventArgs e)，实现聊天室的定时刷新处理。
(7) 定义 btnCommit_Click(object sender,EventArgs e)，将新发布的信息添加到系统库中。

上述操作实现的具体运行流程如图 4-8 所示。

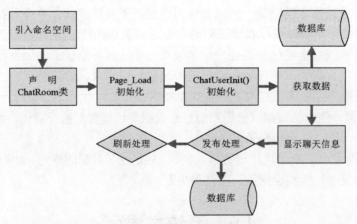

图 4-8 在线聊天处理运行流程

下面将分别介绍上述流程的具体实现过程。

1. Page_Load 初始化

事件 Page_Load(object sender, EventArgs e)实现页面的初始化处理，其具体实现流程

第 4 章 浪漫七夕聊天系统

如下：

(1) 通过 Session["UserID"]值判断用户是否登录。

(2) 获取当前聊天室的编号 ID，并保存在 ChatID 中。

(3) 分别调用函数 ChatUserInit()和函数 ShowUserData()，显示用户的信息。

上述功能对应的实现代码如下：

```
using System.Web.UI.WebControls.WebParts;
using System.Web.UI.HtmlControls;
///引入新的命名空间
using ASPNETAJAXWeb.AjaxChat;
using System.Data.SqlClient;
using System.Text;
using System.Collections.Generic;
public partial class ChatRoom : System.Web.UI.Page
{
    int chatID = -1;
    protected void Page_Load(object sender, EventArgs e)
    {   ///如果用户未登录，则重定向到登录页面
        if(Session["UserID"] == null)
        {
            Response.Redirect("~/Login.aspx");
            return;
        }
        ///获取聊天室的ID值
        if(Request.Params["ChatID"] != null)
        {
            chatID = Int32.Parse(Request.Params["ChatID"].ToString());
        }
        if(!Page.IsPostBack)
        {   ///初始化聊天室信息
            ChatUserInit();
            ShowUserData();
        }
    }
```

2. 定义函数 ChatUserInit()

函数 ChatUserInit()的功能是初始化此聊天室的信息，并使用 ViewState 保存用户进入聊天室的时间。对应的实现代码如下：

```
        private void ChatUserInit()
        {   ///保存进入聊天室的时间
            ViewState["StartDate"] = DateTime.Now.ToString();
            ///设置用户进入的聊天室
            for(int i = 0; i < ASP.global_asax.Users.Count; i++)
            {
                if(ASP.global_asax.Users[i].UserID.ToString() ==
Session["UserID"].ToString())
                {
                    ASP.global_asax.Users[i].ChatID = chatID;
                    break;
                }
            }
        }
```

3. 定义函数 ShowUserData()

函数 ShowUserData()的功能是，获取此聊天室内当前的在线用户信息。对应的实现代

码如下:

```
private void ShowUserData()
{   ///获取聊天室的用户
    List<UserInfo> users = new List<UserInfo>();
    foreach(UserInfo ui in ASP.global_asax.Users)
    {
        if(ui.ChatID == chatID)
        {
            users.Add(ui);
        }
    }
    ///显示聊天室的用户
    lbUser.DataSource = users;
    lbUser.DataValueField = "UserID";
    lbUser.DataTextField = "Username";
    lbUser.DataBind();
}
```

4. 定义函数 ShowMessageData()

函数 ShowMessageData()的功能是定义 Message()数组,通过数据库访问层方法 GetNeirong(chatID)获取聊天室内的聊天信息,并将聊天信息详细地显示出来。对应的实现代码如下:

```
private void ShowMessageData()
{   ///获取所有信息
    Message message = new Message();
    DataSet ds = message.GetNeirong(chatID);
    if(ds == null || ds.Tables.Count <= 0 || ds.Tables[0].Rows.Count <= 0) return;
    ///过滤进入该聊天室之前的信息,保留进入该聊天室之后的信息
    DataView dv = ds.Tables[0].DefaultView;
    dv.RowFilter = string.Format("CreateDate >= '{0}'",DateTime.Parse(ViewState["StartDate"].ToString()));
    ///构建聊天的信息
    StringBuilder sbMessage = new StringBuilder();
    foreach(DataRowView row in dv)
    {   ///设置一条信息
        string singleMessage = row["Username"].ToString() + " 在[" + row["CreateDate"].ToString() + "]发表: \n";
        singleMessage += "    " + row["Message"].ToString() + "\n";
        sbMessage.Append(singleMessage);
    }
    ///显示聊天信息
    tbChatMessage.Text = sbMessage.ToString();
}
```

5. 刷新和发布处理

刷新和发布处理即实现页面的定时刷新处理和新内容的发布处理,上述功能的实现函数如下:

- 函数 tUser_Tick(object sender,EventArgs e):实现聊天页面的定时刷新。
- 函数 btnCommit_click(object sender,EventArgs e):调用数据库访问层的方法 AddNeirong(string message,int userID,int chatID),将新发布的数据添加到系统库中。

上述功能对应的实现代码如下:

```
protected void tUser_Tick(object sender,EventArgs e)
{   ///定时显示聊天室的信息
    ShowMessageData();
    ShowUserData();
}
protected void btnCommit_Click(object sender,EventArgs e)
{   ///发送新信息,并显示信息
    Message message = new Message();
    if (message.AddNeirong(tbMessage.Text, Int32.Parse(Session["UserID"].ToString()),
chatID) > 0)
    {   ///显示信息
        ShowMessageData();
    }
}
```

4.10 新 增 功 能

视频讲解 光盘：视频\第 4 章\客户的新需求.avi

到此为止，本项目仅仅是一个聊天室。为了使项目更具有健壮性，可以在系统内设置多个聊天室，便于用户在系统内实现有选择性的沟通。这一功能和 QQ 的聊天系统类似，进入 QQ 系统后可以选择多个房间，这样可以根据不同的用户群体设置对应的聊天室，以更好地吸引人气。本节将添加上述聊天室"房间"功能。

4.10.1 修改数据库——添加 Chat 表

首先在数据库中新加一个表 Chat，用于存储聊天室房间的信息。表 Chat 的具体设计结构如表 4-3 所示。

表 4-3 系统聊天室信息表(Chat)

字段名称	数据类型	是否主键	默 认 值	功能描述
ID	int	是	递增 1	编号
ChatName	varchar(50)	否	Null	名称
MaxNumber	int	否	Null	允许最多在线人数
CurrentNumber	int	否	Null	当前在线人数
Status	tinyint	否	Null	状态
CreateDate	datetime	否	Null	创建时间
Remark	varchar(1000)	否	Null	说明

4.10.2 修改数据访问层——聊天室房间处理

在文件 chat.cs 中，与聊天室房间处理模块相关的是方法 GetLiaotian()，其运行流程如图 4-9 所示。

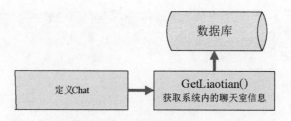

图 4-9　聊天室房间处理模块数据访问层运行流程

方法 GetLiaotian()的功能是，获取当前系统内所有的聊天室信息，其具体实现流程如下：
(1) 从系统配置文件 Web.config 内获取数据库连接参数，并将其保存在 connectionString 内。
(2) 使用连接字符串创建 con 对象，实现数据库连接。
(3) 新建获取数据库内所有聊天室信息的 SQL 查询语句。
(4) 创建获取数据的对象 da。
(5) 打开数据库连接，获取查询数据。
(6) 将获取的查询结果保存在 ds 中，并返回 ds。

上述功能的对应实现代码如下：

```
public DataSet GetLiaotian()
    {
        string connectionString = ConfigurationManager.ConnectionStrings
["SQLCONNECTIONSTRING"].ConnectionString;
        SqlConnection con = new SqlConnection(connectionString);
        ///创建 SQL 语句
        string cmdText = "SELECT * FROM Chat Order by CurrentNumber DESC";
        ///创建 SqlDataAdapter
        SqlDataAdapter da = new SqlDataAdapter(cmdText,con);
        ///定义 DataSet
        DataSet ds = new DataSet();
        try
        {
            con.Open();
            ///填充数据
            da.Fill(ds,"DataTable");
        }
        catch(Exception ex)
        {
            throw new Exception(ex.Message,ex);
        }
        finally
        {
            con.Close();
        }
        return ds;
    }
```

经过上述编码过程可以体会到模块化设计的好处，当需要添加新的功能时，原来编写的代码可以保持不变，只需编写新功能代码即可，这样大大提高了开发效率。

其实从项目规划开始，到数据访问层设计，全程根据面向对象思想实现程序的无缝可扩充功能。这样即使客户提出了新的要求，也不用重新写程序，能缩短开发周期。例如在这个项目中，当有需要增加聊天室房间功能的要求时，因为前面编写的代码具有很强的可扩展性，所以无须修改前面编写的代码，基本不会耽误项目进度。

4.11 聊天室显示界面

视频讲解 光盘：视频\第4章\聊天室显示界面.avi

在聊天室显示界面中将列表显示系统的房间，供用户选择进入感兴趣的聊天室。此模块的实现也是基于数据库的，即利用数据库这个中间媒介实现聊天室的显示。

聊天室显示界面的实现文件如下：

- 文件 Default.aspx
- 文件 Default.aspx.cs

4.11.1 聊天室列表显示页面

聊天室列表显示页面 Default.aspx 的功能是，提供用户登录表单，供用户输入登录数据。其具体实现流程如下：

(1) 插入 1 个 DataList 控件，设置其值为 dlCha。
(2) 在 DataList 控件内插入 1 个<ItemTemplate>模板。
(3) 在<ItemTemplate>模板内插入 1 个 HyperLink 控件，用于以链接样式分别显示聊天室的名称、允许的最多在线人数、当前的在线人数。
(4) 调用函数 ComputerChatUserCount()，计算聊天室的当前在线人数。
(5) 调用 Ajax 程序集内的 HoverMenuExtender 控件，实现某聊天室当前在线用户列表的动态显示。

4.11.2 聊天室列表处理页面

聊天室列表处理文件 Default.aspx.cs 的功能是，获取系统内的聊天室信息，并将获取的信息存储处理，供系统主界面显示使用。其具体实现流程如下：

(1) 引入命名空间和声明 Default 类。
(2) 声明 Page_Load，载入初始化处理。
(3) 通过 BindPageData()获取并显示聊天室的信息。
(4) 定义函数 FormatChatNumberStatus(int currentNumber,int maxNumber)。
(5) 使用函数 FormatChatNumberStatus 计算聊天室的人数，并判断聊天室的状态。
(6) 定义函数 ComputerChatUserCount(int chatID)。
(7) 使用函数 ComputerChatUserCount(int chatID)计算聊天室的在线用户数量。
(8) 定义函数 ShowUserData(ListBox list,int chatID)。
(9) 使用函数 ShowUserData(ListBox list,int chatID)显示聊天室的用户。

上述操作实现的具体运行流程如图 4-10 所示。

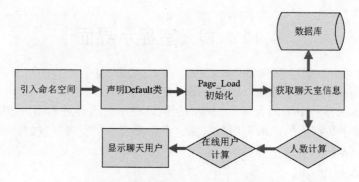

图 4-10　聊天室列表处理页面运行流程

文件 Default.aspx.cs 的具体实现代码如下：

```csharp
using System.Web.UI.WebControls;
using System.Web.UI.WebControls.WebParts;
using System.Web.UI.HtmlControls;
///引入新的命名空间
using ASPNETAJAXWeb.AjaxChat;
using System.Collections.Generic;
public partial class Default : System.Web.UI.Page
{
    protected void Page_Load(object sender, EventArgs e)
    {
        if(!Page.IsPostBack)
        {
            BindPageData();
        }
    }
    private void BindPageData()
    {    ///获取聊天室的信息
        Chat chat = new Chat();
        DataSet ds = chat.GetLiaotian();
        ///显示聊天室
        dlChat.DataSource = ds;
        dlChat.DataBind();
    }
    protected string FormatChatNumberStatus(int currentNumber,int maxNumber)
    {
        if(currentNumber >= maxNumber) return "已满";
        else return "未满";
    }
    protected void dlChat_ItemDataBound(object sender,DataListItemEventArgs e)
    {    ///找到显示用户列表的控件
        ListBox lbUser = (ListBox)e.Item.FindControl("lbUser");
        if(lbUser != null)
        {    ///显示在线用户
ShowUserData(lbUser,Int32.Parse(dlChat.DataKeys[e.Item.ItemIndex].ToString()));
        }
    }
    protected int ComputerChatUserCount(int chatID)
    {    ///获取聊天室的用户
        List<UserInfo> users = new List<UserInfo>();
        int count = 0;
        foreach(UserInfo ui in ASP.global_asax.Users)
        {
            if(ui.ChatID == chatID)
```

```
            {
                count++;
            }
        }
        return count;
    }
    private void ShowUserData(ListBox list,int chatID)
    {   ///获取聊天室的用户
        List<UserInfo> users = new List<UserInfo>();
        foreach(UserInfo ui in ASP.global_asax.Users)
        {
            if(ui.ChatID == chatID)
            {
                users.Add(ui);
            }
        }
        ///显示聊天室的用户
        list.DataSource = users;
        list.DataValueField = "UserID";
        list.DataTextField = "Username";
        list.DataBind();
    }
}
```

4.12 聊天室管理界面

视频讲解 光盘：视频\第 4 章\聊天室管理界面.avi

在聊天室管理模块中，管理员能够对系统内的聊天室房间进行智能管理，包括添加、删除和修改等操作。此模块的实现也是基于数据库的，即利用数据库这个中间媒介实现对信息的管理和维护。

聊天室管理界面的实现文件如下：

- 文件 Default.aspx
- 文件 Default.aspx.cs
- 文件 LiaoManage.aspx
- 文件 LiaoManage.aspx.cs
- 文件 UpdateLiao.aspx
- 文件 UpdateLiao.aspx.cs

4.12.1 聊天室添加模块

聊天室添加模块的功能是，向系统内添加新的聊天室信息。上述功能的实现文件如下。

- 文件 AddLiao.aspx：添加表单界面文件。
- 文件 AddLiao.aspx.cs：添加处理文件。

在下面的内容中，将对上述文件的实现过程进行详细介绍。

1. 添加表单界面文件

添加表单界面文件 AddLiao.aspx 的功能是，提供相片上传表单，供用户选择上传相片的文件。其具体实现流程如下：

(1) 插入 1 个 TextBox 控件，供用户输入聊天室的名称。
(2) 插入 1 个 RequiredFieldValidator 控件，用于验证输入名称的合法性。
(3) 调用 2 个 Ajax 程序集内的 TextBoxWatermark 控件，实现水印验证提示。
(4) 调用 1 个 Ajax 程序集内的 ValidatorCalloutExtender 控件，实现多样式验证。
(5) 插入 1 个 TextBox 控件，供用户输入聊天室允许的最大在线人数。
(6) 插入 1 个 RegularExpressionValidator 控件，用于对输入人数进行验证。
(7) 调用 1 个 Ajax 程序集内的 TextBoxWatermark 控件，实现水印验证提示。
(8) 调用 1 个 Ajax 程序集内的 ValidatorCalloutExtender 控件，实现多样式验证。
(9) 插入 1 个 TextBox 控件，供用户输入聊天室的简介。
(10) 分别使用 CustomValidator 控件、TextBoxWatermark 控件和 ValidatorCallout 控件，对用户输入的简介信息进行验证。
(11) 插入 1 个 DropDownList 控件，供用户设置聊天室的状态。
(12) 插入 2 个 Button 控件，供用户激活添加处理程序。
(13) 定义函数 MessageValidator(source,argument)，用于设置用户输入的简介信息字符小于 800 大于 10。

2. 聊天室添加处理文件

聊天室添加处理文件 AddLiao.aspx.cs 的功能是，验证表单的数据，并将合法的数据添加到系统库中。其具体实现流程如下：

(1) 引入命名空间，定义 AddChat 类。
(2) 声明 Page_Load，进行页面初始化处理。
(3) 定义 btnCommit_Click(object sender,EventArgs e)，然后对验证码进行验证。
(4) 添加合法的表单数据到库。
(5) 重定向返回管理列表界面。
(6) 定义 btnClear_Click(object sender,EventArgs e)，清空列表数据。

上述操作实现的具体运行流程如图 4-11 所示。

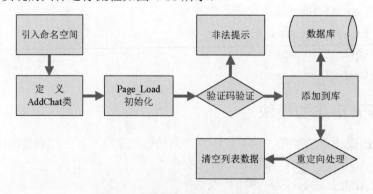

图 4-11 聊天室添加处理运行流程

文件 AddLiao.aspx.cs 的具体实现代码如下：

```
using System.Web.UI.WebControls.WebParts;
using System.Web.UI.HtmlControls;
///引入新的命名空间
```

```
using ASPNETAJAXWeb.AjaxChat;
using ASPNETAJAXWeb.ValidateCode.Page;
public partial class AddChat : System.Web.UI.Page
{
    protected void Page_Load(object sender, EventArgs e)
    {
    }
     protected void btnCommit_Click(object sender,EventArgs e)
     {
         if(Session[ValidateCode.VALIDATECODEKEY] != null)
         {   ///判断验证码是否正确
             if(tbCode.Text != Session[ValidateCode.VALIDATECODEKEY].ToString())
             {
                 lbMessage.Text = "验证码输入错误,请重新输入";
                 return;
             }
             Chat chat = new Chat();
             ///添加新的聊天室
         if(chat.AddLiaotian(tbName.Text,Int32.Parse(tbMaxNumber.Text),byte.Parse(ddlStatus.SelectedValue),tbRemark.Text) > 0)
             {///重定向到管理列表页面
                 Response.Redirect("~/LiaoManage.aspx");
             }
         }
     }
     protected void btnClear_Click(object sender,EventArgs e)
     {
             tbRemark.Text = string.Empty;
     }
}
```

4.12.2 聊天室列表模块

聊天室列表模块的功能是,将系统内的聊天室信息以列表样式显示出来,并提供聊天室的删除和修改操作链接。上述功能的实现文件如下:

- 文件 LiaoManage.aspx:聊天室列表文件。
- 文件 LiaoManage.aspx.cs:聊天室列表处理文件。

下面将对上述文件的实现过程进行详细介绍。

1. 聊天室列表文件

聊天室列表文件 LiaoManage.aspx 的功能是,以列表的样式将系统内的聊天室信息显示出来。其具体实现流程如下:

(1) 插入 1 个 GridView 控件,用于以列表样式显示系统聊天室信息。
(2) 通过 GridView 控件,设置分页显示聊天室信息数为 20。
(3) 通过<%# Eval("ID") %>,获取聊天室的编号参数;通过<%# Eval("ChatName") %>,获取聊天室的名字。
(4) 插入 2 个 ImageButton 控件,分别作为聊天室的删除和管理链接。
(5) 插入 1 个 Button 控件,用于激活聊天室添加模块。

2. 聊天室列表处理文件

聊天室列表处理文件 LiaoManage.aspx.cs 的功能是,根据用户列表界面的操作执行对应的处理程序。其具体实现流程如下：

(1) 引入命名空间，定义 ChatManage 类。
(2) 声明 Page_Load，进行页面初始化处理。
(3) 定义 BindPageData()，获取并显示系统聊天室数据。
(4) 定义 btnAdd_Click(object sender,EventArgs e)，执行添加重定向处理。
(5) 定义 gvChat_RowDataBound(object sender,GridViewRowEventArgs e)，弹出删除确认对话框。
(6) 定义 vChat_RowCommand(object sender, GridViewCommandEventArgs e)，执行处理程序。
(7) 如果激活修改事件则重定向修改界面，如果激活删除事件则执行删除处理。

上述操作实现的具体运行流程如图 4-12 所示。

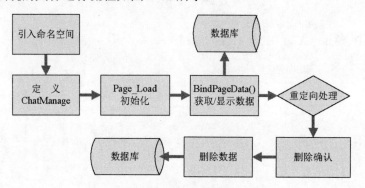

图 4-12　聊天室列表处理运行流程

文件 LiaoManage.aspx.cs 的具体实现代码如下：

```
using System.Web.UI.WebControls.WebParts;
using System.Web.UI.HtmlControls;
///引入新的命名空间
using ASPNETAJAXWeb.AjaxChat;
public partial class ChatManage : System.Web.UI.Page
{
    protected void Page_Load(object sender, EventArgs e)
    {
        if(!Page.IsPostBack)
        {
            BindPageData();
        }
    }
    private void BindPageData()
    {    ///获取聊天室数据
        Chat chat = new Chat();
        DataSet ds = chat.GetLiaotian();
        ///显示聊天室数据
        gvChat.DataSource = ds;
        gvChat.DataBind();
    }
    protected void btnAdd_Click(object sender,EventArgs e)
    {
        Response.Redirect("~/AddLiao.aspx");
    }
    protected void gvChat_RowDataBound(object sender,GridViewRowEventArgs e)
```

```csharp
            {   ///添加删除时的确认对话框
                ImageButton imgDelete = (ImageButton)e.Row.FindControl("imgDelete");
                if(imgDelete != null)
                {
                    imgDelete.Attributes.Add("onclick","return confirm('您确认要删除当前行的聊天室吗?');");
                }
            }
        }
        protected void gvChat_PageIndexChanging(object sender,GridViewPageEventArgs e)
        {   ///重新设置新页码
            gvChat.PageIndex = e.NewPageIndex;
            BindPageData();
        }
        protected void gvChat_RowCommand(object sender, GridViewCommandEventArgs e)
        {
            if (e.CommandName.ToLower() == "update")
            {   ///重定向到修改页面
                Response.Redirect("~/UpdateLiao.aspx?ChatID=" + e.CommandArgument.ToString());
                return;
            }
            if (e.CommandName.ToLower() == "del")
            {   ///删除聊天室,并重新显示数据
                Chat chat = new Chat();
                if (chat.DeleteLiaotian(Int32.Parse(e.CommandArgument.ToString())) > 0)
                {
                    BindPageData();
                }
                return;
            }
        }
```

4.12.3 聊天室修改模块

聊天室修改模块的功能是，对系统内某聊天室的信息进行修改。上述功能的实现文件如下：

- 文件 UpdateLiao.aspx：聊天室修改表单界面文件。
- 文件 UpdateLiao.aspx.cs：聊天室修改处理文件。

1．聊天室修改表单界面文件

聊天室修改表单界面文件 UpdateLiao.aspx 的功能是，将指定编号的聊天室信息在表单内显示出来，并通过表单获取用户输入的修改数据。其具体实现流程如下：

(1) 插入 1 个 TextBox 控件，显示原聊天室的名称，并供用户输入修改数据。
(2) 插入 1 个 RequiredFieldValidator 控件，用于验证输入名称的合法性。
(3) 调用 2 个 Ajax 程序集内的 TextBoxWatermark 控件，实现水印验证提示。
(4) 调用 1 个 Ajax 程序集内的 ValidatorCallout 控件，实现多样式验证。
(5) 插入 1 个 TextBox 控件，显示原聊天室允许的最大在线人数，并输入修改后的人数。
(6) 插入 1 个 RegularExpressionValidator 控件，用于对输入人数进行验证。
(7) 调用 1 个 Ajax 程序集内的 TextBoxWatermark 控件，实现水印验证提示。
(8) 调用 1 个 Ajax 程序集内的 ValidatorCalloutExtender 控件，实现多样式验证。
(9) 插入 1 个 TextBox 控件，显示原聊天室的简介信息，并供用户输入修改信息。

(10) 分别使用 CustomValidator 控件、TextBoxWatermark 控件和 ValidatorCallout 控件，对用户输入的简介信息进行验证。

(11) 插入 1 个 DropDownList 控件，供用户设置聊天室的状态。

(12) 插入 2 个 Button 控件，供用户激活添加处理程序。

(13) 定义函数 MessageValidator(source,argument)，设置用户输入的简介信息字符小于 800 大于 10。

2．聊天室修改处理文件

聊天室修改处理文件 UpdateLiao.aspx.cs 的功能是，将获取的修改表单数据在系统库内进行更新处理。其具体实现流程如下：

(1) 引入命名空间，定义 UpdateLiaotian 类。
(2) 获取修改聊天室的 ID 编号。
(3) 声明 Page_Load，进行页面初始化处理。
(4) 显示此聊天室的原始数据。
(5) 进行验证码验证处理。
(6) 根据表单数据对系统库内的此编号聊天室信息进行更新处理。
(7) 重定向返回管理列表界面。
(8) 定义 Clear_Click(object sender,EventArgs e)，清空列表数据。

上述操作实现的具体运行流程如图 4-13 所示。

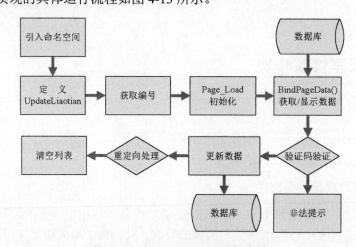

图 4-13 聊天室修改处理进行流程

文件 UpdateLiao.aspx.cs 的具体实现代码如下：

```
using System.Web.UI.WebControls.WebParts;
using System.Web.UI.HtmlControls;
///引入新的命名空间
using ASPNETAJAXWeb.AjaxChat;
using ASPNETAJAXWeb.ValidateCode.Page;
using System.Data.SqlClient;
public partial class UpdateLiaotian : System.Web.UI.Page
{
    int chatID = -1;
    protected void Page_Load(object sender, EventArgs e)
```

```
    {   ///获取被修改数据的 ID 值
        if(Request.Params["ChatID"] != null)
        {
            chatID = Int32.Parse(Request.Params["ChatID"].ToString());
        }
        if(!Page.IsPostBack && chatID > 0)
        {   ///显示数据
            BindPageData(chatID);
        }
        ///设置提交按钮是否可用
        btnCommit.Enabled = chatID > 0 ? true : false;
    }
    private void BindPageData(int chatID)
    {   ///获取聊天室的信息
        Chat chat = new Chat();
        SqlDataReader dr = chat.GetSingleLiaotian(chatID);
        if(dr == null) return;
        if(dr.Read())
        {   ///读取并显示聊天室的信息
            tbName.Text = dr["ChatName"].ToString();
            tbMaxNumber.Text = dr["MaxNumber"].ToString();
            tbRemark.Text = dr["Remark"].ToString();

AjaxChatSystem.ListSelectedItemByValue(ddlStatus,dr["Status"].ToString());
        }
        dr.Close();
    }
    protected void btnCommit_Click(object sender,EventArgs e)
    {
        if(Session[ValidateCode.VALIDATECODEKEY] != null)
        {   ///判断验证码是否正确
            if(tbCode.Text != Session[ValidateCode.VALIDATECODEKEY].ToString())
            {
                lbMessage.Text = "验证码输入错误,请重新输入";
                return;
            }
            Chat chat = new Chat();
            ///修改聊天室的配置
   if(chat.UpdateLiaotian(chatID,tbName.Text,Int32.Parse(tbMaxNumber.Text),byte.Parse(ddlStatus.SelectedValue),tbRemark.Text) > 0)
            {   ///重定向到管理页面
                Response.Redirect("~/LiaoManage.aspx");
            }
        }
    }
    protected void btnClear_Click(object sender,EventArgs e)
    {
        tbRemark.Text = string.Empty;
    }
}
```

4.13 项目调试

视频讲解 光盘:视频\第 4 章\项目调试.avi

将项目命名为"LiaoTian",在 Visual Studio 2013 中打开后,在【解决方案资源管理器】中查看文件目录,发现和最初规划的完全一致,具体如图 4-14 所示。

图 4-14　Visual Studio 2013 中的项目文件结构

其中包含了两个文件夹，说明如下。
(1) 文件夹 LiaoTian：用来保存系统的项目文件；
(2) 文件夹 database：用来保存系统的数据库文件。
各构成模块文件的具体说明分别如下：
- 系统配置文件：用来对项目程序进行总体配置。
- 样式设置模块：用来设置系统文件的显示样式。
- 数据库文件：用来搭建系统数据库平台，保存系统的登录数据。
- 聊天室管理模块：用来对系统内的聊天室进行修改和删除操作。
- 聊天室添加模块：用来向系统内添加新的聊天室。
- 登录验证模块：用来确保系统合法用户才能登录系统。
- 聊天处理模块：用来对系统内用户的聊天语句进行处理。

系统用户登录界面效果如图 4-15 所示。

图 4-15　系统登录界面效果

第 4 章 浪漫七夕聊天系统

选择聊天室界面效果如图 4-16 所示。

图 4-16 选择聊天室界面效果

系统聊天主界面效果如图 4-17 所示。

图 4-17 系统聊天主界面效果

系统聊天室管理界面效果如图 4-18 所示。

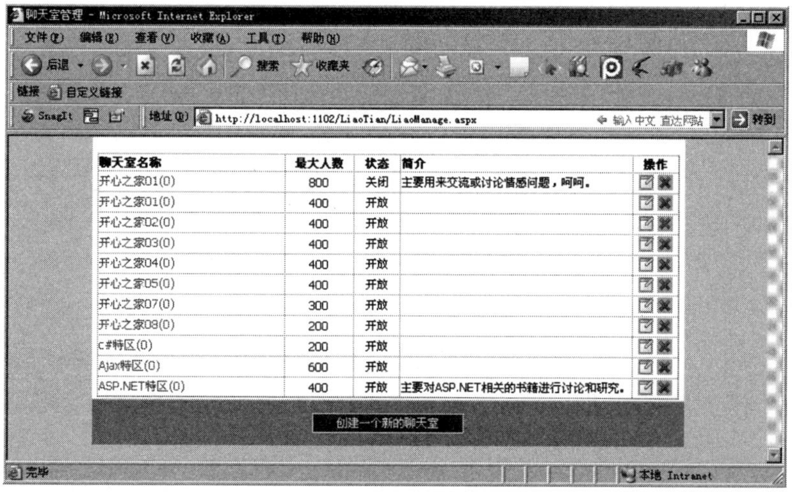

图 4-18 系统聊天室管理界面效果

第 5 章 叮当图书商城系统

互联网行业发展迅猛，电子商务也越来越成熟。通过网上购物，不但给人们的生活带来很多便利，而且这种灵活的商业模式也提供了很多就业机会，近年来网上商城也应运而生。本章将介绍如何创建一个功能齐全的电子商务网站——叮当图书商城系统的实现过程，本系统将完美展示实现用户浏览商品及、商品的订购，以及对订单实现管理等电子商务功能。

赠送的超值电子书

041. 预编译和编译
042. Session 对象和 Cookie 对象的比较
043. HTML 服务器控件基础
044. HTMLButton 控件
045. Web 服务器控件
046. TextBox 控件
047. CheckBox 和 CheckBoxList 控件
048. RadioButton 和 RadioButtonList 控件
049. Image 控件
050. 按钮控件

5.1 体验代码之美

视频讲解 光盘：视频\第 5 章\体验代码之美.avi

对于职场中的程序员来说，同一个功能可以用多种方法实现，不同的方法都有自己的特色。在实际项目开发过程中，有的人开发的程序能够被领导所认可，有的则不能。都是能实现同样功能的程序，为什么受欢迎程度不一样呢？

5.1.1 程序员经常忽视的问题

可能有很多技术还可以的程序员很不屑于公司规定的一些编码规则，在平常编码过程中也没有注意自己的编码风格。例如两项目中的变量或常量简单的命名为 aa、bb、cc 等之类简单字母的形式。几行代码的程序中还好说，如果在上百、上千行代码中，每个变量和常量代表什么呢？眼前全是 aa、bb 之类的简单符号，编码者也难以迅速解释。再过个一年半载，后期维护时更是早已将这些常量和变量的含义抛到了九霄云外，后期维护工作的麻烦简直不可想象。

开发高手和普通者的一条重要区别是，高手们的程序更加美观，一切都显得易读和易维护。编写的代码按部就班，仿佛教科书一样令人赏心悦目。而不好的程序会显得杂乱无章，变量、常量和函数的命名规则毫无规律可循。

5.1.2 赢在代码本身——体现程序之美

编程语言本身是一门极为灵活的语言，但是作为软件工业化生产的要求，却需要编程者遵循严格的规范。规范的目的：一是在于保证代码的可读性；二是在于保证代码的可维护性。制订编码规范的出发点有以下三点：

(1) 使得代码统一，易于阅读，便于他人在多年以后仍然能轻松读懂你的代码而进行维护；

(2) 使得代码不受单一平台和编译器的制约，方便将来移植到其他平台或使用其他编译器；

(3) 保证基本安全，避免代码漏洞。

要想体现语言程序之美，开发者需要做到如下几条。

(1) 简洁之美，避免冗余

将软件设计作为一门严谨的科学来对待，我们的目的是开发出优雅简洁的代码。程序结构要清晰，并且简单易懂，单个函数的程序行数不得超过 100 行。过长的代码会影响大家的理解，也会消耗架构者的敏捷性。明确一个函数的目的是什么，在实现时要尽量简单、直截了当、代码精简，避免产生任何垃圾程序。另外，能用标准库函数和公共函数的地方要尽量使用，不要什么功能都自己去编写。

(2) 遵循严格的规范

在编码过程中，要严格遵循开发语言的编码规范，做到可读性第一，效率第二。例如：

- 每个源程序文件，都有文件头说明。

- 每个函数，都有函数头说明。
- 定义或引用主要变量(结构、联合、类或对象)时，注释能反映其含义。
- 常量定义要有相应说明。
- 处理过程的每个阶段都有相关注释说明。
- 在典型算法前都有注释。
- 变量、常量和函数的命名要一目了然。
- 保持注释与代码完全一致，一目了然的语句不加注释。
- 利用缩进来显示程序的逻辑结构，缩进量一致并以 Tab 键为单位，缩进后的代码在后期维护时会结构清晰，易于维护。

(3) 健壮性和可扩展性

健壮性是指软件对于规范要求以外的输入能够判断出这个输入不符合规范要求，并能有合理的处理方式。软件健壮性是一个比较模糊的概念，但是却是非常重要的软件外部量度标准。软件设计的健壮与否直接反映了分析设计和编码人员的水平。

可扩展性是指软件设计完要留有升级接口和升级空间。对扩展开放，对修改关闭。

(4) 可靠性

软件可靠性意味着该软件在测试运行过程中避免可能发生故障的能力，且一旦发生故障后，具有解脱和排除故障的能力。软件可靠性和硬件可靠性本质区别在于：后者为物理机理的衰变和老化所致，而前者是由于设计和实现的错误所致。故软件的可靠性必须在设计阶段就确定，在生产和测试阶段再考虑就困难了。

(5) 适应性

适应性要求开发的程序能够在几乎所有的环境下成功运行，而不仅仅局限于在开发者的环境运行。当今计算机环境千差万别，例如浏览器产品的类型繁多、版本也繁多。作为一名 Web 开发工程师，需要确保自己的程序具有良好的适应性，能够在世界各地的不同计算机浏览器中成功运行，并且不会造成兼容性问题。

5.2 新的项目

视频讲解　光盘：视频\第 5 章\新的项目.avi

本章项目的客户是一家鲜花配送公司，为了扩大销售渠道，想开一个网上商城，利用电子商务来销售他们的鲜花。客户提出了如下基本要求：

(1) 每个商品可以留言；
(2) 实现在线购物车处理和订单处理；
(3) 实现对产品、购物车和订单的管理功能。

本项目开发团队的具体职能说明如下。

- 项目经理：负责前期功能分析，策划构建系统模块，检查项目进度，质量检查。
- 软件工程师 PrA：负责配置系统文件，搭建数据库，实现数据访问层。
- 软件工程师 PrB：负责购物车处理模块、订单处理模块、商品评论模块、商品搜索模块的编码工作。

● 软件工程师 PrC：负责样式设计、系统测试、后期调试，并负责商品显示模块、商品分类模块、商品管理模块的编码工作。

整个项目的具体开发流程如图 5-1 所示。

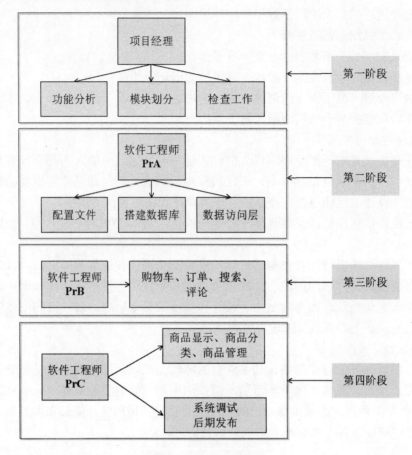

图 5-1 具体开发流程

5.3 项目规划分析

视频讲解 光盘：视频\第 5 章\项目规划分析.avi

在具体编码工作之前，需要进行项目规划分析方面的工作，为后期的编码工作打好基础。

5.3.1 电子商务的简要介绍

理论上，电子商务的范围很大，概括起来主要有两类：一类是 B2B，另一类是 B2C。B2B 的全称是 Business to Business，主要面向的是企业与企业，或是大型的商业买卖而提供的交易平台，公司企业可以通过这个平台来进行采购、销售、结算等，可降低成本，提高效率。但这种平台对性能、安全和服务要求比较高。B2C 的全称是 Business to Customer，它直接面向终端的大众消费者，其经营也有两种形式：一种是类似大型超市，里面提供大量的货物商品，消费者可以浏览挑选商品，直接在线结账付款，如同前面所提到的当当网上网店、亚马逊等，都是采用 B2C 中的这种形式；另一种是类似城市里面的大商场，如华联等，在这个商城里面有许多柜台或专柜，都在卖自己的东西，消费者可以根据自己的需求直接到相应柜台上购买商品，然后去商城服务台结账，在电子商城中是按类别或经营范围来划分的，如新浪网的电子商城，就是采用 B2C 中的这种形式。不管是 B2B 还是 B2C，其基本模式是相同的，即浏览查看商品，然后下订单，双方确认后付款交货，完成交易。

电子商城类的网站由于经常涉及输入商品信息，所以有必要开发一套 CMS(Content Manager System)系统，即信息发布系统。CMS 系统是由后台人工输入信息，然后系统自动将信息整理保存进数据库，而用户在前台浏览到的均为系统自动产生的网页，所有的过程都无须手工制作 HTML 网页而自动进行信息发布及管理。CMS 系统又可分为两大类：第一类是将内容生成静态网页，如一些新闻站点；第二类是从数据库实时读取。本实例的实现属于第二类。

5.3.2 在线商城系统构成模块

一个典型在线商城系统的构成模块如下：

(1) 会员处理模块

为了方便用户购买图书，提高系统人气，设立了会员功能。成为系统会员后，可以对自己的资料进行管理，并且可以集中管理自己的订单。

(2) 购物车处理模块

作为网上商城系统必不可少的环节，为满足用户的购物需求，设立了购物车功能。用户可以把需要的商品放到购物车里保存，提交在线订单后即可完成在线商品的购买。

(3) 商品查询模块

为了方便用户购买，系统设立了商品快速查询模块，供用户可以根据商品的信息快速找到自己需要的商品。

(4) 订单处理模块

为方便商家处理用户的购买信息，系统设立了订单处理功能。通过该功能可以实现对用户购物车信息的及时处理，使用户尽快拿到自己的商品。

(5) 商品分类模块

为了便于用户对系统商品的浏览，将系统的商品划分为不同的类别，以便用户迅速找到自己需要的商品类别。

(6) 商品管理模块

为方便对系统的升级和维护，建立专用的商品管理模块实现商品的添加、删除和修改功能，以满足系统更新的需求。

上述应用模块的具体运行流程如图 5-2 所示。

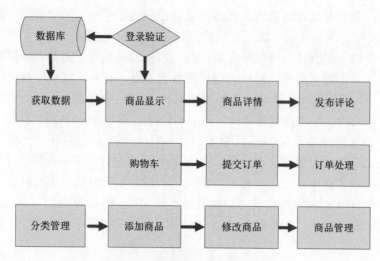

图 5-2　在线商城系统运行流程

5.4　规划项目文件

视频讲解　光盘：视频\第 5 章\规划项目文件.avi

创建两个文件夹 shop 和 data 来保存项目文件，shop 文件夹和 data 文件夹的具体说明如下：
- shop 文件夹：用来保存系统的项目文件。
- data 文件夹：用来保存系统的数据库文件。

并为整个项目规划了具体实现文件，各构成模块文件的具体说明分别如下：
- 系统配置文件：用来对项目程序进行总体配置。
- 样式设置模块：用来设置系统文件的显示样式。
- 数据库文件：用来搭建系统数据库平台，保存系统的登录数据。
- 商品显示模块：用来将系统内的商品逐一显示出来。
- 购物车处理模块：用来将满意的系统商品放在购物车内。
- 订单处理模块：用来实现对系统内购物订单的处理。
- 商品评论模块：用来供用户对系统内的某商品发布评论。
- 商品搜索模块：用来使用户可以迅速搜索出自己需要的商品。
- 商品分类模块：用来将系统内的商品类别以制定样式显示出来。
- 系统管理模块：用来对系统内数据进行管理维护。

在此再次声明规划阶段的重要性，作为一个全新的项目，商城系统我没有做过。开发者需要先了解分析网络中的一些在线购物系统，这样基本功能就了解得差不多了。任何购物系统都需要几个核心功能：商品展示、购物车处理、订单处理。只要设计好上述必需的核心功能，然后在基础上进行扩充即可。

5.5　系统配置文件

视频讲解　光盘：视频\第 5 章\系统配置文件.avi

本项目要求使用 Ajax 技术实现无刷新处理，Ajax 是 Asynchronous JavaScript and XML(异步 JavaScript 和 XML) 的缩写，随着当前网络技术的发展，Ajax 迅速成为当前最为火爆的技术之一。Ajax 是一种创建交互式网页的网页开发技术。其中 XMLHttpRequest 是最为核心的内容，它能够为页面中的 JavaScript 脚本提供特定的通讯方式，从而使页面通过 JavaScript 脚本和服务器之间实现动态交互。另外，XMLHttpRequest 的最大优点是页面内的 JavaScript 脚本可以不用刷新页面，而直接可以和服务器完成数据交互。Ajax 技术的最大好处是实现无刷新处理，在浏览者眼中形成一个模式：页面没有刷新而实现了数据处理和交互。

在传统的 Web 应用模型中，浏览器负责向服务器提出访问请求，并显示服务器返回的处理结果。而在 Ajax 处理模型中，使用了 Ajax 中间引擎来处理上述通信。Ajax 中间引擎实质上是一个 JavaScript 对象或函数，只有当信息必须从服务器上获得的时候才调用它。和传统的处理模型不同，Ajax 不再需要为其他资源提供链接，而只是当需要调度和执行时才执行这些请求。而这些请求都是通过异步传输完成的，而不必等到收到响应之后才执行。

当 Ajax 引擎收到服务器相应时，将会触发一些操作，通常是完成数据解析，以及基于所提供的数据对用户界面做一些修改。图 5-3 和图 5-4 分别列出了传统模型和 Ajax 模型的处理方式。

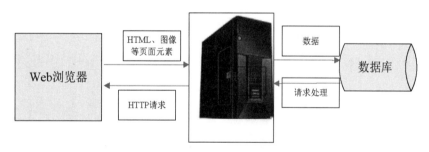

图 5-3　传统模型处理

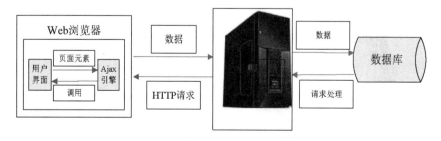

图 5-4　Ajax 模型处理

根据用户的无刷新效果要求，首先根据用户的需求编写了配置文件 Web.config，其主要功能是设置数据库的连接参数，并配置了系统与 Ajax 服务器的相关内容。

根据系统需求编写配置文件 Web.config，其主要功能是设置数据库的连接参数，并配置了系统与 Ajax 服务器的相关内容。

1. 配置连接字符串参数

配置连接字符串参数即设置系统程序连接数据库的参数，其对应实现代码如下：

```
<connectionStrings>
        <add name="SQLCONNECTIONSTRING" connectionString="data source=GUAN\AAA;user id=sa;pwd=888888;database=shop" providerName="System.Data.SqlClient"/>
</connectionStrings>
```

其中，source 设置连接的数据库服务器；user id 和 pwd 分别指定数据库的登录名和密码；database 设置连接数据库的名称。

2. 配置 Ajax 服务器参数

配置 Ajax 服务器参数即配置 Ajax Control Toolkit 程序集参数，为 AjaxControlToolkit.dll 程序集提供了一个前缀字符串"AjaxControlToolkit"。这样，系统页面在引用 AjaxControlToolkit.dll 中的控件时，不需要额外添加<Register>代码。上述功能在<controls>元素内的对应实现代码如下：

```
<pages>
    <controls>
        <add namespace="AjaxControlToolkit" assembly="AjaxControlToolkit" tagPrefix="ajaxToolkit"/>
        <add tagPrefix="asp" namespace="System.Web.UI" assembly="System.Web.Extensions, Version=1.0.61025.0, Culture=neutral, PublicKeyToken=31bf3856ad364e35"/>
    </controls>
</pages>
```

5.6 搭建数据库

视频讲解 光盘：视频\第 5 章\搭建数据库.avi

本系统采用 SQL Server 2008 数据库，创建了一个名为 shop 的数据库。

5.6.1 数据库设计

数据库 shop 内共有 8 个表，其中表 Attribute 的具体设计结构如表 5-1 所示。

表 5-1 商品属性信息表(Attribute)

字段名称	数据类型	是否主键	默 认 值	功能描述
ID	int	是	递增 1	编号
CategoryID	int	否	Null	类别编号
Name	varchar(50)	否	Null	属性编号
Text	varchar(50)	否	Null	属性名称
DataType	varchar(10)	否	Null	属性数据格式

续表

字段名称	数据类型	是否主键	默认值	功能描述
Unit	varchar(10)	否	Null	单位
Remark	varchar(1000)	否	Null	备注

表 Category 的具体设计结构如表 5-2 所示。

表 5-2 系统商品类别信息表(Category)

字段名称	数据类型	是否主键	默认值	功能描述
ID	int	是	递增 1	编号
Name	varchar(50)	否	Null	名称
ParentID	int	否	Null	所属父类编号
ShowOrder	int	否	Null	显示顺序
Remark	text	否	Null	备注

表 Order 的具体设计结构如表 5-3 所示。

表 5-3 系统订单信息表(Order)

字段名称	数据类型	是否主键	默认值	功能描述
ID	int	是	递增 1	编号
OrderNo	varchar(50)	否	Null	订单编号
UserID	int	否	Null	用户编号
CreateDate	datetime	否	Null	时间
TotalNumber	int	否	Null	商品数
TotalMoney	money	否	Null	金额
Status	tinyint	否	Null	状态

表 OrderItem 的具体设计结构如表 5-4 所示。

表 5-4 订单详情信息表(OrderItem)

字段名称	数据类型	是否主键	默认值	功能描述
ID	int	是	递增 1	编号
OrderID	int	否	Null	订单编号
ProductID	int	否	Null	商品编号
Number	int	否	Null	一种商品的数量

表 Product 的具体设计结构如表 5-5 所示。

表 5-5 系统商品信息表(Product)

字段名称	数据类型	是否主键	默认值	功能描述
ID	int	是	递增 1	编号

续表

字段名称	数据类型	是否主键	默认值	功能描述
Name	int	否	Null	名称
Remark	text	否	Null	说明
Price	money	否	Null	价格
Stock	int	否	Null	库存数
SaleNumber	int	否	Null	销售数
PictureUrl	varchar(255)	否	Null	图片地址
CategoryID	int	否	Null	所属类别编号
UserID	int	否	Null	所属用户
CreateDate	datetime	否	Null	上架时间
LasterDate	datetime	否	Null	最后浏览时间
ViewCount	int	否	Null	浏览次数
Status	tinyint	否	Null	状态

表 ProductAttribute 的具体设计结构如表 5-6 所示。

表 5-6 商品属性信息表(ProductAttribute)

字段名称	数据类型	是否主键	默认值	功能描述
ID	int	是	递增 1	编号
ProductID	int	否	Null	商品编号
AttributeID	int	否	Null	属性编号
Value	text	否	Null	属性值

表 ProductComment 的具体设计结构如表 5-7 所示。

表 5-7 商品评论信息表(ProductComment)

字段名称	数据类型	是否主键	默认值	功能描述
ID	int	是	递增 1	编号
Title	varchar(50)	否	Null	标题
Body	varchar(1000)	否	Null	内容
IP	varchar(50)	否	Null	IP
Email	varchar(255)	否	Null	邮箱
CreateDate	datetime	否	Null	时间
ProductID	int	否	Null	商品编号

表 User 的具体设计结构如表 5-8 所示。

表 5-8 系统用户信息表(User)

字段名称	数据类型	是否主键	默 认 值	功能描述
ID	int	是	递增 1	编号
Username	varchar(50)	否	Null	用户名
Password	varchar(255)	否	Null	密码
Email	varchar(255)	否	Null	邮箱
TelePhone	varchar(50)	否	Null	电话
Address	varchar(200)	否	Null	地址
Postcode	varchar(50)	否	Null	邮编
CreateDate	datetime	否	Null	时间
State	tinyint	否	Null	状态
Remark	varchar(100)	否	Null	备注

在上述表设计过程中，表 Order 和表 OrderItem 是不同的，前者的功能是保存订单的整体信息，而后者的功能是保存订单的详细信息。例如，在表 Order 中，将保存某订单的商品总数、金额总数和时间等信息。而在表 OrderItem 中将保存一系列商品信息，包括商品的编号和单价等，然后使用订单编号对每一商品信息进行标识。这样当查看某一订单详情时，将调用表 Order 来显示订单的整体信息，调用表 OrderItem 来显示订单内的各商品信息。

5.6.2 系统参数设置文件

系统参数设置功能由文件 Global.asax 的功能是，定义页面载入、结束和错误初始化，并保存系统的登录数据。其具体实现代码如下：

```
<%@ Application Language="C#" %>
<script runat="server">
  void Application_Start(object sender, EventArgs e)
  {
  }
  void Application_End(object sender, EventArgs e)
  {
  }
  void Application_Error(object sender, EventArgs e)
  {
  }
  void Session_Start(object sender, EventArgs e)
  {
  }
  void Session_End(object sender, EventArgs e)
  {
  }
</script>
```

注意：只有在 Web.config 文件中的 sessionstate 模式设置为 InProc 时，才会引发 Session_End 事件。如果会话模式设置为 StateServer 或 SQLServer，则不会引发该事件。

5.7 数据访问层

视频讲解 光盘：视频\第5章\数据访问层.avi

作为整个项目的核心和难点，本系统的数据访问层分为如下5个部分：
(1) 商品显示
(2) 订单处理
(3) 评论处理
(4) 分类处理
(5) 商品管理
基于数据访问层的重要性，为了便于后期维护，专门编写了独立文件来实现。

5.7.1 商品显示

在数据访问文件 Product.cs 中，与商品显示相关的方法如下：
- 方法 GetProducts()
- 方法 GetProductByFenlei(int categoryID)
- 方法 GetSingleProduct(int productID)
- 方法 UpdateProductViewCount(int productID)

上述方法的运行流程如图 5-5 所示。

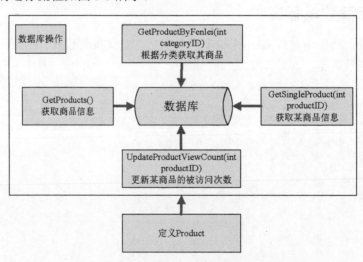

图 5-5 商品显示模块数据访问层运行流程图

1. 定义 Product 类

定义 Product 类的实现代码如下：

```
using System;
using System.Data;
using System.Configuration;
using System.Data.SqlClient;
using System.Web.UI.WebControls;
```

```
namespace ASPNETAJAXWeb.AjaxEBusiness
{
    public class Product
    {
        public Product()
        {
            ..........................
        }
```

2. 获取商品信息

获取商品信息即获取系统库内存在的所有商品信息，上述功能是由方法 GetProducts() 实现的，其具体实现流程如下：

(1) 从系统配置文件 Web.config 内获取数据库连接参数，并将其保存在 connectionString 内。

(2) 使用连接字符串创建 con 对象，实现数据库连接。

(3) 调用获取所有商品信息的存储过程 Pr_GetProducts，获取系统商品的基本信息。

(4) 创建获取数据的对象 da。

(5) 把对象 da 的执行方式设置为存储过程。

(6) 打开数据库链接获取数据，将获取数据保存在 ds 中。

(7) 操作成功返回 ds。

上述功能的对应实现代码如下：

```
public DataSet GetProducts()
{           ///获取连接字符串
            string connectionString = ConfigurationManager.ConnectionStrings["SQLCONNECTIONSTRING"].ConnectionString;
            ///创建连接
            SqlConnection con = new SqlConnection(connectionString);
            ///设置被执行存储过程的名称
            string cmdText = "Pr_GetProducts";
            ///创建 SqlDataAdapter
            SqlDataAdapter da = new SqlDataAdapter(cmdText,con);
            ///设置执行方式为存储过程
            da.SelectCommand.CommandType = CommandType.StoredProcedure;
            ///定义 DataSet
            DataSet ds = new DataSet();
            try
            {   ///打开连接
                con.Open();
                ///填充数据
                da.Fill(ds,"DataTable");
            }
            catch(Exception ex)
            {   ///抛出异常
                throw new Exception(ex.Message,ex);
            }
            finally
            {   ///关闭连接
                con.Close();
            }
            return ds;
}
```

3. 获取分类商品信息

获取分类商品信息即根据分类参数获取其对应下的商品信息，上述功能是由方法 GetProductByFenlei(int categoryID)实现的，其具体实现流程如下：

(1) 从系统配置文件 Web.config 内获取数据库连接参数，并将其保存在 connectionString 内。

(2) 使用连接字符串创建 con 对象，实现数据库连接。

(3) 调用获取所有商品信息的存储过程 Pr_GetProductByFenlei，获取系统商品的基本信息。

(4) 创建获取数据的对象 da。

(5) 把对象 da 的执行方式设置为存储过程。

(6) 打开数据库链接获取数据，将获取数据保存在 ds 中。

(7) 操作成功返回 ds。

上述功能的对应实现代码如下：

```
public DataSet GetProductByFenlei(int categoryID)
    {
        string connectionString = ConfigurationManager.ConnectionStrings["SQLCONNECTIONSTRING"].ConnectionString;
        SqlConnection con = new SqlConnection(connectionString);
        ///设置被执行存储过程的名称
        string cmdText = "Pr_GetProductByFenlei";
        ///创建 SqlDataAdapter
        SqlDataAdapter da = new SqlDataAdapter(cmdText,con);
        ///设置执行方式为存储过程
        da.SelectCommand.CommandType = CommandType.StoredProcedure;
        ///创建参数并赋值
        da.SelectCommand.Parameters.Add("@CategoryID",SqlDbType.Int,4);
        da.SelectCommand.Parameters[0].Value = categoryID;
        ///定义 DataSet
        DataSet ds = new DataSet();
        try
        {
            con.Open();
            ///填充数据
            da.Fill(ds,"DataTable");
        }
        catch(Exception ex)
        {
            throw new Exception(ex.Message,ex);
        }
        finally
        {
            con.Close();
        }
        return ds;
    }
```

4. 获取指定商品信息

获取指定商品信息即获取系统库内指定编号的商品信息，上述功能是由方法 GetSingleProduct(int productID)实现的，其具体实现流程如下：

(1) 从系统配置文件 Web.config 内获取数据库连接参数，并将其保存在 connectionString 内。

(2) 使用连接字符串创建 con 对象，实现数据库连接。

(3) 新建 SQL 查询语句，获取指定 ID 商品的信息。

(4) 创建获取数据的对象 cmd。

(5) 打开数据库链接获取数据，将获取数据保存在 dr 中。

(6) 操作成功返回 dr。

上述功能的对应实现代码如下：

```
public SqlDataReader GetSingleProduct(int productID)
        {
            string connectionString = ConfigurationManager.ConnectionStrings
["SQLCONNECTIONSTRING"].ConnectionString;
            SqlConnection con = new SqlConnection(connectionString);
            ///创建 SQL 语句
            string cmdText = "SELECT [Product].*,[User].Username FROM Product INNER JOIN
[User] ON [Product].UserID = [User].ID WHERE [Product].ID=@ID";
            ///创建 SqlCommand
            SqlCommand cmd = new SqlCommand(cmdText,con);
            ///创建参数并赋值
            cmd.Parameters.Add("@ID",SqlDbType.Int,4);
            cmd.Parameters[0].Value = productID;
            ///定义 SqlDataReader
            SqlDataReader dr;
            try
            {
                con.Open();
                ///读取数据
                dr = cmd.ExecuteReader(CommandBehavior.CloseConnection);
            }
            catch(Exception ex)
            {
                throw new Exception(ex.Message,ex);
            }
            return dr;
        }
```

5. 更新浏览信息

更新浏览信息即系统库内某商品的被浏览次数进行更新处理，上述功能是由方法 UpdateProductViewCount(int productID)实现的，其具体实现流程如下：

(1) 从系统配置文件 Web.config 内获取数据库连接参数,并将其保存在 connectionString 内。

(2) 使用连接字符串创建 con 对象，实现数据库连接。

(3) 新建 SQL 更新语句，修改指定 ID 商品的被浏览次数。

(4) 创建获取数据的对象 cmd。

(5) 打开数据库链接获取数据，将获取数据保存在 result 中。

(6) 操作成功返回 result。

上述功能的对应实现代码如下：

```
public int UpdateProductViewCount(int productID)
        {
            string connectionString = ConfigurationManager.ConnectionStrings
["SQLCONNECTIONSTRING"].ConnectionString;
            SqlConnection con = new SqlConnection(connectionString);
            ///设置被执行的 SQL 语句
            string cmdText = "UPDATE [Product] SET ViewCount=ViewCount+1 WHERE ID=@ID";
            ///创建 SqlCommand
```

```
        SqlCommand cmd = new SqlCommand(cmdText,con);
        ///创建参数并赋值
        cmd.Parameters.Add("@ID",SqlDbType.Int,4);
        cmd.Parameters[0].Value = productID;
        int result = -1;
        try
        {
            con.Open();
            ///操作数据
            result = cmd.ExecuteNonQuery();
        }
        catch(Exception ex)
        {
            throw new Exception(ex.Message,ex);
        }
        finally
        {
            con.Close();
        }
        return result;
    }
```

> **注意**：在上述数据库访问层的操作过程中，涉及了 2 个数据库存储过程，具体说明如下：

Ⅱ 存储过程 Pr_GetProducts

存储过程 Pr_GetProducts 的功能是，查询获取系统库内商品信息。具体代码如下：

```
USE [shop]
GO
/****** 对象: StoredProcedure [dbo].[Pr_GetProducts]    脚本日期: 03/05/2008 14:37:38 ******/
SET ANSI_NULLS ON
GO
SET QUOTED_IDENTIFIER ON
GO
ALTER PROCEDURE [dbo].[Pr_GetProducts]
AS
SELECT
    [Product].*,
    Category.Name AS CategoryName,
    [User].UserName
FROM
    [Product]
INNER JOIN
    Category
    On [Product].CategoryID = Category.ID
INNER JOIN
    [User]
    ON [User].ID = [Product].UserID
ORDER BY
    LasterDate DESC
```

⑤ 存储过程 Pr_GetProductByFenlei

存储过程 Pr_GetProductByFenlei 的功能是，查询获取某分类下对应的商品信息。具体代码如下：

```sql
USE [shop]
GO
/****** 对象:  StoredProcedure [dbo].[Pr_GetProductByFenlei]    脚本日期: 03/05/2008 14:39:35 ******/
SET ANSI_NULLS ON
GO
SET QUOTED_IDENTIFIER ON
GO
ALTER PROCEDURE [dbo].[Pr_GetProductByFenlei]
(
  @CategoryID int
)
AS
SELECT
  [Product].*,
  Category.Name AS CategoryName,
  [User].UserName
FROM
  [Product]
INNER JOIN
  Category
  On [Product].CategoryID = Category.ID
INNER JOIN
  [User]
  ON [User].ID = [Product].UserID
WHERE
  [Product].CategoryID = @CategoryID
ORDER BY
  LasterDate DESC
```

在此总结一下数据处理效率的问题。因为数据库技术是动态项目的基础，所以在 Web 程序内会有大量的查询语句。同时随着站点访问量的增加，一个站点可能同时需要查询大量数据，所以数据库查询的效率问题便提上了日常议程。在此向读者提出如下两条建议：

(1) 合理使用索引

并不是所有索引对查询都有效，SQL 是根据表中数据来进行查询优化的，当索引列有大量数据重复时，SQL 查询可能不会去利用索引，如一表中有字段 sex，male、female 几乎各一半，那么即使在 sex 上建了索引也对查询效率起不了作用。读者可以在百度中通过检索"索引效率优化"关键字来获取相关知识。

(2) 使用存储过程

存储过程是一个很好的工具，不但提高了程序的安全性，而且也提高了数据处理效率。编写合理的语句可以决定存储过程和触发器的效率。

5.7.2 订单处理

订单处理模块的数据访问层是由文件 ShoppingCart.cs 实现的，其主要功能是在 ASPNETAJAXWeb.AjaxEBusiness 空间内建立 Order 类，并定义多个方法实现数据库数据的处理。在文件 ShoppingCart.cs 中，与订单处理模块相关的方法如下：

- 方法 GetOrderLastOrderNo()
- 方法 GetOrderByUser(int userID)
- 方法 GetSingleOrder(int orderID)
- 方法 GetOrderItemByOrder(int orderID)

- 方法 AddOrder(string orderNo,int userID,int totalNumber,decimal totalMoney)
- 方法 AddOrderItem(int orderID,int productID,int number)
- 方法 UpdateOrderStatus(int orderID,byte status)

上述方法的运行流程如图 5-6 所示。

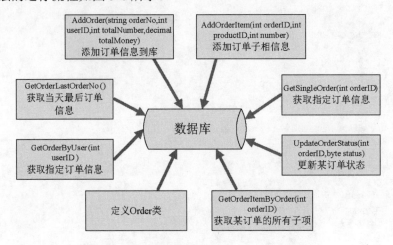

图 5-6　订单处理模块数据访问层运行流程图

1. 定义 Order 类

定义 Order 类的主要实现代码如下：

```
public class Order
    {
        public Order()
        {
        }
```

2. 获取最后订单信息

获取最后订单信息即获取当天内最后一个订单的信息。上述功能是由方法 GetOrderLastOrderNo()实现的，其具体实现流程如下：

(1) 从系统配置文件 Web.config 内获取数据库连接参数，并将其保存在 connectionString 内。

(2) 使用连接字符串创建 con 对象，实现数据库连接。

(3) 新建 SQL 查询语句，获取当天最后一个订单编号的信息。

(4) 创建获取数据的对象 cmd。

(5) 打开数据库连接，获取查询数据。

(6) 将获取的查询结果保存在 orderNo 中，并返回 orderNo。

上述功能的对应实现代码如下：

```
public string GetOrderLastOrderNo()
        {   ///获取连接字符串
            string connectionString = ConfigurationManager.ConnectionStrings["SQLCONNECTIONSTRING"].ConnectionString;
            ///创建连接
            SqlConnection con = new SqlConnection(connectionString);
```

```
            ///设置被执行SQL语句
            string cmdText = "SELECT TOP 1 [Order].OrderNo FROM [Order] WHERE
DATEDIFF(year,CreateDate,GETDATE()) = 0 AND DATEDIFF(month,CreateDate,GETDATE()) = 0 AND
DATEDIFF(day,CreateDate,GETDATE()) = 0 ORDER BY CreateDate DESC";
            ///创建SqlDataAdapter
            SqlCommand cmd = new SqlCommand(cmdText,con);
            object orderNo;
            try
            {   ///打开连接
                con.Open();
                ///填充数据
                orderNo = cmd.ExecuteScalar();
            }
            catch(Exception ex)
            {   ///抛出异常
                throw new Exception(ex.Message,ex);
            }
            finally
            {   ///关闭连接
                con.Close();
            }
            return orderNo == null ? string.Empty : orderNo.ToString();
        }
```

在数据库操作中，关于时间段相关的操作处理比比皆是。在上面获取当天最后订单信息的处理过程中，在 SQL 语句中使用了时间段的相关操作。具体语句的说明如下：

(1) DATEDIFF(year,CreateDate,GETDATE()) = 0

功能是比较当前记录的年份和当前的实际年份是否相等。

(2) DATEDIFF(month,CreateDate,GETDATE()) = 0

功能是比较当前记录的月份和当前的实际月份是否相等。

(3) DATEDIFF(day,CreateDate,GETDATE()) = 0

功能是比较当前记录的日起和当前的实际日起是否相等。

如果上述 3 个条件都成立，则说明该记录为当天的记录数据。

3．获取某用户订单信息

获取某用户订单信息即获取系统内某指定用户的所有订单信息。上述功能是由方法 GetOrderByUser(int userID)实现的，其具体实现流程如下：

(1) 从系统配置文件 Web.config 内获取数据库连接参数，并将其保存在 connectionString 内。
(2) 使用连接字符串创建 con 对象，实现数据库连接。
(3) 新建 SQL 查询语句，获取指定编号用户的所有订单信息。
(4) 创建获取数据的对象 da。
(5) 打开数据库连接，获取查询数据。
(6) 将获取的查询结果保存在 ds 中，并返回 ds。

上述功能的对应实现代码如下：

```
public DataSet GetOrderByUser(int userID)
        {
            string connectionString = ConfigurationManager.ConnectionStrings
["SQLCONNECTIONSTRING"].ConnectionString;
            SqlConnection con = new SqlConnection(connectionString);
            ///设置被执行SQL语句
```

```
            string cmdText = "SELECT [Order].* FROM [Order] WHERE
[Order].UserID=@UserID ORDER BY CreateDate DESC";
            ///创建 SqlDataAdapter
            SqlDataAdapter da = new SqlDataAdapter(cmdText,con);
            ///创建参数并赋值
            da.SelectCommand.Parameters.Add("@UserID",SqlDbType.Int,4);
            da.SelectCommand.Parameters[0].Value = userID;
            ///定义 DataSet
            DataSet ds = new DataSet();
            try
            {
                con.Open();
                ///填充数据
                da.Fill(ds,"DataTable");
            }
            catch(Exception ex)
            {
                throw new Exception(ex.Message,ex);
            }
            finally
            {
                con.Close();
            }
            return ds;
        }
```

4. 获取某订单信息

获取某订单信息即获取系统内某编号订单的详细信息。上述功能是由方法 GetSingleOrder(int orderID)实现的，其具体实现流程如下：

(1) 从系统配置文件 Web.config 内获取数据库连接参数，并将其保存在 connectionString 内。

(2) 使用连接字符串创建 con 对象，实现数据库连接。

(3) 新建 SQL 查询语句，获取指定编号订单的详细信息。

(4) 创建获取数据的对象 cmd。

(5) 打开数据库连接，获取查询数据。

(6) 将获取的查询结果保存在 dr 中，并返回 dr。

上述功能的对应实现代码如下：

```
public SqlDataReader GetSingleOrder(int orderID)
        {
            string connectionString = ConfigurationManager.ConnectionStrings
["SQLCONNECTIONSTRING"].ConnectionString;
            ///创建连接
            SqlConnection con = new SqlConnection(connectionString);
            ///创建 SQL 语句
            string cmdText = "SELECT [Order].*,OrderItem.ProductID,OrderItem.Number
FROM [Order] INNER JOIN OrderItem ON [Order].ID = OrderItem.OrderID WHERE [Order].ID=@ID";
            ///创建 SqlCommand
            SqlCommand cmd = new SqlCommand(cmdText,con);
            ///创建参数并赋值
            cmd.Parameters.Add("@ID",SqlDbType.Int,4);
            cmd.Parameters[0].Value = orderID;
            ///定义 SqlDataReader
            SqlDataReader dr;
            try
            {
```

```
            con.Open();
            ///读取数据
            dr = cmd.ExecuteReader(CommandBehavior.CloseConnection);
        }
        catch(Exception ex)
        {
            throw new Exception(ex.Message,ex);
        }
        return dr;
    }
```

5. 获取某订单子项信息

获取某订单子项信息即获取系统内某编号订单的所有子项信息。上述功能是由方法 GetOrderItemByOrder(int orderID)实现的，其具体实现流程如下：

(1) 从系统配置文件 Web.config 内获取数据库连接参数，并将其保存在 connectionString 内。
(2) 使用连接字符串创建 con 对象，实现数据库连接。
(3) 新建 SQL 查询语句，获取指定编号订单子项的详细信息。
(4) 创建获取数据的对象 da。
(5) 打开数据库连接，获取查询数据。
(6) 将获取的查询结果保存在 ds 中，并返回 ds。

上述功能的对应实现代码如下：

```
public DataSet GetOrderItemByOrder(int orderID)
    {
        string connectionString = ConfigurationManager.ConnectionStrings["SQLCONNECTIONSTRING"].ConnectionString;
        SqlConnection con = new SqlConnection(connectionString);
        ///设置被执行SQL语句
        string cmdText = "SELECT OrderItem.*,[Product].Name,[Product].Price FROM OrderItem INNER JOIN [Product] ON [Product].ID = OrderItem.ProductID WHERE OrderItem.OrderID=@OrderID";
        ///创建 SqlDataAdapter
        SqlDataAdapter da = new SqlDataAdapter(cmdText,con);
        ///创建参数并赋值
        da.SelectCommand.Parameters.Add("@OrderID",SqlDbType.Int,4);
        da.SelectCommand.Parameters[0].Value = orderID;
        ///定义 DataSet
        DataSet ds = new DataSet();
        try
        {
            con.Open();
            ///填充数据
            da.Fill(ds,"DataTable");
        }
        catch(Exception ex)
        {
            throw new Exception(ex.Message,ex);
        }
        finally
        {
            con.Close();
        }
        return ds;
    }
```

6. 添加订单信息

添加订单信息即向系统库内添加新的订单信息。上述功能是由方法 AddOrder(string orderNo,int userID,int totalNumber,decimal totalMoney)实现的，其具体实现流程如下：

(1) 从系统配置文件 Web.config 内获取数据库连接参数，并将其保存在 connectionString 内。
(2) 使用连接字符串创建 con 对象，实现数据库连接。
(3) 调用存储过程 Pr_AddOrder，将此订单信息添加到系统库中。
(4) 创建获取数据的对象 da。
(5) 把 da 对象的执行方式设置为存储过程。
(6) 打开数据库连接，执行插入操作。

上述功能的对应实现代码如下：

```
public int AddOrder(string orderNo,int userID,int totalNumber,decimal totalMoney)
{
    string connectionString = ConfigurationManager.ConnectionStrings
["SQLCONNECTIONSTRING"].ConnectionString;
    ///创建连接
    SqlConnection con = new SqlConnection(connectionString);
    ///设置被执行存储过程的名称
    string cmdText = "Pr_AddOrder";
    ///创建 SqlCommand
    SqlCommand cmd = new SqlCommand(cmdText,con);
    ///设置执行方式为存储过程
    cmd.CommandType = CommandType.StoredProcedure;
    ///创建参数并赋值
    cmd.Parameters.Add("@orderNo",SqlDbType.VarChar,50);
    cmd.Parameters.Add("@UserID",SqlDbType.Int,4);
    cmd.Parameters.Add("@totalNumber",SqlDbType.Int,4);
    cmd.Parameters.Add("@totalMoney",SqlDbType.Money);
    cmd.Parameters[0].Value = orderNo;
    cmd.Parameters[1].Value = userID;
    cmd.Parameters[2].Value = totalNumber;
    cmd.Parameters[3].Value = totalMoney;
    cmd.Parameters.Add("@RETURN",SqlDbType.Int,4);
    cmd.Parameters[4].Direction = ParameterDirection.ReturnValue;
    int result = -1;
    try
    {
        con.Open();
        ///操作数据
        result = cmd.ExecuteNonQuery();
    }
    catch(Exception ex)
    {
        throw new Exception(ex.Message,ex);
    }
    finally
    {
        con.Close();
    }
    return (int)cmd.Parameters[4].Value;
}
```

💡 **注意**：在上面插入操作过程中，通过存储过程 Pr_AddOrder 定义了对应的 SQL 插入语句。存储过程 Pr_AddOrder 的具体代码如下：

```sql
USE [shop]
GO
/****** 对象:  StoredProcedure [dbo].[Pr_AddOrder]    脚本日期: 03/06/2008 15:18:31 ******/
SET ANSI_NULLS ON
GO
SET QUOTED_IDENTIFIER ON
GO
ALTER PROCEDURE [dbo].[Pr_AddOrder]
(
   @OrderNo varchar(50),
   @UserID int,
   @TotalNumber int,
   @TotalMoney money
)
AS
INSERT [Order]
   (OrderNo,UserID,TotalNumber,TotalMoney,CreateDate,Status)
   VALUES
   (@OrderNo,@UserID,@TotalNumber,@TotalMoney,GETDATE(),0)

RETURN @@Identity
```

7. 添加订单子项信息

添加订单子项信息即向系统库内添加某编号订单的子项信息。上述功能是由方法 AddOrderItem(int orderID,int productID,int number)实现的，其具体实现流程如下：

(1) 从系统配置文件 Web.config 内获取数据库连接参数，并将其保存在 connectionString 内。
(2) 使用连接字符串创建 con 对象，实现数据库连接。
(3) 新建 SQL 插入语句，添加某编号订单的子项信息。
(4) 创建获取数据的对象 cmd。
(5) 打开数据库连接，执行插入操作。
(6) 将获取的查询结果保存在 result 中，并返回 result。

上述功能的对应实现代码如下：

```csharp
public int AddOrderItem(int orderID,int productID,int number)
        {
            string connectionString = ConfigurationManager.ConnectionStrings["SQLCONNECTIONSTRING"].ConnectionString;
            ///创建连接
            SqlConnection con = new SqlConnection(connectionString);
            ///设置被执行存储过程的名称
            string cmdText = "INSERT INTO OrderItem(OrderID,ProductID,Number)VALUES(@OrderID,@ProductID,@Number)";
            ///创建SqlCommand
            SqlCommand cmd = new SqlCommand(cmdText,con);
            ///创建参数并赋值
            cmd.Parameters.Add("@OrderID",SqlDbType.Int,4);
            cmd.Parameters.Add("@ProductID",SqlDbType.Int,4);
            cmd.Parameters.Add("@Number",SqlDbType.Int,4);
            cmd.Parameters[0].Value = orderID;
            cmd.Parameters[1].Value = productID;
            cmd.Parameters[2].Value = number;
            int result = -1;
            try
            {   ///打开连接
                con.Open();
```

```
        ///操作数据
        result = cmd.ExecuteNonQuery();
    }
    catch(Exception ex)
    {
        throw new Exception(ex.Message,ex);
    }
    finally
    {
        con.Close();
    }
    return result;
}
```

8. 更新订单状态

更新订单状态即更新系统库内某订单的状态。上述功能是由方法 UpdateOrderStatus(int orderID,byte status)实现的，其具体实现流程如下：

(1) 从系统配置文件 Web.config 内获取数据库连接参数，并将其保存在 connectionString 内。
(2) 使用连接字符串创建 con 对象，实现数据库连接。
(3) 新建 SQL 更新语句，更新系统库内某订单的状态。
(4) 创建获取数据的对象 cmd。
(5) 打开数据库连接，执行插入操作。
(6) 将获取的查询结果保存在 result 中，并返回 result。

上述功能的对应实现代码如下：

```
public int UpdateOrderStatus(int orderID,byte status)
    {
        string connectionString = ConfigurationManager.ConnectionStrings
["SQLCONNECTIONSTRING"].ConnectionString;
        ///创建连接
        SqlConnection con = new SqlConnection(connectionString);
        ///设置被执行的 SQL 语句
        string cmdText = "UPDATE [Order] SET Status=@Status WHERE ID=@ID";
        ///创建 SqlCommand
        SqlCommand cmd = new SqlCommand(cmdText,con);
        ///创建参数并赋值
        cmd.Parameters.Add("@ID",SqlDbType.Int,4);
        cmd.Parameters.Add("@Status",SqlDbType.TinyInt,1);
        cmd.Parameters[0].Value = orderID;
        cmd.Parameters[1].Value = status;
        int result = -1;
        try
        {   ///打开连接
            con.Open();
            ///操作数据
            result = cmd.ExecuteNonQuery();
        }
        catch(Exception ex)
        {   ///抛出异常
            throw new Exception(ex.Message,ex);
        }
        finally
        {
            con.Close();
```

```
            }
            return result;
        }
```

5.7.3 商品评论

在文件 Product.c 中，与商品评论模块相关的方法如下：
- 方法 AddProductComment(string title,string body,string ip,string email,int productID)
- 方法 DeleteProductComment(int commentID)
- 方法 GetCommentByProdcut(int productID)

上述方法的运行流程如图 5-7 所示。

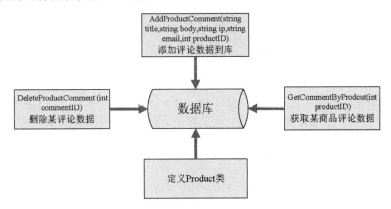

图 5-7 商品评论模块数据访问层运行流程图

1. 定义 Product 类

定义 Product 类的实现代码如下：

```
namespace ASPNETAJAXWeb.AjaxEBusiness
{
    public class Product
    {
        public Product()
        {
            //
            // TODO: 在此处添加构造函数逻辑
            //        }
```

2. 获取评论信息

获取评论信息即获取系统内某商品评论的信息。上述功能是由方法 GetCommentByProdcut(int productID)实现的，其具体实现流程如下：

(1) 从系统配置文件 Web.config 内获取数据库连接参数，并将其保存在 connectionString 内。
(2) 使用连接字符串创建 con 对象，实现数据库连接。
(3) 新建 SQL 查询语句，获取某编号商品的评论信息。
(4) 创建获取数据的对象 da。
(5) 打开数据库连接，获取查询数据。

(6) 将获取的查询结果保存在 ds 中，并返回 ds。

上述功能的对应实现代码如下：

```
public DataSet GetCommentByProdcut(int productID)
        {
            string connectionString = ConfigurationManager.ConnectionStrings
["SQLCONNECTIONSTRING"].ConnectionString;
            ///创建连接
            SqlConnection con = new SqlConnection(connectionString);
            ///设置被执行SQL语句
            string cmdText = "SELECT * FROM ProductComment WHERE ProductID=@ProductID
ORDER BY CreateDate DESC";
            ///创建SqlDataAdapter
            SqlDataAdapter da = new SqlDataAdapter(cmdText,con);
            ///创建参数并赋值
            da.SelectCommand.Parameters.Add("@ProductID",SqlDbType.Int,4);
            da.SelectCommand.Parameters[0].Value = productID;
            ///定义DataSet
            DataSet ds = new DataSet();
            try
            {
                con.Open();
                ///填充数据
                da.Fill(ds,"DataTable");
            }
            catch(Exception ex)
            {
                throw new Exception(ex.Message,ex);
            }
            finally
            {   ///关闭连接
                con.Close();
            }
            return ds;
        }
```

3. 添加评论信息

添加评论信息即向系统库添加新的评论信息。上述功能是由方法 AddProductComment (string title,string body,string ip,string email,int productID)实现的，其具体实现流程如下：

(1) 从系统配置文件 Web.config 内获取数据库连接参数，并将其保存在 connectionString 内。

(2) 使用连接字符串创建 con 对象，实现数据库连接。

(3) 新建 SQL 添加语句，向系统库内添加新的评论信息。

(4) 创建获取数据的对象 cmd。

(5) 打开数据库连接，进行添加操作。

(6) 将处理后的结果保存在 result 中，并返回 result。

由此可以看出，整个添加过程就是添加新数据到系统库内的过程，和前面添加订单的过程一致。

4. 删除评论信息

删除评论信息即删除系统库内指定的评论信息。上述功能是由方法 DeleteProductComment (int commentID)实现的，其具体实现流程如下：

(1) 从系统配置文件 Web.config 内获取数据库连接参数，并将其保存在 connectionString 内。

(2) 使用连接字符串创建 con 对象，实现数据库连接。
(3) 新建 SQL 删除语句，删除系统库内指定编号的评论信息。
(4) 创建数据的对象 cmd。
(5) 打开数据库连接，进行删除操作。
(6) 将处理后的结果保存在 result 中，并返回 result。

上述功能的对应实现代码如下：

```csharp
public int DeleteProductComment(int commentID)
    {
        string connectionString = ConfigurationManager.ConnectionStrings
["SQLCONNECTIONSTRING"].ConnectionString;
        SqlConnection con = new SqlConnection(connectionString);
        ///设置被执行的SQL语句
        string cmdText = "DELETE ProductComment WHERE ID=@ID";
        ///创建SqlCommand
        SqlCommand cmd = new SqlCommand(cmdText,con);
        ///创建参数并赋值
        cmd.Parameters.Add("@ID",SqlDbType.Int,4);
        cmd.Parameters[0].Value = commentID;
        int result = -1;
        try
        {
            con.Open();
            ///操作数据
            result = cmd.ExecuteNonQuery();
        }
        catch(Exception ex)
        {
            throw new Exception(ex.Message,ex);
        }
        finally
        {
            con.Close();
        }
        return result;
    }
```

5.7.4 商品分类

本功能模块的数据库访问层功能是由文件 Category.cs 实现的，其主要功能是在 ASPNETAJAXWeb.AjaxEBusiness 空间内建立 Category 类，并定义多个方法实现对数据库中商品数据的处理。在文件 Category.cs 中，与分类处理模块相关的方法如下：

- 方法 GetFenleis()
- 方法 GetSubFenlei(int categoryID)
- 方法 GetSingleFenlei(int categoryID)
- 方法 AddFenlei(string name,int parentID,string remark)
- 方法 UpdateFenlei(int categoryID,string name,string remark)
- 方法 UpdateFenleiOrder(int categoryID,string moveFlag)
- 方法 DeleteFenlei(int categoryID)

上述方法的运行流程如图 5-8 所示。

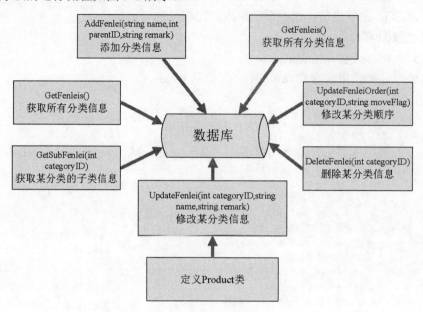

图 5-8　分类处理模块数据访问层运行流程

1. 定义 Category 类

在空间 ASPNETAJAXWeb.AjaxEBusiness 内定义 Category 类的实现代码如下：

```
namespace ASPNETAJAXWeb.AjaxEBusiness
{
    public class Category
    {
        public Category()
        {
            ///
        }
```

2. 获取分类信息

获取分类信息即获取系统库内存在的所有分类信息。上述功能是由方法 GetFenleis()实现的，其具体实现流程如下：

(1) 从系统配置文件 Web.config 内获取数据库连接参数，并将其保存在 connectionString 内。
(2) 使用连接字符串创建 con 对象，实现数据库连接。
(3) 调用所有分类信息的存储过程 Pr_GetFenleis，获取系统内的商品分类信息。
(4) 创建获取数据的对象 da。
(5) 把对象 da 的执行方式设置为存储过程。
(6) 打开数据库连接取数据，将获取数据保存在 ds 中。
(7) 操作成功返回 ds。

上述功能的对应实现代码如下：

```
public DataSet GetFenleis()
        {   ///获取连接字符串
            string connectionString = ConfigurationManager.ConnectionStrings
["SQLCONNECTIONSTRING"].ConnectionString;
```

```csharp
///创建连接
SqlConnection con = new SqlConnection(connectionString);
///设置被执行存储过程的名称
string cmdText = "Pr_GetFenleis";
///创建 SqlDataAdapter
SqlDataAdapter da = new SqlDataAdapter(cmdText,con);
///设置执行方式为存储过程
da.SelectCommand.CommandType = CommandType.StoredProcedure;
///定义 DataSet
DataSet ds = new DataSet();
try
{   ///打开连接
    con.Open();
    ///填充数据
    da.Fill(ds,"DataTable");
}
catch(Exception ex)
{   ///抛出异常
    throw new Exception(ex.Message,ex);
}
finally
{   ///关闭连接
    con.Close();
}
return ds;
}
```

3. 获取子类信息

获取子类信息即获取系统库内指定编号分类的子类信息。上述功能是由方法 GetSubFenlei (int categoryID)实现的，其具体实现流程如下：

(1) 从系统配置文件 Web.config 内获取数据库连接参数，并将其保存在 connectionString 内。
(2) 使用连接字符串创建 con 对象，实现数据库连接。
(3) 调用某分类下子类信息的存储过程 Pr_GetSubFenle，获取子类信息。
(4) 创建获取数据的对象 da。
(5) 把对象 da 的执行方式设置为存储过程。
(6) 打开数据库连接获取数据，将获取数据保存在 ds 中。
(7) 操作成功返回 ds。

上述功能的对应实现代码如下：

```csharp
public DataSet GetSubFenlei(int categoryID)
        {
            string connectionString = ConfigurationManager.ConnectionStrings["SQLCONNECTIONSTRING"].ConnectionString;
            SqlConnection con = new SqlConnection(connectionString);
            ///设置被执行存储过程的名称
            string cmdText = "Pr_GetSubFenlei";
            ///创建 SqlDataAdapter
            SqlDataAdapter da = new SqlDataAdapter(cmdText,con);
            ///设置执行方式为存储过程
            da.SelectCommand.CommandType = CommandType.StoredProcedure;
            ///创建参数并赋值
            da.SelectCommand.Parameters.Add("@ParentID",SqlDbType.Int,4);
            da.SelectCommand.Parameters[0].Value = categoryID;
            ///定义 DataSet
            DataSet ds = new DataSet();
```

```
            try
            {
                con.Open();
                ///填充数据
                da.Fill(ds,"DataTable");
            }
            catch(Exception ex)
            {
                throw new Exception(ex.Message,ex);
            }
            finally
            {
                con.Close();
            }
            return ds;
        }
```

4. 获取分类信息

获取分类信息即获取系统内指定编号分类的详细信息。上述功能是由方法 GetSingleFenlei(int categoryID)实现的,其具体实现流程如下:

(1) 从系统配置文件 Web.config 内获取数据库连接参数,并将其保存在 connectionString 内。
(2) 使用连接字符串创建 con 对象,实现数据库连接。
(3) 新建 SQL 查询语句,获取某 ID 分类的数据。
(4) 创建获取数据的对象 cmd。
(5) 打开数据库连接,获取查询数据。
(6) 将获取的查询结果保存在 dr 中,并返回 dr。

上述功能的对应实现代码如下:

```
public SqlDataReader GetSingleFenlei(int categoryID)
        {
            SqlConnection con = new SqlConnection(connectionString);
            ///创建SQL语句
            string cmdText = "SELECT * FROM Category WHERE ID=@ID";
            ///创建SqlCommand
            SqlCommand cmd = new SqlCommand(cmdText,con);
            ///创建参数并赋值
            cmd.Parameters.Add("@ID",SqlDbType.Int,4);
            cmd.Parameters[0].Value = categoryID;
            ///定义SqlDataReader
            SqlDataReader dr;
            try
            {
                con.Open();
                ///读取数据
                dr = cmd.ExecuteReader(CommandBehavior.CloseConnection);
            }
            catch(Exception ex)
            {
                throw new Exception(ex.Message,ex);
            }
            return dr;
        }
```

5. 添加分类信息

添加分类信息即向系统库内添加新的分类信息。上述功能是由方法 AddFenlei(string name,int parentID,string remark)实现的，其具体实现流程如下：

(1) 从系统配置文件 Web.config 内获取数据库连接参数，并将其保存在 connectionString 内。
(2) 使用连接字符串创建 con 对象，实现数据库连接。
(3) 调用添加分类信息的存储过程 Pr_AddFenlei，进行添加操作。
(4) 创建添加数据的对象 da。
(5) 把对象 da 的执行方式设置为存储过程。
(6) 打开数据库连接执行插入操作，将处理结果保存在 result 中。
(7) 操作成功返回 result。

由此可以看出，整个添加过程就是添加数据到系统库的过程，和前面添加订单的过程一致。

6. 修改分类信息

修改分类信息即修改系统库内某编号的分类信息。上述功能是由方法 UpdateFenlei(int categoryID,string name,string remark)实现的，其具体实现流程如下：

(1) 从系统配置文件 Web.config 内获取数据库连接参数，并将其保存在 connectionString 内。
(2) 使用连接字符串创建 con 对象，实现数据库连接。
(3) 调用修改类信息的存储过程 Pr_UpdateFenlei，进行修改操作。
(4) 创建修改数据的对象 da。
(5) 把对象 da 的执行方式设置为存储过程。
(6) 打开数据库连接执行修改操作，将处理结果保存在 result 中。
(7) 操作成功返回 result。

上述功能的对应实现代码如下：

```csharp
public int UpdateFenlei(int categoryID,string name,string remark)
    {
            string connectionString = ConfigurationManager.ConnectionStrings["SQLCONNECTIONSTRING"].ConnectionString;
            SqlConnection con = new SqlConnection(connectionString);
            ///设置被执行存储过程的名称
            string cmdText = "Pr_UpdateFenlei";
            ///创建 SqlCommand
            SqlCommand cmd = new SqlCommand(cmdText,con);
            ///设置执行方式为存储过程
            cmd.CommandType = CommandType.StoredProcedure;
            ///创建参数并赋值
            cmd.Parameters.Add("@ID",SqlDbType.Int,4);
            cmd.Parameters.Add("@Name",SqlDbType.VarChar,50);
            cmd.Parameters.Add("@Remark",SqlDbType.Text);
            cmd.Parameters[0].Value = categoryID;
            cmd.Parameters[1].Value = name;
            cmd.Parameters[2].Value = remark;
            int result = -1;
            try
```

```
        {
            con.Open();
            ///操作数据
            result = cmd.ExecuteNonQuery();
        }
        catch(Exception ex)
        {
            throw new Exception(ex.Message,ex);
        }
        finally
        {
            con.Close();
        }
        return result;
    }
```

7. 修改分类次序

修改分类次序即修改系统库内某分类的排列顺序。上述功能是由方法 UpdateFenleiOrder (int categoryID,string moveFlag)实现的，其具体实现流程如下：

(1) 从系统配置文件 Web.config 内获取数据库连接参数，并将其保存在 connectionString 内。

(2) 使用连接字符串创建 con 对象，实现数据库连接。

(3) 调用修改类顺序的存储过程 Pr_UpdateFenleiOrder，进行修改操作。

(4) 创建修改数据的对象 da。

(5) 把对象 da 的执行方式设置为存储过程。

(6) 打开数据库连接执行修改操作，将处理结果保存在 result 中。

(7) 操作成功返回 result。

上述功能的对应实现代码如下：

```
public int UpdateFenleiOrder(int categoryID,string moveFlag)
    {
        string connectionString =
ConfigurationManager.ConnectionStrings["SQLCONNECTIONSTRING"].ConnectionString;
        SqlConnection con = new SqlConnection(connectionString);
        ///设置被执行存储过程的名称
        string cmdText = "Pr_UpdateFenleiOrder";
        ///创建 SqlCommand
        SqlCommand cmd = new SqlCommand(cmdText,con);
        ///设置执行方式为存储过程
        cmd.CommandType = CommandType.StoredProcedure;
        ///创建参数并赋值
        cmd.Parameters.Add("@ID",SqlDbType.Int,4);
        cmd.Parameters.Add("@MoveFlag",SqlDbType.VarChar,20);
        cmd.Parameters[0].Value = categoryID;
        cmd.Parameters[1].Value = moveFlag;
        int result = -1;
        try
        {
            con.Open();
            ///操作数据
            result = cmd.ExecuteNonQuery();
        }
        catch(Exception ex)
        {
            throw new Exception(ex.Message,ex);
```

```
        }
        finally
        {
            con.Close();
        }
        return result;
    }
```

5.7.5 商品管理

在数据访问层文件 Product.cs 中，与商品管理模块相关的各方法的具体说明如下：

- 方法 AddProduct(string name,int categoryID,int userID,decimal price,int stock,string remark)：用来添加商品到库。
- 方法 UpdateProduct(int productID,string name,string remark)：用来更新某编号的商品信息。
- 方法 UpdateProductPicture(int productID,string pictureUrl)：用来更新某编号商品的图片信息。
- 方法 DeleteProduct(int productID)：用来删除某编号商品的信息。
- 方法 GetAttributeByFenlei(int categoryID)：用来根据分类获取商品的属性。
- 方法 GetAttributeByProduct(int productID)：用来根据商品获取其属性。
- 方法 AddAttributeValue(int productID,int attributeID,string value)：用来添加商品的属性值。

1. 定义 Product 类

在空间 ASPNETAJAXWeb.AjaxEBusiness 内定义 Product 类的实现代码如下：

```
using System.Web.UI.WebControls;
namespace ASPNETAJAXWeb.AjaxEBusiness
{
    public class Product
    {
        public Product()
        {
        }
```

2. 添加商品信息

添加商品信息即向系统库内添加新的商品信息，上述功能是由方法 AddProduct(string name,int categoryID,int userID,decimal price,int stock,string remark)实现的，其具体实现流程如下：

(1) 从系统配置文件 Web.config 内获取数据库连接参数，并将其保存在 connectionString 内。
(2) 使用连接字符串创建 con 对象，实现数据库连接。
(3) 调用添加商品信息的存储过程 Pr_AddProduct，向系统库内添加新的商品信息。
(4) 创建添加数据的对象 cmd。
(5) 把对象 cmd 的执行方式设置为存储过程。
(6) 打开数据库执行添加操作，将处理结果保存在 result 中。
(7) 操作成功返回 result。

上述功能的对应实现代码如下：

```csharp
public int AddProduct(string name,int categoryID,int userID,decimal price,int stock,string remark)
{
    ///获取连接字符串
    string connectionString = ConfigurationManager.ConnectionStrings["SQLCONNECTIONSTRING"].ConnectionString;
    ///创建连接
    SqlConnection con = new SqlConnection(connectionString);
    ///设置被执行存储过程的名称
    string cmdText = "Pr_AddProduct";
    ///创建 SqlCommand
    SqlCommand cmd = new SqlCommand(cmdText,con);
    ///设置执行方式为存储过程
    cmd.CommandType = CommandType.StoredProcedure;
    ///创建参数并赋值
    cmd.Parameters.Add("@Name",SqlDbType.VarChar,50);
    cmd.Parameters.Add("@CategoryID",SqlDbType.Int,4);
    cmd.Parameters.Add("@UserID",SqlDbType.Int,4);
    cmd.Parameters.Add("@Price",SqlDbType.Money,8);
    cmd.Parameters.Add("@Stock",SqlDbType.Int,4);
    cmd.Parameters.Add("@Remark",SqlDbType.Text);
    cmd.Parameters[0].Value = name;
    cmd.Parameters[1].Value = categoryID;
    cmd.Parameters[2].Value = userID;
    cmd.Parameters[3].Value = price;
    cmd.Parameters[4].Value = stock;
    cmd.Parameters[5].Value = remark;
    cmd.Parameters.Add("@RETURN",SqlDbType.Int,4);
    cmd.Parameters[6].Direction = ParameterDirection.ReturnValue;
    int result = -1;
    try
    {   ///打开连接
        con.Open();
        ///操作数据
        result = cmd.ExecuteNonQuery();
    }
    catch(Exception ex)
    {   ///抛出异常
        throw new Exception(ex.Message,ex);
    }
    finally
    {   ///关闭连接
        con.Close();
    }
    return (int)cmd.Parameters[6].Value;
}
```

由于篇幅有限，在此只对商品添加的过程进行了代码讲解，至于其他方法和存储过程的具体实现，读者参阅本书光盘中的对应文件即可。

上述编码过程，不但实现了基本的数据处理功能，而且通过存储过程提高了整个系统的存储效率。存储过程(Stored Procedure)是一组为了完成特定功能的 SQL 语句集，经编译后存储在数据库中。用户通过指定存储过程的名字并给出参数(如果该存储过程带有参数)来执行它。存储过程是数据库中的一个重要对象，任何一个设计良好的数据库应用程序都应该用到存储过程。

存储过程是利用 SQL Server 提供的 Transact-SQL 语言所编写的程序。Transact-SQL 语

言是 SQL Server 专为设计数据库应用程序提供的，它是应用程序和 SQL Server 数据库间的主要程序设计界面。它好比 Oracle 数据库系统中的 PL-SQL 和 Informix 数据库系统结构中的 Informix-4GL 语言。

5.8 商品显示模块

视频讲解　光盘：视频\第 5 章\商品显示模块.avi

本系统的商品显示功能是通过主页文件实现的，本系统的系统主页是一个框架页面，其功能是调用各框架子页以显示指定的信息。上述功能的实现文件如下：

- 文件 Default.aspx.cs
- 文件 Default.aspx

5.8.1 系统主页

主页处理页面文件 Default.aspx.cs 的功能是，引入命名空间并声明 Default 类，实现主框架页面的初始化处理。其具体实现代码如下：

```
using System;
using System.Data;
using System.Configuration;
using System.Collections;
using System.Web;
using System.Web.Security;
using System.Web.UI;
using System.Web.UI.WebControls;
using System.Web.UI.WebControls.WebParts;
using System.Web.UI.HtmlControls;
public partial class Default : System.Web.UI.Page
{
    protected void Page_Load(object sender, EventArgs e)
    {
    }
}
```

5.8.2 顶部导航页面

本系统实例的顶部导航页面是一个动态页面，其功能是根据用户的状态来显示对应的导航信息。上述功能的实现文件如下：

- 文件 Daohang.aspx
- 文件 Daohang.aspx.cs

导航处理页面文件 Daohang.aspx.cs 的功能是，引入命名空间并声明 Toolbar 类，实现登录表单的判断处理。其具体实现代码如下：

```
using System.Web.UI.WebControls;
using System.Web.UI.WebControls.WebParts;
using System.Web.UI.HtmlControls;
public partial class Toolbar : System.Web.UI.Page
{
    protected void Page_Load(object sender, EventArgs e)
```

```
    {   ///动态载入用户登录控件或者显示用户信息的控件
        pLogin.Controls.Clear();
        if(Session["UserID"] == null)
        {
            pLogin.Controls.Add(Page.LoadControl("~/Login/LoginUC.ascx"));
        }
        else
        {
            pLogin.Controls.Add(Page.LoadControl("~/Login/LogoffUC.ascx"));
        }
    }
}
```

5.8.3 左侧类别列表页面

本系统实例的左侧类别列表页面是一个动态页面，其功能是将系统内所有商品分类的信息显示出来。上述功能的实现文件如下：

- 文件 Fenlei.aspx
- 文件 Fenlei.aspx.cs

类别列表处理页面文件 Fenlei.aspx.cs 的功能是，引入命名空间并声明 CategoryPage 类，将商品类别数据调用并显示出来。其具体实现代码如下：

```
using System.Web.UI.WebControls;
using System.Web.UI.WebControls.WebParts;
using System.Web.UI.HtmlControls;
///引入新的命名空间
using ASPNETAJAXWeb.AjaxEBusiness;
public partial class CategoryPage : System.Web.UI.Page
{
    protected void Page_Load(object sender, EventArgs e)
    {
        if(!Page.IsPostBack)
        {
            BindPageData();
        }
    }
    private void BindPageData()
    {
        Category category = new Category();
        category.InitCatalogTreeView(tvCategory);
    }
}
```

5.8.4 右侧商品列表页面

本系统实例的右侧商品列表页面是一个动态页面，其功能是将系统内的商品信息以列表样式显示出来。上述功能的实现文件如下：

- 文件 Product.aspx
- 文件 Product.aspx.cs

商品列表处理页面文件 Product.aspx.cs 的功能是，引入命名空间并声明 ProductPage 类，从地址栏中获取某商品类别的值。其具体实现代码如下：

```
sing System.Web.UI.WebControls;
using System.Web.UI.WebControls.WebParts;
```

```
using System.Web.UI.HtmlControls;
public partial class ProductPage:System.Web.UI.Page
{
    protected int categoryID = -1;
     protected void Page_Load(object sender,EventArgs e)
        {    ///获取商品种类的 ID
            if(Request.Params["CategoryID"] != null)
            {
                categoryID = Int32.Parse(Request.Params["CategoryID"].ToString());
            }
        }
}
```

5.8.5 按被点击次数显示模块

按被点击次数显示模块的功能是，将系统内的商品信息以被点击次数的高低来排序显示。上述功能的实现文件如下：
- 文件 Dianji.aspx
- 文件 Dianji.aspx.cs

点击次数处理页面文件 Dianji.aspx.cs 的功能是，初始化处理按点击次数显示商品页面，获取并显示对应的商品信息。其具体实现流程如下：

(1) 引入命名空间，并声明 ViewProductByCategoryCount 类。
(2) Page_Load 初始化处理，并从地址栏中获取 CategoryID 变量值。
(3) 获取并按点击次数排序显示商品数据。
(4) 定义购物车处理事件。

上述处理的具体运行流程如图 5-9 所示。

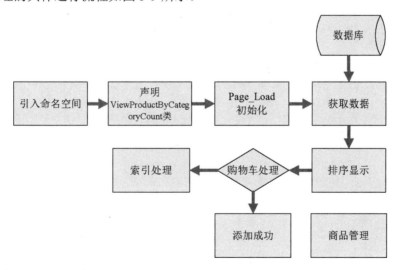

图 5-9 点击次数显示处理运行流程

文件 Dianji.aspx.cs 的具体实现代码如下：

```
using System.Web.UI.WebControls;
using System.Web.UI.WebControls.WebParts;
using System.Web.UI.HtmlControls;
///引入新的命名空间
```

```csharp
using ASPNETAJAXWeb.AjaxEBusiness;
public partial class ViewProductByCategoryCount : System.Web.UI.Page
{
    private int categoryID = -1;
    protected void Page_Load(object sender,EventArgs e)
    {   ///获取商品种类的ID
        if(Request.Params["CategoryID"] != null)
        {
            categoryID = Int32.Parse(Request.Params["CategoryID"].ToString());
        }
        ///显示商品数据
        if(!Page.IsPostBack && categoryID > 0)
        {   ///绑定数据初始化
            gvProduct.DataSource = null;
            gvProduct.DataBind();
            BindPageData(categoryID);
        }
    }
    private void BindPageData(int categoryID)
    {
        Product product = new Product();
        DataSet ds = product.GetProductByFenlei(categoryID);
        if(ds == null || ds.Tables.Count <= 0 || ds.Tables[0].Rows.Count <= 0) return;
        ///设置按访问次数排序
        DataView dv = ds.Tables[0].DefaultView;
        dv.Sort = "ViewCount DESC";
        gvProduct.DataSource = dv;
        gvProduct.DataBind();
    }
    protected void gvProduct_RowCommand(object sender,GridViewCommandEventArgs e)
    {
        if(e.CommandName == "buy")
        {
            ShoppingCartItem item = new ShoppingCartItem();
            int rowIndex = Int32.Parse(e.CommandArgument.ToString());
            if(rowIndex <= -1 || rowIndex >= gvProduct.Rows.Count) return;
            ///获取商品ID和数量
            item.ProductID = Int32.Parse(gvProduct.DataKeys[rowIndex]["ID"].ToString());
            item.Number = 1;
            ///获取商品名称
            Label lbName = (Label)gvProduct.Rows[rowIndex].FindControl("lbName");
            if(lbName != null)
            {
                item.Name = lbName.Text;
            }
            ///获取商品价格
            Label lbPrice = (Label)gvProduct.Rows[rowIndex].FindControl("lbPrice");
            if(lbPrice != null)
            {
                item.Price = decimal.Parse(lbPrice.Text);
            }
            ShoppingCart shoppingCart = new ShoppingCart(Session);
            if(shoppingCart.AddProductToShoppingCart(item) > -1)
            {
```

```
                    AjaxEBusinessSystem.ShowAjaxDialog((Button)e.CommandSource,"恭喜您,
添加商品到购物车成功。");
                }
            }
        }
        protected void gvProduct_RowDataBound(object sender,GridViewRowEventArgs e)
        {
            Button btnBuy = (Button)e.Row.FindControl("btnBuy");
            if(btnBuy != null)
            {   ///设置CommandArgument属性的值为当前行的索引
                btnBuy.CommandArgument = e.Row.RowIndex.ToString();
            }
        }
}
```

在 ASP.NET 项目中，DataView 是一个十分重要的数据源。在 DataView 中，实现了对 DataTable 中数据的过滤和排序操作。当从数据库中选择数据时，用户可以单击列标题，并对数据进行排序。并且可以只过滤要显示在某些行中的数据，例如用户修改过的所有数据。DataView 允许限制要显示给用户的数据行，但不允许限制 DataTable 中的数据列。

例如，根据现有的 DataTable 创建 DataView 的代码如下：

```
DataView dv = new DataView(dataTable);
```

创建好后，就可以改变 DataView 上的设置，当该视图显示在 DataGrid 中时，这些设置会影响要显示的数据，以及允许对这些数据进行的操作。具体说明如下：

- 设置 AllowEdit = false 表示在数据行上禁用所有列的编辑功能。
- 设置 AllowNew = false 表示禁用新行功能。
- 设置 AllowDelete = false 表示禁用删除行的功能。
- 设置 RowStateFilter 只显示指定状态的行。
- 设置 RowFilter 可过滤数据行。

DataView 不允许修改要显示的数据列，只允许修改要显示的数据行。

5.8.6 按商品名称显示模块

按商品名称显示模块的功能是，将系统内的商品信息按商品名称的排序方式来显示。上述功能的实现文件如下：

- 文件 Mingcheng.aspx
- 文件 Mingcheng.aspx.cs

按名称显示处理页面文件 Mingcheng.aspx.cs 的功能是，初始化处理按名称显示商品页面，获取并显示对应的商品信息。其具体实现流程如下：

(1) 引入命名空间，并声明 ViewProductByCategoryName 类。
(2) Page_Load 初始化处理，并从地址栏中获取 CategoryID 变量值。
(3) 获取并按点击次数排序显示商品数据。
(4) 定义购物车处理事件。

上述处理的具体运行流程如图 5-10 所示。

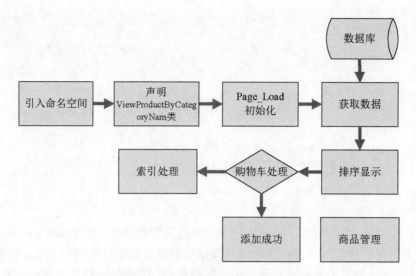

图 5-10 按商品名称显示处理运行流程

文件 Mingcheng.aspx.cs 的具体实现代码如下：

```csharp
///引入新的名字空间
using ASPNETAJAXWeb.AjaxEBusiness;
public partial class ViewProductByCategoryName : System.Web.UI.Page
{
    private int categoryID = -1;
    protected void Page_Load(object sender, EventArgs e)
    {///获取商品种类的 ID
        if(Request.Params["CategoryID"] != null)
        {
            categoryID = Int32.Parse(Request.Params["CategoryID"].ToString());
        }
        ///显示商品数据
        if(!Page.IsPostBack && categoryID > 0)
        {   ///绑定数据初始化
            gvProduct.DataSource = null;
            gvProduct.DataBind();
            BindPageData(categoryID);
        }
    }
    private void BindPageData(int categoryID)
    {
        Product product = new Product();
        DataSet ds = product.GetProductByFenlei(categoryID);
        if(ds == null || ds.Tables.Count <= 0 || ds.Tables[0].Rows.Count <= 0) return;
        ///设置按名称排序
        DataView dv = ds.Tables[0].DefaultView;
        dv.Sort = "Name";
        gvProduct.DataSource = dv;
        gvProduct.DataBind();
    }
    protected void gvProduct_RowCommand(object sender,GridViewCommandEventArgs e)
    {
        if(e.CommandName == "buy")
        {
            ShoppingCartItem item = new ShoppingCartItem();
            int rowIndex = Int32.Parse(e.CommandArgument.ToString());
            if(rowIndex <= -1 || rowIndex >= gvProduct.Rows.Count) return;
```

```csharp
            ///获取商品ID和数量
            item.ProductID = Int32.Parse(gvProduct.DataKeys[rowIndex]["ID"].ToString());
            item.Number = 1;
            ///获取商品名称
            Label lbName = (Label)gvProduct.Rows[rowIndex].FindControl("lbName");
            if(lbName != null)
            {
                item.Name = lbName.Text;
            }
            ///获取商品价格
            Label lbPrice = (Label)gvProduct.Rows[rowIndex].FindControl("lbPrice");
            if(lbPrice != null)
            {
                item.Price = decimal.Parse(lbPrice.Text);
            }
            ShoppingCart shoppingCart = new ShoppingCart(Session);
            if(shoppingCart.AddProductToShoppingCart(item) > -1)
            {
                AjaxEBusinessSystem.ShowAjaxDialog((Button)e.CommandSource,"恭喜您,添加商品到购物车成功。");
            }
        }
    }
    protected void gvProduct_RowDataBound(object sender,GridViewRowEventArgs e)
    {
        Button btnBuy = (Button)e.Row.FindControl("btnBuy");
        if(btnBuy != null)
        {   ///设置CommandArgument属性的值为当前行的索引
            btnBuy.CommandArgument = e.Row.RowIndex.ToString();
        }
    }
}
```

5.8.7 商品详情显示模块

商品详情显示模块的功能是，将系统内某编号的商品信息详细地显示出来。对应的实现文件如下：

- 文件 ShowProduct.aspx
- 文件 ShowProduct.aspx.cs

商品详情处理页面文件 ShowProduct.aspx.cs 的功能是，初始化处理商品详情显示页面，获取并显示此编号商品的详细信息。其具体实现流程如下：

(1) 引入命名空间，并声明 ShowProduct 类。

(2) Page_Load 初始化处理。

(3) 获取商品编号和 IP 地址。

(4) BindPageData(int productID)获取并显示此编号的商品信息。

(5) 显示商品的评论。

(6) 设置 btnBuy_Click(object sender,EventArgs e)事件，实现购物车处理。

(7) 设置 Commit_Click(object sender,EventArgs e)事件，及时载入评论发布数据。

上述处理的具体运行流程如图 5-11 所示。

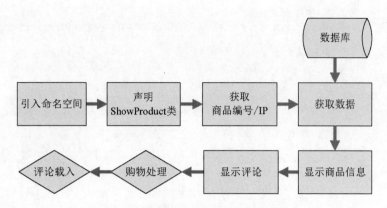

图 5-11　商品详情显示处理运行流程

文件 ShowProduct.aspx.cs 的具体实现代码如下：

```csharp
///引入新的名字空间
using ASPNETAJAXWeb.AjaxEBusiness;
using System.Data.SqlClient;
public partial class ShowProduct : System.Web.UI.Page
{
    protected string ProductName = string.Empty;
    protected string ViewCount = string.Empty;
    protected string CreateDate = string.Empty;
    protected string Username = string.Empty;
    protected string Remark = string.Empty;
    private int productID = -1;
    protected void Page_Load(object sender,EventArgs e)
    {   ///获取客户端的IP地址
        tbIP.Text = Request.UserHostAddress;
        if(Request.Params["ProductID"] != null)
        {
            productID = Int32.Parse(Request.Params["ProductID"].ToString());

        }
        if(productID > 0)
        {
            BindPageData(productID);
            if(!Page.IsPostBack)
            {   ///更新商品被访问的次数
                Product product = new Product();
                product.UpdateProductViewCount(productID);
            }
        }
    }
    private void BindPageData(int productID)
    {   ///获取商品评论
        Product product = new Product();
        SqlDataReader dr = product.GetSingleProduct(productID);
        if(dr == null) return;
        if(dr.Read())
        {   ///读取商品信息
            ProductName = dr["Name"].ToString();
            ViewCount = dr["ViewCount"].ToString();
            CreateDate = dr["CreateDate"].ToString();
            Username = dr["Username"].ToString();
            Remark = dr["Remark"].ToString();
            lbPrice.Text = string.Format("{0:f2}",dr["Price"]);
```

```csharp
            imgProduct.ImageUrl = "~/" + dr["PictureUrl"].ToString();
            ///获取属性的数据
            DataSet ds = product.GetAttributeByProduct(productID);
            ///绑定并显示属性的数据
            gvAttribute.DataSource = ds;
            gvAttribute.DataBind();
        }
        dr.Close();
        ///显示商品的评论
        gvComment.DataSource = product.GetCommentByProdcut(productID);
        gvComment.DataBind();
    }
    protected void btnBuy_Click(object sender,EventArgs e)
    {
        ///设置商品的属性
        ShoppingCartItem item = new ShoppingCartItem();
        item.ProductID = productID;
        item.Name = ProductName;
        item.Price = Decimal.Parse(lbPrice.Text);
        item.Number = 1;
        ///添加到购物车
        ShoppingCart shoppingCart = new ShoppingCart(Session);
        if(shoppingCart.AddProductToShoppingCart(item) > -1)
        {
            AjaxEBusinessSystem.ShowAjaxDialog((Button)sender,"恭喜您，添加商品到购物车成功。");
        }
    }
    protected void btnCommit_Click(object sender,EventArgs e)
    {
        Product product = new Product();
        ///发表评论
        if(product.AddProductComment(tbTitle.Text,tbBody.Text,Request.UserHostAddress,tbEmail.Text,productID) > 0)
        {
            ///重新显示数据
            BindPageData(productID);
        }
    }
}
```

通过上述编码可知，所谓的动态站点就是依靠数据库这个中间存储媒介实现时。在这个管理模块中，其整个实现过程和数据库息息相关：

(1) 查询系统数据库，将库内的商品源信息显示在页面上。

(2) 在后面分别添加删除和修改链接。

(3) 删除链接后，会将数据库内对应的商品源删除，对应的页面中再也不能显示此商品源的信息了。

5.9 商品分类处理模块

视频讲解 光盘：视频\第 5 章\商品分类处理模块.avi

商品分类即商品的种类，也许很多读者不明白客户为什么要有此功能。客户只卖花这一种商品，分类功能好像没有什么意义。其实此处的分类功能有两个好处：①用户可以对花细分，例如从种类细分和用途细分；②可以卖其他的商品，这样就能构建一个综合型商城。

商品分类处理模块的功能是，对系统库内的商品类别进行处理操作。本模块功能的实现文件如下：

- 文件 AddFenlei.aspx
- 文件 AddFenlei.aspx.cs
- 文件 Fenlei.aspx
- 文件 Fenlei.aspx.cs
- 文件 UpdateFenlei.aspx
- 文件 UpdateFenlei.aspx.cs

5.9.1 设置分类层次结构

通常在 ASP.NET+Ajax 开发中，使用两种控件来显示分类层次结构：

- 使用 TreeView 控件来显示分类层次结构。
- 使用 DropDownList 控件来显示分类层次结构。

1. TreeView 控件实现

在实例中，将分别通过方法 InitCatalogTreeView 和 CreateChildNode 实现分类层次结果。其中方法 InitCatalogTreeView 的功能是，使用 TreeView 控件来显示分类层次结构。具体实现流程如下：

(1) 调用方法 GetFenleis()获取所有商品类别信息，使用 ds 对象保存结果。

(2) 清空控件 dv 内的节点，获取根节点的数据，并创建根节点 root 和设置其对应的属性。

(3) 将根节点添加到控件 dv 内。

(4) 调用方法 CreateChildNode，使用递归方法创建根节点下对应的子节点。

文件 Category.cs 内，方法 InitCatalogTreeView 的具体实现代码如下：

```csharp
public void InitCatalogTreeView(TreeView tv)
{
    DataSet ds = GetFenleis();
    if(ds == null) return;
    if(ds.Tables.Count <= 0) return;
    DataTable dt = ds.Tables[0];
    tv.Nodes.Clear();     ///清空树的所有节点
    DataRow[] rowList = dt.Select("ParentID='0'");
    if(rowList.Length < 1) return;
    TreeNode root = new TreeNode();
    root.Text = rowList[0]["Name"].ToString();
    ///设置根节点的value值
    root.Value = rowList[0]["ID"].ToString();
    root.Target = "Product";
    root.NavigateUrl = "~/Product.aspx?CategoryID=" + root.Value;
    root.Expanded = true;
    ///添加根节点
    tv.Nodes.Add(root);
    ///创建其他节点
    CreateChildNode(root,dt,"Product","~/Product.aspx?CategoryID=");
}
```

方法 CreateChildNode 的功能是，创建父节点 parentNode 内的所有子节点，它包含参数的具体说明如下：
- 参数 parentNode：指定父节点。
- 参数 dt：指定数据源。
- 参数 target：指定 Target 的属性值。
- 参数 url：指定节点 NavigateUr 的值。

方法 CreateChildNode 的具体实现流程如下：

(1) 从数据源 dt 获取父节点内的子节点数据，并按照 ShowOrder 字段排序。
(2) 将获取的字段数据保存在变量 rowList 中，并使用 foreach 逐一读取里面的数据。
(3) 为每个 rowList 数据创建一个节点，并设置各节点的属性。
(4) 调用方法 CreateChildNode，使用递归方法创建当前节点下对应的子节点。

文件 Category.cs 内，方法 CreateChildNode 的具体实现代码如下：

```csharp
private void CreateChildNode(TreeNode parentNode,DataTable dt,string target,string url)
    {
        ///选择数据时，添加了排序表达式OrderBy
        DataRow[] rowList = dt.Select("ParentID='" + parentNode.Value
            + "'","ShowOrder");
        foreach(DataRow row in rowList)
        { ///创建新节点
            TreeNode node = new TreeNode();
            ///设置节点的属性
            node.Text = row["Name"].ToString();
            node.Value = row["ID"].ToString();
            node.Target = target;
            node.NavigateUrl = url + node.Value;
            node.Expanded = true;
            parentNode.ChildNodes.Add(node);
            ///递归调用，创建其他节点
            CreateChildNode(node,dt,target,url);
            if(node.ChildNodes.Count > 0)
            {
                node.SelectAction = TreeNodeSelectAction.None;
            }
        }
    }
```

2. DropDownList 控件实现

在实例中，将分别通过方法 InitFenleiList 和 CreateSubNode 实现分类层次结果。其中方法 InitFenleiList 的功能是，使用 DropDownList 控件来显示分类层次结构。文件 Category.cs 内方法 InitFenleiList 的具体实现代码如下：

```csharp
public void InitFenleiList(ListControl list)
    {
        DataSet ds = GetFenleis();
        if(ds == null) return;
        if(ds.Tables.Count <= 0) return;
        DataTable dt = ds.Tables[0];
        list.Items.Clear();     ///清空树的所有节点
        DataRow[] rowList = dt.Select("ParentID='0'","ShowOrder");
        if(rowList.Length < 1) return;
        string name = string.Empty;
        string value = string.Empty;
        foreach(DataRow row in rowList)
```

```
            {
                name = "|--" + row["Name"].ToString();
                value = row["ID"].ToString();
                list.Items.Add(new ListItem(name,value));
                CreateSubNode(list,dt,row["ID"].ToString(),name);
            }
        }
```

方法 CreateSubNode 的功能是，创建 list 节点的所有数据项，从而实现子项的显示。文件 Category.cs 内方法 CreateSubNode 的具体实现代码如下：

```
private void CreateSubNode(ListControl list,DataTable dt,string parentValue,string parentName)
        {   ///选择数据时，添加了排序表达式 OrderBy
            DataRow[] rowList = dt.Select("ParentID='" + parentValue + "'","ShowOrder");
            string name = string.Empty;
            string value = string.Empty;
            foreach(DataRow row in rowList)
            {
                name = parentName + " |--" + row["Name"].ToString();
                value = row["ID"].ToString();
                list.Items.Add(new ListItem(name,value));
                CreateSubNode(list,dt,row["ID"].ToString(),name);
            }
        }
```

5.9.2 添加分类模块

添加分类模块的功能是，向系统库内添加新的商品类别。上述功能的实现文件如下：

- 文件 AddFenlei.aspx：分类添加表单页面。
- 文件 AddFenlei.aspx.cs：分类添加处理页面。

添加分类处理文件 AddFenlei.aspx.cs 的功能是，初始化添加表单界面，并将表单内数据添加到系统库中。其具体实现流程如下：

(1) 引入命名空间，定义 Category_AddCategory 类。
(2) 声明 Page_Load，页面初始化处理。
(3) 调用 BindPageData()，载入显示分类树数据。
(4) 调用 Commit_Click(object sender,EventArgs e)，向库中添加新的分类数据。

上述操作实现的具体运行流程如图 5-12 所示。

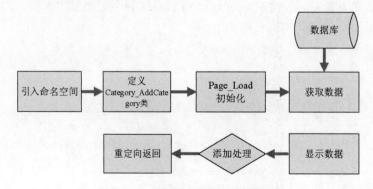

图 5-12 分类添加处理运行流程图

文件 AddFenlei.aspx.cs 的具体实现代码如下：

```
///引入新的命名空间
using ASPNETAJAXWeb.AjaxEBusiness;
public partial class Category_AddCategory : System.Web.UI.Page
{
    protected void Page_Load(object sender, EventArgs e)
    {
        if(!Page.IsPostBack)
        {
            BindPageData();
        }
    }
    private void BindPageData()
    {   ///获取数据
        Category category = new Category();
        ///显示分类的层次结构
        category.InitFenleiList(ddlCategory);
        ///设置第一项为选择项，如果存在
        if(ddlCategory.Items.Count > 0)
        {
            ddlCategory.SelectedIndex = 0;
        }
    }
    protected void btnCommit_Click(object sender,EventArgs e)
    {   ///添加新的分类
        Category category = new Category();
        if(category.AddFenlei(tbName.Text,Int32.Parse(ddlCategory.SelectedValue),tbRemark.Text) > 0)
        {   ///重定向到管理页面
            Response.Redirect("~/Category/Fenlei.aspx");
        }
    }
}
```

5.9.3 修改分类模块

修改分类模块的功能是，对系统库内的某商品分类信息进行修改。上述功能的实现文件如下：

- 文件 UpdateFenlei.aspx：修改分类表单页面。
- 文件 UpdateFenlei.aspx.cs：修改分类处理页面。

修改分类处理文件 UpdateFenlei.aspx.cs 的功能是，初始化修改表单界面，并将表单内数据更新到系统库中。其具体实现流程如下：

(1) 引入命名空间，定义 Category_UpdateCategory 类。
(2) 声明 Page_Load，页面初始化处理。
(3) 获取修改类别的 ID。
(4) 获取显示原数据。
(5) 调用 BindPageData(int categoryID)，显示分类树的数据。
(6) 调用 btnCommit_Click(object sender,EventArgs e)，对库中此编号分类的数据进行更新。

上述操作实现的具体运行流程如图 5-13 所示。

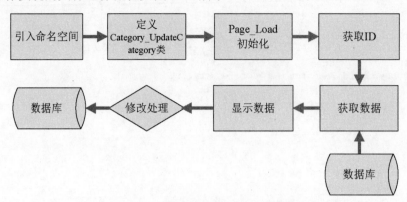

图 5-13　修改分类处理运行流程图

文件 UpdateFenlei.aspx.cs 的具体实现代码如下：

```
///引入新的命名空间
using ASPNETAJAXWeb.AjaxEBusiness;
using System.Data.SqlClient;
public partial class Category_UpdateCategory : System.Web.UI.Page
{
    int categoryID = -1;
    protected void Page_Load(object sender,EventArgs e)
    {    ///获取被修改数据的ID
        if(Request.Params["CategoryID"] != null)
        {
            categoryID = Int32.Parse(Request.Params["CategoryID"].ToString());
        }
        ///显示被修改的数据
        if(!Page.IsPostBack && categoryID > 0)
        {
            BindPageData(categoryID);
        }
        ///设置按钮是否可用
        btnCommit.Enabled = categoryID > 0 ? true : false;
    }
    private void BindPageData(int categoryID)
    {    ///读取数据
        Category category = new Category();
        ///显示分类的层次结构
      category.InitFenleiList(ddlCategory);
      SqlDataReader dr = category.GetSingleFenlei(categoryID);
        if(dr == null) return;
        if(dr.Read())
        {   ///显示数据
            tbName.Text = dr["Name"].ToString();
            tbRemark.Text = dr["Remark"].ToString();
AjaxEBusinessSystem.ListSelectedItemByValue(ddlCategory,dr["ParentID"].ToString());
        }
        dr.Close();
    }
    protected void btnCommit_Click(object sender,EventArgs e)
    {
        Category category = new Category();
```

```
            ///修改分类的属性
    if (category.UpdateFenlei(categoryID, tbName.Text, tbRemark.Text) > 0)
        {   ///重定向到管理页面
            Response.Redirect("~/Category/Fenlei.aspx");
        }
    }
}
```

5.9.4 分类管理模块

分类管理模块的功能是，将系统库内的商品分类信息以列表的样式显示出来，并提供对每种分类的操作链接。上述功能的实现文件如下：

- 文件 Fenlei.aspx：分类管理列表显示页面。
- 文件 Fenlei.aspx.cs：分类管理列表处理页面。

分类管理列表处理文件 Fenlei.aspx.cs 的功能是，初始化修改表单界面，并将表单内数据更新到系统库中。其具体实现流程如下：

(1) 引入命名空间，定义 Category_Category 类。
(2) 声明 Page_Load，页面初始化处理。
(3) 调用 BindPageData(int categoryID)，获取并显示分类树的数据。
(4) 定义 vCategory_RowCommand，根据用户的操作处理重定向到对应的页面。
(5) 弹出删除确认对话框，将选定信息删除。

上述操作实现的具体运行流程如图 5-14 所示。

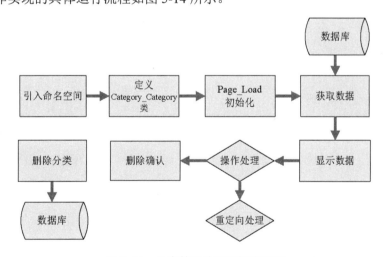

图 5-14 分类管理处理运行流程图

文件 Fenlei.aspx.cs 的具体实现代码如下：

```
///引入新的命名空间
using ASPNETAJAXWeb.AjaxEBusiness;
public partial class Category_Category : System.Web.UI.Page
{
    protected void Page_Load(object sender, EventArgs e)
    {
        if(!Page.IsPostBack)
        {
            BindPageData();
```

```
        }
    private void BindPageData()
    {   ///获取数据
        Category category = new Category();
        DataSet ds = category.GetFenleis();
        ///显示数据
        gvCategory.DataSource = ds;
        gvCategory.DataBind();
    }
    protected void gvCategory_RowCommand(object sender,GridViewCommandEventArgs e)
    {
        if(e.CommandName.ToLower() == "update")
        {   ///重定向到修改分类页面
            Response.Redirect("~/Category/UpdateFenlei.aspx?CategoryID=" + e.CommandArgument.ToString());
            return;
        }
        Category category = new Category();
        if(e.CommandName.ToLower() == "up" || e.CommandName.ToLower() == "down")
        {
            category.UpdateFenleiOrder(Int32.Parse(e.CommandArgument.ToString()),e.CommandName);
            BindPageData();
            return;
        }
        if(e.CommandName.ToLower() == "del")
        {   ///删除选择的商品分类
            if (category.DeleteFenlei(Int32.Parse(e.CommandArgument.ToString())) > 0)
            {
                BindPageData();
            }
            return;
        }
    }
    protected void gvCategory_RowDataBound(object sender,GridViewRowEventArgs e)
    {   ///添加删除确认的对话框
        ImageButton imgDelete = (ImageButton)e.Row.FindControl("imgDelete");
        if(imgDelete != null)
        {
            imgDelete.Attributes.Add("onclick","return confirm(\"您确认要删除当前行的商品分类吗?\");");
        }
    }
    protected void btnAdd_Click(object sender,EventArgs e)
    {
        Response.Redirect("~/Category/AddFenlei.aspx");
    }
}
```

5.10 商品管理模块

视频讲解 光盘：视频\第5章\商品管理模块.avi

商品管理模块功能的实现非常简单，只需分别实现对数据库中数据的添加、删除和修改等操作即可，所有的数据变化都是基于对数据库的操作来实现的。

本项目商品管理模块功能的实现文件如下：

- 文件 AddProduct.aspx
- 文件 AddProduct.aspx.cs
- 文件 UpdateProduct.aspx
- 文件 UpdateProduct.aspx.cs
- 文件 Product.aspx
- 文件 Product.aspx.cs
- 文件 ProductPicture.aspx
- 文件 ProductPicture.aspx.cs

5.10.1 商品添加模块

商品添加的功能是，向系统库内添加新的商品数据。上述功能的实现文件如下：

- 文件 AddProduct.aspx：商品添加表单页面。
- 文件 AddProduct.aspx.cs：商品添加处理页面。

商品添加处理文件 AddProduct.aspx.cs 的功能是，初始化添加表单界面，并将表单内数据添加到系统库中。其具体实现流程如下所示：

(1) 引入命名空间，定义 Product_AddProduct 类。
(2) 声明 Page_Load，页面初始化处理。
(3) 用户登录判断处理。
(4) 调用 btnCommit_Click(object sender,EventArgs e)，执行商品添加处理。

文件 AddProduct.aspx.cs 的具体实现代码如下：

```
///引入新的名字空间
using ASPNETAJAXWeb.AjaxEBusiness;
public partial class Product_AddProduct : System.Web.UI.Page
{
    int categoryID = -1;
    int userID = -1;
    protected void Page_Load(object sender, EventArgs e)
    {   ///判断用户是否登录,并获取用户信息
        if(Session["UserID"] == null)
        {
            Response.Redirect("~/Default.aspx");
        }
        userID = Int32.Parse(Session["UserID"].ToString());
    }
    protected void btnCommit_Click(object sender,EventArgs e)
    {
        if(AddProduct() > 0)
        {
            Response.Redirect("~/Product/Product.aspx");
        }
    }
    private int AddProduct()
    {
        Product product = new Product();
        int productID = product.AddProduct(
            tbName.Text,
```

```
                ucProductAttribute.CategoryID,
                userID,
                decimal.Parse(tbPrice.Text.Trim()),
                Int32.Parse(tbStock.Text.Trim()),
                tbRemark.Text);
        if(productID <= 0) return productID;
        ///添加商品特性的值
        foreach(Control c in ucProductAttribute.AttributePanel.Controls)
        {
            if(c is TextBox)
            {   ///读取属性及其值
                TextBox tbox = (TextBox)c;
                string s = tbox.Text;
                product.AddAttributeValue(
                    productID,
                    Int32.Parse(tbox.Attributes["IDValue"]),
                    tbox.Text);
            }
        }
        return productID;
    }
}
```

5.10.2 商品修改模块

商品修改模块的功能是，对系统库内的某商品分类信息进行修改。上述功能的实现文件如下：

- 文件 UpdateClasses.aspx：商品修改表单页面。
- 文件 UpdateProduct.aspx.cs：商品修改处理页面。

商品修改处理文件 UpdateProduct.aspx.cs 的功能是，初始化修改表单界面，并将表单内的商品数据更新到系统库中。其具体实现流程如下：

(1) 引入命名空间，定义 Product_UpdateProduct 类。
(2) 声明 Page_Load，页面初始化处理。
(3) 获取修改商品的 ID。
(4) 调用 BindPageData(int categoryID)，获取并显示原数据。
(5) 按钮可用性判断处理。
(6) 调用 UpdateProduct，实现对库中此编号商品数据的更新。

文件 UpdateProduct.aspx.cs 的具体实现代码如下：

```
///引入新的命名空间
using ASPNETAJAXWeb.AjaxEBusiness;
using System.Data.SqlClient;
public partial class Product_UpdateProduct : System.Web.UI.Page
{
    private int productID = -1;
    protected void Page_Load(object sender, EventArgs e)
    {   ///获取商品的ID值
        if(Request.Params["ProductID"] != null)
        {
            productID = Int32.Parse(Request.Params["ProductID"].ToString());
        }
```

```
            if(!Page.IsPostBack && productID > 0)
            {
                BindPageData(productID);
            }
        }
        private void BindPageData(int productID)
        {   ///获取商品信息
            Product product = new Product();
            SqlDataReader dr = product.GetSingleProduct(productID);
            if(dr == null) return;
            ///读取商品信息
            if(dr.Read())
            {
                tbName.Text = dr["Name"].ToString();
                tbRemark.Text = dr["Remark"].ToString();
            }
            dr.Close();
        }
        private int UpdateProduct()
        {   ///修改商品的属性值
            Product product = new Product();
            int success = product.UpdateProduct(productID,tbName.Text,tbRemark.Text);
            if(success <= 0) return success - 1;
            ///修改商品特性的值
            foreach(Control c in ucProductAttribute.AttributePanel.Controls)
            {
                if(c is TextBox)
                {
                    TextBox tbox = (TextBox)c;
                    product.AddAttributeValue(productID,
                        Int32.Parse(tbox.Attributes["IDValue"]),
                        tbox.Text);
                }
            }
            return success;
        }
        protected void btnCommit_Click(object sender,EventArgs e)
        {
            if(UpdateProduct() > 0)
            {
                Response.Redirect("~/Product/Product.aspx");
            }
        }
}
```

5.10.3 商品管理列表模块

商品管理列表模块的功能是,将系统库内的商品信息以列表样式显示出来,并提供对每种分类的操作链接。上述功能的实现文件如下:

- 文件 Product.aspx:商品管理列表显示页面。
- 文件 Product.aspx.cs:商品管理列表处理页面。

商品管理列表处理文件 Product.aspx.cs 的功能是,初始化修改表单界面,并将表单内数据更新到系统库中。其具体实现流程如下:

(1) 引入命名空间,定义 Product_Product 类。

(2) 声明 Page_Load，进行页面初始化处理。

(3) 调用 BindPageData()，获取并显示分类树的数据。

(4) 调用 BindProductData(int categoryID)，获取并显示商品数据。

(5) 定义 gvProduct_RowCommand，根据用户的操作处理重定向到对应的页面。

(6) 弹出删除确认对话框，将选定信息删除。

文件 Product.aspx.cs 的具体实现代码如下：

```
using System.Web.UI.HtmlControls;
using ASPNETAJAXWeb.AjaxEBusiness;
public partial class Product_Product : System.Web.UI.Page
{
    protected void Page_Load(object sender, EventArgs e)
    {
        if(!Page.IsPostBack)
        {
            BindPageData();
        }
    }
    private void BindPageData()
    {    ///获取数据
        Category category = new Category();
        ///显示分类的层次结构
        category.InitFenleiList(ddlCategory);
        ///设置第一项为选择项，如果存在
        if(ddlCategory.Items.Count > 0)
        {
            ddlCategory.SelectedIndex = 0;
            BindProductData(Int32.Parse(ddlCategory.SelectedValue));
        }
    }
    private void BindProductData(int categoryID)
    {    ///获取商品数据
        Product product = new Product();
      DataSet ds = product.GetProductByFenlei(categoryID);
        if(ds == null || ds.Tables.Count <= 0 || ds.Tables[0].Rows.Count <= 0) return;
        ///显示商品信息
        gvProduct.DataSource = ds;
        gvProduct.DataBind();
    }
    protected void gvProduct_RowCommand(object sender,GridViewCommandEventArgs e)
    {
        if(e.CommandName.ToLower() == "update")
        {    ///重定向到修改商品页面
            Response.Redirect("~/Product/UpdateProduct.aspx?ProductID=" + e.CommandArgument.ToString());
            return;
        }
        if(e.CommandName.ToLower() == "picture")
        {    ///重定向到修改商品图片页面
            Response.Redirect("~/Product/ProductPicture.aspx?ProductID=" + e.CommandArgument.ToString());
            return;
        }
        if(e.CommandName.ToLower() == "comment")
        {    ///重定向到管理商品评论页面
```

```
            Response.Redirect("~/Product/ProductComment.aspx?ProductID=" +
e.CommandArgument.ToString());
            return;
        }
        if(e.CommandName.ToLower() == "del")
        {   ///删除选择的商品
            Product product = new Product();
            if(product.DeleteProduct(Int32.Parse(e.CommandArgument.ToString())) > 0)
            {
                BindPageData();
            }
            return;
        }
    }
    protected void gvProduct_RowDataBound(object sender,GridViewRowEventArgs e)
    {   ///添加删除确认的对话框
        ImageButton imgDelete = (ImageButton)e.Row.FindControl("imgDelete");
        if(imgDelete != null)
        {
            imgDelete.Attributes.Add("onclick","return confirm(\"您确认要删除当前行的商品吗？\");");
        }
    }
    protected void btnAdd_Click(object sender,EventArgs e)
    {
        Response.Redirect("~/Product/AddProduct.aspx");
    }
    protected void ddlCategory_SelectedIndexChanged(object sender,EventArgs e)
    {
        BindProductData(Int32.Parse(ddlCategory.SelectedValue));
    }
}
```

5.10.4 商品图片修改模块

商品图片修改模块的功能是，对系统库内的某商品图片信息进行修改。对应的实现文件如下：

- 文件 ProductPicture.aspx：图片修改表单页面。
- 文件 ProductPicture.aspx.cs：图片修改处理页面。

商品修改处理文件 ProductPicture.aspx.cs 的功能是，初始化修改表单界面，并将表单内的商品数据更新到系统库中。其具体实现流程如下：

(1) 引入命名空间，定义 Product_ProductPicture 类。
(2) 声明 Page_Load，页面初始化处理。
(3) 获取修改商品的 ID。
(4) 调用 BindPageData(int categoryID)，获取并显示原数据。
(5) 调用 btnCommit_Click(object sender,EventArgs e)，实现此编号商品图片数据的更新。
(6) 输出对应提示。

文件 ProductPicture.aspx.cs 的具体实现代码如下：

```
///引入新的名字空间
using ASPNETAJAXWeb.AjaxEBusiness;
using System.Data.SqlClient;
```

```csharp
using System.IO;
public partial class Product_ProductPicture : System.Web.UI.Page
{
    private int productID = -1;
    protected void Page_Load(object sender,EventArgs e)
    {   ///获取商品的ID值
        if(Request.Params["ProductID"] != null)
        {
            productID = Int32.Parse(Request.Params["ProductID"].ToString());
        }
        ///显示商品信息
        if(!Page.IsPostBack && productID > 0)
        {
            BindPageData(productID);
        }
    }
    private void BindPageData(int productID)
    {   ///获取商品信息
        Product product = new Product();
        SqlDataReader dr = product.GetSingleProduct(productID);
        if(dr == null) return;
        ///显示商品信息
        if(dr.Read())
        {
            lbProductName.Text = dr["Name"].ToString();
            imgProduct.ImageUrl = "~/" + dr["PictureUrl"].ToString();
        }
        dr.Close();
    }
    protected void btnCommit_Click(object sender,EventArgs e)
    {
        if(productID <= -1) return;
        ///判断上载文件的内容是否为空
        if(fuPicture.HasFile == false || fuPicture.PostedFile.ContentLength <= 0)
        {
            lbMessage.Text = "上载文件的内容为空,请重新选择文件!";
            return;
        }
        ///获取上载文件的属性,如类型、大小、名称等
        string type = fuPicture.PostedFile.ContentType;
        int size = fuPicture.PostedFile.ContentLength;
        ///创建基于时间的文件名称
        string fileName = AjaxEBusinessSystem.CreateDateTimeString();
        string extension = Path.GetExtension(fuPicture.PostedFile.FileName);
        ///判断文件是否合法
        bool isAllow = false;
        foreach(string ext in AjaxEBusinessSystem.ALLOWPICTRUEFILELIST)
        {
            if(ext == extension.ToLower())
            {
                isAllow = true;
                break;
            }
        }
        if(isAllow == false) return;
        ///构建保存文件位置的路径
        string url = "img/" + fileName + extension;
        ///映射为物理路径
```

```
            string fullPath = Server.MapPath("~/" + url);
            ///判断文件是否存在
            if(File.Exists(fullPath) == true)
            {
                lbMessage.Text = "上载文件的已经存在，请重新选择文件！";
                return;
            }
            try
            {   ///上载文件
                fuPicture.SaveAs(fullPath);
                Product product = new Product();
                ///添加到数据库中
                if(product.UpdateProductPicture(productID,url) > 0)
                {   ///显示操作结果
                    lbMessage.Text = "恭喜您，上载商品图片成功。";
                    imgProduct.ImageUrl = "~/" + url;
                }
            }
            catch(Exception ex)
            {   ///显示错误信息
                lbMessage.Text = "上载文件错误,错误原因为: " + ex.Message;
                return;
            }
        }
}
```

在很多项目中，需要动态管理图片文件。这就不可避免地会用到图片上传处理，但是怎样才能确保上传的图片不被侵权使用呢？解决方法是为图片添加水印。下面是一个给图片加水印的通用代码：

```
1.  using System;
2.  using System.IO;
3.  using System.Drawing;
4.  using System.Drawing.Imaging;
7.  using System.Data;
6.  using System.Configuration;
7.  using System.Linq;
8.  using System.Web;
9.  using System.Web.Security;
10. using System.Web.UI;
11. using System.Web.UI.HtmlControls;
12.
13. using System.Web.UI.WebControls.WebParts;
14. using System.Xml.Linq;
15.
16. /// <summary>
17. ///ImageHandler 的摘要说明
18. /// </summary>
19. public class ImageHandler:IHttpHandler
20. {
21.     private const string waterMark_URL = "~/Images/waterMark.jpg";
22.     private const string defaultImage_URL = "~/Images/Default.jpg";
23.
24.     public ImageHandler()
25.     {
26.         //
27.         //TODO: 在此处添加构造函数逻辑
```

```
28.        //
29.     }
30.
31.    public void ProcessRequest(HttpContext context)
32.    {
33.       System.Drawing.Image ImageConver;
34.       if (File.Exists(context.Request.PhysicalPath))
35.       {
36.          //加载文件
37.          ImageConver = Image.FromFile(context.Request.PhysicalPath);
38.          //加载水印图片
39.          Image waterMark =
Image.FromFile(context.Request.MapPath(waterMark_URL));
40.          //重新画布
41.          Graphics g = Graphics.FromImage(ImageConver);
42.          g.DrawImage(waterMark, new Rectangle(ImageConver.Width - waterMark.Width,
ImageConver.Height - waterMark.Height, waterMark.Width, waterMark.Height), 0, 0,
waterMark.Width, waterMark.Height, GraphicsUnit.Pixel);
43.          g.Dispose();
44.          waterMark.Dispose();
45.       }
46.       else
47.       {
48.          ImageConver=Image.FromFile(context.Request.MapPath(defaultImage_URL));
49.       }
50.
51.       //设置输出格式
52.       context.Response.ContentType="image/jpeg";
53.
ImageConver.Save(context.Response.OutputStream,System.Drawing.Imaging.ImageFormat.Jpeg);
54.       ImageConver.Dispose();
55.       context.Response.End();
56.    }
57.
58.    public bool IsReusable
59.    {
60.       get
61.       {
62.          return false;
63.       }
64.    }
65. }
```

5.11 购物车模块

视频讲解 光盘：视频\第 5 章\购物车模块.avi

购物车处理模块的功能是，使用户把预购商品放入购物车，从而完成系统内的购物处理。本模块功能的实现文件是 ViewShoppingCart.aspx 和 ViewShoppingCart.aspx.cs 文件。

在基于 C#语言的 ASP.NET 项目中，购物车通常使用 Session 或 Cookie 实现，本实例是采用 Cookie 实现的。有关 Session 对象和 Cookie 对象的比较可以从如下 4 点谈起。

(1) 应用场景

Cookie 的典型应用场景是 Remember Me 服务，即用户的账户信息通过 Cookie 的形式保存在客户端，当用户再次请求匹配的 URL 时，账户信息会被传送到服务端，交由相应的程序完成自动登录等功能。当然也可以保存一些客户端信息，比如页面布局以及搜索历史等。

Session 的典型应用场景是用户登录某网站之后，将其登录信息放入 Session，在以后的每次请求中查询相应的登录信息以确保该用户合法。当然还有购物车等经典场景。

(2) 安全性

Cookie 将信息保存在客户端，如果不进行加密的话，无疑会暴露一些隐私信息，安全性很差。一般情况下敏感信息是经过加密后存储在 Cookie 中的，但很容易被窃取。而 Session 只会将信息存储在服务端，如果存储在文件或数据库中，也有被窃取的可能，只是可能性比 Cookie 小很多。

Session 安全性方面比较突出的问题是存在会话劫持的问题，这是一种安全威胁，下文会进行更详细的说明。总体来讲，Session 的安全性要高于 Cookie。

(3) 性能

Cookie 存储在客户端，消耗的是客户端的 I/O 和内存；而 Session 存储在服务端，消耗的是服务端的资源。但是 Session 对服务器造成的压力比较集中，而 Cookie 很好地分散了资源消耗，就这点来说，Cookie 要优于 Session 的。

(4) 时效性

Cookie 可以通过设置有效期使其较长时间存在于客户端，而 Session 一般有效期比较短(用户主动销毁 Session 或关闭浏览器后引发超时)。

5.11.1 购物车组件设计模块

本功能模块应用程序所使用的处理函数是由文件 ShoppingCart.cs 实现的，其主要功能是在 ASPNETAJAXWeb.AjaxEBusiness 空间内建立需要类，并定义多个函数方法实现对购物车数据的处理。

在文件 Product.cs 中，分别定义了两个新类实现对购物车的处理，具体说明如下：

- ShoppingCartItem 类
- ShoppingCart 类

1. ShoppingCartItem 类

在 ShoppingCartItem 类中，封装了购物车内商品的基本信息，例如商品编号、名称、数量和价格等必备元素。为此，ShoppingCartItem 类定义了 4 个属性分别传递上述 4 个元素信息。

定义 ShoppingCartItem 类的实现代码如下：

```
using System;
using System.Data;
using System.Collections;
using System.Configuration;
using System.Data.SqlClient;
using System.Web.SessionState;
namespace ASPNETAJAXWeb.AjaxEBusiness
```

```
{
    public class ShoppingCartItem
    {
        private int productID = -1;
        private string name = string.Empty;
        private int number = 0;
        private decimal price = 0.0m;
```

2. 定义 ShoppingCart 类

在 ShoppingCart 类中，首先定义了 2 个私有变量 session 和 shoppingCartList；然后定义了 1 个公开变量 SHOPPINTCARTKEY；最后定义了 1 个公开属性 ShoppingCartList。对应的实现代码如下：

```
public class ShoppingCart
    {
        public const string SHOPPINTCARTKEY = "SHOPPINTCARTKEY";
        private ArrayList shoppingCartList;
        private HttpSessionState session = null;
        public ArrayList ShoppingCartList
        {
            get
            {
                return shoppingCartList;
            }
        }
        private ShoppingCart()
        {
        }
```

3. 定义处理方法

在 ShoppingCart 类中，定义了 5 个方法实现对购物车内的数据处理，具体如下：

- 方法 ShoppingCart(HttpSessionState session)
- 方法 AddProductToShoppingCart(ShoppingCartItem product)
- 方法 DeleteProductFromShoppingCart(ShoppingCartItem product)
- 方法 UpdateShoppingCart(ArrayList products)
- 方法 ClearShoppingCart()

上述方法的运行流程如图 5-15 所示。

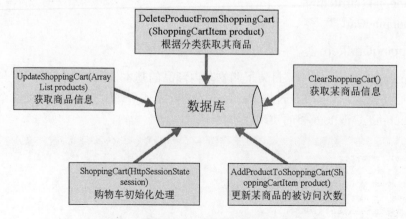

图 5-15 购物车组件设计处理模块运行流程图

1) 购物车初始化

购物车初始化即载入页面时对购物车数据进行初始化处理。上述功能是由方法 ShoppingCart(HttpSessionState session) 实现的，其具体实现流程如下：

(1) 初始化保存变量 shoppingCartLis。

(2) 将值保存在 session 对象中。

上述功能的对应实现代码如下：

```
public ShoppingCart(HttpSessionState session)
        {
            this.session = session;
            if(session != null)
            {
                if(session[SHOPPINTCARTKEY] != null)
                {
                    shoppingCartList = (ArrayList)session[SHOPPINTCARTKEY];
                }
                else
                {
                    shoppingCartList = new ArrayList();
                    session[SHOPPINTCARTKEY] = shoppingCartList;
                }
            }
        }
```

2) 购物车商品添加

购物车商品添加即将用户选取的商品添加到购物车内，上述功能是由方法 AddProductToShoppingCart(ShoppingCartItem product) 实现的，其具体实现流程如下：

(1) 获取添加商品。

(2) 如果购物车内没有此商品，则将商品添加到购物车内。

(3) 如果购物车内有此商品，则修改此商品的数量。

(4) 把更新后的购物车数据重新保存到 session 对象中。

上述功能的对应实现代码如下：

```
public int AddProductToShoppingCart(ShoppingCartItem product)
        {
            if(product == null) return -1;
            ///获取购物车中的商品
            shoppingCartList = (ArrayList)session[SHOPPINTCARTKEY];
            if(shoppingCartList == null) return -1;
            ///比较购物车中是否已经添加了该商品
            int index = 0;
            for(index = 0; index < shoppingCartList.Count; index++)
            {   ///如果已经添加了,则修改购物车中商品的数量
                if(((ShoppingCartItem)shoppingCartList[index]).ProductID == product.ProductID)
                {
                    ((ShoppingCartItem)shoppingCartList[index]).Number++;
                    break;
                }
            }
            ///如果没有添加,则把该商品添加到购物车中
            if(index == shoppingCartList.Count)
            {
                shoppingCartList.Add(product);
```

```
            }
            ///重新保存购物车中的数据
            session[SHOPPINTCARTKEY] = shoppingCartList;
            return 1;
        }
```

3) 购物车商品修改

购物车商品修改即对当购物车内的某商品数量修改为 products 参数内的商品数量。上述功能是由方法 UpdateShoppingCart(ArrayList products)实现的，其具体实现流程如下：

(1) 获取购物车内商品。

(2) 使用 foreach 一词处理购物车内的每一个商品。

(3) 如果当前商品在 products 参数内出现，则把当前处理的商品数量修改为 products 参数内的该商品数量。

(4) 把更新后的购物车数据重新保存到 session 对象中。

上述功能的对应实现代码如下：

```
public int UpdateShoppingCart(ArrayList products)
        {
            if(products == null || products.Count <= 0) return -1;
            ///获取购物车中的商品
            shoppingCartList = (ArrayList)session[SHOPPINTCARTKEY];
            if(shoppingCartList == null) return -1;
            ///更新购物车中的商品
            for(int index = 0; index < shoppingCartList.Count; index++)
            {
                foreach(ShoppingCartItem product in products)
                {
                    if(((ShoppingCartItem)shoppingCartList[index]).ProductID == product.ProductID)
                    {
                        ((ShoppingCartItem)shoppingCartList[index]).Number = product.Number;
                        break;
                    }
                }
            }
            ///重新保存购物车中的数据
            session[SHOPPINTCARTKEY] = shoppingCartList;
            return 1;
        }
```

> 注意：上面的 products 参数，即购物车表单内获取商品数量的参数。用户可以在 products 参数表单内输入预购商品的数量。

● 购物车商品删除

购物车商品删除即将购物车内的某商品删除。上述功能是由方法 DeleteProductFromShoppingCart (ShoppingCartItem product)实现的，其具体实现流程如下：

(1) 获取购物车内商品。

(2) 使用 foreach 一词处理购物车内的每一个商品。

(3) 获取删除商品的编号。

(4) 把更新后的购物车数据重新保存到 session 对象中。

上述功能的对应实现代码如下：

```
public int DeleteProductFromShoppingCart(ShoppingCartItem product)
    {
        if(product == null) return -1;
        ///获取购物车中的商品
        shoppingCartList = (ArrayList)session[SHOPPINTCARTKEY];
        if(shoppingCartList == null) return -1;
        ///从购物车查找被删除的商品
        foreach(ShoppingCartItem item in shoppingCartList)
        {
            if(item.ProductID == product.ProductID)
            {   ///移除该商品
                shoppingCartList.Remove(item);
                break;
            }
        }
        ///重新保存购物车中的数据
        session[SHOPPINTCARTKEY] = shoppingCartList;
        return 1;
    }
```

5) 购物车商品清空

购物车商品删除即将购物车内的所有商品删除。上述功能是由方法 DeleteProductFromShoppingCart(ShoppingCartItem product)实现的，其具体实现流程如下：

(1) 获取购物车内商品。

(2) 清空物车内的每一个商品。

(3) 把更新后的购物车数据重新保存到 session 对象中。

上述功能的对应实现代码如下：

```
public int ClearShoppingCart()
    {
        ///获取购物车中的商品
        shoppingCartList = (ArrayList)session[SHOPPINTCARTKEY];
        if(shoppingCartList == null) return -1;
        ///清空购物车中的商品
        shoppingCartList.Clear();
        session[SHOPPINTCARTKEY] = null;
        return 1;
    }
```

5.11.2 购物车商品添加模块

购物车商品添加模块的功能是，当用户在系统页面内单击某商品后的【加入购物车】按钮后，将此商品添加到购物车内。下面将详细介绍购物车商品添加模块的具体实现过程。

1. 索引设置

当用户单击【加入购物车】按钮后，将首先激活 btnBuy 购物车按钮事件，然后把其 CommandArgument 属性设置为当前索引。上述功能的具体实现代码如下：

```
protected void gvProduct_RowDataBound(object sender,GridViewRowEventArgs e)
    {
        Button btnBuy = (Button)e.Row.FindControl("btnBuy");
        if(btnBuy != null)
        {   ///设置 CommandArgument 属性的值为当前行的索引
            btnBuy.CommandArgument = e.Row.RowIndex.ToString();
```

```
        }
    }
```

2. 添加处理

在商品显示列表文件中，通过定义 gvProduct_RowCommand(object sender, GridViewCommandEventArgs e)相关事件，实现购物车内的商品添加功能。

当用户单击【加入购物车】按钮后，将会激活 buy 属性，从而将当前商品添加到购物车内，具体操作流程如下：

(1) 创建表示商品 ShoppingCartItem 类的对象 item。

(2) 设置 item 对象的 ID、数量、名称和价格属性。

(3) 调用 ShoppingCart 类的 AddProductToShoppingCart 方法，把 item 对象添加到购物车内。

上述功能的具体实现代码如下：

```
protected void gvProduct_RowCommand(object sender,GridViewCommandEventArgs e)
    {
        if(e.CommandName == "buy")
        {
            ShoppingCartItem item = new ShoppingCartItem();
            int rowIndex = Int32.Parse(e.CommandArgument.ToString());
            if(rowIndex <= -1 || rowIndex >= gvProduct.Rows.Count) return;
            ///获取商品 ID 和数量
            item.ProductID = 
Int32.Parse(gvProduct.DataKeys[rowIndex]["ID"].ToString());
            item.Number = 1;
            ///获取商品名称
            Label lbName = (Label)gvProduct.Rows[rowIndex].FindControl("lbName");
            if(lbName != null)
            {
                item.Name = lbName.Text;
            }
            ///获取商品价格
            Label lbPrice = (Label)gvProduct.Rows[rowIndex].FindControl("lbPrice");
            if(lbPrice != null)
            {
                item.Price = decimal.Parse(lbPrice.Text);
            }
            ShoppingCart shoppingCart = new ShoppingCart(Session);
            if(shoppingCart.AddProductToShoppingCart(item) > -1)
            {
                AjaxEBusinessSystem.ShowAjaxDialog((Button)e.CommandSource,"恭喜您,添加商品到购物车成功。");
            }
        }
    }
```

> 注意：上述购物车商品添加程序在商品列表显示页面中定义，包括文件 Product.aspx.cs 和 5 种不同方式排序处理页面中都有定义。

5.11.3 购物车查看和管理模块

购物车查看和管理模块的功能是，当用户将商品加入购物车后，可以查看购物车内的商品信息，并对里面的商品进行操作管理。

1. 查看购物车

查看购物车即显示某购物车的详细信息，此功能的实现文件如下：

- 文件 ViewShoppingCart.aspx
- 文件 ViewShoppingCart.aspx.cs

在文件 ViewShoppingCart.aspx.cs 内，将初始化显示某购物车内的商品信息。其具体实现流程如下：

(1) 引入命名空间，声明 ShoppingCart_ViewShoppingCart 类。
(2) 定义 Page_Load，初始化处理。
(3) 定义 BindPageData()，获取并显示购物车内的商品信息。

上述操作的具体运行流程如图 5-16 所示。

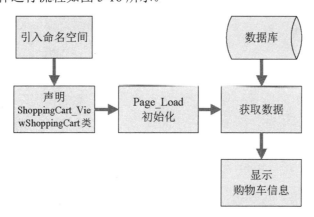

图 5-16　购物车查看处理运行流程图

文件 ViewShoppingCart.aspx.cs 内，上述功能的对应实现代码如下：

```
public partial class ShoppingCart_ViewShoppingCart : System.Web.UI.Page
{
    protected void Page_Load(object sender, EventArgs e)
    {
        if(!Page.IsPostBack)
        {
            BindPageData();
        }
    }
    private void BindPageData()
    {   ///获取购物车的商品
        ShoppingCart shoppingCart = new ShoppingCart(Session);
        ///绑定数据并显示商品
        gvProduct.DataSource = shoppingCart.ShoppingCartList;
        gvProduct.DataBind();
    }
```

2. 购物车数量修改

在购物车界面中，用户可以在某商品后面的数量文本框内输入合法数值，然后单击【保存修改】按钮，实现对购物车内商品数量的修改处理。

上述功能是由文件 ViewShoppingCart.aspx.cs 内的 void btnStore_Click(object

sender,EventArgs e)事件实现的,其具体实现流程如下:
(1) 获取购物车信息。
(2) 检查变量 shoppingCart 内的商品数量和显示页面中显示的数量是否相等。
(3) 如果不相等则终止该事件的执行。
(4) 创建保存商品的临时数组 products。
(5) 将显示页面内的商品添加到临时数组 products 中。
(6) 调用 shoppingCart 类的方法 UpdateShoppingCart,实现对数据的更新。
上述操作的具体运行流程如图 5-17 所示。

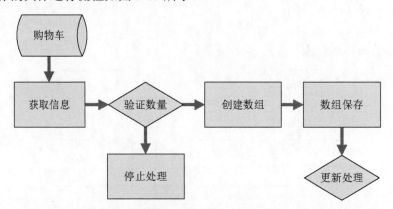

图 5-17　购物车数量修改处理运行流程图

文件 ViewShoppingCart.aspx.cs 内,上述功能的对应实现代码如下:

```
protected void btnStore_Click(object sender,EventArgs e)
    {   ///获取购物车的商品
        ShoppingCart shoppingCart = new ShoppingCart(Session);
        if(shoppingCart == null || shoppingCart.ShoppingCartList == null ||
shoppingCart.ShoppingCartList.Count <= 0) return;
        ///检查购物车中的商品和显示的商品是否相等,如果不相等,则数据错误。
        if(shoppingCart.ShoppingCartList.Count != gvProduct.Rows.Count) return;
        ArrayList products = new ArrayList();
        foreach(GridViewRow row in gvProduct.Rows)
        {   ///找到输入商品数量的控件
            TextBox tbNumber = (TextBox)row.FindControl("tbNumber");
            if(tbNumber == null) return;
            ///获取商品数量
            int number = -1;
            if(Int32.TryParse(tbNumber.Text.Trim(),out number) == false) return;
            ///创建一个子项,并添加到临时数组中
            ShoppingCartItem item = new ShoppingCartItem();
            ///设置子项的名称、数量、价格和商品 ID 值
            item.Name =
((ShoppingCartItem)shoppingCart.ShoppingCartList[row.RowIndex]).Name;
            item.Number = number;
            item.Price =
((ShoppingCartItem)shoppingCart.ShoppingCartList[row.RowIndex]).Price;
            item.ProductID =
((ShoppingCartItem)shoppingCart.ShoppingCartList[row.RowIndex]).ProductID;
            products.Add(item);
```

```
            }
            ///修改购物车中的商品数量
            shoppingCart.UpdateShoppingCart(products);
    }
```

3.购物车删除处理

在订单中，用户可以单击某商品后的图标，从购物车内删除此商品。文件 ViewShoppingCart.aspx.cs 内上述功能的实现事件如下：

- gvProduct_RowDataBound(object sender,GridViewRowEventArgs e)事件
- gvProduct_RowCommand(object sender,GridViewCommandEventArgs e)事件

上述功能的具体实现流程如下：

(1) 判断单击删除图标。
(2) 弹出【删除确认】对话框。
(3) 单击【确定】按钮后开始删除此商品。
(4) BindPageData()重新绑定数据。

上述操作的具体运行流程如图 5-18 所示。

图 5-18　购物车删除处理运行流程图

文件 ViewShoppingCart.aspx.cs 内，上述功能的对应实现代码如下：

```
protected void gvProduct_RowDataBound(object sender,GridViewRowEventArgs e)
    {   ///添加删除确认的对话框
        ImageButton imgDelete = (ImageButton)e.Row.FindControl("imgDelete");
        if(imgDelete != null)
        {
            imgDelete.Attributes.Add("onclick","return confirm(\"您确认要删除当前行的商品吗? \");");
        }
    }
protected void gvProduct_RowCommand(object sender,GridViewCommandEventArgs e)
    {
        if(e.CommandName.ToLower() == "del")
        {   ///获取购物车的商品
            ShoppingCart shoppingCart = new ShoppingCart(Session);
            if(shoppingCart == null || shoppingCart.ShoppingCartList == null || shoppingCart.ShoppingCartList.Count <= 0) return;
            ///创建被删除的商品
            ShoppingCartItem deleteItem = new ShoppingCartItem();
            deleteItem.ProductID = Int32.Parse(e.CommandArgument.ToString());
            ///删除选中的商品
```

```
            shoppingCart.DeleteProductFromShoppingCart(deleteItem);
            ///重新绑定商品数据
            BindPageData();
        }
```

4. 购物车提交处理和购买处理

用户可以单击【我要创建订单】按钮，实现创建购买订单功能。也可以单击【我要购买商品】按钮，继续来到商品列表界面购买新的商品。文件 ViewShoppingCart.aspx.cs 内上述功能的实现事件如下：

- Commit_Click(object sender,EventArgs e)事件：重定向到订单界面。
- btnAdd_Click(object sender,EventArgs e)事件：重定向到商品列表界面。

文件 ViewShoppingCart.aspx.cs 内上述功能的具体实现流程如下：

```
protected void btnCommit_Click(object sender,EventArgs e)
{
    Response.Redirect("~/Order/AddOrder.aspx");
}
protected void btnAdd_Click(object sender,EventArgs e)
{
    Response.Redirect("~/Product.aspx?CategoryID=27");
}
```

在线购物系统必须具备的功能模块中，最为重要的是购物车的实现和订单的处理，这也是在线购物系统的难点。首先，作为购物车模块必须具备如下功能：

- 可以把满足需要的产品放入自己的购物车，并且一个购物车可以有多种商品。
- 购物车中商品的购买数量可以修改。

作为订单处理模块必须具备如下功能：

- 经营者可以随时查看系统的订单信息。
- 用户订单提交后，管理员可以对订单进行管理操作。

要想在网站上实现购物车功能，当前的主要方法是利用 Cookie 和 Session 实现。具体来讲，就是把某一商品的信息(名称、价格、数量、折扣等)写入 Session 保存即可。而不必把商品的所有信息都写入 Session，只需记下商品在数据库中的编号或 ID 与商品的数量。在显示购物车信息时，根据商品编号数据库中查询出具体信息即可。在线订单的实现过程如下：

(1) 将购物车的各种商品信息添加到系统数据库。
(2) 将商品信息读取即可实现。

5.12 订单处理模块

视频讲解 光盘：视频\第 5 章\订单处理模块.avi

订单处理在购物系统中必不可少，它是购物车之后的又一核心功能。其实订单就是对购物车的一个升级处理，收集了购物车信息后，统一整理而得出的信息便条。订单处理模块的功能是将购物车生成订单，实现订单提交处理，从而实现在线购物，并对提交的订单进行处理和维护。本模块功能的实现文件如下：

- 文件 AddOrder.aspx
- 文件 AddOrder.aspx.cs
- 文件 OrderList.aspx
- 文件 OrderList.aspx.cs
- 文件 ViewOrder.aspx
- 文件 ViewOrder.aspx.cs
- 文件 OrderManage.aspx
- 文件 OrderManage.aspx.cs

5.12.1 生成订单编号

当单击【提交并创建订单】按钮后，将自动生成时间字符格式的订单名称。订单名称的事件格式是由文件 ASPNETAJAXWeb.cs 内的 CreaterOrderNo(string no)事件定义的，其具体实现代码如下：

```csharp
public static string CreaterOrderNo(string no)
    {
        DateTime now = DateTime.Now;
        string orderNoString = now.Year.ToString()
            + now.Month.ToString().PadLeft(2,'0')
            + now.Day.ToString().PadLeft(2,'0')
            + no.PadLeft(4,'0');
        return (orderNoString);
    }
```

当用户单击按钮【提交并创建订单】后，将激活 Commit_Click(object sender,EventArgs e)事件，在创建订单之前实现订单编号的生成。其具体实现流程如下：

(1) 调用 Order 类的方法 GetOrderLastOrderNo()，获取当天的最后一个编号，并保存在 orderNo 变量中。

(2) 如果 orderNo 变量值为空，则设置序列号为 0001。

(3) 如果 orderNo 变量值不为空，则递增生成序列号。

(4) 调用 ASPNETAJAXWeb.cs 内的 CreaterOrderNo(string no)事件，创建新的订单编号。

(5) 将编号保存到 orderNo 变量中。

上述功能的对应实现代码如下：

```csharp
protected void btnCommit_Click(object sender,EventArgs e)
    {
        Order order = new Order();
        ///获取当天最近的订单编号
        string orderNo = order.GetOrderLastOrderNo();
        ///创建下一个订单编号的基数
        if(string.IsNullOrEmpty(orderNo) == true)
        {   ///下一个订单号的基数为1
            orderNo = "0001";
        }
        else
        {   ///创建下一个订单号的基数
            orderNo = (Int32.Parse(orderNo.Substring(8)) + 1).ToString();
```

```
}
///创建下一个订单编号
orderNo = AjaxEBusinessSystem.CreaterOrderNo(orderNo);
```

5.12.2 提交、创建订单

提交、创建订单是指，将订单信息提交给订单模块处理，并生成指定编号的在线购买订单。上述功能的实现文件如下：

- 文件 AddOrder.aspx：订单创建界面文件。
- 文件 AddOrder.aspx.cs：订单创建处理文件。

订单创建处理文件 AddOrder.aspx.cs 的功能是，初始化订单信息，将生成的订单信息添加到系统库中。其具体实现流程如下：

(1) 引入命名空间，定义 Order_AddOrder 类。
(2) 声明 Page_Load，页面初始化处理。
(3) 判断用户是否登录。
(4) 调用 BindPageData()，获取并显示数据。
(5) 激活 btnCommit_Click(object sender,EventArgs e)事件。
(6) 创建生成订单编号。
(7) 获取当前购物车的商品信息。
(8) 计算商品的总数量和总金额。
(9) 调用方法 AddOrder，创建一个新订单。
(10) 调用方法 AddOrderItem，将购物车信息添加到库中。
(11) 调用方法 ClearShoppingCart，清空购物车内的商品。
(12) 重定向返回订单详情页面。

上述操作实现的具体运行流程如图 5-19 所示。

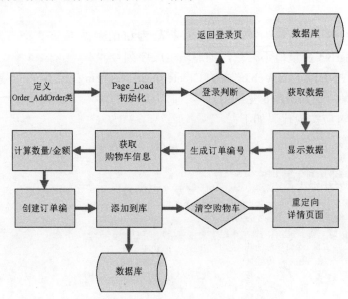

图 5-19 订单提交创建处理运行流程图

文件 AddOrder.aspx.cs 的具体实现代码如下：

```csharp
///引入新的命名空间
using ASPNETAJAXWeb.AjaxEBusiness;
public partial class Order_AddOrder : System.Web.UI.Page
{
    int userID = -1;
    protected void Page_Load(object sender,EventArgs e)
    {   ///判断用户是否登录
        if(Session["UserID"] == null)
        {
            Response.Redirect("~/Default.aspx");
            return;
        }
        ///获取用户信息
        userID = Int32.Parse(Session["UserID"].ToString());
        if(!Page.IsPostBack)
        {
            BindPageData();
        }
    }
    private void BindPageData()
    {   ///获取购物车的商品
        ShoppingCart shoppingCart = new ShoppingCart(Session);
        ///绑定数据并显示商品
        gvProduct.DataSource = shoppingCart.ShoppingCartList;
        gvProduct.DataBind();
    }
    protected void btnCommit_Click(object sender,EventArgs e)
    {
        Order order = new Order();
        ///获取当天最近的订单编号
        string orderNo = order.GetOrderLastOrderNo();
        ///创建下一个订单编号的基数
        if(string.IsNullOrEmpty(orderNo) == true)
        {   ///下一个订单号的基数为1
            orderNo = "0001";
        }
        else
        {   ///创建下一个订单号的基数
            orderNo = (Int32.Parse(orderNo.Substring(8)) + 1).ToString();
        }
        ///创建下一个订单编号
        orderNo = AjaxEBusinessSystem.CreaterOrderNo(orderNo);
        ///获取购物车的商品
        ShoppingCart shoppingCart = new ShoppingCart(Session);
        ///计算购物车中的商品总数量和总金额
        int totalNumber = 0;
        decimal totalMoney = 0.0m;
        foreach(ShoppingCartItem item in shoppingCart.ShoppingCartList)
        {   ///数量和金额累加
            totalNumber += item.Number;
            totalMoney += item.Number * item.Price;
        }
        ///创建订单
        int orderID = order.AddOrder(orderNo,userID,totalNumber,totalMoney);
        if(orderID > 0)
        {   ///创建订单的商品项
            foreach(ShoppingCartItem item in shoppingCart.ShoppingCartList)
            {
                order.AddOrderItem(orderID,item.ProductID,item.Number);
            }
        }
        ///清空购物车中的商品
```

```
            shoppingCart.ClearShoppingCart();
            ///重定向到预览订单的页面
            Response.Redirect("~/Order/ViewOrder.aspx?OrderID=" + orderID.ToString());
    }
    protected void btnAdd_Click(object sender,EventArgs e)
    {
            Response.Redirect("~/Product.aspx?CategoryID=27");
    }
}
```

5.12.3 订单详情模块

订单详情模块是指,将系统内指定编号的订单信息显示出来。上述功能的实现文件如下:

- 文件 ViewOrder.aspx:订单创建界面文件。
- 文件 ViewOrder.aspx.cs:订单创建处理文件。

订单创建处理文件 ViewOrder.aspx.cs 的功能是,初始化订单信息,将生成的订单信息添加到系统库中。其具体实现流程如下:

(1) 引入命名空间,定义 Order_ViewOrder 类。
(2) 定义订单编号变量 orderID。
(3) 声明 Page_Load,进行页面初始化处理。
(4) 订单编号判断处理。
(5) 调用 BindPageData(),获取订单数据。
(6) 显示订单编号和创建时间。
(7) 显示订单数量和商品总金额。
(8) 调用方法 GetOrderItemByOrde,获取此编号订单内的所有商品信息。
(9) 绑定显示数据。

上述操作实现的具体运行流程如图 5-20 所示。

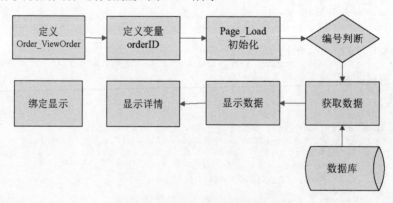

图 5-20 订单详情处理运行流程

文件 ViewOrder.aspx.cs 的具体实现代码如下:

```
///引入新的命名空间
using ASPNETAJAXWeb.AjaxEBusiness;
using System.Data.SqlClient;
public partial class Order_ViewOrder : System.Web.UI.Page
{
```

```csharp
    int orderID = -1;
protected void Page_Load(object sender, EventArgs e)
{   ///获取订单信息
    if(Request.Params["OrderID"] != null)
    {
        orderID = Int32.Parse(Request.Params["OrderID"].ToString());
    }
    if(!Page.IsPostBack && orderID > 0)
    {
        BindPageData(orderID);
    }
}
private void BindPageData(int orderID)
{
    Order order = new Order();
    ///获取订单信息
    SqlDataReader dr = order.GetSingleOrder(orderID);
    if(dr == null) return;
    if(dr.Read())
    {   ///显示订单信息
        lbOrderNo.Text = dr["OrderNo"].ToString();
        lbCreateDate.Text = dr["CreateDate"].ToString();
        ///格式化为货币格式
        lbTotalMoney.Text = string.Format("{0:C}",dr["TotalMoney"]);
        lbTotalNumber.Text = dr["TotalNumber"].ToString();
    }
    dr.Close();
    ///显示订单的详细商品信息
    gvProduct.DataSource = order.GetOrderItemByOrder(orderID);
    gvProduct.DataBind();
}
}
```

5.12.4 订单列表模块

订单列表模块的功能是，将系统内某编号用户的订单信息显示出来。上述功能的实现文件如下：

- 文件 OrderList.aspx：订单列表界面文件。
- 文件 OrderList.aspx.cs：订单列表处理文件。

订单列表处理文件 OrderList.aspx.cs 的功能是，初始化订单列表信息，将指定用户的对应订单信息以列表样式显示出来。其具体实现流程如下：

(1) 引入命名空间，定义 Order_OrderList 类。
(2) 声明 Page_Load，页面初始化处理。
(3) 用户登录判断处理。
(4) 获取用户信息。
(5) 调用 BindPageData()，绑定显示订单数据。

上述操作实现的具体运行流程如图 5-21 所示。

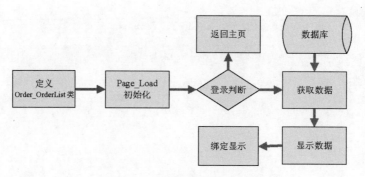

图 5-21　订单列表处理运行流程

文件 OrderList.aspx.cs 的具体实现代码如下：

```
///引入新的命名空间
using ASPNETAJAXWeb.AjaxEBusiness;
public partial class Order_OrderList : System.Web.UI.Page
{
    int userID = -1;
    protected void Page_Load(object sender,EventArgs e)
    {   ///判断用户是否登录
        if(Session["UserID"] == null)
        {
            Response.Redirect("~/Default.aspx");
            return;
        }
        ///获取用户信息
        userID = Int32.Parse(Session["UserID"].ToString());
        if(!Page.IsPostBack)
        {
            BindPageData();
        }
    }
    private void BindPageData()
    {   ///获取历史订单
        Order order = new Order();
        ///绑定数据并显示订单
        gvOrder.DataSource = order.GetOrderByUser(userID);
        gvOrder.DataBind();
    }
}
```

5.12.5　订单状态处理模块

订单状态处理模块的功能是，将系统内的订单信息列表显示出来，并提供对应链接实现对某订单的状态进行处理。上述功能的实现文件如下：

- 文件 OrderManage.aspx：订单状态列表界面文件。
- 文件 OrderManage.aspx.cs：订单状态处理文件。

订单状态处理文件 OrderManage.aspx.cs 的功能是，初始化订单列表信息，并对某未处理订单进行处理。其具体实现流程如下：

(1) 引入命名空间，定义 Order_OrderManage 类。

(2) 声明 Page_Load，进行页面初始化处理。

(3) 用户登录判断处理。

(4) 获取用户 ID。

(5) 调用 BindPageData()，获取并显示订单数据。

(6) 调用 CheckStockAndSale(int orderID)事件，判断库存数量是否满足用户当前的需求数量。其具体处理流程如下：

① 调用 Order 类的方法 GetOrderItemByOrder(orderID)，获取订单信息。

② 将订单信息保存在变量 ds 中。

③ 检查变量 ds 中各商品数量是否小于或等于该商品在系统中的库存数量，并将检测结果保存在变量 isAllowSale 中。

④ 如果检测的数量大于系统库存量，则停止事件处理。

⑤ 如果检测结果是 true，则可以对此订单进行处理，并修改系统库存中对应商品的库存数。

⑥ 操作成功输出成功提示。

⑦ 重新载入显示订单信息。

(7) 调用 gvOrder_RowCommand 事件，输出对应的判断处理结果。如果库存不够则显示对应提示，反之则显示处理成功提示。

上述操作实现的具体运行流程如图 5-22 所示。

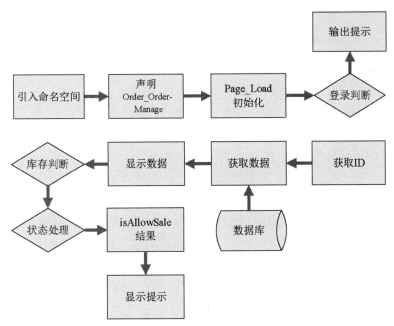

图 5-22　订单状态处理运行流程

1. 初始化处理

本流程的功能是，引入命名空间和定义 Order_OrderManage 类，并初始化载入页面程序。上述功能的对应实现代码如下：

```
///引入新的命名空间
using ASPNETAJAXWeb.AjaxEBusiness;
using System.Data.SqlClient;
public partial class Order_OrderManage : System.Web.UI.Page
```

```
{
    int userID = -1;
    protected void Page_Load(object sender,EventArgs e)
    {   ///判断用户是否登录
        if(Session["UserID"] == null)
        {
            Response.Redirect("~/Default.aspx");
            return;
        }
        ///获取用户信息
        userID = Int32.Parse(Session["UserID"].ToString());
        if(!Page.IsPostBack)
        {
            BindPageData();
        }
    }
```

2. 获取显示数据

本流程的功能是，定义事件 BindPageData()，获取并显示对应的订单信息。上述功能的对应实现代码如下：

```
private void BindPageData()
    {   ///获取历史订单
        Order order = new Order();
        ///绑定数据并显示订单
        gvOrder.DataSource = order.GetOrderByUser(userID);
        gvOrder.DataBind();
    }
```

3. 库存判断处理

本流程的功能是，分别定义事件 CheckStockAndSale(int orderID)和 gvOrder_RowCommand(object sender,GridViewCommandEventArgs e)，进行库存判断处理，并将处理结果显示出来。上述功能的对应实现代码如下：

```
    protected void gvOrder_RowCommand(object sender,GridViewCommandEventArgs e)
    {
        if(e.CommandName.ToString() == "sale")
        {   ///检查库存
            int orderID = Int32.Parse(e.CommandArgument.ToString());
            if(CheckStockAndSale(orderID) == false)
            {
                AjaxEBusinessSystem.ShowAjaxDialog((Button)e.CommandSource,"库存不够，不能处理该订单");
                return;
            }
            AjaxEBusinessSystem.ShowAjaxDialog((Button)e.CommandSource,"恭喜您，处理订单成功。");
        }
    }
    private bool CheckStockAndSale(int orderID)
    {   ///获取订单信息
        Order order = new Order();
        DataSet ds = order.GetOrderItemByOrder(orderID);
        if(ds == null || ds.Tables.Count <= 0 || ds.Tables[0].Rows.Count <= 0) return false;
        ///判断库存是否足够
        Product product = new Product();
        bool isAllowSale = true;
```

```
            foreach(DataRow row in ds.Tables[0].Rows)
            {   ///读取商品信息
                SqlDataReader dr = 
product.GetSingleProduct(Int32.Parse(row["ProductID"].ToString()));
                if(dr == null)
                {
                    isAllowSale = false;break;
                }
                if(dr.Read())
                {   ///判断库存数量是否足够，如果不够，则不能卖该商品
                    if(Int32.Parse(dr["Stock"].ToString()) < 
Int32.Parse(row["Number"].ToString()))
                    {
                        isAllowSale = false; break;
                    }
                }
                dr.Close();
            }
            if(isAllowSale == false) return false;
            ///修改此次交易商品的库存和销售数量
            foreach(DataRow row in ds.Tables[0].Rows)
            {   ///修改库存信息和销售数量
                if(product.UpdateProductStock(
                    Int32.Parse(row["ProductID"].ToString()),
                    Int32.Parse(row["Number"].ToString())) <= 0)
                {
                    isAllowSale = false; break;
                }
            }
            if(isAllowSale == false) return false;
            ///提交该订单，并重新显示数据
            if(order.UpdateOrderStatus(orderID,1) > 0)
            {
                BindPageData();
            }
            return isAllowSale;
        }
    }
```

5.13 商品评论模块和商品搜索模块

视频讲解 光盘：视频\第 5 章\商品评论模块和商品搜索模块.avi

商品评论和留言簿系统的原理类似，在本项目中，建议把商品评论模块做得简单一点，只要能实现留言功能即可，因为复杂了反而不好操作。对于本项目来说，本来系统已经很复杂，不是核心模块的评论功能应该尽量以简单为主，这样可以避免很多不必要的麻烦。

商品评论的功能是对系统内商品的评论信息进行相关的处理操作。对应的实现文件如下：

- 文件 ShowProduct.aspx
- 文件 ShowProduct.aspx.cs
- 文件 ProductComment.aspx
- 文件 ProductComment.aspx.cs

5.13.1 智能提示

在本项目的关键字搜索模块中，通过 Ajax 程序集内的 AutoComplete 控件，实现了类似

Google 的智能提示功能。下面将简要介绍上述功能的实现流程。

首先，在搜索表单界面插入 AutoComplete 控件，具体代码如下：

```
<ajaxToolkit:AutoCompleteExtender ID="aceName" runat="server" TargetControlID="tbName"
ServicePath="../AjaxService.asmx" ServiceMethod="GetProductList"
MinimumPrefixLength="1" CompletionInterval="100" CompletionSetCount="20">
</ajaxToolkit:AutoCompleteExtender>
```

然后，设置提示处理。搜索智能提示处理功能是由文件 AjaxService.cs 实现的。文件 AjaxService.cs 通过引入新命名空间，通过方法 GetProductList 获取存储的提示数据，将提示字符动态显示出来。

文件 AjaxService.cs 的具体实现流程如下：

(1) 初始设置：本流程的功能是，引入命名空间并定义 AjaxService 类。具体代码如下：

```
///引入新的命名空间
using System.Data;
using System.Web.Script.Services;
using AjaxControlToolkit;
using ASPNETAJAXWeb.AjaxEBusiness;
[WebService(Namespace = "http://tempuri.org/")]
[WebServiceBinding(ConformsTo = WsiProfiles.BasicProfile1_1)]
[System.Web.Script.Services.ScriptService()]    ///添加脚本服务
public class AjaxService:System.Web.Services.WebService
{
    public static string[] autoCompleteFileList = null;
    public AjaxService()
    {
    }
    [System.Web.Services.WebMethod()]
    [System.Web.Script.Services.ScriptMethod()]
```

(2) 智能数据处理方法 GetProductList：该方法的功能是，返回智能提示的数据。具体流程如下：

① 判断参数 prefixText 和 Count 是否合法。

② 如果 autoCompleteFileList 变量值为空，则调用方法 GetProductList 获取文件信息，将文件名称添加到变量 autoCompleteFileList 中，并进行排序处理。

③ 在变量 autoCompleteFileList 中搜索参数 prefixText 出现的索引值，如果不存在则设置为 0。

④ 在变量 autoCompleteFileList 中搜索参数 prefixText 开头的文件名，并将结果保存在它的索引里。

⑤ 根据索引将变量 autoCompleteFileList 中符合条件的内容复制到变量 matchResultList 中。

⑥ 返回 matchResultList 变量。

上述功能的对应实现代码如下：

```
public string[] GetProductList(string prefixText,int count)
    {   ///检测参数是否为空
        if(string.IsNullOrEmpty(prefixText) == true || count <= 0) return null;
        if(autoCompleteFileList == null)
        {   ///从数据库中获取所有商品的名称
            Product product = new Product();
            DataSet ds = product.GetProducts();
```

```
            if(ds == null || ds.Tables.Count <= 0 || ds.Tables[0].Rows.Count <= 0) return
null;
            ///将商品名称保存到临时数组中
            string[] tempFileList = new string[ds.Tables[0].Rows.Count];
            for(int i = 0; i < ds.Tables[0].Rows.Count; i++)
            {
                tempFileList[i] = ds.Tables[0].Rows[i]["Name"].ToString();
            }
            ///对数组进行排序
            Array.Sort(tempFileList,new CaseInsensitiveComparer());
            autoCompleteFileList = tempFileList;
        }
        ///定位二叉树搜索的起点
        int index = Array.BinarySearch(autoCompleteFileList,prefixText,new
CaseInsensitiveComparer());
        if(index < 0)
        {   ///修正起点
            index = ~index;
        }
        ///搜索符合条件的商品名称
        int matchCount = 0;
        for(matchCount = 0; matchCount < count && matchCount + index <
autoCompleteFileList.Length; matchCount++)
        {   ///查看开头字符串相同的项
            if(autoCompleteFileList[index +
matchCount].StartsWith(prefixText,StringComparison.CurrentCultureIgnoreCase) == false)
            {
                break;
            }
        }
        ///处理搜索结果
        string[] matchResultList = new string[matchCount];
        if(matchCount > 0)
        {   ///复制搜索结果
            Array.Copy(autoCompleteFileList,index,matchResultList,0,matchCount);
        }
        return matchResultList;
    }
}
```

经过上述程序处理后，在搜索表单内将自动显示智能提示效果，具体如图 5-23 所示。

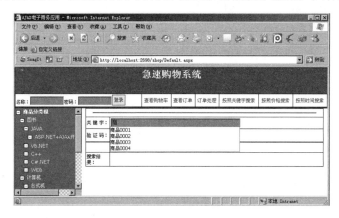

图 5-23　搜索智能提示效果图

5.13.2 分类检索

无论是本章实例的搜索模块，还是其他系统中的搜索模块，都是基于对数据库数据的检索处理。所以在本章的搜索模块中，无论是按关键字搜索，还是按价格或时间搜索，都是对数据库表 Product 中不同列的检索。根据上述原理，本项目搜索模块内 3 种类型的搜索处理流程基本类似，下面先看搜索表单界面。

按价格搜索表单界面如图 5-24 所示，按时间搜索表单界面如图 5-25 所示。

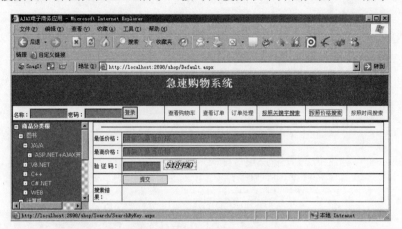

图 5-24　按价格搜索表单界面效果图

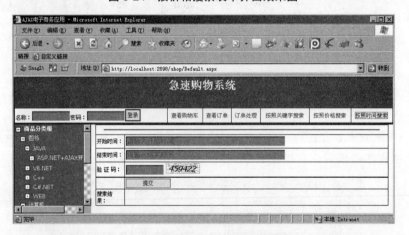

图 5-25　按时间搜索表单界面效果图

接下来看处理程序：既然数据搜索都是基于对数据库数据的检索，所以按价格搜索就是检索库内某价格段的商品数据，按时间搜索就是检索数据库内某时间段的数据。按价格搜索的处理程序代码如下：

```
private void BindPageData(decimal minPrice,decimal maxPrice)
    {   ///获取所有商品的数据
        Product product = new Product();
        DataSet ds = product.GetProducts();
        if(ds == null || ds.Tables.Count <= 0 || ds.Tables[0].Rows.Count <= 0) return;
        ///设置过滤表达式
        DataView dv = ds.Tables[0].DefaultView;
```

第 5 章　叮当图书商城系统

```
        dv.RowFilter = "Price >= " + minPrice + " AND Price <= " + maxPrice;
        gvProduct.DataSource = dv;
        gvProduct.DataBind();
    }
```

按时间搜索的处理程序代码如下：

```
private void BindPageData(DateTime startTime,DateTime endTime)
    {   ///获取所有商品的数据
        Product product = new Product();
        DataSet ds = product.GetProducts();
        if(ds == null || ds.Tables.Count <= 0 || ds.Tables[0].Rows.Count <= 0) return;
        ///设置过滤表达式
        DataView dv = ds.Tables[0].DefaultView;
        dv.RowFilter = string.Format("CreateDate >= '{0}' AND CreateDate <= '{1}'",startTime,endTime);
        gvProduct.DataSource = dv;
        gvProduct.DataBind();
    }
```

商品评论和留言簿系统的原理类似，为了节省篇幅，在此不再详细介绍。

5.14　项　目　调　试

视频讲解　光盘：视频\第 5 章\项目调试.avi

将项目命名为"shop"，系统主页的显示效果如图 5-26 所示。

图 5-26　系统主页效果图

系统购物车界面效果如图 5-27 所示。

图 5-27 购物车界面效果图

订单列表界面效果如图 5-28 所示。

图 5-28 订单列表界面效果图

商品搜索界面效果如图 5-29 所示。

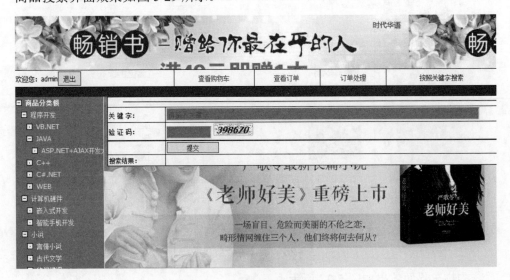

图 5-29 商品搜索界面效果图

第 5 章 叮当图书商城系统

商品管理界面效果如图 5-30 所示。

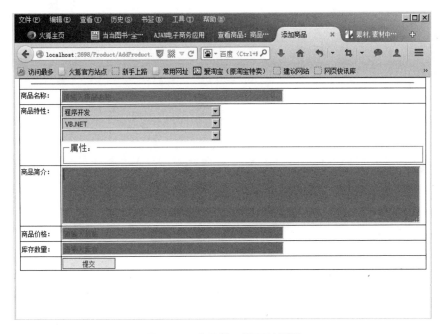

图 5-30 商品管理界面效果图

第 6 章　东海地产内部交互系统

随着互联网行业迅猛发展，网络交互也日益成为人们生活中的重要组成部分。伴随着生活节奏的加快，给现实中的企业发展也带来了极大的冲击，它要求当今企业要更加专业和迅速。本章将介绍如何创建一个企业在线 OA 系统——"东海地产内部交互系统"的过程，讲解实现企业间不同用户群体信息交互的方法。

赠送的超值电子书

051. GridView 控件
052. DetailsView 控件
053. Repeater 控件
054. DataList 控件
055. SqlDataSource 控件
056. AccessDataSource 控件
057. XmlDataSource 控件
058. SiteMapDataSource 控件
059. ObjectDataSource 控件
060. LinkButton 控件

6.1　软件项目的可扩展性

视频讲解　光盘：视频\第 6 章\软件项目的可扩展性.avi

作为项目发起人或系统架构师来说，除了关注产品的功能和性能外，还需要多考虑系统结构的可扩展性，有时也被称为可伸缩性。在程序开发领域中，软件的质量属性有如下两类。

- 功能性质量属性：正确性、健壮性和可靠性；
- 非功能性质量属性：性能、易用性、清晰性、安全性、可扩展性、兼容性和可移植性。

无论是作为一名普通的程序员，还是项目经理或系统架构师，都要确保自己的软件具有可扩展性。只有这样，才能使自己的作品满足客户的不同需求。本节将和广大读者一起探讨实现可扩展性程序的方法。

6.1.1　成熟软件的完善是一个不断更新的过程

作为任何一款软件，在开始架构设计伊始都是针对某一方面推出的。但是随着时间的推移和用户需求的变化，这款软件必须经过升级、改造之后才能继续存在于市场之中。在现实世界中，大型的著名软件都提供了升级功能，以便及时改善这款软件的功能。软件升级，是指软件开发者在编写软件时，由于设计人员考虑不全面或程序功能不完善，在软件发行后，通过对程序的修改或加入新的功能后，以补丁的形式发布的方式。当有重大功能变化时，软件通常以全新版本的形式被公布出来。

软件为什么需要可扩展呢？主要原因有如下两点。

- 软件系统的功能往往是变化，而且新增需求越来越多；
- 实现这些新增需求，不可能推倒、重新设计(这样的代价太大了，除非是很小的系统)，而且希望代价越小越好。

例如微信已经发展到了 6.0 版本，从最初的简单聊天交友发展到了现在的在线支付、钱包和打车、游戏等应用的集成。而 QQ 也由最初的简单文字聊天发展到了现在的视频聊天、语音聊天、QQ 空间、QQ 邮箱、QQ 微博等集成功能。

6.1.2　赢在项目质量——让程序具有更好的可扩展性

软件升级情形十分常见，一款软件一年会升级很多次。难道每一次升级都要完全推倒重新开发吗？当然不是，这样不但会耗费大量的人力和物力，而且前期版本的工作量也会付之一炬，毫无用处。针对软件更新和升级的需求，要求架构师和开发者的作品具有可扩展性。可扩展性是指软件扩展新功能的容易程度。可扩展性越好，表示软件适应"变化"的能力越强。

Bertrand Meyer 在 1988 年提出的著名的"开放—封闭"原则(The Open-Closed Principle，OCP)，提出了如下两条准则。

(1) 扩展是开放的

模块的行为是可以扩展的,当用户的需求发生变化时,可以对模块进行扩展,使其具有满足用户新需求的行为,即可以改变模块的功能。

(2) 更改是封闭的

对模块行为进行扩展时,不必改动原有模块的源代码或者二进制代码(但可以新增)。模块的二进制可执行文件,无论是 DLL 文件还是 EXE 文件,都无须改动。

由此可见,"开放—封闭"原则是说软件实体(类、模块、函数等)应该可以扩展,但是不可修改。这其实说明了两个特征:一个是"对于扩展是开放的(Open for extension)";另一个是"对于更改是封闭的(Closed for modification)"。

在做任何系统时,都不能指望需求在一开始就完全确定。怎样的设计才能面对需求的改变却可以保持相对稳定,从而使得系统可以在第一个版本以后不断推出新的版本呢?"开放—封闭"原则就是这个问题的答案,软件设计要容易维护又不容易出问题的最好方法就是多扩展、少修改。

在现实项目开发过程中,无法在初期架构设计时就将需求的种种变化完全考虑到。只能尽量将这个类设计得足够好,有了新的需求,通过增加一些类来完成,原来的代码能不动则不动。绝对地对修改关闭是不可能的。无论模块是多么的"封闭",都会存在一些无法对之封闭的变化。既然不可能完全封闭,设计人员必须对于他设计的模块应该对哪种变化封闭做出选择。他必须先猜测出最有可能发生的变化种类,然后构造抽象来隔离那些变化。

很多时候我们无法猜测到需求的变化,但我们可以在发生小变化时,及早想办法应对发生更大变化的可能。也就是等到变化发生时立即采取行动。正所谓不要在同一个地方摔两次跤。在我们最初编写代码时,假设变化不会发生。当发生变化时,我们就创建抽象来隔离以后发生的同类变化。

比如一个加法程序,可以很快在一个 client 类中完成。但此时需求变化,需要增加减法功能。于是发现,增加功能需要修改原来这个类,这就违背了"开发—封闭"原则。于是考虑重构程序,增加一个抽象的运算类,通过继承、多态等面向对象的手段来隔离加法、减法与 client 类的耦合,这样还可以应对以后的变化。如果还需要增加乘除功能,就不需要更改 client 以及加减法的类了,而是增加乘除子类即可。即面对需求,对程序的改动是通过增加新代码进行的,而不是更改现有的代码。这就是"开放—封闭"原则的中心思想。

由此可见,"开放—封闭"原则是面向对象设计的核心所在。遵循这个原则可以带来面向对象技术所声称的巨大好处,也就是可维护、可扩展、可复用、灵活性好。开发人员应该仅对程序中呈现出频繁变化的那些部分做出抽象。对于应用程序中的每个部分都刻意地进行抽象同样不是一个好主意,拒绝不成熟的抽象和抽象本身一样重要。

6.2 组建团队

视频讲解　光盘:视频\第 6 章\组建团队.avi

本项目的客户是一家知名的房地产开发公司,为了提高办公效率,实现无纸化办公,准备做一个企业内部的 OA 交互系统。客户提出了如下两点要求:

(1) 公司内部人员可以自由组队，组成一个团体，在团体内交流；
(2) 如果不能在线交流，可以给对方留言。
本项目开发团队人员的具体职能结构如下。
- 项目经理：负责前期功能分析，策划构建系统模块，检查项目进度，质量检查。
- 软件工程师 PrA：配置系统文件，搭建数据库，实现数据访问层。
- 软件工程师 PrB：负责登录验证模块、客户分组模块的编码工作。
- 软件工程师 PrC：负责团队处理模块和在线交互模块的编码工作。

整个团队的职责流程如图 6-1 所示。

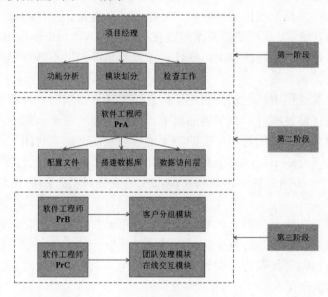

图 6-1　职责流程

深知团队精神在软件开发中的地位十分重要，下面是笔者搜集的一些关于团队合作的资料。

(1) 作为一个领导者

领导者是团队的核心，是从全局角度把握整个团队方向的人。作为一个领导者，虽然你的权威级别是高一些，不过学会熟练地与别人一起完成更多的工作，都应该是为提升自身价值所能做的最重要的事。应该：
- 分工明确但不呆板。
- 加强团队成员的日常交流。
- 说话时多使用"我们"。
- 让每个人感觉到自己很重要。

(2) 作为团队成员

每个团队成员都是不可或缺的，而且每一个团队成员都要具有团队合作的意识。无论你自身能力多么强大，团队少了你依然会继续运行，所以不要妄自称大。应该：
- 做好自己的事情。
- 信任你的伙伴即是团队成员。

- 为他人着想不要事事都从自己的角度考虑。
- 愿意多付出。

6.3 项目规划分析

> 视频讲解 光盘：视频\第 6 章\项目规划分析.avi

规划工作虽然简单，但是十分重要。特别是作为项目经理来说，在项目开发之前要仔细分析和琢磨，这样才能使整个项目一丝不苟、毫无破绽。本节将详细讲解项目规划分析的具体内容。

6.3.1 在线交互系统的背景

互联网的出现与迅速发展、信息技术步伐的加快，使得企业面临着众多的挑战与竞争。在竞争过程中，对于一个集团企业而言，对信息的掌握程度、信息获取是否及时、信息能否得到充分的利用、对信息的反应是否敏感准确，也越来越成为衡量一个企业市场竞争能力的重要因素。随着中国加入 WTO，各行各业都在努力提高自身的竞争力，企业信息化管理进程的加快说明：传统以红头文件为主的、强调公文处理的客户管理将从主导地位逐渐减弱，以强调信息服务、知识管理为主的企业信息服务系统，将逐渐代替原有的客户处理。

6.3.2 企业在线交互系统构成模块

一个典型企业在线交互系统的构成模块如下：

(1) 登录验证模块

为了确保系统的安全，防止非法用户和竞争对手进入系统，系统中专门设立了登录验证模块。

(2) 用户信息分类显示模块

为便于快速实现对不同用户的交互，对系统内用户进行了细分，方便用户的选择交互。例如，在系统中设置了重要客户、一般客户和合作伙伴等不同种类的群体。

(3) 信息显示模块

为了方便系统用户间的相互了解，系统设立了用户信息详情显示模块，供用户浏览系统内各用户的详细信息。

(4) 用户检索模块

为方便用户迅速找到自己的目标交流对象，系统设置了信息检索模块，用户可以根据用户的基本信息快速找到自己的交流目标。

(5) 团队处理模块

为了便于企业对不同部门或不同工作目标的区分，系统设置了团队处理模块，可以将不同种类的用户加入到各自的团队中，从而发挥集体优势，创造出更好的效益。

(6) 在线交流模块

在线交流模块是整个系统的核心，系统用户可以和系统内其他用户进行在线及时交互，进一步实现办公自动化。

上述应用模块的具体运行流程如图 6-2 所示。

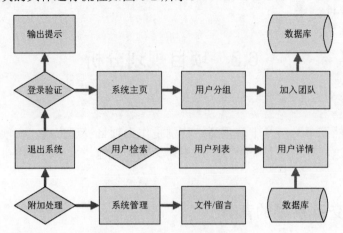

图 6-2　在线交互系统运行流程

在企业在线交互系统中，最为核心的功能模块是在线信息的交互处理。在现实的 Web 开发中，在线信息交互功能通常使用在线交互系统来代替。所以，只要读者掌握了本书前面介绍的在线交互系统，对于本章的知识相信读者会轻松上手。

6.4　规划项目文件

视频讲解　光盘：视频\第 6 章\规划项目文件.avi

新建文件夹 kehu 和 data 来保存项目的实现文件，这两个文件夹的具体说明如下：
- kehu 文件夹：保存系统的项目文件。
- data 文件夹：保存系统的数据库文件。

并预先规划了各个构成模块的实现文件，具体说明分别如下：
- 系统配置文件：用来对项目程序进行总体配置。
- 样式设置模块：用来设置系统文件的显示样式。
- 数据库文件：用来搭建系统数据库平台，保存系统的登录数据。
- 用户分类显示模块：用来将系统内不同类别用户列表显示出来。
- 团队处理模块：用来对系统内不同用户群体进行团队处理。
- 在线交流模块：用来实现系统内用户的在线交互处理。
- 用户检索模块：用来帮助用户迅速检索到自己的目标用户。
- 系统管理模块：用来帮助当前用户实现对个人信息的管理维护。
- 在线留言模块：用来使当前用户实现向目标用户的留言发布功能。
- 文件处理模块：用来使当前用户实现向目标用户的在线文件处理。

上述项目文件在 Visual Studio 2013 资源管理器中的效果如图 6-3 所示。
各文件的具体说明如下：
- 文件夹 App_Code：保存系统各使用类的设置文件。
- 文件夹 App_Themes：保存系统的样式设置文件。

第 6 章 东海地产内部交互系统

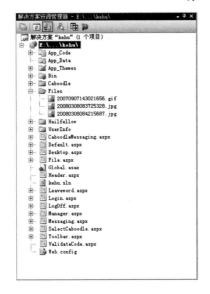

图 6-3 实例资源管理器效果图

- 文件夹 Bin：保存系统需要的应用程序集。
- 文件夹 Caboodle：保存系统团队处理的页面文件。
- 文件夹 Files：保存系统用户发送的文件。
- 文件夹 Hailfellow：保存系统用户和用户分组页面文件。
- 文件夹 UserInfo：保存系统用户页面文件。
- 文件 Default.aspx：系统主页，是一个框架页面。
- 文件 File.aspx：系统文件发送表单页面。
- 文件 Global.asax：系统信息设置文件。
- 文件 Header.aspx：主页顶部导航文件。
- 文件 Login.aspx：用户登录验证文件。
- 文件 LogOff.aspx：用户退出系统文件。
- 文件 Manager.aspx：系统在线交流处理文件。
- 文件 Web.config：系统应用程序配置文件。

6.5 系统配置文件

视频讲解 光盘：视频\第 6 章\系统配置文件.avi

本实例的系统配置文件是 Web.config，其主要功能是设置数据库的连接参数，并配置了系统与 Ajax 服务器的相关内容。本节将分别对上述功能的实现进行详细说明。

在动态 Web 开发应用中，Ajax 技术的主要特点如下。

(1) 页面独立性。

传统的 Web 应用程序一般由多个页面构成，协同完成特定处理功能。而对于一个典型的 Ajax 应用程序，用户无须在不同的页面中切换，只要停留在一个页面中，由 XMLHttpRequest 对象从服务器取得数据，然后由 JavaScript 操作页面上的元素更新其中内容。

(2) 符合标准性。

作为 Ajax 技术的核心，W3C 正在对 XMLHttpRequest 的规范进行标准化处理，XMLHttpRequest 成为标准已经指日可待。而在 Ajax 领域所使用的其他组成技术，包括 JavaScript、XML、CSS 和 DOM 等，均早已成为标准并被所有的主流浏览器实现。这样，典型的 Ajax 应用程序无须客户端进行任何形式的安装部署，即可兼容地运行于每一个主流浏览器之上。

(3) 能够获取服务器数据后而灵活更新页面内的指定内容，不需要刷新整个页面。

(4) 页面和服务器间的数据交互可以通过异步传输来实现，而不需要中断用户当前的操作。

(5) 减少了页面和服务器间的数据传输数量，从而大大提高了应用程序的处理效率。

1. 配置连接字符串参数

配置连接字符串参数即设置系统程序连接数据库的参数，其对应实现代码如下：

```
<connectionStrings>
        <add name="SQLCONNECTIONSTRING" connectionString="data source=GUAN\AAA;user id=sa;pwd=888888;database=kehu" providerName="System.Data.SqlClient"/>
</connectionStrings>
```

其中，source 设置连接的数据库服务器；user id 和 pwd 分别指定数据库的登录名和密码；database 设置连接数据库的名称。

2. 配置 Ajax 服务器参数

配置 Ajax 服务器参数即配置 Ajax Control Toolkit 程序集参数，为 AjaxControlToolkit.dll 程序集提供了一个前缀字符串 AjaxControlToolkit。这样，系统页面在引用 AjaxControlToolkit.dll 中的控件时，不需要额外添加<Register>代码。上述功能在<controls>元素内的对应实现代码如下：

```
<pages>
    <controls>
            <add namespace="AjaxControlToolkit" assembly="AjaxControlToolkit" tagPrefix="ajaxToolkit"/>
            <add tagPrefix="asp" namespace="System.Web.UI" assembly="System.Web.Extensions, Version=1.0.61025.0, Culture=neutral, PublicKeyToken=31bf3856ad364e35"/>
    </controls>
</pages>
```

6.6 搭建数据库

视频讲解 光盘：视频\第 6 章\搭建数据库.avi

本系统采用 SQL Server 2008 数据库来构建，创建了一个名为"kehu"的数据库。数据库设计是总体设计中一个重要的环节，良好的数据库设计可以简化开发过程，提高系统的性能，使系统功能更加明确。一个好的数据库结构可以使系统处理速度快，占用空间小，操作处理过程简单，容易查找等。数据库结构的变化会造成编码的改动，所以在编码之前，一定要认真设计好数据库，避免无谓的工作。

在设计数据库的过程中，必须避免后期随着项目的升级出现为数据库设计打补丁的情况发生，此时需要遵循如下三个原则。

(1) 一个数据库中表的个数越少越好。只有表的个数少了，才能说明系统的 E-R 图少而精，去掉重复的、多余的实体，形成了对客观世界的高度抽象，进行了系统的数据集成，防止了打补丁式的设计；

(2) 一个表中组合主键的字段个数越少越好。因为主键的作用，一是建主键索引，二是作为子表的外键，所以组合主键的字段个数少了，不仅节省了运行时间，而且节省了索引存储空间；

(3) 一个表中的字段个数越少越好。只有字段的个数少了，才能说明在系统中不存在数据重复，且很少有数据冗余，更重要的是督促读者学会"列变行"，这样就防止了将子表中的字段拉入到主表中去，在主表中留下许多空余的字段。所谓"列变行"，就是将主表中的一部分内容拉出去，另外单独建一个子表。这个方法很简单，有的人就是不习惯、不采纳、不执行。

6.6.1 数据库设计

表 Caboodle 的具体设计结构如表 6-1 所示。

表 6-1 系统团队信息表(Caboodle)

字段名称	数据类型	是否主键	默 认 值	功能描述
ID	int	是	递增 1	编号
Name	varchar(50)	否	Null	名称
UserID	int	否	Null	创建用户编号
Remark	varchar(1000)	否	Null	简介

表 CaboodleUser 的具体设计结构如表 6-2 所示。

表 6-2 系统团队关联信息表(CaboodleUser)

字段名称	数据类型	是否主键	默 认 值	功能描述
CaboodleID	int	是	递增 1	所属团队编号
UserID	int	否	Null	所属用户编号
RoleID	int	否	Null	角色

表 File 的具体设计结构如表 6-3 所示。

表 6-3 系统发送文件信息表(File)

字段名称	数据类型	是否主键	默 认 值	功能描述
ID	int	是	递增 1	编号
Name	varchar(200)	否	Null	文件名
Sender	int	否	Null	发送者

续表

字段名称	数据类型	是否主键	默认值	功能描述
Receiver	int	否	Null	接收者
Url	varchar(255)	否	Null	文件地址
Type	varchar(50)	否	Null	类型
Size	int	否	Null	大小
CreateDate	datetime	否	Null	事件

表 Group 的具体设计结构如表 6-4 所示。

表 6-4 系统用户分组信息表(Group)

字段名称	数据类型	是否主键	默认值	功能描述
ID	int	是	递增 1	编号
Name	varchar(20)	否	Null	名称
UserID	int	否	Null	所属编号

表 GroupUser 的具体设计结构如表 6-5 所示。

表 6-5 用户分组关系信息表(GroupUser)

字段名称	数据类型	是否主键	默认值	功能描述
ID	int	是	递增 1	编号
GroupID	int	否	Null	组编号
UserID	int	否	Null	用户编号

表 Leaveword 的具体设计结构如表 6-6 所示。

表 6-6 系统留言信息表(Leaveword)

字段名称	数据类型	是否主键	默认值	功能描述
ID	int	是	递增 1	编号
Body	varchar(100)	否	Null	内容
Sender	int	否	Null	发送者
Receiver	int	否	Null	接收者
CreateDate	datetime	否	Null	时间
Status	tinyint	否	Null	状态

表 MessageForCaboodle 的具体设计结构如表 6-7 所示。

表 6-7 团队交互信息表(MessageForCaboodle)

字段名称	数据类型	是否主键	默认值	功能描述
ID	int	是	递增 1	编号
Body	varchar(1000)	否	Null	内容

续表

字段名称	数据类型	是否主键	默认值	功能描述
Sender	int	否	Null	发送者
CaboodleID	int	否	Null	群编号
CreateDate	datetime	否	Null	事件

表 MessageForSingle 的具体设计结构如表 6-8 所示。

表 6-8　用户交互信息表(MessageForSingle)

字段名称	数据类型	是否主键	默认值	功能描述
ID	int	是	递增1	编号
Body	varchar(1000)	否	Null	内容
Sender	int	否	Null	发送者
Receiver	int	否	Null	接收者
CreateDate	datetime	否	Null	事件

表 Role 的具体设计结构如表 6-9 所示。

表 6-9　系统用户角色信息表(Role)

字段名称	数据类型	是否主键	默认值	功能描述
ID	int	是	递增1	编号
Name	varchar(50)	否	Null	名
Remark	varchar(100)	否	Null	说明

表 User 的具体设计结构如表 6-10 所示。

表 6-10　系统用户信息表(User)

字段名称	数据类型	是否主键	默认值	功能描述
ID	int	是	递增1	编号
Username	varchar(50)	否	Null	用户名
Aliasname	varchar(50)	否	Null	别名
Password	varchar(255)	否	Null	密码
UserIdentity	varchar(10)	否	Null	标识
CreateDate	datetime	否	Null	时间
Email	varchar(255)	否	Null	邮箱
PictureUrl	varchar(255)	否	Null	图片
Signing	varchar(1000)	否	Null	签名

表 User 的具体设计结构如表 6-11 所示。

表 6-11 系统用户登录信息表(User)

字段名称	数据类型	是否主键	默认值	功能描述
ID	int	是	递增 1	编号
UserID	int	否	Null	用户编号
LoginDate	datetime	否	Null	登录时间
LogoffDate	datetime	否	Null	退出时间

表 GroupUser 表 CaboodleUser 设计得很科学，其作用在整个系统中十分重要，它们关联了系统的用户信息和团队信息，在具体的数据库操作过程中，起到了桥梁的作用，是一种关系表。这是值得学习的地方。

6.6.2 系统参数设置文件

系统参数设置功能由文件 Global.asax 实现的，其功能是定义页面载入、结束和错误初始化，并保存系统的登录数据，实现用户的登录和退出处理。其具体实现代码如下：

```
<%@ Application Language="C#" %>
<%@ Import Namespace="System.Collections.Generic" %>
<%@ Import Namespace="ASPNETAJAXWeb.AjaxInstantMessaging" %>
<script runat="server">
    /// 保存登录用户的列表
    public static List<UserInfo> Users = new List<UserInfo>();
void Application_Start(object sender, EventArgs e)
    {   ///登录用户列表初始化
        Users.Clear();
    }
void Application_End(object sender, EventArgs e)
    {
        // 在应用程序关闭时的处理
    }
void Application_Error(object sender, EventArgs e)
    {
        // 在出现未处理的处理
    }
void Session_Start(object sender, EventArgs e)
    {
    }
void Session_End(object sender, EventArgs e)
    {
        if(Session["UserID"] != null)
        {   ///用户离开时处理
            string userID = Session["UserID"].ToString();
            foreach(UserInfo ui in Users)
            {   ///根据用户 ID 找到离开的用户
                if(ui.UserID.ToString() == userID)
                {
                    Users.Remove(ui);
                    break;
                }
            }
        }
    }
</script>
```

6.7 数据访问层

视频讲解 光盘：视频\第 6 章\数据访问层.avi

在此需要特别注意的是，本系统应该提供登录验证模块，这样保证只有企业内部的合法用户才能登录这个系统，提高整个系统的安全性。当使用 ASP.NET 进行动态 Web 开发时，三层结构是最佳的开发模式。三层结构包括数据访问层(DAL)、业务逻辑层(BLL)、表示层(USL)。

(1) 数据访问层

数据访问层主要是对原始数据(数据库或者文本文件等存放数据的形式)的操作层，而不是指原始数据，也就是说，是对数据的操作，而不是数据库，具体为业务逻辑层或表示层提供数据服务。

(2) 业务逻辑层

业务逻辑层主要是针对具体问题的操作，也可以理解成对数据层的操作，对数据业务逻辑处理。如果说数据层是积木，那逻辑层就是对这些积木的搭建。

(3) 表示层

表示层主要表示 Web 方式，也可以表示成 WINFORM 方式，Web 方式也可以表现成 aspx，如果逻辑层相当强大和完善，无论表现层如何定义和更改，逻辑层都能完善地提供服务。

对于很多初学者，最大的困惑是不知当前工作哪些属于数据访问层，哪些属于逻辑层。其实辨别的方法很简单：

- 数据访问层：主要看你的数据层里面有没有包含逻辑处理，实际上它的各个函数主要完成对数据文件的操作，而不必管其他操作。
- 业务逻辑层：主要负责对数据层的操作，也就是说把一些数据层的操作进行组合。
- 表示层：主要负责用户的请求接受，以及数据的返回，为客户端提供应用程序的访问。

笔者个人认为，完善的三层结构的要求：修改表示层而不用修改逻辑层，修改逻辑层而不用修改数据层。否则你的应用是不是多层结构，或者说是层结构的划分和组织上是不是有问题就很难说。

作为整个项目的核心和难点，本项目整个数据访问层分为如下 3 个部分：

(1) 登录验证；
(2) 客户分组；
(3) 团队管理。

6.7.1 数据访问层——用户登录验证

本功能模块的数据访问层功能由文件 User.cs 实现，其主要功能是在 ASPNETAJAXWeb.AjaxInstantMessaging 空间内，建立 UserInfo 类和 User 类，并定义多个方法实现对数据库中用户数据的处理。在文件 Product.cs 中，与用户登录验证模块相关的方法如下：

- 方法 GetUserLogin(string username,string password)
- 方法 AddUserLogin(int userID)
- 方法 UpdateUserLogoff(int loginID)

上述方法的运行流程如图 6-4 所示。

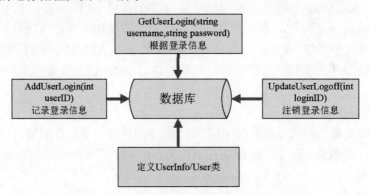

图 6-4 用户登录验证模块数据访问层运行流程

1. 定义类

定义 UserInfo 类和 User 类的主要实现代码如下：

```
using System;
using System.Data;
using System.Configuration;
using System.Data.SqlClient;
namespace ASPNETAJAXWeb.AjaxInstantMessaging
{
    /// 保存用户登录信息的类
    public class UserInfo
    {
        private int userID;
        private int caboodleID = -1;
        private string username;
        ……………………………………………………
    public class User
    {
        public User()
        {
        }
```

2. 获取登录信息

获取登录信息即获取登录用户的用户名和密码信息，实现用户的登录。上述功能是由方法 GetUserLogin(string username,string password)实现的，其具体实现流程如下：

(1) 从系统配置文件 Web.config 内获取数据库连接参数,并将其保存在 connectionString 内。
(2) 使用连接字符串创建 con 对象，实现数据库连接。
(3) 新建 SQL 查询语句，获取库内此登录数据的用户登录信息。
(4) 创建获取数据的对象 cmd。
(5) 打开数据库链接获取数据，将获取数据保存在 dr 中。
(6) 操作成功返回 dr。

上述功能的对应实现代码如下:

```
public SqlDataReader GetUserLogin(string username,string password)
        {
                string connectionString = ConfigurationManager.ConnectionStrings
["SQLCONNECTIONSTRING"].ConnectionString;
                SqlConnection con = new SqlConnection(connectionString);
                ///创建SQL语句
                string cmdText = "SELECT ID FROM [User] WHERE Username=@Username AND
Password=@Password";
                ///创建SqlCommand
                SqlCommand cmd = new SqlCommand(cmdText,con);
                ///创建参数并赋值
                cmd.Parameters.Add("@Username",SqlDbType.VarChar,50);
                cmd.Parameters.Add("@Password",SqlDbType.VarChar,255);
                cmd.Parameters[0].Value = username;
                cmd.Parameters[1].Value = password;
                ///定义SqlDataReader
                SqlDataReader dr;
                try
                {
                    con.Open();
                    ///读取数据
                    dr = cmd.ExecuteReader(CommandBehavior.CloseConnection);
                }
                catch(Exception ex)
                {   ///抛出异常
                    throw new Exception(ex.Message,ex);
                }
                return dr;
        }
```

3. 添加登录信息

添加登录信息即向系统库内添加新登录用户的用户名和密码信息,上述功能是由方法 AddUserLogin(int userID)实现的,其具体实现流程如下:

(1) 从系统配置文件 Web.config 内获取数据库连接参数,并将其保存在 connectionString 内。
(2) 使用连接字符串创建 con 对象,实现数据库连接。
(3) 新建 SQL 插入语句,向系统库内添加此登录用户的登录数据。
(4) 创建添加数据的对象 cmd。
(5) 打开数据库链接执行插入操作,将处理后结果保存在 result 中。
(6) 操作成功返回 result。

上述功能的对应实现代码如下:

```
public int AddUserLogin(int userID)
        {
                string connectionString = ConfigurationManager.ConnectionStrings
["SQLCONNECTIONSTRING"].ConnectionString;
                SqlConnection con = new SqlConnection(connectionString);
                ///创建SQL语句
                string cmdText = "INSERT INTO
[UserLogin](UserID,LoginDate,LogoffDate)VALUES(@UserID,GETDATE(),GETDATE()) RETURN
@@Identity";
                ///创建SqlCommand
                SqlCommand cmd = new SqlCommand(cmdText,con);
                ///创建参数并赋值
```

```
        cmd.Parameters.Add("@UserID",SqlDbType.Int,4);
        cmd.Parameters.Add("RETURNVALUE",SqlDbType.Int,4);
        cmd.Parameters[0].Value = userID;
        cmd.Parameters[1].Direction = ParameterDirection.ReturnValue;
        int result = -1;
        try
        {
            con.Open();
            ///操作数据
            result = cmd.ExecuteNonQuery();
        }
        catch(Exception ex)
        {
            throw new Exception(ex.Message,ex);
        }
        finally
        {
            con.Close();
        }
        ///返回登录的 ID 值
        return (int)cmd.Parameters[1].Value;
    }
```

4. 注销登录信息

注销登录信息即将保存的当前登录信息从系统中注销。上述功能是由方法 UpdateUserLogoff(int loginID)实现的，其具体实现流程如下：

(1) 从系统配置文件 Web.config 内获取数据库连接参数，并将其保存在 connectionString 内。

(2) 使用连接字符串创建 con 对象，实现数据库连接。

(3) 新建 SQL 更新语句，将系统库内此登录用户的状态进行修改。

(4) 创建修改数据的对象 cmd。

(5) 打开数据库链接执行更新操作，将处理后的结果保存在 result 中。

(6) 操作成功返回 result。

上述功能的对应实现代码如下：

```
public int UpdateUserLogoff(int loginID)
    {
        string connectionString = ConfigurationManager.ConnectionStrings["SQLCONNECTIONSTRING"].ConnectionString;
        SqlConnection con = new SqlConnection(connectionString);
        ///创建 SQL 语句
        string cmdText = "UPDATE [UserLogin] SET LogoffDate=GETDATE() WHERE ID=@ID";
        ///创建 SqlCommand
        SqlCommand cmd = new SqlCommand(cmdText,con);
        ///创建参数并赋值
        cmd.Parameters.Add("@ID",SqlDbType.Int,4);
        cmd.Parameters[0].Value = loginID;
        int result = -1;
        try
        {
            con.Open();
            ///操作数据
            result = cmd.ExecuteNonQuery();
        }
        catch(Exception ex)
        {
            throw new Exception(ex.Message,ex);
```

```
        }
        finally
        {
            con.Close();
        }
        return result;
    }
```

6.7.2 数据访问层——客户分组

本模块的数据访问层功能由文件 Group.cs 实现，其主要功能是在 ASPNETAJAXWeb.AjaxInstantMessaging 空间内，建立 Group 类和 GroupUser 类，并定义多个方法实现对数据库中用户数据的处理。在文件 Group.cs 中，与用户登录验证模块相关的方法如下：

- 方法 GetGroupByUser(int userID)
- 方法 GetSingleGroup(int groupID)
- 方法 AddGroup(string name,int userID)
- 方法 UpdateGroup(int groupID,string name)
- 方法 DeleteGroup(int groupID)
- 方法 GetUserbyGroup(int groupID)
- 方法 AddGroupUser(int groupID,int userID)
- 方法 UpdateGroupUser(int oldGroupID,int newGroupID,int userID)
- 方法 DeleteGroupUser(int groupID,int userID)

其中上述前 5 种方法是 Group 类实现的，其具体运行流程如图 6-5 所示。

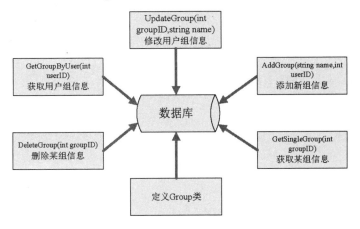

图 6-5 Group 类数据访问层运行流程

下面将分别介绍上述 Group 类方法的实现流程。

1. 定义 Group 类

定义 Group 类的主要实现代码如下：

```
using System;
using System.Data;
using System.Configuration;
using System.Data.SqlClient;
namespace ASPNETAJAXWeb.AjaxInstantMessaging
```

```
{
    public class Group
    {
        public Group()
        {
        }
```

2. 获取用户组信息

获取用户组信息即获取某用户所属的分类组信息。上述功能是由方法 GetGroupByUser(int userID)实现的，其具体实现流程如下：

(1) 从系统配置文件 Web.config 内获取数据库连接参数，并将其保存在 connectionString 内。

(2) 使用连接字符串创建 con 对象，实现数据库连接。

(3) 新建 SQL 查询语句，获取库内此登录用户所属的用户组信息。

(4) 创建获取数据的对象 da。

(5) 打开数据库链接获取数据，将获取数据保存在 ds 中。

(6) 操作成功返回 ds。

上述功能的对应实现代码如下：

```
public DataSet GetGroupByUser(int userID)
        {   ///获取连接字符串
            string connectionString = ConfigurationManager.ConnectionStrings
["SQLCONNECTIONSTRING"].ConnectionString;
            ///创建连接
            SqlConnection con = new SqlConnection(connectionString);
            ///创建 SQL 语句
            string cmdText = "SELECT G.*,[User].Username,(SELECT COUNT(*) FROM
GroupUser WHERE GroupID=G.ID AND GroupID > 3) AS GroupUserCount FROM [Group] AS G INNER
JOIN [User] ON G.UserID=[User].ID WHERE G.UserID=@UserID OR UserID=0";
            ///创建 SqlDataAdapter
            SqlDataAdapter da = new SqlDataAdapter(cmdText,con);
            ///创建参数并赋值
            da.SelectCommand.Parameters.Add("@UserID",SqlDbType.Int,4);
            da.SelectCommand.Parameters[0].Value = userID;
            ///定义 DataSet
            DataSet ds = new DataSet();
            try
            {   ///打开连接
                con.Open();
                ///填充数据
                da.Fill(ds,"DataTable");
            }
            catch(Exception ex)
            {   ///抛出异常
                throw new Exception(ex.Message,ex);
            }
            finally
            {   ///关闭连接
                con.Close();
            }
            return ds;
        }
```

3. 获取某组信息

获取某组信息即获取系统库内指定编号用户组的信息。上述功能是由方法 GetSingleGroup(int groupID)实现的，其具体实现流程如下：

(1) 从系统配置文件 Web.config 内获取数据库连接参数，并将其保存在 connectionString 内。
(2) 使用连接字符串创建 con 对象，实现数据库连接。
(3) 新建 SQL 查询语句，获取库内指定编号的用户组信息。
(4) 创建获取数据的对象 cmd。
(5) 打开数据库链接获取数据，将获取数据保存在 dr 中。
(6) 操作成功返回 dr。

上述功能的对应实现代码如下：

```
public SqlDataReader GetSingleGroup(int groupID)
{
    string connectionString = ConfigurationManager.ConnectionStrings
["SQLCONNECTIONSTRING"].ConnectionString;
    SqlConnection con = new SqlConnection(connectionString);
    ///创建SQL语句
    string cmdText = "SELECT * FROM [Group] WHERE ID=@ID";
    ///创建SqlCommand
    SqlCommand cmd = new SqlCommand(cmdText,con);
    ///创建参数并赋值
    cmd.Parameters.Add("@ID",SqlDbType.Int,4);
    cmd.Parameters[0].Value = groupID;
    ///定义SqlDataReader
    SqlDataReader dr;
    try
    {
        con.Open();
        ///读取数据
        dr = cmd.ExecuteReader(CommandBehavior.CloseConnection);
    }
    catch(Exception ex)
    {
        throw new Exception(ex.Message,ex);
    }
    return dr;
}
```

4. 添加新组信息

添加新组信息即向系统库内添加新的用户组信息。上述功能是由方法 AddGroup(string name,int userID)实现的，其具体实现流程如下：

(1) 从系统配置文件 Web.config 内获取数据库连接参数，并将其保存在 connectionString 内。
(2) 使用连接字符串创建 con 对象，实现数据库连接。
(3) 新建 SQL 插入语句，向系统库内添加新的用户组信息。
(4) 创建添加数据的对象 cmd 执行插入操作，将操作结果保存在 result 中。
(5) 操作成功返回 result。

上述功能的对应实现代码如下：

```
public int AddGroup(string name,int userID)
        {
            string connectionString = ConfigurationManager.ConnectionStrings
["SQLCONNECTIONSTRING"].ConnectionString;
            SqlConnection con = new SqlConnection(connectionString);
            ///创建 SQL 语句
            string cmdText = "INSERT INTO [Group](Name,UserID)VALUES(@Name,@UserID)";
            ///创建 SqlCommand
            SqlCommand cmd = new SqlCommand(cmdText,con);
            ///创建参数并赋值
            cmd.Parameters.Add("@Name",SqlDbType.VarChar,50);
            cmd.Parameters.Add("@UserID",SqlDbType.Int,4);
            cmd.Parameters[0].Value = name;
            cmd.Parameters[1].Value = userID;
            int result = -1;
            try
            {
                con.Open();
                ///操作数据
                result = cmd.ExecuteNonQuery();
            }
            catch(Exception ex)
            {
                throw new Exception(ex.Message,ex);
            }
            finally
            {
                con.Close();
            }
            return result;
        }
```

5. 修改用户组信息

修改用户组信息即修改系统库内某编号的用户组信息。上述功能是由方法 UpdateGroup(int groupID,string name)实现的，其具体实现流程如下：

(1) 从系统配置文件 Web.config 内获取数据库连接参数，并将其保存在 connectionString 内。
(2) 使用连接字符串创建 con 对象，实现数据库连接。
(3) 新建 SQL 更新语句，对系统库内某编号的用户组信息进行修改。
(4) 创建修改数据的对象 cmd 执行更新操作，将操作结果保存在 result 中。
(5) 操作成功返回 result。

上述功能的对应实现代码如下：

```
public int UpdateGroup(int groupID,string name)
        {
            string connectionString = ConfigurationManager.ConnectionStrings
["SQLCONNECTIONSTRING"].ConnectionString;
            SqlConnection con = new SqlConnection(connectionString);
            ///创建 SQL 语句
            string cmdText = "UPDATE [Group] SET Name=@Name WHERE ID=@ID";
            ///创建 SqlCommand
            SqlCommand cmd = new SqlCommand(cmdText,con);
            ///创建参数并赋值
            cmd.Parameters.Add("@ID",SqlDbType.Int,4);
            cmd.Parameters.Add("@Name",SqlDbType.VarChar,50);
```

```
            cmd.Parameters[0].Value = groupID;
            cmd.Parameters[1].Value = name;
            int result = -1;
            try
            {
                con.Open();
                ///操作数据
                result = cmd.ExecuteNonQuery();
            }
            catch(Exception ex)
            {
                throw new Exception(ex.Message,ex);
            }
            finally
            {
                con.Close();
            }
            return result;
        }
```

6. 删除用户组信息

删除用户组信息即删除系统库内某编号的用户组信息。上述功能是由方法 DeleteGroup(int groupID)实现的，其具体实现流程如下：

(1) 从系统配置文件 Web.config 内获取数据库连接参数，并将其保存在 connectionString 内。
(2) 使用连接字符串创建 con 对象，实现数据库连接。
(3) 新建 SQL 删除语句，删除系统库内某编号的用户组信息。
(4) 创建删除数据的对象 cmd 执行删除操作，将操作结果保存在 result 中。
(5) 操作成功返回 result。

上述功能的对应实现代码如下：

```
public int DeleteGroup(int groupID)
        {
            string connectionString = ConfigurationManager.ConnectionStrings["SQLCONNECTIONSTRING"].ConnectionString;
            SqlConnection con = new SqlConnection(connectionString);
            ///创建SQL语句
            string cmdText = "DELETE [Group] WHERE ID = @ID";
            ///创建SqlCommand
            SqlCommand cmd = new SqlCommand(cmdText,con);
            ///创建参数并赋值
            cmd.Parameters.Add("@ID",SqlDbType.Int,4);
            cmd.Parameters[0].Value = groupID;
            int result = -1;
            try
            {   ///打开连接
                con.Open();
                ///操作数据
                result = cmd.ExecuteNonQuery();
            }
            catch(Exception ex)
            {
                throw new Exception(ex.Message,ex);
            }
            finally
            {
                con.Close();
```

```
        }
        return result;
    }
}
```

至于 GroupUser 类及其数据库访问层的实现流程，和上述 Group 类数据访问层的实现流程基本类似。为节省篇幅，在此将不做详细介绍，读者只需参阅本书配套光盘中的对应文件即可了解。

6.7.3 数据访问层——团队模块

本模块的数据访问层功能由文件 Caboodle.cs 实现，其主要功能是在 ASPNETAJAXWeb.AjaxInstantMessaging 空间内，建立 Caboodle 类和 CaboodleUser 类，并定义多个方法实现对数据库中用户数据的处理。在文件 Caboodle.cs 中，与系统团队处理模块相关的方法如下：

- 方法 GetSelfCaboodleByUser(int userID)
- 方法 GetCaboodleByUser(int userID)
- 方法 GetSingleCaboodle(int caboodleID)
- 方法 AddCaboodle(string name,int userID,string remark)
- 方法 UpdateCaboodle(int caboodleID,string name,string remark)
- 方法 DeleteCaboodle(int caboodleID)
- 方法 GetUserbyCaboodle(int caboodleID)
- 方法 AddCaboodleUser(int caboodleID,int userID,int roleID)
- 方法 DeleteCaboodleUser(int caboodleID,int userID)

其中，上述前 6 个方法是 Caboodle 类实现的，Caboodle 类方法具体运行流程如图 6-6 所示。

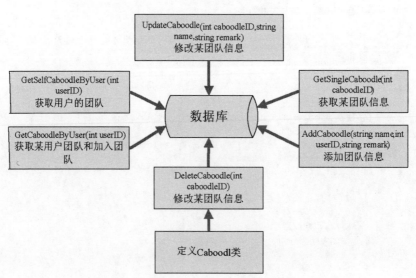

图 6-6　Caboodle 类数据访问层运行流程

1. 定义 Caboodle 类

定义 Caboodle 类的主要实现代码如下：

第6章 东海地产内部交互系统

```
using System;
using System.Data;
using System.Configuration;
using System.Data.SqlClient;
namespace ASPNETAJAXWeb.AjaxInstantMessaging
{
    public class Caboodle
    {
        public Caboodle()
        {
        }
```

2. 获取用户团队信息

获取用户团队信息即获取某用户所创建的团队信息。上述功能是由方法 GetSelfCaboodleByUser(int userID)实现的，其具体实现流程如下：

(1) 从系统配置文件 Web.config 内获取数据库连接参数，并将其保存在 connectionString 内。
(2) 使用连接字符串创建 con 对象，实现数据库连接。
(3) 新建 SQL 查询语句，获取库内此登录用户创建的团队信息。
(4) 创建获取数据的对象 da。
(5) 打开数据库链接获取数据，将获取数据保存在 ds 中。
(6) 操作成功返回 ds。

上述功能的对应实现代码如下：

```
public DataSet GetSelfCaboodleByUser(int userID)
        {
        string connectionString =
ConfigurationManager.ConnectionStrings["SQLCONNECTIONSTRING"].ConnectionString;
            ///创建连接
            SqlConnection con = new SqlConnection(connectionString);
            ///创建SQL语句
            string cmdText = "SELECT Caboodle.*,[User].Username,(SELECT COUNT(*) FROM
CaboodleUser WHERE CaboodleID=Caboodle.ID) AS CaboodleUserCount FROM Caboodle INNER
JOIN[User] ON Caboodle.UserID=[User].ID WHERE Caboodle.UserID=@UserID";
            ///创建SqlDataAdapter
            SqlDataAdapter da = new SqlDataAdapter(cmdText,con);
            ///创建参数并赋值
            da.SelectCommand.Parameters.Add("@UserID",SqlDbType.Int,4);
            da.SelectCommand.Parameters[0].Value = userID;
            ///定义DataSet
            DataSet ds = new DataSet();
            try
            {   ///打开连接
                con.Open();
                ///填充数据
                da.Fill(ds,"DataTable");
            }
            catch(Exception ex)
            {   ///抛出异常
                throw new Exception(ex.Message,ex);
            }
            finally
            {   ///关闭连接
```

```
            con.Close();
        }
        return ds;
    }
```

3. 获取用户团队详细信息

获取用户团队详细信息即获取某用户所创建的团队和加入的团队信息。上述功能是由方法 GetCaboodleByUser(int userID)实现的，其具体实现流程如下：

(1) 从系统配置文件 Web.config 内获取数据库连接参数，并将其保存在 connectionString 内。
(2) 使用连接字符串创建 con 对象，实现数据库连接。
(3) 新建 SQL 查询语句，获取库内此登录用户创建的团队信息和加入团队的信息。
(4) 创建获取数据的对象 da。
(5) 打开数据库链接获取数据，将获取数据保存在 ds 中。
(6) 操作成功返回 ds。

上述功能的对应实现代码如下：

```
public DataSet GetCaboodleByUser(int userID)
    {
        string connectionString = ConfigurationManager.ConnectionStrings
["SQLCONNECTIONSTRING"].ConnectionString;
        ///创建连接
        SqlConnection con = new SqlConnection(connectionString);
        ///创建SQL语句
        string cmdText = "SELECT DISTINCT Caboodle.* FROM Caboodle INNER JOIN
CaboodleUser ON Caboodle.ID=CaboodleUser.CaboodleID WHERE CaboodleUser.UserID=@UserID";
        ///创建 SqlDataAdapter
        SqlDataAdapter da = new SqlDataAdapter(cmdText,con);
        ///创建参数并赋值
        da.SelectCommand.Parameters.Add("@UserID",SqlDbType.Int,4);
        da.SelectCommand.Parameters[0].Value = userID;
        ///定义 DataSet
        DataSet ds = new DataSet();
        try
        {
            con.Open();
            ///填充数据
            da.Fill(ds,"DataTable");
        }
        catch(Exception ex)
        {
            throw new Exception(ex.Message,ex);
        }
        finally
        {
            con.Close();
        }
        return ds;
    }
```

4. 获取某团队信息

获取某团队信息即获取某编号团队的信息。上述功能是由方法 GetSingleCaboodle(int caboodleID)实现的，其具体实现流程如下：

(1) 从系统配置文件 Web.config 内获取数据库连接参数,并将其保存在 connectionString 内。
(2) 使用连接字符串创建 con 对象,实现数据库连接。
(3) 新建 SQL 查询语句,获取库内指定 ID 的团队信息。
(4) 创建获取数据的对象 cmd。
(5) 打开数据库链接获取数据,将获取数据保存在 dr 中。
(6) 操作成功返回 dr。

上述功能的对应实现代码如下:

```
public SqlDataReader GetSingleCaboodle(int caboodleID)
    {
        string connectionString = ConfigurationManager.ConnectionStrings
["SQLCONNECTIONSTRING"].ConnectionString;
        SqlConnection con = new SqlConnection(connectionString);
        string cmdText = "SELECT * FROM [Caboodle] WHERE ID=@ID";
        ///创建 SqlCommand
        SqlCommand cmd = new SqlCommand(cmdText,con);
        ///创建参数并赋值
        cmd.Parameters.Add("@ID",SqlDbType.Int,4);
        cmd.Parameters[0].Value = caboodleID;
        ///定义 SqlDataReader
        SqlDataReader dr;
        try
        {
            con.Open();
            ///读取数据
            dr = cmd.ExecuteReader(CommandBehavior.CloseConnection);
        }
        catch(Exception ex)
        {   ///抛出异常
            throw new Exception(ex.Message,ex);
        }
        return dr;
    }
```

5. 添加团队信息

添加团队信息即向系统库内添加新的团队信息。上述功能是由方法 AddCaboodle(string name,int userID,string remark)实现的,其具体实现流程如下:

(1) 从系统配置文件 Web.config 内获取数据库连接参数,并将其保存在 connectionString 内。
(2) 使用连接字符串创建 con 对象,实现数据库连接。
(3) 新建 SQL 插入语句,向库内添加新的团队信息。
(4) 创建添加数据的对象 cmd。
(5) 打开数据库链接执行添加处理,将操作后的数据保存在 result 中。
(6) 操作成功返回 result。

上述功能的对应实现代码如下:

```
    public int AddCaboodle(string name,int userID,string remark)
    {
        string connectionString = ConfigurationManager.ConnectionStrings
["SQLCONNECTIONSTRING"].ConnectionString;
        SqlConnection con = new SqlConnection(connectionString);
        ///创建 SQL 语句
```

```
                string cmdText = "INSERT INTO
[Caboodle](Name,UserID,Remark)VALUES(@Name,@UserID,@Remark)";
                ///创建 SqlCommand
                SqlCommand cmd = new SqlCommand(cmdText,con);
                ///创建参数并赋值
                cmd.Parameters.Add("@Name",SqlDbType.VarChar,50);
                cmd.Parameters.Add("@UserID",SqlDbType.Int,4);
                cmd.Parameters.Add("@Remark",SqlDbType.VarChar,1000);
                cmd.Parameters[0].Value = name;
                cmd.Parameters[1].Value = userID;
                cmd.Parameters[2].Value = remark;
                int result = -1;
                try
                {
                    con.Open();
                    ///操作数据
                    result = cmd.ExecuteNonQuery();
                }
                catch(Exception ex)
                {
                    throw new Exception(ex.Message,ex);
                }
                finally
                {
                    con.Close();
                }
                return result;
            }
```

在此只简要介绍上述 Caboodle 类数据库访问层方法的实现流程，至于其他方法的实现过程，在此将不做详细介绍，读者只需参阅配套光盘中的对应文件即可了解。

6.8 用户登录验证模块

视频讲解　光盘：视频\第 6 章\用户登录验证模块.avi

用户登录验证模块的功能是，对登录用户的数据进行验证，确保只有系统合法用户才能登录系统。上述功能的实现文件如下：

- 文件 Login.aspx
- 文件 Login.aspx.cs

6.8.1 用户登录验证模块

登录验证处理页面文件 Login.aspx.cs 的功能是，对获取的登录表单数据进行验证，确保只有是合法用户才能登录系统。其具体实现流程如下：

(1) 引入命名空间，声明 UserLogin 类。
(2) 载入 Page_Load 进行初始化处理。
(3) 激活 btnLogin_Click(object sender,EventArgs e)事件，验证码验证处理。
(4) 查询此登录数据，验证登录数据是否合法。
(5) Session 保存合法登录数据。
(6) 重定向系统主页。

第 6 章　东海地产内部交互系统

上述操作处理的具体运行流程如图 6-7 所示。

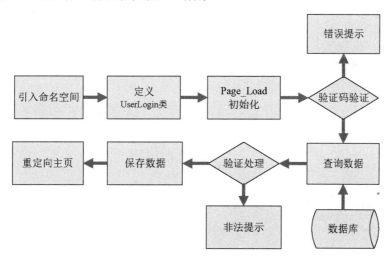

图 6-7　用户登录验证处理运行流程

文件 Login.aspx.cs 的主要实现代码如下：

```
using System.Web.UI.WebControls.WebParts;
using System.Web.UI.HtmlControls;
///引入新的命名空间
using ASPNETAJAXWeb.AjaxInstantMessaging;
using ASPNETAJAXWeb.ValidateCode.Page;
using System.Data.SqlClient;
public partial class UserLogin : System.Web.UI.Page
{
    protected void Page_Load(object sender, EventArgs e)
    {
    }
    protected void btnLogin_Click(object sender,EventArgs e)
    {
        if(Session[ValidateCode.VALIDATECODEKEY] != null)
        {   ///验证验证码是否相等
            if(tbCode.Text != Session[ValidateCode.VALIDATECODEKEY].ToString())
            {
                lbMessage.Text = "验证码输入错误，请重新输入";
                return;
            }
        }
        ///判断用户的密码和名称是否正确
        ASPNETAJAXWeb.AjaxInstantMessaging.User user = new ASPNETAJAXWeb.AjaxInstantMessaging.User();
        SqlDataReader dr = user.GetUserLogin(tbUsername.Text,tbPassword.Text);
        if(dr == null)return;
        bool isLogin = false;
        if(dr.Read())
        {   //读取用户的登录信息，并保存
            UserInfo ui = new UserInfo();
            ui.UserID = Int32.Parse(dr["ID"].ToString());
            ui.Username = tbUsername.Text;
            ///保存到 Session 中
            Session["UserID"] = ui.UserID;
```

```
                Session["Username"] = ui.Username;
                ///保存到全局信息中
                ASP.global_asax.Users.Add(ui);
                isLogin = true;
            }
            dr.Close();
            ///如果用户登录成功
            if(isLogin == true)
            {
                Response.Redirect("~/Default.aspx");
                return;
            }
        }
    }
    protected void btnReturn_Click(object sender,EventArgs e)
    {   ///清空各种输入框中的信息
        tbUsername.Text = tbPassword.Text = tbCode.Text = string.Empty;
    }
}
```

6.8.2 登录用户注销模块

登录用户注销模块的功能是，使系统内的当前登录用户安全退出当前系统。对应实现文件如下：

- 文件 LogOff.aspx
- 文件 LogOff.aspx.cs

其中文件 LogOff.aspx 是一个简单的中间页面，它通过调用其本身的隐藏文件 LogOff.aspx.cs，实现登录数据的注销处理功能。文件 LogOff.aspx 实现隐藏代码调用的代码如下：

```
<%@ Page Language="C#" AutoEventWireup="true" CodeFile="LogOff.aspx.cs"
Inherits="LogOff" %>
```

文件 LogOff.aspx.cs 的功能是，引入命名空间并声明 LogOff 类，注销当前用户的登录数据。文件 LogOff.aspx.cs 的主要实现代码如下：

```
using System.Web.UI.WebControls.WebParts;
using System.Web.UI.HtmlControls;
public partial class LogOff : System.Web.UI.Page
{
    protected void Page_Load(object sender, EventArgs e)
    {   ///清空用户信息
        Session["UserID"] = null;
        Session["Username"] = null;
        ///停止当前会话
        Session.Clear();
        Session.Abandon();
        ///重定向到用户登录页面
        Response.Redirect("~/Login.aspx");
    }
}
```

到此为止，完成了登录验证模块的工作。在一些登录验证系统中，都使用了验证码。但是究竟验证码有什么作用呢？验证码一般是防止批量注册的，人眼看起来都费劲，何况是机器。例如在百度贴吧中，如果处于未登录状态发帖时要求输入验证码，这就是为了防止大规模匿名回帖的情况发生。目前，不少网站为了防止用户利用机器人自动注册、登录、灌水，都采用了验证码技术。所谓验证码，就是将一串随机产生的数字或符号生成一幅图片，图片里加上一些干扰像素(防止 OCR)，由用户肉眼识别其中的验证码信息，输入表单提交网站验证，验证成功后才能使用某项功能。

6.9 客户分组处理模块

视频讲解　光盘：视频\第 6 章\客户分组处理模块.avi

完成登录验证模块的设计工作后，接下来开始实行客户分组处理模块的编码工作。客户分组即客户分类，很多读者可能会不明白客户为什么要分组，难道同一个企业内还要分三六九等？其实现实项目中的客户分类功能势在必行，一个企业，特别是外资企业，部门区分十分严格，财务部、市场部、行政部等，每个部门可以分一个小组，这样能够实现部门内成员的交流。

6.9.1 用户分组添加模块

用户分组添加模块的功能是，向系统内添加新的用户组。上述功能的实现文件如下：
- 文件 AddGroup.aspx
- 文件 AddGroup.aspx.cs

用户组添加处理页面文件 AddGroup.aspx.cs 的功能是，对获取的登录表单数据进行验证，确保只有合法用户才能登录系统。其具体实现流程如下：

(1) 引入命名空间，声明 Hailfellow_AddGroup 类。
(2) 载入 Page_Load 进行初始化处理。
(3) 登录验证处理。
(4) 激活事件 btnCommit_Click(object sender,EventArgs e)，调用方法 AddGroup 实现数据添加。
(5) 重定向用户组管理列表界面。

上述操作处理的具体运行流程如图 6-8 所示。

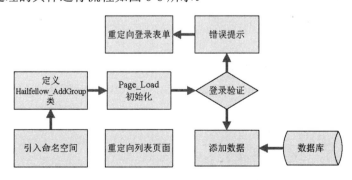

图 6-8　用户分组添加处理运行流程

文件 AddGroup.aspx.cs 的主要实现代码如下：

```csharp
///引入新的命名空间
using ASPNETAJAXWeb.AjaxInstantMessaging;
public partial class Hailfellow_AddGroup : System.Web.UI.Page
{
    int userID = -1;
    protected void Page_Load(object sender, EventArgs e)
    {   ///判断用户是否登录
        if(Session["UserID"] == null)
        {
            Response.Redirect("~/Login.aspx");
            return;
        }
        userID = Int32.Parse(Session["UserID"].ToString());
    }
    protected void btnCommit_Click(object sender,EventArgs e)
    {   ///添加组
        Group group = new Group();
        if(group.AddGroup(tbName.Text,userID) > 0)
        {
            Response.Redirect("~/Hailfellow/GroupManage.aspx");
        }
    }
}
```

6.9.2 用户分组修改模块

用户分组修改模块的功能是，对系统库内的某用户组信息进行修改。上述功能的实现文件如下：

- 文件 UpdateGroup.aspx
- 文件 UpdateGroup.aspx.cs

用户组修改处理页面文件 UpdateGroup.aspx.cs 的功能是，对获取的登录表单数据进行验证，确保只有合法用户才能登录系统。其具体实现流程如下：

(1) 引入命名空间，声明 Hailfellow_UpdateGroup 类。

(2) 载入 Page_Load 进行初始化处理。

(3) 获取组编号。

(4) 调用 BindPageData(int groupID)，获取并显示此用户组的原数据。

(5) 激活 btnCommit_Click(object sender,EventArgs e)，通过方法 UpdateGroup 进行用户组更新处理。

(6) 重定向返回组管理列表界面。

上述操作处理的具体运行流程如图 6-9 所示。

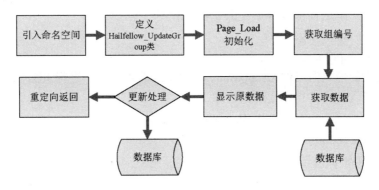

图 6-9 用户分组修改处理运行流程图

文件 UpdateGroup.aspx.cs 的主要代码如下：

```csharp
///引入新的命名空间
using ASPNETAJAXWeb.AjaxInstantMessaging;
using System.Data.SqlClient;
public partial class Hailfellow_UpdateGroup : System.Web.UI.Page
{
    int groupID = -1;
    protected void Page_Load(object sender, EventArgs e)
    {   ///获取数据的ID值
        if(Request.Params["GroupID"] != null)
        {
            groupID = Int32.Parse(Request.Params["GroupID"].ToString());
        }
        if(!Page.IsPostBack && groupID > 0)
        {
            BindPageData(groupID);
        }
    }
    private void BindPageData(int groupID)
    {   ///读取数据
        Group group = new Group();
        SqlDataReader dr = group.GetSingleGroup(groupID);
        if(dr == null) return;
        ///显示数据
        if(dr.Read())
        {
            tbName.Text = dr["Name"].ToString();
        }
        dr.Close();
    }
    protected void btnCommit_Click(object sender,EventArgs e)
    {   ///修改组
        Group group = new Group();
        if(group.UpdateGroup(groupID,tbName.Text) > 0)
        {
            Response.Redirect("~/Hailfellow/GroupManage.aspx");
        }
    }
}
```

6.9.3 用户组管理列表模块

用户组管理列表模块的功能是，以列表的样式将系统库内的用户组显示出来，并提供管理链接对各用户组进行管理维护。上述功能的实现文件如下：
- 文件 GroupManage.aspx
- 文件 GroupManage.aspx.cs

用户组列表处理页面文件 GroupManage.aspx.cs 的功能是，进行页面初始化处理，显示系统内的用户组信息。其具体实现流程如下：

(1) 引入命名空间，声明 Hailfellow_GroupManage 类。
(2) 载入 Page_Load 进行初始化处理。
(3) 用户登录验证处理。
(4) 获取用户组 ID。
(5) 调用 BindPageData(int groupID)，获取并显示此用户组的信息。
(6) 根据用户操作重定向到对应的处理页面。
(7) 弹出确认删除对话框。
(8) 删除指定编号的用户组信息。

上述操作处理的具体运行流程如图 6-10 所示。

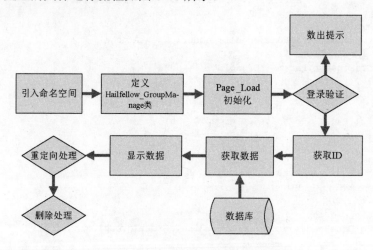

图 6-10 用户组管理列表处理运行流程

文件 GroupManage.aspx.cs 的主要代码如下：

```
///引入新的命名空间
using ASPNETAJAXWeb.AjaxInstantMessaging;
public partial class Hailfellow_GroupManage : System.Web.UI.Page
{
    int userID = -1;
    protected void Page_Load(object sender,EventArgs e)
    {   ///判断用户是否登录
        if(Session["UserID"] == null)
        {
            Response.Redirect("~/Login.aspx");
            return;
        }
        ///获取用户的ID值
        userID = Int32.Parse(Session["UserID"].ToString());
        if(!Page.IsPostBack)
```

```csharp
        {
            BindPageData(userID);
        }
    }
    private void BindPageData(int userID)
    {   ///读取数据
        Group group = new Group();
        DataSet ds = group.GetGroupByUser(userID);
        ///显示数据
        gvGroup.DataSource = ds;
        gvGroup.DataBind();
    }
    protected void btnAdd_Click(object sender,EventArgs e)
    {
        Response.Redirect("~/Hailfellow/AddGroup.aspx");
    }
    protected void gvGroup_RowCommand(object sender,GridViewCommandEventArgs e)
    {
        if(e.CommandName.ToLower() == "update")
        {   ///重定向到修改组页面
            Response.Redirect("~/Hailfellow/UpdateGroup.aspx?GroupID=" + e.CommandArgument.ToString());
            return;
        }
        if(e.CommandName.ToLower() == "del")
        {   ///删除选择的组
            Group group = new Group();
            if(group.DeleteGroup(Int32.Parse(e.CommandArgument.ToString())) > 0)
            {
                BindPageData(userID);
            }
            return;
        }
    }
    protected void gvGroup_RowDataBound(object sender,GridViewRowEventArgs e)
    {   ///添加删除确认的对话框
        ImageButton imgDelete = (ImageButton)e.Row.FindControl("imgDelete");
        if(imgDelete != null)
        {
            imgDelete.Attributes.Add("onclick","return confirm(\"您确认要删除当前行的组吗? \");");
        }
    }
}
```

6.9.4 客户检索模块

客户检索模块的功能是，提供系统用户检索表单，将指定关键字的用户信息迅速检索出来。上述功能的实现文件如下：

- 文件 SearchFellow.aspx
- 文件 SearchFellow.aspx.cs

信息检索处理页面文件 SearchFellow.aspx.cs 的功能是，将系统库内满足搜索表单关键字和搜索方式的用户信息检索出来。其具体实现流程如下：

(1) 引入命名空间，声明 Hailfellow_SearchFellow 类。
(2) 载入 Page_Load 进行初始化处理。
(3) 调用方法 GetUsers()，获取系统库内的用户数据。
(4) 根据搜索方式参数进行检索语句定义，具体说明如下：
- 参数 0：按照用户名称进行检索。
- 参数 1：按照用户别名称进行检索。
- 参数 2：按照用户名号码进行检索。
(5) 验证码验证，开始进行检索处理。
(6) 调用 ShowSearchResult()显示检索结果。

上述操作处理的具体运行流程如图 6-11 所示。

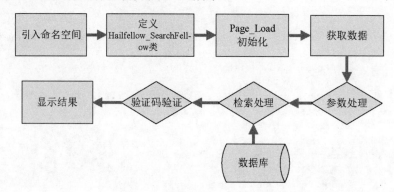

图 6-11 用户检索处理运行流程

文件 SearchFellow.aspx.cs 的主要代码如下：

```
///引入新的命名空间
using ASPNETAJAXWeb.AjaxInstantMessaging;
using System.Data.SqlClient;
using ASPNETAJAXWeb.ValidateCode.Page;
public partial class Hailfellow_SearchFellow : System.Web.UI.Page
{
    protected void Page_Load(object sender, EventArgs e)
    {
    }
    private void ShowSearchResult()
    {    ///获取数据
        ASPNETAJAXWeb.AjaxInstantMessaging.User user = new
ASPNETAJAXWeb.AjaxInstantMessaging.User();
        DataSet ds = user.GetUsers();
        if(ds == null || ds.Tables.Count <= 0 || ds.Tables[0].Rows.Count <= 0) return;
        if(string.IsNullOrEmpty(tbKey.Text) == true) return;
        ///搜索给定条件的用户
        DataView dv = ds.Tables[0].DefaultView;
        switch(ddlMethod.SelectedValue)
        {
            case "0":
                {    ///按用户名称搜索
                    dv.RowFilter = "Username LIKE '*" + tbKey.Text + "*'";
```

```
                    break;
                }
            case "1":
                {
                    ///按用户别名搜索
                    dv.RowFilter = "Aliasname LIKE '*" + tbKey.Text + "*'";
                    break;
                }
            case "2":
                {
                    ///按用户号码搜索
                    dv.RowFilter = "UserIdentity LIKE '*" + tbKey.Text + "*'";
                    break;
                }
            default: break;
        }
        dv.Sort = "UserIdentity";
        ///显示数据
        gvUser.DataSource = dv;
        gvUser.DataBind();
    }
    protected void btnCommit_Click(object sender,EventArgs e)
    {   ///初始化搜索结果数据
        gvUser.DataSource = null;
        gvUser.DataBind();
        lbMessage.Visible = false;
        if(Session[ValidateCode.VALIDATECODEKEY] != null)
        {   ///验证验证码是否相等
            if(tbCode.Text != Session[ValidateCode.VALIDATECODEKEY].ToString())
            {
                lbMessage.Text = "验证码输入错误,请重新输入";
                lbMessage.Visible = true;
                return;
            }
        }
        ///搜索用户
        ShowSearchResult();
    }
    protected void gvUser_RowCommand(object sender,GridViewCommandEventArgs e)
    {
        if(e.CommandName.ToLower() == "add")
        {   ///重定向到添加客户页面
            Response.Redirect("~/Hailfellow/AddFellow.aspx?FellowID=" + e.CommandArgument.ToString());
            return;
        }
    }
    protected void gvUser_PageIndexChanging(object sender,GridViewPageEventArgs e)
    {   ///重新显示数据
        gvUser.PageIndex = e.NewPageIndex;
        ShowSearchResult();
    }
}
```

方法 GetUsers()是文件 User.cs 内的一个数据库访问层方法,其功能是查询系统内所有用户的数据。其具体实现流程如下：
(1) 从系统配置文件Web.config内获取数据库连接参数，并将其保存在connectionString内。
(2) 使用连接字符串创建con对象，实现数据库连接。
(3) 新建SQL查询语句，获取系统库内所有用户的信息。
(4) 创建获取数据的对象da。
(5) 打开数据库链接获取数据，将获取数据保存在ds中。
(6) 操作成功返回ds。

上述功能的对应实现代码如下：

```csharp
public DataSet GetUsers()
    {
        string connectionString = ConfigurationManager.ConnectionStrings["SQLCONNECTIONSTRING"].ConnectionString;
        SqlConnection con = new SqlConnection(connectionString);
        ///创建SQL语句
        string cmdText = "SELECT * FROM [User]";
        ///创建SqlDataAdapter
        SqlDataAdapter da = new SqlDataAdapter(cmdText,con);
        ///定义DataSet
        DataSet ds = new DataSet();
        try
        {   ///打开连接
            con.Open();
            ///填充数据
            da.Fill(ds,"DataTable");
        }
        catch(Exception ex)
        {   ///抛出异常
            throw new Exception(ex.Message,ex);
        }
        finally
        {   ///关闭连接
            con.Close();
        }
        return ds;
    }
```

6.9.5 客户管理列表模块

客户管理列表模块的功能是，以列表的样式将系统库内某用户的客户信息显示出来，并提供管理链接对各用户组进行管理维护。上述功能的实现文件如下：

- 文件FellowManage.aspx
- 文件FellowManage.aspx.cs

客户管理列表处理文件FellowManage.aspx.cs的功能是，初始化载入页面，将指定用户的客户信息读取并显示出来。其具体实现流程如下：

(1) 引入命名空间，声明Hailfellow_FellowManage类。
(2) 载入Page_Load进行初始化处理。
(3) 用户登录验证判断。

(4) 定义 BindUserData，获取并显示对应的客户数据。

(5) 定义事件 gvUser_RowCommand(object sender,GridViewCommandEventArgs e)，进行对应操作处理。

(6) 弹出确认删除对话框。

(7) 执行删除处理。

上述操作处理的具体运行流程如图 6-12 所示。

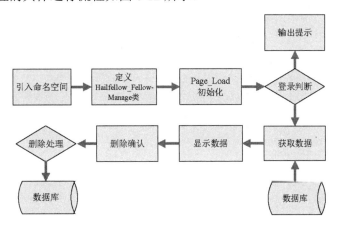

图 6-12　客户管理列表处理运行流程

文件 FellowManage.aspx.cs 主要实现代码如下：

```
///引入新的命名空间
using ASPNETAJAXWeb.AjaxInstantMessaging;
using System.Data.SqlClient;
public partial class Hailfellow_FellowManage : System.Web.UI.Page
{
    int userID = -1;
    protected void Page_Load(object sender,EventArgs e)
    {   ///判断用户是否登录
        if(Session["UserID"] == null)
        {
            Response.Redirect("~/Login.aspx");
            return;
        }
        ///获取用户的ID值
        userID = Int32.Parse(Session["UserID"].ToString());
        if(!Page.IsPostBack)
        {
            BindPageData(userID);
        }
    }
    private void BindPageData(int userID)
    {   ///读取数据
        Group group = new Group();
        DataSet ds = group.GetGroupByUser(userID);
        ///显示数据
        gvGroup.DataSource = ds;
        gvGroup.DataBind();
    }
    private void BindUserData(GridView gv,int groupID)
    {   ///获取组的用户
        GroupUser gu = new GroupUser();
```

```
            DataSet ds = gu.GetUserbyGroup(groupID);
        ///显示组用户信息
            gv.DataSource = ds;
            gv.DataBind();
    }
    protected void gvGroup_RowDataBound(object sender,GridViewRowEventArgs e)
    {   ///显示组的用户
            GridView gvUser = (GridView)e.Row.FindControl("gvUser");
            if(gvUser != null)
            {
    BindUserData(gvUser,Int32.Parse(gvGroup.DataKeys[e.Row.RowIndex].Value.ToString(
)));
            gvUser.EmptyDataText =
gvGroup.DataKeys[e.Row.RowIndex].Value.ToString();
            }
    }
    protected void gvUser_RowCommand(object sender,GridViewCommandEventArgs e)
    {
        if(e.CommandName.ToLower() == "del")
        {   ///删除组中的客户
            GroupUser groupUser = new GroupUser();
            int groupID = Int32.Parse(((GridView)sender).EmptyDataText);
    if(groupUser.DeleteGroupUser(groupID,Int32.Parse(e.CommandArgument.ToString())) >
0)
            {
                BindUserData((GridView)sender,groupID);
            }
            return;
        }
    }
    protected void gvUser_RowDataBound(object sender,GridViewRowEventArgs e)
    {   ///添加删除确认的对话框
            ImageButton imgDelete = (ImageButton)e.Row.FindControl("imgDelete");
            if(imgDelete != null)
            {
                imgDelete.Attributes.Add("onclick","return confirm(\"您确认要删除当前行的用
户吗? \");");
            }
    }
}
```

6.9.6 客户移动转换模块

客户移动转换模块的功能是使系统用户内对己的客户类别进行转换处理，以灵活地对客户信息进行维护。上述功能的实现文件如下：

- 文件 MoveFellow.aspx
- 文件 MoveFellow.aspx.cs

客户移动转换处理文件 MoveFellow.aspx.cs 的功能是，初始化载入页面，将指定用户的客户信息读取并显示出来。其具体实现流程如下：

(1) 引入命名空间，声明 Hailfellow_MoveFellow 类。
(2) 载入 Page_Load 进行初始化处理。
(3) 用户登录验证判断。
(4) 获取客户 ID 参数。

(5) 定义 BindUserData，获取并显示对应的客户数据。
(6) 定义事件 btnCommit_Click(object sender,EventArgs e)，进行移动操作处理。
(7) 输出移动成功提示对话框。

上述操作处理的具体运行流程如图 6-13 所示。

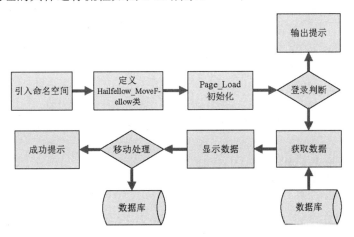

图 6-13　客户移动转换处理运行流程

文件 MoveFellow.aspx.cs 主要实现代码如下：

```
///引入新的命名空间
using ASPNETAJAXWeb.AjaxInstantMessaging;
using System.Data.SqlClient;
public partial class Hailfellow_MoveFellow : System.Web.UI.Page
{
    int userID = -1;
    int fellowID = -1;
    int oldGroupID = -1;
    protected void Page_Load(object sender,EventArgs e)
    {   ///判断用户是否登录
        if(Session["UserID"] == null)
        {
            Response.Redirect("~/Login.aspx");
            return;
        }
        ///获取用户的 ID 值
        userID = Int32.Parse(Session["UserID"].ToString());
        if(Request.Params["UserID"] != null)
        {
            fellowID = Int32.Parse(Request.Params["UserID"].ToString());
        }
        if(Request.Params["GroupID"] != null)
        {
            oldGroupID = Int32.Parse(Request.Params["GroupID"].ToString());
        }
        if(!Page.IsPostBack && userID > 0 && fellowID > 0)
        {
            BindPageData(userID,fellowID);
        }
    }
```

```csharp
private void BindPageData(int userID,int fellowID)
{   ///获取客户信息
    ASPNETAJAXWeb.AjaxInstantMessaging.User user = new ASPNETAJAXWeb.AjaxInstantMessaging.User();
    SqlDataReader dr = user.GetSingleUser(fellowID);
    if(dr == null) return;
    if(dr.Read())
    {   ///显示客户名称
        lbUsername.Text = dr["Username"].ToString();
    }
    dr.Close();
    ///读取数据
    Group group = new Group();
    DataSet ds = group.GetGroupByUser(userID);
    ///显示数据
    ddlGroup.DataSource = ds;
    ddlGroup.DataTextField = "Name";
    ddlGroup.DataValueField = "ID";
    ddlGroup.DataBind();
}
protected void btnCommit_Click(object sender,EventArgs e)
{   ///判断用户是否选择组
    if(ddlGroup.SelectedIndex <= -1)
    {
        AjaxInstantMessagingSystem.ShowAjaxDialog((Button)sender,"请选择客户移动的组");
        return;
    }
    ///添加客户
    GroupUser gu = new GroupUser();
    if(gu.UpdateGroupUser(oldGroupID,Int32.Parse(ddlGroup.SelectedValue),fellowID) > 0)
    {   ///显示添加客户成功信息
        AjaxInstantMessagingSystem.ShowAjaxDialog((Button)sender,"恭喜您,移动客户成功!");
    }
}
```

6.9.7 客户信息显示模块

客户信息显示模块的功能是,将系统内某用户的客户信息详细地显示出来。对应的实现文件如下:

- 文件 ShowFellowInfo.aspx
- 文件 ShowFellowInfo.aspx.cs

客户信息显示页面文件 ShowFellowInfo.aspx.cs 的功能是,初始化载入页面,将指定编号的客户信息读取并显示出来。其具体实现流程如下:

(1) 引入命名空间,声明 Hailfellow_ShowFellowInfo 类。
(2) 载入 Page_Load 进行初始化处理。
(3) 获取客户 ID 参数。
(4) 定义 BindUserData,获取并显示对应的客户数据。
(5) 定义页面关闭事件 btnCommit_Click(object sender,EventArgs e)。

第 6 章 东海地产内部交互系统

上述操作处理的具体运行流程如图 6-14 所示。

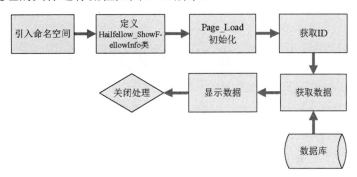

图 6-14 客户信息显示处理运行流程

文件 ShowFellowInfo.aspx.cs 主要实现代码如下：

```
///引入新的命名空间
using ASPNETAJAXWeb.AjaxInstantMessaging;
using System.Data.SqlClient;
public partial class Hailfellow_ShowFellowInfo : System.Web.UI.Page
{
    int userID = -1;
    protected void Page_Load(object sender,EventArgs e)
    {   ///获取用户的ID值
        if(Request.Params["UserID"] != null)
        {
            userID = Int32.Parse(Request.Params["UserID"].ToString());
        }
        if(!Page.IsPostBack && userID > 0)
        {   ///显示用户的信息
            BindPageData(userID);
        }
    }
    private void BindPageData(int userID)
    {   ///获取用户信息
        ASPNETAJAXWeb.AjaxInstantMessaging.User user = new ASPNETAJAXWeb.AjaxInstantMessaging.User();
        SqlDataReader dr = user.GetSingleUser(userID);
        if(dr == null) return;
        if(dr.Read())
        {   ///显示用户信息
            lbUsername.Text = dr["Username"].ToString();
            lbAliasname.Text = dr["Aliasname"].ToString();
            lbUserIdentity.Text = dr["UserIdentity"].ToString();
            lbEmail.Text = dr["Email"].ToString();
        }
        dr.Close();
    }
    protected void btnCommit_Click(object sender,EventArgs e)
    {
        Response.Write("<script>window.close();</script>");
    }
}
```

到此为止，完成了类别管理模块的编码工作。类别管理在 Web 项目中很常见，例如：新闻系统中有新闻类别，电子商务系统中有产品类别……看似很复杂，其实它们的实现原理都是一致的。只是在数据库中增加了一个类别表，我们能通过后台对类别信息进行管理。在添加那些分类信息时，增加一个类别值。例如添加新闻信息时，原来的添加表单可能分为标题、内容和时间，但是现在得分为标题、类别、内容和时间，即在数据库中增加了类别列。

6.10　系统团队处理模块

视频讲解　光盘：视频\第 6 章\系统团队处理模块.avi

系统团队处理模块的功能是，根据现实的客观需要，在系统内创建专门的团队实现企业特定的任务。并且根据现实状况的变化，对团队进行及时的管理、调整。本节将对上述功能文件的实现过程进行详细介绍。

6.10.1　添加团队模块

添加团队模块的功能是，向系统库内添加新的团队信息。上述功能的实现文件如下：

- 文件 AddCaboodle.aspx
- 文件 AddCaboodle.aspx.cs

客户添加处理页面文件 AddCaboodle.aspx.cs 的功能是，初始化载入页面，将获取表单的数据添加到系统库中。其具体实现流程如下：

(1) 引入命名空间，声明 Caboodle_AddCaboodle 类。
(2) 载入 Page_Load 进行初始化处理。
(3) 用户登录判断处理。
(4) Session 保存登录数据。
(5) 定义 btnCommit_Click(object sender,EventArgs e)，执行添加处理。
(6) 重定向管理列表界面。

上述操作处理的具体运行流程如图 6-15 所示。

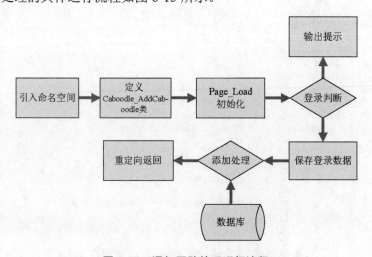

图 6-15　添加团队处理运行流程

文件 AddCaboodle.aspx.cs 主要实现代码如下：

```
///引入新的命名空间
```

第6章 东海地产内部交互系统

```
using ASPNETAJAXWeb.AjaxInstantMessaging;
public partial class Caboodle_AddCaboodle : System.Web.UI.Page
{
    int userID = -1;
    protected void Page_Load(object sender,EventArgs e)
    {   ///判断用户是否登录
        if(Session["UserID"] == null)
        {
            Response.Redirect("~/Login.aspx");
            return;
        }
        ///获取用户信息
        userID = Int32.Parse(Session["UserID"].ToString());
    }
    protected void btnCommit_Click(object sender,EventArgs e)
    {   ///添加群
        Caboodle caboodle = new Caboodle();
        if(caboodle.AddCaboodle(tbName.Text,userID,tbRemark.Text) > 0)
        {
            Response.Redirect("~/Caboodle/CaboodleManage.aspx");
        }
    }
}
```

6.10.2 团队修改处理模块

团队修改处理模块的功能是，对系统库内某编号的团队信息进行修改。上述功能的实现文件如下：

- 文件 UpdateCaboodle.aspx
- 文件 UpdateCaboodle.aspx.cs

团队修改处理页面文件 UpdateCaboodle.aspx.cs 的功能是，初始化载入页面，将指定编号的团队信息进行更新处理。其具体实现流程如下：

(1) 引入命名空间，声明 Caboodle_UpdateCaboodle 类。
(2) 载入 Page_Load 进行初始化处理。
(3) 获取团队的 ID 值。
(4) 定义 BindPageData(int caboodleID)，获取并显示原信息。
(5) 定义 btnCommit_Click(object sender,EventArgs e)，执行更新处理。
(6) 重定向管理列表界面。

上述操作处理的具体运行流程如图 6-16 所示。

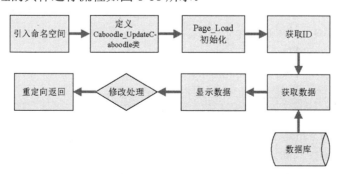

图 6-16 团队修改处理运行流程

文件 UpdateCaboodle.aspx.cs 主要实现代码如下：

```
///引入新的命名空间
using ASPNETAJAXWeb.AjaxInstantMessaging;
using System.Data.SqlClient;
public partial class Caboodle_UpdateCaboodle : System.Web.UI.Page
{
    int caboodleID = -1;
    protected void Page_Load(object sender, EventArgs e)
    {   ///获取群的ID值
        if(Request.Params["CaboodleID"] != null)
        {
            caboodleID = Int32.Parse(Request.Params["CaboodleID"].ToString());
        }
        if(!Page.IsPostBack && caboodleID > 0)
        {   ///显示群信息
            BindPageData(caboodleID);
        }
    }
    private void BindPageData(int caboodleID)
    {   ///读取数据
        Caboodle caboodle = new Caboodle();
        SqlDataReader dr = caboodle.GetSingleCaboodle(caboodleID);
        if(dr == null) return;
        ///显示数据
        if(dr.Read())
        {
            tbName.Text = dr["Name"].ToString();
            tbRemark.Text = dr["Remark"].ToString();
        }
        dr.Close();
    }
    protected void btnCommit_Click(object sender,EventArgs e)
    {   ///修改群
        Caboodle caboodle = new Caboodle();
        if(caboodle.UpdateCaboodle(caboodleID,tbName.Text,tbRemark.Text) > 0)
        {
            Response.Redirect("~/Caboodle/CaboodleManage.aspx");
        }
    }
}
```

6.10.3 团队管理列表模块

团队管理列表模块的功能是，对系统库内某用户的团队信息进行管理。团队管理列表模块的实现文件如下：

- 文件 CaboodleManage.aspx
- 文件 CaboodleManage.aspx.cs

团队管理列表处理页面文件 CaboodleManage.aspx.cs 的功能是，初始化载入页面，对指定编号的团队信息进行更新处理。其具体实现流程如下：

(1) 引入命名空间，声明 Caboodle_CaboodleManage 类。
(2) 载入 Page_Load 进行初始化处理。
(3) 用户登录验证判断。
(4) 定义 BindPageData(int userID)，获取并显示原信息。

第 6 章　东海地产内部交互系统

(5) 定义 gvCaboodle_RowCommand(object sender,GridViewCommandEventArgs e)，执行相应处理。

(6) 重定向返回列表界面。

上述操作处理的具体运行流程如图 6-17 所示。

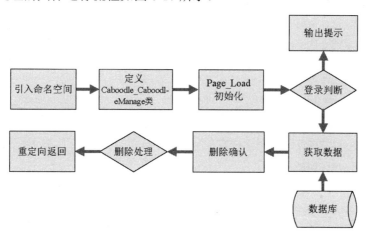

图 6-17　团队管理列表处理运行流程

文件 CaboodleManage.aspx.cs 主要实现代码如下：

```
///引入新的命名空间
using ASPNETAJAXWeb.AjaxInstantMessaging;
public partial class Caboodle_CaboodleManage : System.Web.UI.Page
{
    int userID = -1;
    protected void Page_Load(object sender,EventArgs e)
    {   ///判断用户是否登录
        if(Session["UserID"] == null)
        {
            Response.Redirect("~/Login.aspx");
            return;
        }
        ///获取用户的ID值
        userID = Int32.Parse(Session["UserID"].ToString());
        if(!Page.IsPostBack)
        {
            BindPageData(userID);
        }
    }
    private void BindPageData(int userID)
    {   ///读取数据
        Caboodle caboodle = new Caboodle();
        DataSet ds = caboodle.GetSelfCaboodleByUser(userID);
        if(ds == null || ds.Tables.Count <= 0) return;
        ///显示数据
        gvCaboodle.DataSource = ds;
        gvCaboodle.DataBind();
        if(ds.Tables[0].Rows.Count <= 0) btnAdd.Enabled = true;
        else btnAdd.Enabled = false;
    }
    protected void btnAdd_Click(object sender,EventArgs e)
    {
```

```
            Response.Redirect("~/Caboodle/AddCaboodle.aspx");
    }
    protected void gvCaboodle_RowCommand(object sender,GridViewCommandEventArgs e)
    {
        if(e.CommandName.ToLower() == "update")
        {   ///重定向到修改组页面
            Response.Redirect("~/Caboodle/UpdateCaboodle.aspx?CaboodleID=" +
e.CommandArgument.ToString());
            return;
        }
        if(e.CommandName.ToLower() == "del")
        {   ///删除选择的组
            Caboodle caboodle = new Caboodle();
            if(caboodle.DeleteCaboodle(Int32.Parse(e.CommandArgument.ToString())) > 0)
            {
                BindPageData(userID);
            }
            return;
        }
    }
    protected void gvCaboodle_RowDataBound(object sender,GridViewRowEventArgs e)
    {   ///添加删除确认的对话框
        ImageButton imgDelete = (ImageButton)e.Row.FindControl("imgDelete");
        if(imgDelete != null)
        {
            imgDelete.Attributes.Add("onclick","return confirm(\"您确认要删除当前行的组吗？\");");
        }
    }
}
```

6.10.4 加入团队处理模块

加入团队处理模块的功能是，使系统当前登录用户加入到客户的团队中。对应的实现文件如下：
- 文件 AddCaboodleUser.aspx
- 文件 AddCaboodleUser.aspx.cs

加入团队处理页面文件 AddCaboodleUser.aspx.cs 的功能是，初始化载入页面，将用户加入到其指定的团队中。其具体实现流程如下：

(1) 引入命名空间，声明 Caboodle_AddCaboodleUser 类。
(2) 载入 Page_Load 进行初始化处理。
(3) 用户登录验证判断。
(4) 定义 BindPageData(int userID)，获取并显示客户信息。
(5) 定义事件 gvUser_RowCommand(object sender,GridViewCommandEventArgs e)，执行对应处理。
(6) 重定向返回列表界面。

上述操作处理的具体运行流程如图 6-18 所示。

第 6 章 东海地产内部交互系统

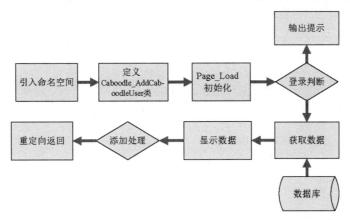

图 6-18 加入团队处理运行流程

文件 AddCaboodleUser.aspx.cs 的主要代码如下：

```csharp
///引入新的命名空间
using ASPNETAJAXWeb.AjaxInstantMessaging;
using System.Data.SqlClient;
public partial class Caboodle_AddCaboodleUser : System.Web.UI.Page
{
    int userID = -1;
    protected void Page_Load(object sender,EventArgs e)
    {    ///判断用户是否登录
        if(Session["UserID"] == null)
        {
            Response.Redirect("~/Login.aspx");
            return;
        }
        ///获取用户信息
        userID = Int32.Parse(Session["UserID"].ToString());
        if(!Page.IsPostBack && userID > 0)
        {
            BindPageData(userID);
        }
    }
    private void BindPageData(int userID)
    {    ///获取信息
        Caboodle caboodle = new Caboodle();
        DataSet ds = caboodle.GetSelfCaboodleByUser(userID);
        if(ds == null || ds.Tables.Count <= 0 || ds.Tables[0].Rows.Count <= 0) return;
        ///显示名称
        lbGroupName.Text = ds.Tables[0].Rows[0]["Name"].ToString();
        ///保存 ID 值
        ViewState["CaboodleIDKey"] = ds.Tables[0].Rows[0]["ID"].ToString();
        ///获取数据
        ASPNETAJAXWeb.AjaxInstantMessaging.User user = new ASPNETAJAXWeb.AjaxInstantMessaging.User();
        ///绑定并显示数据
        gvUser.DataSource = user.GetFellowNotInCaboodleByUser(userID);
        gvUser.DataBind();
    }
    protected void gvUser_RowCommand(object sender,GridViewCommandEventArgs e)
    {
        if(e.CommandName.ToLower() == "add")
        {
            if(ViewState["CaboodleIDKey"] != null)
```

```
                {
                    CaboodleUser caboodleUser = new CaboodleUser();
                    ///获取群的 ID 值
                    int caboodleID = Int32.Parse(ViewState["CaboodleIDKey"].ToString());
                    ///添加客户到团队
caboodleUser.AddCaboodleUser(caboodleID,Int32.Parse(e.CommandArgument.ToString()),4);
                    ///显示操作结果
                    AjaxInstantMessagingSystem.ShowAjaxDialog((Button)e.CommandSource,"
恭喜您,添加客户到群成功.");
                    ///重新显示数据
                    BindPageData(userID);
                }
                return;
        }
    }
    protected void gvUser_PageIndexChanging(object sender,GridViewPageEventArgs e)
    {    ///重新显示数据
        gvUser.PageIndex = e.NewPageIndex;
        BindPageData(userID);
    }
}
```

6.11 在线交互模块

视频讲解 光盘:视频\第 6 章\在线交互模块.avi

在线交互模块是整个项目的核心,在线交互和聊天系统的交互原理是一致的,当用户发表信息后,只需通过无刷新技术即可将信息显示出来。

6.11.1 系统主页显示模块

系统主页是一个框架页面,功能是调用框架页显示系统的用户分组列表,并实现用户的在线交互。主页内各构成框架文件如下:

- 文件 Default.aspx
- 文件 Default.aspx.cs
- 文件 Fellow.aspx
- 文件 Fellow.aspx.cs
- 文件 Header.aspx
- 文件 Desktop.aspx
- 文件 Desktop.aspx.cs

1. 主框架处理页面

主框架处理页面文件 Default.aspx.cs 的功能是,对登录用户进行登录判断处理,如果没有登录则返回登录表单界面。其主要代码如下:

```
public partial class _Default : System.Web.UI.Page
{
    protected void Page_Load(object sender, EventArgs e)
    { ///判断用户是否登录
        if(Session["UserID"] == null)
```

```
            {
                Response.Redirect("~/Login.aspx");
                return;
            }
        }
    }
```

2．分组列表显示处理页面

分组列表显示处理页面文件 Fellow.aspx.cs 的功能是，初始化载入页面，将用户加入到其指定的团队中。其具体实现流程如下：

(1) 引入命名空间，声明 Hailfellow_Fellow 类。

(2) 载入 Page_Load 进行初始化处理。

(3) 用户登录验证判断。

(4) 定义 BindPageData(int userID)，获取并显示客户组信息。

(5) 定义 BindUserData(DataList dl,int groupID)，获取并显示客户组内的对应客户信息。

上述操作处理的具体运行流程如图 6-19 所示。

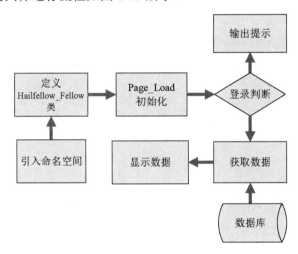

图 6-19　分组列表处理运行流程

文件 Fellow.aspx.cs 的主要代码如下：

```
///引入新的命名空间
using ASPNETAJAXWeb.AjaxInstantMessaging;
using System.Data.SqlClient;
public partial class Hailfellow_Fellow : System.Web.UI.Page
{
    int userID = -1;
    protected void Page_Load(object sender,EventArgs e)
    {   ///判断用户是否登录
        if(Session["UserID"] == null)
        {
            Response.Redirect("~/Login.aspx");
            return;
        }
        ///获取用户的 ID 值
        userID = Int32.Parse(Session["UserID"].ToString());
        if(!Page.IsPostBack)
```

```
            {
                BindPageData(userID);
            }
        }
        private void BindPageData(int userID)
        {   ///读取数据
            Group group = new Group();
            DataSet ds = group.GetGroupByUser(userID);
            ///显示数据
            gvGroup.DataSource = ds;
            gvGroup.DataBind();
        }
        private void BindUserData(DataList dl,int groupID)
        {   ///获取组中的用户
            GroupUser gu = new GroupUser();
            DataSet ds = gu.GetUserbyGroup(groupID);
            ///显示组中的用户
            dl.DataSource = ds;
            dl.DataBind();
        }
        protected void gvGroup_RowDataBound(object sender,GridViewRowEventArgs e)
        {   ///显示每一个组的用户
            DataList dlUser = (DataList)e.Row.FindControl("dlUser");
            if(dlUser != null)
            {   ///绑定数据

BindUserData(dlUser,Int32.Parse(gvGroup.DataKeys[e.Row.RowIndex].Value.ToString()));
            }
        }
}
```

6.11.2　一对一交互处理模块

一对一交互处理模块的功能是，实现系统内用户一对一的在线交互功能。上述功能的实现文件如下：

- 文件 Messaging.aspx
- 文件 Messaging.aspx.cs

一对一交互处理页面文件 Messaging.aspx.cs 的功能是，初始化载入页面，对用户的交互数据进行处理。其具体实现流程如下：

(1) 引入命名空间，声明 Messaging 类。
(2) 载入 Page_Load 进行初始化处理。
(3) 用户登录验证判断。
(4) 获取用户 ID，并显示用户数据。
(5) 保存当前用户进入系统的时间。
(6) 定义 ShowMessageData()，获取并显示交互信息。
(7) 定义 ShowMessageData()，将新发布数据显示出来。

上述操作处理的具体运行流程如图 6-20 所示。

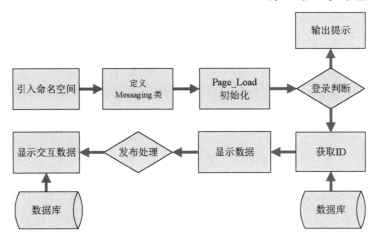

图 6-20　一对一交互处理运行流程

文件 Messaging.aspx.cs 的主要代码如下：

```csharp
///引入新的命名空间
using ASPNETAJAXWeb.AjaxInstantMessaging;
using System.Data.SqlClient;
using System.Text;
public partial class Messaging : System.Web.UI.Page
{
    int userID = -1;
    int fellowID = -1;
    protected void Page_Load(object sender,EventArgs e)
    {   ///判断用户是否登录
        if(Session["UserID"] == null)
        {
            Response.Redirect("~/Login.aspx");
            return;
        }
        ///获取用户的ID值
        userID = Int32.Parse(Session["UserID"].ToString());
        if(Request.Params["UserID"] != null)
        {
            fellowID = Int32.Parse(Request.Params["UserID"].ToString());
        }
        if(!Page.IsPostBack && userID > 0 && fellowID > 0)
        {   ///保存进入系统的时间
            ViewState["StartDate"] = DateTime.Now.ToString();
            BindPageData(userID,fellowID);
        }
        btnCommit.Enabled = (userID > 0 && fellowID > 0) ? true : false;
    }
    private void BindPageData(int userID,int fellowID)
    {   ///获取客户信息
        ASPNETAJAXWeb.AjaxInstantMessaging.User user = new ASPNETAJAXWeb.AjaxInstantMessaging.User();
        SqlDataReader dr = user.GetSingleUser(fellowID);
        if(dr == null) return;
        if(dr.Read())
        {   ///显示客户名称
            lbUsername.Text = "正在与团队：" + dr["Username"].ToString() + " 交互...";
        }
        dr.Close();
    }
```

```csharp
        private void ShowMessageData()
        {   ///获取所有消息
            MessageForSingle message = new MessageForSingle();
            DataSet ds = message.GetMessageByUser(userID,fellowID);
            if(ds == null || ds.Tables.Count <= 0 || ds.Tables[0].Rows.Count <= 0) return;
            ///过滤进入该交互室之前的消息，保留进入该交互室之后的消息
            DataView dv = ds.Tables[0].DefaultView;
            dv.RowFilter = string.Format("CreateDate >= '{0}'",DateTime.Parse(ViewState["StartDate"].ToString()));
            ///构建交互的消息
            StringBuilder sbMessage = new StringBuilder();
            foreach(DataRowView row in dv)
            {   ///设置一条消息
                string singleMessage = row["SenderName"].ToString() + " 在[" + row["CreateDate"].ToString() + "]发表: \n";
                singleMessage += "    " + row["Body"].ToString() + "\n";
                sbMessage.Append(singleMessage);
            }
            ///显示交互消息
            tbChatMessage.Text = sbMessage.ToString();
        }
        protected void btnCommit_Click(object sender,EventArgs e)
        {   ///发送消息
            MessageForSingle message = new MessageForSingle();
            if(message.AddMessage(tbMessage.Text,userID,fellowID) > 0)
            {   ///重新显示消息
                ShowMessageData();
            }
        }
        protected void tUser_Tick(object sender,EventArgs e)
        {   ///显示最新消息
            ShowMessageData();
        }
}
```

6.11.3 团队交互处理模块

团队交互处理模块的功能是，共同实现系统内某团队用户的在线交互功能。对应的实现文件如下：

- 文件 SelectCaboodle.aspx
- 文件 SelectCaboodle.aspx.cs
- 文件 CaboodleMessaging.aspx
- 文件 CaboodleMessaging.aspx.cs

1. 团队选择处理页面

文件 SelectCaboodle.aspx.cs 的功能是进行页面初始化处理，进入用户选择团队的交互界面。其具体实现流程如下：

(1) 引入命名空间，声明 Caboodle_CaboodleManage 类。
(2) 载入 Page_Load 进行初始化处理。
(3) 用户登录验证判断。
(4) 定义 BindPageData(int userID)，获取并显示团队信息。
(5) 重定向页面文件。

上述操作处理的具体运行流程如图 6-21 所示。

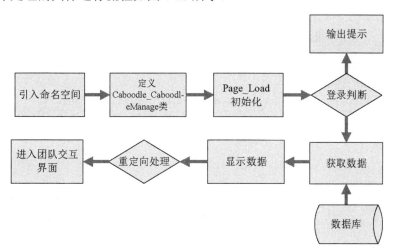

图 6-21 团队选择处理运行流程

文件 SelectCaboodle.aspx.cs 的主要代码如下：

```
///引入新的命名空间
using ASPNETAJAXWeb.AjaxInstantMessaging;
public partial class Caboodle_CaboodleManage : System.Web.UI.Page
{
    int userID = -1;
    protected void Page_Load(object sender,EventArgs e)
    {   ///判断用户是否登录
        if(Session["UserID"] == null)
        {
            Response.Redirect("~/Login.aspx");
            return;
        }
        ///获取用户的ID值
        userID = Int32.Parse(Session["UserID"].ToString());
        if(!Page.IsPostBack)
        {
            BindPageData(userID);
        }
    }
    private void BindPageData(int userID)
    {   ///读取数据
        Caboodle caboodle = new Caboodle();
        DataSet ds = caboodle.GetSelfCaboodleByUser(userID);
        if(ds == null || ds.Tables.Count <= 0) return;
        ///显示数据
        gvCaboodle.DataSource = ds;
        gvCaboodle.DataBind();
        if(ds.Tables[0].Rows.Count <= 0) btnAdd.Enabled = true;
        else btnAdd.Enabled = false;
    }
}
```

2. 团队交互处理页面

团队交互处理页面文件 CaboodleMessaging.aspx.cs 的功能是，初始化载入页面，对用户的交互数据进行处理。其具体实现流程如下：

(1) 引入命名空间，声明 CaboodleMessaging 类。
(2) 载入 Page_Load 进行初始化处理。
(3) 用户登录验证判断。
(4) 获取用户 ID，并显示用户数据。
(5) 保存进入系统的时间。
(6) 定义 BindPageData(int userID,int caboodleID)，初始化页面信息。
(7) 定义 ShowMessageData(int caboodleID)，获取并显示用户的交互信息。

上述操作处理的具体运行流程如图 6-22 所示。

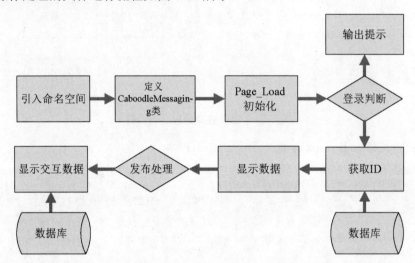

图 6-22　团队交互处理运行流程

文件 CaboodleMessaging.aspx.cs 的主要代码如下：

```
///引入新的命名空间
using ASPNETAJAXWeb.AjaxInstantMessaging;
using System.Data.SqlClient;
using System.Text;
using System.Collections.Generic;
public partial class CaboodleMessaging : System.Web.UI.Page
{
    int userID = -1;
    int caboodleID = -1;
    protected void Page_Load(object sender,EventArgs e)
    {   ///判断用户是否登录
        if(Session["UserID"] == null)
        {
            Response.Redirect("~/Login.aspx");
            return;
        }
        ///获取用户的 ID 值
        userID = Int32.Parse(Session["UserID"].ToString());
        if(Request.Params["CaboodleID"] != null)
        {
            caboodleID = Int32.Parse(Request.Params["CaboodleID"].ToString());
        }
        if(!Page.IsPostBack && userID > 0 && caboodleID > 0)
        {    ///保存进入交互室的时间
            ViewState["StartDate"] = DateTime.Now.ToString();
```

```csharp
            ///设置用户登录当前团队 InitCaboodleUser();
            ///显示消息和用户
            BindPageData(userID,caboodleID);
            ShowUserData();
        }
        btnCommit.Enabled = (userID > 0 && caboodleID > 0) ? true : false;
    }
    private void InitCaboodleUser()
    {   ///设置用户进入的团队 for(int i = 0; i < ASP.global_asax.Users.Count; i++)
        {
            if(ASP.global_asax.Users[i].UserID.ToString() ==
Session["UserID"].ToString())
            {
                ASP.global_asax.Users[i].CaboodleID = caboodleID;
                break;
            }
        }
    }
    private void ShowUserData()
    {   ///获取群交互团队的用户
        List<UserInfo> users = new List<UserInfo>();
        foreach(UserInfo ui in ASP.global_asax.Users)
        {
            if(ui.CaboodleID == caboodleID)
            {
                users.Add(ui);
            }
        }
        ///显示群交互室的用户
        lbUser.DataSource = users;
        lbUser.DataValueField = "UserID";
        lbUser.DataTextField = "Username";
        lbUser.DataBind();
    }
    private void BindPageData(int userID,int caboodleID)
    {   ///获取用户信息
        ASPNETAJAXWeb.AjaxInstantMessaging.User user = new
ASPNETAJAXWeb.AjaxInstantMessaging.User();
        SqlDataReader dr = user.GetSingleUser(userID);
        if(dr == null) return;
        string username = string.Empty;
        if(dr.Read())
        {   ///获取用户名称
            username = dr["Username"].ToString();
        }
        dr.Close();
        ///获取群信息
        Caboodle caboodle = new Caboodle();
        SqlDataReader drc = caboodle.GetSingleCaboodle(caboodleID);
        if(drc == null) return;
        if(drc.Read())
        {   ///读取并显示群的信息
            lbInfoMessage.Text = "用户 " + username + " 正在 " + drc["Name"].ToString()
+ " 群中交互...";
        }
        drc.Close();
    }
    private void ShowMessageData(int caboodleID)
    {   ///获取所有消息
        MessageForCaboodle message = new MessageForCaboodle();
```

```
            DataSet ds = message.GetMessageByCaboodle(caboodleID);
            if(ds == null || ds.Tables.Count <= 0 || ds.Tables[0].Rows.Count <= 0) return;
            ///过滤进入该交互室之前的消息,保留进入该交互室之后的消息
            DataView dv = ds.Tables[0].DefaultView;
            dv.RowFilter = string.Format("CreateDate >=
'{0}'",DateTime.Parse(ViewState["StartDate"].ToString()));
            ///构建交互的消息
            StringBuilder sbMessage = new StringBuilder();
            foreach(DataRowView row in dv)
            {   ///设置一条消息
                string singleMessage = row["SenderName"].ToString() + " 在[" +
row["CreateDate"].ToString() + "]发表: \n";
                singleMessage += "     " + row["Body"].ToString() + "\n";
                sbMessage.Append(singleMessage);
            }
            ///显示交互消息
            tbChatMessage.Text = sbMessage.ToString();
        }
        protected void btnCommit_Click(object sender,EventArgs e)
        {   ///发送消息
            MessageForCaboodle message = new MessageForCaboodle();
            if(message.AddMessage(tbMessage.Text,userID,caboodleID) > 0)
            {   ///重新显示消息
                ShowMessageData(caboodleID);
            }
        }
        protected void tUser_Tick(object sender,EventArgs e)
        {   ///显示最新消息和在线用户
            ShowMessageData(caboodleID);
            ShowUserData();
        }
}
```

6.11.4 文件发送模块

在.NET 框架类库的 System.IO 命名空间内，提供了专用的类来实现对文件系统的操作管理，包括常见的复制、删除、文件移动等操作。在 System.IO 命名空间中，和文件管理类相关的主要信息如下。

- System.MarshallByRefObject：访问远程处理的应用程序，可以在不同分布的程序之间调用数据。
- System.IO.FileSystemInfo：是类 FileInfo 和 DirectoryInfo 的基类，封装了文件和目录操作的全部方法。
- System.IO.File：提供了创建、复制、删除移动等文件处理的静态方法，并协同创建了对象 FileStream。
- System.IO.FileInfo：提供了创建、复制、删除移动等文件处理的静态方法，并协同创建了对象 FileStream。
- System.IO.Directory：提供了创建、复制、删除移动等文件处理的实例方法，并协同创建了对象 FileStream。
- System.IO.DirectoryInfo：提供了创建、移动、枚举目录和子目录的实例方法。
- System.IO.Path：对包含文件或目录路径的 String 实例进行跨平台方式的操作。
- System.Environment：设置当前运行环境平台的信息。

上述各个文件操作类型的对应关系如图 6-23 所示。

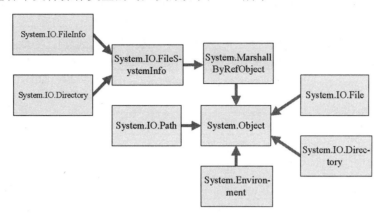

图 6-23　System.IO 命名空间文件操作类关系

因为上述各个文件操作类型都是静态类或封闭类，所以不能被继承。在 IO 内的 File 和 FilcInfo 类的功能类似，能够实现对文件的复制、移动、重命名、创建和打开等基本操作，并能获取和设置文件属性及文件创建、访问和写入操作的 DateTime 信息。类 File 中主要方法的具体说明如表 6-12 所示。

表 6-12　类 File 方法信息

方　　法	说　　明
AppendAllText	将指定字符串添加到文件中，如果文件不存在则创建该文件
AppendText	创建一个 Stream，将 WriteUTF-8 编码文件进行追加
Copy	将现有文件复制到新文件
Create	创建新文件
CreateText	创建或打开一个 UTF-8 编码的文件
Decrypt	解密用 Encrypt 加密的文件
Delete	删除指定文件
Encrypt	加密某文件
Exists	验证文件是否存在
GetAccessControl	获取一个 FileSecurity 对象
GetAttributes	获取文件的属性
GetCreationTime	获取文件或目录的创建时间
GetCreationTimeUtc	获取文件或目录的创建 UTC 格式时间
GetLastAccessTime	获取文件或目录的最后被访问时间
GetLastAccessTimeUtc	获取文件或目录的最后被访问的 UTC 格式时间
GetLastWriteTime	获取文件或目录的上次被写入的时间
GetLastWriteTimeUtc	获取文件或目录的上次被写入的 UTC 格式时间
Move	移动某文件

续表

方　法	说　明
Open	打开某路径上的 FileStream
OpenRead	打开文件并读取
OpenText	打开 UTF-8 编码文件并读取
OpenWrite	打开文件并写入
ReadAllBytes	打开文件并将内容读入一个字符串，然后将文件关闭
ReadAllLines	打开文件并将所有行读入一个字符串数组，然后将文件关闭
ReadAllText	打开文件并将所有行读入一个字符串，然后将文件关闭
Replace	替换某文件内容
SetAccessControl	对指定文件应用由 FileSecurity 对象描述的访问控制列表项
SetAttributes	设置某文件指定的 FileAttributes
SetCreationTime	设置创建文件的时间
SetCreationTimeUtc	设置创建文件的 UTC 格式时间
SetLastAccessTime	设置上次访问文件的时间
SetLastAccessTimeUtc	设置上次访问文件的 UTC 格式时间
SetLastWriteTime	设置上次写入文件的时间
SetLastWriteTimeUtc	设置上次写入文件的 UTC 格式时间
WriteAllBytes	创建新文件，并写入指定的字节数组，然后关闭文件
WriteAllLines	创建新文件，并写入指定的字符串，然后关闭文件
WriteAllText	创建新文件，并写入内容，然后关闭文件

类 FileInfo 的主要属性信息如表 6-13 所示。

表 6-13　类 FileInfo 属性信息

属　性	说　明
Attributes	获取设置当前 FileSystemInfo 的 FileAttributes
CreationTime	获取设置当前 FileSystemInfo 的创建时间
CreationTimeUtc	获取设置当前 FileSystemInfo 的 UTC 格式时间
Directory	解密用 Encrypt 加密的文件
DirectoryName	获取父目录实例
Exists	验证文件是否存在
Extension	获取文件扩展名字符串
FullName	获取文件或目录的完整名或目录
IsReadOnly	设置文件为只读
LastAccessTime	获取文件或目录的上次被访问的时间
LastAccessTimeUtc	获取文件或目录的上次被访问的 UTC 格式时间
LastWriteTime	获取文件或目录的上次被写入的时间

第6章 东海地产内部交互系统

续表

属 性	说 明
LastWriteTimeUtc	获取文件或目录的上次被写入的 UTC 格式时间
Length	获取文件的大小
Name	获取文件名

类 FileInfo 的主要方法信息如表 6-14 所示。

表 6-14 类 FileInfo 方法信息

方 法	说 明
AppendText	创建一个 StreamWriter
CopyTo	将现有文件复制到新文件
Create	创建新文件
CreateObjRef	创建远程代理对象
CreateText	创建、写入新文件的 StreamWriter
Decrypt	解密用 Encrypt 加密的文件
Delete	删除指定文件
Encrypt	加密某文件
GetAccessControl	获取 FileSecurity 对象
MoveTo	移动某文件
Open	打开某文件
OpenRead	创建只读 FileStream
OpenText	打开 UTF-8 编码文件并读取
OpenWrite	打开只写 FileStream
Replace	替换某文件内容
SetAccessControl	对指定文件应用由 FileSecurity 对象描述的访问控制列表项

文件发送模块的功能是，实现系统内用户间的文件传送功能。上述功能的实现文件如下：

- 文件 File.aspx
- 文件 File.aspx.cs

文件发送处理页面文件 File.aspx.cs 的功能是，初始化载入页面，对获取的传送文件数据进行处理。其具体实现流程如下：

(1) 引入命名空间，声明 FilePage 类。
(2) 载入 Page_Load 进行初始化处理。
(3) 用户登录验证判断。
(4) 获取用户 ID，并显示用户数据。
(5) 定义 BindPageData(int userID,int fellowID)，获取客户信息。
(6) 定义 btnCommit_Click(object sender,EventArgs e)事件，进行文件上载处理。
(7) 处理完毕，输出成功提示。

上述操作处理的具体运行流程如图 6-24 所示。

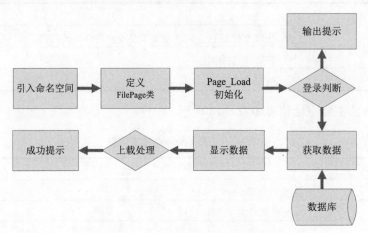

图 6-24　文件发送处理运行流程

文件 File.aspx.cs 的主要代码如下：

```
public partial class FilePage : System.Web.UI.Page
{
    int userID = -1;
    int fellowID = -1;
    protected void Page_Load(object sender,EventArgs e)
    {   ///判断用户是否登录
        if(Session["UserID"] == null)
        {
            Response.Redirect("~/Login.aspx");
            return;
        }
        ///获取用户的 ID 值
        userID = Int32.Parse(Session["UserID"].ToString());
        if(Request.Params["UserID"] != null)
        {
            fellowID = Int32.Parse(Request.Params["UserID"].ToString());
        }
        if(!Page.IsPostBack && userID > 0 && fellowID > 0)
        {
            BindPageData(userID,fellowID);
        }
    }
    private void BindPageData(int userID,int fellowID)
    {   ///获取好友信息
        ASPNETAJAXWeb.AjaxInstantMessaging.User user = new
ASPNETAJAXWeb.AjaxInstantMessaging.User();
        SqlDataReader dr = user.GetSingleUser(fellowID);
        if(dr == null) return;
        if(dr.Read())
        {   ///显示好友名称
            lbUsername.Text = dr["Username"].ToString();
        }
        dr.Close();
    }
    protected void btnCommit_Click(object sender,EventArgs e)
    {   ///判断上载文件的内容是否为空
        if(fuFile.HasFile == false || fuFile.PostedFile.ContentLength <= 0)
```

```
            {
                lbMessage.Text = "上载文件的内容为空,请重新选择文件!";
                return;
            }
            ///获取上载文件的属性,如类型、大小、名称等
            string type = fuFile.PostedFile.ContentType;
            int size = fuFile.PostedFile.ContentLength;
            string oldFileName =
Path.GetFileNameWithoutExtension(fuFile.PostedFile.FileName);
            ///创建基于时间的文件名称
            string fileName = AjaxInstantMessagingSystem.CreateDateTimeString();
            string extension = Path.GetExtension(fuFile.PostedFile.FileName);
            ///构建保存文件位置的路径
            string url = "Files/" + fileName + extension;
            ///映射为物理路径
            string fullPath = Server.MapPath(url);
            ///判断文件是否存在
            if(System.IO.File.Exists(fullPath) == true)
            {
                lbMessage.Text = "上载文件的已经存在,请重新选择文件!";
                return;
            }
            try
            {   ///上载文件
                fuFile.SaveAs(fullPath);
                ASPNETAJAXWeb.AjaxInstantMessaging.File file = new
ASPNETAJAXWeb.AjaxInstantMessaging.File();
                ///添加到数据库中
                if(file.AddFile(oldFileName,userID,fellowID,url,type,size) > 0)
                {
                    lbMessage.Text = "恭喜您,发送文件(" + oldFileName + ")给团队" +
lbUsername.Text + "成功。";
                }
            }
            catch(Exception ex)
            {   ///显示错误信息
                lbMessage.Text = "上载文件错误,错误原因为:" + ex.Message;
                return;
            }
        }
}
```

至此,整个企业在线交互系统的基本功能文件设计完毕,在此阶段我明白了邮件发送的真正原理。无论是发送文件还是发送邮件,在项目中都会经常遇到。下面是笔者收集的一个典型的邮件发送处理代码:

```
public void MailSend(string[] mails)
    {
        try
        {
            MailMessage message = new MailMessage();
            message.To.Add("收件人地址");
            /*在这里可以使用循环添加收件人*/

            message.CC.Add("抄送人地址列表");

            /*在这里可以使用循环添加收件人*/
            message.From = new MailAddress("发件人地址", "发件人姓名",
System.Text.Encoding.UTF8);
```

```
            /* 上面 3 个参数分别是发件人地址(可以随便写)，发件人姓名，编码*/
            message.Subject ="邮件的主题";
            message.IsBodyHtml = false;
            message.Body = "邮件的内容";

            string smtp = "smtp.yeah.net";//因为我用的是163的邮箱，所以这里用到的是用163的
            SmtpClient sc = new SmtpClient(smtp);//发送邮件用到的smtp主机(用不同的邮箱,stmp
定义则不同)
            sc.Credentials = new System.Net.NetworkCredential("邮箱的帐号","密码");//邮
箱账号与密码
            sc.Send(message);    //发送邮件
        }
        catch (SmtpException se)
        {
            Response.Write("<script>alert('"+se.ToString()+"');</script>");
        }
    }
```

6.12　项 目 调 试

视频讲解　光盘：视频\第 6 章\项目调试.avi

在调试时将本项目命名为 "kehu"，系统登录表单界面效果如图 6-25 所示。

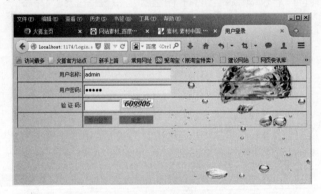

图 6-25　系统登录表单界面效果图

系统主页的显示效果如图 6-26 所示。

图 6-26　系统主页效果图

第 6 章　东海地产内部交互系统

系统在线交流界面效果如图 6-27 所示。

图 6-27　在线交流界面效果图

发布留言界面效果如图 6-28 所示。

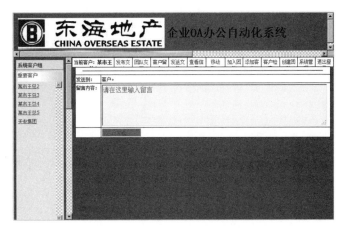

图 6-28　发布留言界面效果图

系统管理界面效果如图 6-29 所示。

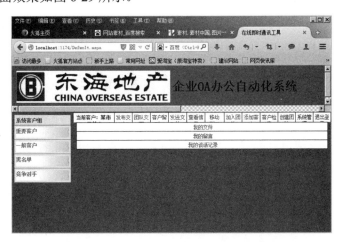

图 6-29　系统管理界面效果图

第 7 章　图文处理系统

在 Web 系统开发过程中，为满足系统的特殊需要，需要对系统内的图片和文件进行特殊处理。例如，常见的文件上传和创建图片水印等。本章将向读者介绍图文处理系统的运行流程，并通过具体的实例来讲解图文处理模块的具体实现过程。

赠送的超值电子书

061. 验证控件
062. RequiredFieldValidator 控件
063. RangeValidator 控件
064. CompareValidator 控件
065. CustomValidator 控件
066. ValidationSummary 控件
067. 用户控件
068. 一个简单的自定义控件
069. 子控件
070. 为什么推出验证控件

7.1 模块化编程思想

视频讲解 光盘：视频\第 7 章\模块化编程思想.avi

当今的软件开发领域，闭门造车的软件开发时代早已过去。在 C、Java、C#等程序开发过程中，几乎每位开发者都要依赖别人写的类库或框架。这种借助并复用他人提供的基础设施、框架以及类库的好处在于，使自己能够专注于应用本身的逻辑当中，这样缩短了软件开发所需的时间。利用别人现成的代码和框架的过程，其实就是遵循了模块化编程的原则。开发者要想使自己的开发效率更加高效，模块化编程必不可少。本节将引领大家一起探讨模块化编程的奥秘。

7.1.1 现实中的模块化编程

模块化编程是指将一个庞大的程序划分为若干个功能独立的模块，对各个模块进行独立开发，然后再将这些模块统一合并为一个完整的程序。这样可以缩短开发周期，提高程序的可读性和可维护性。

在 Java 语言开发领域，模块化编程最常见的是调用库函数。另外，Java 语言为了实现具体的功能，通过编写函数的方式来实现每一个具体功能，这种函数实现方式也遵循了模块化编程思想。由此可见，模块化编程就是将开发领域中的常见功能独立编码，以后在不同的项目中用到这个功能时，直接拿来使用即可。模块化编程思想的意义巨大，并最终推动了面向对象编程理念的产生。

在开发 Java 程序时，程序比较小或者功能比较简单时，不需要采用模块化编程。但是，当程序功能复杂、涉及的资源较多时，模块化编程就能体现它的优越性了，例如，地理的驱动程序和具体的大中型商业项目。在大型项目中，不建议将不同功能类型的程序全部集中在一个源文件里，这将导致主体程序臃肿且杂乱，降低了程序可读性、可维护性和代码的重用率。如果把这些不同类型的功能程序当作独立的模块放到主体工程进行模块化编程，效果就不一样了。这样可达到了美观、简洁、高效、易维护、易扩展的效果。

7.1.2 赢在面向对象——实现高内聚和低耦合代码

模块化编程思想的核心是高内聚和低耦合。内聚是从功能角度来度量模块内的联系，一个好的内聚模块应当恰好做一件事。它描述的是模块内的功能联系；而耦合是软件结构中各模块之间相互连接的一种度量，耦合强弱取决于模块间接口的复杂程度、进入或访问一个模块的点以及通过接口的数据。高内聚低耦合是判断设计好坏的标准，主要是面向对象的设计，看类的内聚性是否高，耦合度是否低。

软件架构设计的目的是在保持软件内在联系的前提下分解软件系统，降低软件系统开发的复杂性，而分解软件系统的基本方法无外乎分层和分割。但是在保持软件内在联系的前提下，如何分层分割系统，分层分割到什么样的力度，并不是一件容易的事，有各种各样的分解方法，比如：关注点分离、面向方面、面向对象、面向接口、面向服务、依赖注入，以及各种各样的设计原则等。

在软件架构领域，耦合可以分为以下几种，它们之间的耦合度由高到低排列如下。

(1) 内容耦合：有下列情形之一，两个模块就发生了内容耦合：
- 一个模块访问另一个模块的内部数据。
- 一个模块不通过正常入口而转到另一个模块的内部。
- 一个模块有多个入口。

(2) 公共耦合：当两个或多个模块通过公共数据环境相互作用时，它们之间的耦合称为公共环境耦合。

(3) 控制耦合：如果两个模块通过参数交换信息，交换的信息有控制信息，那么这种耦合就是控制耦合。

(4) 特征耦合：如果被调用的模块需要使用作为参数传递进来的数据结构中的所有数据时，那么把这个数据结构作为参数整体传送是完全正确的。但是，当把整个数据结构作为参数传递而使用其中一部分数据元素时，就出现了特征耦合。在这种情况下，被调用的模块可以使用的数据多于实际需要的数据，这将导致对数据的访问失去控制，从而给计算机犯错误提供机会。

(5) 数据耦合：如果两个模块通过参数交换信息，而且交换的信息仅仅是数据，那么这种耦合就是数据耦合。

在软件架构领域，内聚有如下几种，它们之间的内聚度由弱到强排列如下。

(1) 偶然内聚：模块中的代码无法定义其不同功能的调用。但它使该模块能执行不同的功能，这种模块称为巧合强度模块。

(2) 逻辑内聚：这种模块把几种相关的功能组合在一起，每次被调用时，由传送给模块的参数来确定该模块应该完成哪一种功能。

(3) 时间内聚：把需要同时执行的动作组合在一起形成的模块为时间内聚模块。

(4) 过程内聚：构件或者操作的组合方式是，允许在调用前面的构件或操作之后，马上调用后面的构件或操作，即使两者之间没有数据进行传递。

(5) 通信内聚：指模块内所有处理元素都在同一个数据结构上操作(有时称之为信息内聚)，或者指各处理使用相同的输入数据或者产生相同的输出数据。

(6) 顺序内聚：指一个模块中各个处理元素都密切相关于同一功能且必须顺序执行，前一功能元素输出就是下一功能元素的输入。

(7) 功能内聚：指共同完成同一功能，缺一不可，模块不可再分割。

"高内聚，低耦合"的系统有什么好处呢？事实上，短期来看，并没有很明显的好处，甚至短期内不会影响系统的开发进度，因为"高内聚，低耦合"的系统对开发设计人员提出了更高的要求。"高内聚，低耦合"的好处体现在系统持续发展的过程中，"高内聚，低耦合"的系统具有更好的重用性、维护性、扩展性，可以更高效地完成系统的维护开发，持续的支持业务的发展，而不会成为业务发展的障碍。

综上所述，模块化编程就是模块合并的过程，就是建立每个模块的头文件和源文件并将其加入到主体程序的过程。主体程序调用模块的函数是通过包含模块的头文件来实现，模块的头文件和源文件是模块密不可分的两个部分，缺一不可。所以，模块化编程必须提供每个模块的头文件和源文件。

7.2　组建团队

视频讲解　光盘：视频\第 7 章\组建团队.avi

对于本图文处理项目，客户提出了如下两点要求：
(1) 能够实现对图片的一些简单处理；
(2) 能够对上传的图片进行基本管理操作。
本项目开发团队成员的具体职能结构说明如下。

- 软件工程师 A：负责前期功能分析，策划构建系统模块，网站架构，前台网页设计。
- 软件工程师 B：负责整个项目的后台程序设计，包括数据库设计、编码、后期项目调试和站点发布。

整个项目的具体开发流程如图 7-1 所示。

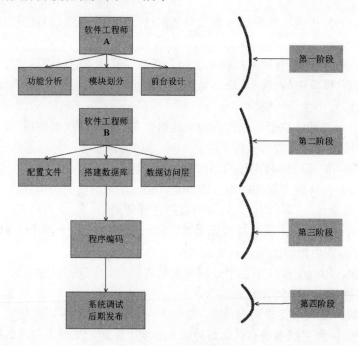

图 7-1　职责流程

7.3　项目规划分析

视频讲解　光盘：视频\第 7 章\项目规划分析.avi

　　Web 站点的用户图文处理系统比较简单，其主要功能是对系统数据进行验证处理，如果数据非法则不能登录；如果系统合法则可以登录。但是在实现过程中，往往会根据当前情况的特定需求，编写特定的功能模块来实现特定验证。例如常见的验证码文件和注销登录等。

7.3.1 图文处理模块的功能原理

作为一个完整图文处理系统，必须具备如下功能模块。
(1) 预先设置处理表单，实现指定文件格式的上传处理；
(2) 为确保文件的版权信息，为上传文件创建水印图片；
(3) 为减少上传文件的占用空间，为上传文件创建缩略图；
(4) 为方便用户浏览系统文件，设置专用检索系统来迅速查找指定上传文件。

7.3.2 图文处理系统的构成模块

一个典型用户图文处理系统的构成模块如下：
- 文件上传模块：提供上传表单，实现指定文件的上传处理。
- 创建缩略图模块：创建指定文件的缩略图。
- 创建水印图模块：创建指定图片的水印图。
- 搜索模块：供用户迅速检索到指定的文件。

上述应用模块的具体运行流程如图 7-2 所示。

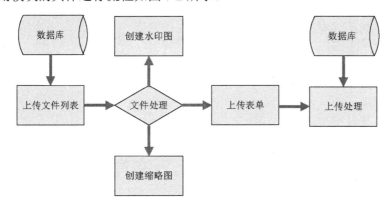

图 7-2　图文处理系统运行流程

7.4 规划项目文件

视频讲解　光盘：视频\第 7 章\规划项目文件.avi

新建文件夹 Tuwen 和 data 来保存项目的实现文件，其中文件夹 Tuwen 用于保存系统的项目文件；而文件夹 data 也能够保存系统的数据库文件。各个构成模块实现文件的具体说明分别如下：

- 系统配置文件：用来对项目程序进行总体配置。
- 系统设置文件：用来对项目内程序进行总体设置。
- 数据库文件：用来搭建系统数据库平台，保存系统上传文件的数据。
- 系统文件列表：用来将系统内的上传文件以列表样式显示出来。

- 上传处理模块文件：用来提供图片上传表单，将指定图片上传到指定位置。包括上传表单文件和上传处理文件。
- 验证码处理文件：用来提供验证码显示效果，具体可以通过两种方式实现。
  ◆ 创建缩略图模块文件：用来创建指定图片的缩略图。
  ◆ 创建水印图模块文件：用来创建指定图片的水印图。

上述项目文件在 Visual Studio 2013 资源管理器中的效果如图 7-3 所示。

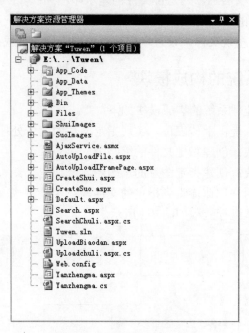

图 7-3 资源管理器效果图

7.5 系统配置文件

视频讲解 光盘：视频\第 7 章\系统配置文件.avi

系统配置文件 Web.config 的主要功能是设置数据库的连接参数，并配置整个系统与 Ajax 服务器的相关内容。

7.5.1 配置连接字符串参数

配置连接字符串参数即设置系统程序连接数据库的参数，其对应实现代码如下：

```
<connectionStrings>
    <add name="SQLCONNECTIONSTRING" connectionString="data source=GUAN\AAA;user id=sa;pwd=888888;database=tuwen" providerName="System.Data.SqlClient"/>
</connectionStrings>
```

其中，source 用来设置连接的数据库服务器；user id 和 pwd 分别用来指定数据库的登录名和密码；database 用来设置连接数据库的名称。

7.5.2 配置 Ajax 服务器参数

配置 Ajax 服务器参数即配置 Ajax Control Toolkit 程序集参数,为 AjaxControlToolkit.dll 程序集提供了一个前缀字符串"AjaxControlToolkit"。这样,系统页面在引用 AjaxControlToolkit.dll 中的控件时,不需要额外添加<Register>代码。上述功能在<controls>元素内的对应实现代码如下:

```
<pages>
    <controls>
      <add namespace="AjaxControlToolkit" assembly="AjaxControlToolkit" tagPrefix="ajaxToolkit"/>
      <add tagPrefix="asp" namespace="System.Web.UI" assembly="System.Web.Extensions, Version=1.0.61025.0, Culture=neutral, PublicKeyToken=31bf3856ad364e35"/>
    </controls>
</pages>
```

7.5.3 系统设置文件

本实例的系统设置文件是 ASPNETAJAXWeb.cs,其主要功能是设置系统内数据函数的参数。即设置上传文件的存放目录、缩略图的存放目录、水印图的存放目录,创建缩略图的宽度和高度,设置每次上传文件的数量限制,允许上传文件类型的限制,允许上传图片类型的限制。

文件 ASPNETAJAXWeb.cs 的主要代码如下:

```
namespace ASPNETAJAXWeb.AjaxFileImage
{
    public class AjaxFileImageSystem
    {
        /// 存放文件的地址
        public const string STOREFILEPATH = "Files/";
        /// 存放缩略图的地址
        public const string STORETHUMBIMAGEPATH = "SuoImages/";
        /// 存放水印图片的地址
        public const string STROEWATERMARKIMAGEPATH = "ShuiImages/";
        /// 缩略图的默认宽度
        public const int THUMBWIDTH = 200;
        public const int THUMBHEIGHT = 150;
        /// 每次最大上载文件的数量
        public const int MAXFILECOUNT = 10;
        /// 允许上载的文件类型
        public static string[] ALLOWFILELIST = new string[]{
            ".ani",".arj",".avi",".awd",
            ".bak",".bas",".bin",".cab",
            ".cpx",".dbf",".dll",".doc",
            ".dwg",".fon",".gb",".gz",
            ".hqx",".htm",".html",".js",
            ".lnk",".m3u",".mp3",".mpeg",
            ".mpg",".njx",".pcb",".pdf",
            ".ppt",".ps",".psd",".pub",
            ".qt",".ram",".rar",".sch",".scr",
            ".sit",".swf",".sys",".tar",".tmp",
            ".ttf",".txt",".vbs",".viv",".vqf",
            ".wav",".wk1",".wq1",".wri",".xls",
            ".zip",".bmp",".cur",".gif",".ico",
```

```
            ".jpg",".jpeg",".mht",".pdf",".png"
        };
        /// 允许上载的图像类型
        public static string[] ALLOWIMAGELIST = new string[]{
            ".bmp",".cur",".gif",".ico",".jpg",".jpeg",".png"
        };
/// 缩略图的缩放方式
    public enum ThumbMode
    {
        FixedWidth = 0,                         ///指定缩略图的宽度
        FixedHeight = 1,                        ///指定缩略图的高度
        FixedWidthHeight = 2,                   ///指定缩略图的宽度和高度
        FixedRatio = 3                          ///指定缩略图与原图的比率
    }
```

> **注意**：在上述设置文件中，我可以根据个人需要对各参数随意进行修改，例如缩略图的大小，各种上传文件的保存路径，各种处理文件的保存路径，上传文件的格式、大小限制等。

7.6 搭建数据库

视频讲解 光盘：视频\第7章\搭建数据库.avi

因为用户图片数量的不确定性，我决定采用 SQL Server 2008 数据库，并创建了一个名为"tuwen"的数据库。

tuwen 库内只有一个表 File，其具体设计结构如表 7-1 所示。

表 7-1 系统上传数据信息表(File)

字段名称	数据类型	是否主键	默 认 值	功能描述
ID	int	是	递增 1	编号
Title	varchar(200)	否	Null	用户名
Url	varchar(255)	否	Null	密码
Type	varchar(50)	否	Null	标识状态
Size	int	否	Null	大小
CreateDate	datetime	否	Null	时间

7.7 数据访问层

视频讲解 光盘：视频\第7章\数据访问层.avi

在数据库访问层阶段需要做好系统可扩展性的准备工作，避免有意外发生。本系统应用程序的数据库访问层由文件 ssssss.cs 实现，其主要功能是在 ASPNETAJAXWeb.AjaxFileImage 空间内建立 FileImage 类，并实现对上传文件在数据库中的处理。

数据访问层是.NET 框架的核心知识，建立合理的数据库访问层结构，可以提高系统的

第 7 章 图文处理系统

效率,并为后期维护带来极大的方便。通过实现数据的访问模式,达到对物理数据库中的表、视图等的访问。应用程序对数据库的访问有如下 3 种方式:

(1) 事务脚本:存储过程。
(2) ORM:对象-关系映射。
(3) 表模型:以物理数据表为基本单位进行访问,类似 .NET 中的 DataTable。

由此可见,在.NET 中第三种方式更容易实现。因为表和视图有很多相似处,不同的是视图是只读的。通过表模型可以很好地解决实现和表现的结合,并解决效率问题,这在大型站点中十分重要。

7.7.1 数据访问层——定义 FileImage 类

本功能模块的数据访问层功能由文件 User.cs 实现,其主要功能是在 ASPNETAJAXWeb.AjaxInstantMessaging 空间内,建立 UserInfo 类和 User 类,并定义多个方法实现对数据库中用户数据的处理。在文件 Product.cs 中,与用户登录验证模块相关的方法如下:

定义 FileImage 类的实现代码如下:

```
using System;
using System.Data;
using System.Configuration;
using System.Data.SqlClient;
namespace ASPNETAJAXWeb.AjaxFileImage
{
    public class FileImage
    {
        public FileImage()
        {
            ...
        }
```

7.7.2 数据访问层——获取上传文件信息

获取上传文件信息即获取系统库内已上传的文件信息,其功能是由方法 GetFiles()实现的。方法 GetFiles()的具体实现流程如下:

(1) 从系统配置文件 Web.config 内获取数据库连接参数,并将其保存在 connectionString 内。
(2) 使用连接字符串创建 con 对象,实现数据库连接。
(3) 新建获取数据库数据的 SQL 查询语句。
(4) 创建获取数据的对象 da。
(5) 打开数据库连接,获取查询数据。
(6) 将获取的查询结果保存在 ds 中,并返回 ds。

上述功能的对应实现代码如下:

```
public DataSet GetFiles()
{
    ///获取连接字符串
    string connectionString = ConfigurationManager.ConnectionStrings["SQLCONNECTIONSTRING"].ConnectionString;
    ///创建连接
    SqlConnection con = new SqlConnection(connectionString);
    ///创建SQL语句
    string cmdText = "SELECT * FROM [File]";
```

```
            SqlDataAdapter da = new SqlDataAdapter(cmdText,con);
            ///定义DataSet
            DataSet ds = new DataSet();
            try
            {
                con.Open();
                ///填充数据
                da.Fill(ds,"DataTable");
            }
            catch(Exception ex)
            {   ///抛出异常
                throw new Exception(ex.Message,ex);
            }
            finally
            {   ///关闭连接
                con.Close();
            }
            return ds;
        }
```

在本项目的编码过程中，多次用到了数据操作技术。在C#程序中，初学者容易混淆和数据操作相关的技术。在开发本项目的过程中，因为笔者当时的基本功不够扎实，所以在开发初期的工作进度徘徊不前，有些看似简单的问题却浪费了很长时间去解决。那时的我深深体会到了扎实基本功的重要性，所以我暗下决心以后要刻苦学习，一定要把基础打牢固。其实，信心源自实力，如果没有实力，就会心中发虚。笔者当时的亲身体验，也算给广大读者一个提醒。

7.7.3 数据访问层——添加上传文件信息

添加上传文件信息即将新上传文件添加到系统库中，其功能是由方法AddFile(string title,string url,string type,int size)实现的。方法AddFile(string title,string url,string type,int size)的具体实现流程如下：

(1) 从系统配置文件Web.config内获取数据库连接参数，并将其保存在connectionString内。
(2) 使用连接字符串创建con对象，实现数据库连接。
(3) 使用SQL添加语句，然后创建cmd对象准备插入操作。
(4) 打开数据库连接，执行新数据插入操作。
(5) 将数据插入操作所涉及的行数保存在result中。
(6) 插入成功则返回result值，失败则返回-1。

上述功能的对应实现代码如下：

```
public int AddFile(string title,string url,string type,int size)
        {   ///获取连接字符串
            string connectionString = ConfigurationManager.ConnectionStrings["SQLCONNECTIONSTRING"].ConnectionString;
            SqlConnection con = new SqlConnection(connectionString);
            ///创建SQL语句
            string cmdText = "INSERT INTO [File](Title,Url,[Type],[Size],CreateDate)VALUES(@Title,@Url,@Type,@Size,GETDATE())";
            ///创建SqlCommand
            SqlCommand cmd = new SqlCommand(cmdText,con);
            ///创建参数并赋值
```

```
            cmd.Parameters.Add("@Title",SqlDbType.VarChar,200);
            cmd.Parameters.Add("@Url",SqlDbType.VarChar,255);
            cmd.Parameters.Add("@Type",SqlDbType.VarChar,50);
            cmd.Parameters.Add("@Size",SqlDbType.Int,4);
            cmd.Parameters[0].Value = title;
            cmd.Parameters[1].Value = url;
            cmd.Parameters[2].Value = type;
            cmd.Parameters[3].Value = size;
            int result = -1;
            try
            {
                con.Open();
                result = cmd.ExecuteNonQuery();
            }
            catch(Exception ex)
            {   ///抛出异常
                throw new Exception(ex.Message,ex);
            }
            finally
            {   ///关闭连接
                con.Close();
            }
            return result;
        }
```

7.7.4 数据访问层——删除上传文件信息

删除上传文件信息即将系统内已上传的文件从系统库中删除，其功能是由方法 DeleteFile(int fileID)实现的。方法 DeleteFile(int fileID)的具体实现流程如下：

（1）从系统配置文件 Web.config 内获取数据库连接参数，并将其保存在 connectionString 内。
（2）使用连接字符串创建 con 对象，实现数据库连接。
（3）使用 SQL 删除语句，然后创建 cmd 对象准备删除操作。
（4）打开数据库连接，执行新数据删除操作。
（5）将数据删除操作所涉及的行数保存在 result 中。
（6）删除成功则返回 result 值，失败则返回-1。

上述功能的对应实现代码如下：

```
        public int DeleteFile(int fileID)
        {
            string connectionString = ConfigurationManager.ConnectionStrings["SQLCONNECTIONSTRING"].ConnectionString;
            SqlConnection con = new SqlConnection(connectionString);
            ///创建 SQL 语句
            string cmdText = "DELETE [File] WHERE ID = @ID";
            SqlCommand cmd = new SqlCommand(cmdText,con);
            ///创建参数并赋值
            cmd.Parameters.Add("@ID",SqlDbType.Int,4);
            cmd.Parameters[0].Value = fileID;
            int result = -1;
            try
            {
                con.Open();
                ///操作数据
                result = cmd.ExecuteNonQuery();
```

```
        }
        catch(Exception ex)
        {   ///抛出异常
            throw new Exception(ex.Message,ex);
        }
        finally
        {   ///关闭连接
            con.Close();
        }
        return result;
    }
}
```

在软件系统中,耦合是指软件系统结构中各模块间相互联系紧密程度的一种度量。模块之间联系越紧密,其耦合性就越强,模块的独立性则越差。模块间耦合性高低取决于模块间接口的复杂性、调用的方式及传递的信息。为了实现本系统的低耦合性,在当初规划系统函数时,我特意设置了一个函数只实现一个功能。

例如在上面的添加、删除和获取文件操作中,完全可以在同一个函数中实现上述三个功能,具体实现方法是通过 else 分支语句进行判断并分别处理。但是这样做会提高耦合性,当后期需要升级某一个功能时,整个函数的改动量会比较大。为了遵循模块化设计和低耦合思想,我特意设置一个函数只实现一个功能。

7.8　系统文件列表显示模块

视频讲解 光盘:视频\第 7 章\系统文件列表显示模块.avi

系统文件列表显示模块的功能是,将系统库内存在的上传文件以列表的样式显示出来。上述功能是由如下两个文件实现的:
- 文件 Default.aspx
- 文件 Default.aspx.cs

7.8.1　列表显示页面

文件 Default.aspx 的功能是,插入专用控件,将系统内数据读取并显示出来。其具体实现流程如下:
(1) 插入 1 个 GridView 控件,以列表样式显示库内的数据。
(2) 插入 2 个 ImageButton 控件分别作为缩略图和水印图的激活按钮。
(3) 调用 Ajax 程序集内的 HoverMenuExtender 控件,实现动态显示缩略图功能。
(4) 调用 Ajax 程序集内的 HoverMenuExtender 控件,实现动态显示水印图功能。

7.8.2　列表处理页面

文件 Default.aspx.cs 的功能是获取并显示系统库内的数据,然后根据用户激活按钮进行相应的重定向处理。其具体实现流程如下:
(1) 定义 BindPageData,获取并显示库内数据。

(2) 定义 gvFile_PageIndexChanging，设置新页面并绑定数据。
(3) 定义 FormatImageButtonVisible，对获取地址进行判断处理。
(4) 定义 gvFile_RowCommand，根据用户需求进行页面重定向处理。

上述操作的运行流程如图 7-4 所示。

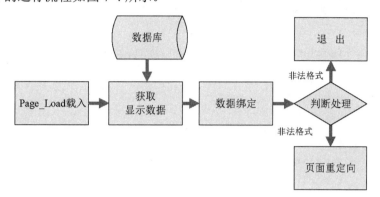

图 7-4　列表处理流程

文件 Default.aspx.cs 的主要代码如下：

```csharp
///引入新的命名空间
using ASPNETAJAXWeb.AjaxFileImage;
public partial class Default : System.Web.UI.Page
{
    protected void Page_Load(object sender, EventArgs e)
    {
        if(!Page.IsPostBack)
        {
            BindPageData();
        }
    }
    private void BindPageData()
    {   ///获取数据
        FileImage file = new FileImage();
        DataSet ds = file.GetFiles();
        ///显示数据
        gvFile.DataSource = ds;
        gvFile.DataBind();
    }
    protected void gvFile_PageIndexChanging(object sender,GridViewPageEventArgs e)
    {
        gvFile.PageIndex = e.NewPageIndex;
        BindPageData();
    }
    protected bool FormatImageButtonVisible(string url)
    {   ///判断URL是否为空
        if(string.IsNullOrEmpty(url) == true) return false;
        ///获取文件扩展名
        string extension = url.Substring(url.LastIndexOf("."));
        ///判断文件是否为图像
        foreach(string ext in AjaxFileImageSystem.ALLOWIMAGELIST)
```

```
            {
                if(extension.ToLower() == ext.ToLower())
                {
                    return true;
                }
            }
            return false;
        }
        protected void gvFile_RowCommand(object sender,GridViewCommandEventArgs e)
        {
            if(e.CommandName == "thumb")
            {   ///到创建缩略图页面
                Response.Redirect("~/CreateSuo.aspx?SourceImageUrl=" +
e.CommandArgument.ToString());
            }
            if(e.CommandName == "watermark")
            {   ///到创建水印图页面
                Response.Redirect("~/CreateShui.aspx?SourceImageUrl=" +
e.CommandArgument.ToString());
            }
        }
        protected void gvFile_SelectedIndexChanged(object sender, EventArgs e)
        {
        }
}
```

上述列表模块页面设计完毕后,最终显示效果如下:页面载入后将首先按照指定样式显示系统文件列表,如图 7-5 所示;当鼠标指针置于某图片文件后的缩略图图标 上时,将动态显示此图片的缩略图,如图 7-6 所示;当鼠标指针置于某图片文件后的水印图图标 上时,将动态显示此图片的水印图,如图 7-7 所示。

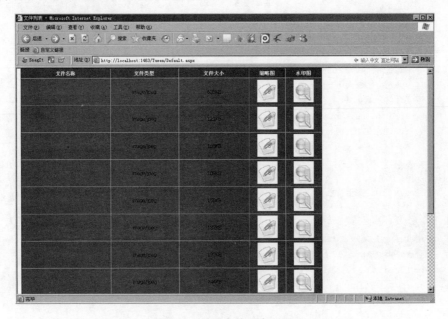

图 7-5　系统文件列表页面

第 7 章 图文处理系统

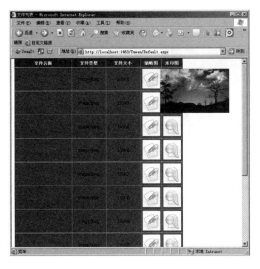

图 7-6 动态显示缩略图

图 7-7 动态显示水印图

在本模块程序的实现过程中，充分使用了 AjaxControlToolkit.dll 程序集内的 HoverMenuExtender 控件，实现了缩略图和水印图的动态显示效果。但是，并不是所有的列表文件都将动态显示其缩略图或水印图。只有通过 FormatImageButtonVisible(string url)判断后，并且确定有对应缩略图或水印图时才显示。而且系统的上传文件并不都是图片格式。

7.9 创建缩略图模块

视频讲解 光盘：视频\第 7 章\创建缩略图模块.avi

在本项目中，创建缩略图模块功能是由如下两个文件实现的：
- 文件 CreateSuo.aspx
- 文件 CreateSuo.aspx.cs

其中，文件 CreateSuo.aspx 是一个中间页面,其功能是调用缩略处理文件 CreateSuo.aspx.cs；文件 CreateSuo.aspx.cs 的功能是，创建系统内指定图片的缩略图。本实例创建系统图片缩略图的实现流程如下：

(1) 单击列表页面的 图标，应用程序进行页面重定向处理。
(2) 激活页面 CreateSuo.aspx.cs，引入命名空间 Drawing 和 AjaxFileImage。
(3) Page_Load 初始化处理，获取源图文件的地址，并保存在 url 中。
(4) 根据 url 创建缩略图的保存地址。
(5) 调用函数 CreateThumbImage 创建图片的缩略图。

文件 CreateSuo.aspx.cs 的主要代码如下：

```
///引入新的命名空间
using System.Drawing;
using ASPNETAJAXWeb.AjaxFileImage;
public partial class CreateThumb : System.Web.UI.Page
{
    private string url = string.Empty;
```

```csharp
protected void Page_Load(object sender, EventArgs e)
{   ///获取被创建缩略图图像的地址
    if(Request.Params["SourceImageUrl"] != null)
    {
        url = Request.Params["SourceImageUrl"].ToString();
    }
    if(string.IsNullOrEmpty(url) == true)return;
    ///设置源图和缩略图的地址
    string sourcePath = Server.MapPath(AjaxFileImageSystem.STOREFILEPATH + url);
    string thumbUrl = AjaxFileImageSystem.STORETHUMBIMAGEPATH + url;
    string thumbPath = Server.MapPath(thumbUrl);
    ///创建缩略图
    CreateThumbImage(sourcePath,thumbPath,
        AjaxFileImageSystem.THUMBWIDTH,
        AjaxFileImageSystem.THUMBHEIGHT,
        ThumbMode.FixedRatio);
    ///输出缩略图的信息
    Response.Write("创建图像(" + url + ")的缩略图成功,保存文文件:" + thumbUrl + "<br />");
    ///显示缩略图片
    imgThumb.ImageUrl = thumbUrl;
}
/// 创建缩略图
private void CreateThumbImage(string sourcePath,string thumbPath,int width,int height,
    ThumbMode mode)
{
    Image sourceImage = Image.FromFile(sourcePath);
    ///原始图片的宽度和高度
    int sw = sourceImage.Width;
    int sh = sourceImage.Height;
    ///缩略图的高度和宽度
    int tw = width;
    int th = height;
    int x = 0,y = 0;
    switch(mode)
    {
        case ThumbMode.FixedWidth:           ///指定缩略图的宽度,计算缩略图的高度
            th = sourceImage.Height * width / sourceImage.Width;
            break;
        case ThumbMode.FixedHeight:          ///指定缩略图的高度,计算缩略图的宽度
            tw = sourceImage.Width * height / sourceImage.Height;
            break;
        case ThumbMode.FixedWidthHeight:   ///指定缩略图的宽度和高度
            break;
        case ThumbMode.FixedRatio:           ///指定缩略图的比率,计算缩略图的宽度和高度
            if((double)sw / tw > (double)sh / th)
            {   ///重新计算缩略图的高度
                tw = width;
                th = height * (sh * tw) / (th * sw);
            }
            else
            {   ///重新计算缩略图的宽度
                tw = width * th * sw / (sh * tw);
                th = height;
            }
            break;
        default:
            break;
    }
    ///根据缩略图的大小创建一个新的bmp图片
```

```
            System.Drawing.Image bitmap = new System.Drawing.Bitmap(tw,th);
            System.Drawing.Graphics g = System.Drawing.Graphics.FromImage(bitmap);
            g.InterpolationMode = System.Drawing.Drawing2D.InterpolationMode.High;
            g.SmoothingMode = System.Drawing.Drawing2D.SmoothingMode.HighQuality;
            g.Clear(System.Drawing.Color.Transparent);
            ///创建缩略图
            g.DrawImage(
                sourceImage,
                new System.Drawing.Rectangle(0,0,tw,th),
                new System.Drawing.Rectangle(0,0,sw,sh),
                System.Drawing.GraphicsUnit.Pixel);
            try
            {   ///保存缩略图
                bitmap.Save(thumbPath,sourceImage.RawFormat);
            }
            catch(Exception ex)
            {
                throw new Exception(ex.Message);
            }
            finally
            {   ///释放资源
                sourceImage.Dispose();
                bitmap.Dispose();
                g.Dispose();
            }
    }
}
```

创建缩略图成功后的显示效果如图 7-8 所示。

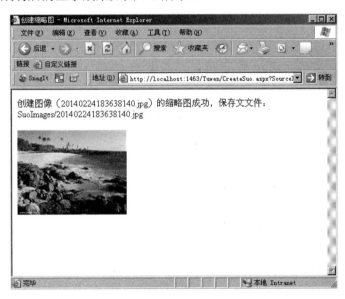

图 7-8　创建缩略图成功效果图

刚刚完成创建缩略图模块的编码工作，此模块我收藏了一个很重要的函数 CreateThumbImage()。函数 CreateThumbImage()是文件 CreateSuo.aspx.cs 的核心，其各参数的含义说明如下：

- 参数 sourcePath：源图的物理路径。
- 参数 thumbPath：保存缩略图的物理路径。

- 参数 width：缩略图宽度。
- 参数 height：缩略图高度。
- 参数 mode：缩略图的缩放方式。

函数 CreateThumbImage()的实现过程比较复杂，具体流程如下：

(1) 根据 sourcePath 导入源图，并获取源图的高度和宽度。
(2) 根据缩放方式设置缩略图的大小。
(3) 设置缩略图大小值后，根据值创建一张缩略图。
(4) 设置缩略图的高质量插值法和平滑模式。
(5) 清空画布颜色，并设置背景为透明。
(6) 开始绘制缩略图，并将绘制后的缩略图保存在指定位置——SuoImages 文件夹内。

上述操作的运行流程如图 7-9 所示。

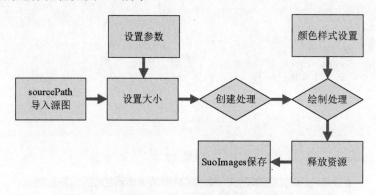

图 7-9　绘制处理流程

缩略图的设置参数保存在文件 ASPNETAJAXWeb.cs 内。

7.10　创建水印图模块

视频讲解　光盘：视频\第 7 章\创建水印图模块.avi

所谓创建水印图模块，就是为系统库内某上传图片创建其对应的水印图文件。创建水印图模块功能是由如下两个文件实现的：

- 文件 CreateShui.aspx
- 文件 CreateShui.aspx.cs

其中，文件是 CreateShui.aspx 是一个中间页面，其功能是调用水印处理文件 CreateSuo.aspx.cs；文件 CreateShui.aspx.cs 的功能是，创建系统内指定图片的水印图。本实例创建系统图片水印图的实现流程如下：

(1) 用户单击列表页面的　图标，应用程序进行页面重定向处理。
(2) 激活页面 CreateShui.aspx.cs，引入命名空间 Drawing 和 AjaxFileImage。
(3) Page_Load 初始化处理，获取源图文件的地址，并保存在 url 中。
(4) 根据 url 创建水印图的保存地址。
(5) 调用函数 CreateWatermarkImage 创建图片的水印图。

文件 CreateShui.aspx.cs 的主要代码如下：

```csharp
///引入新的命名空间
using System.Drawing;
using ASPNETAJAXWeb.AjaxFileImage;
public partial class CreateWaterMark : System.Web.UI.Page
{
    private string url = string.Empty;
    protected void Page_Load(object sender,EventArgs e)
    {   ///获取被创建水印图图像的地址
        if(Request.Params["SourceImageUrl"] != null)
        {
            url = Request.Params["SourceImageUrl"].ToString();
        }
        if(string.IsNullOrEmpty(url) == true) return;
        ///设置源图和水印图的地址
        string sourcePath = Server.MapPath(AjaxFileImageSystem.STOREFILEPATH + url);
        string watermarkUrl = AjaxFileImageSystem.STROEWATERMARKIMAGEPATH + url;
        string watermarkPath = Server.MapPath(watermarkUrl);
        int startIndex = url.IndexOf("/") + 1;
        int endIndex = url.LastIndexOf(".");
        string watermark = url.Substring(startIndex,endIndex - startIndex);
        ///创建水印图
        CreateWatermarkImage(sourcePath,watermarkPath,watermark);
        ///输出水印图的信息
        Response.Write("创建图像(" + url + ")的水印图成功,保存文文件: " + watermarkUrl + "<br />");
        ///显示水印图片
        imgWatermark.ImageUrl = watermarkUrl;
    }
    /// 创建水印图
    private void CreateWatermarkImage(string sourcePath,string watermarkPath,string watermark)
    {
        Image sourceImage = Image.FromFile(sourcePath);
        ///根据源图的大小创建一个新的 bmp 图片
        Image watermarkImage = new Bitmap(sourceImage.Width,sourceImage.Height);
        Graphics g = Graphics.FromImage(watermarkImage);
        g.InterpolationMode = System.Drawing.Drawing2D.InterpolationMode.High;
        g.SmoothingMode = System.Drawing.Drawing2D.SmoothingMode.HighQuality;
        g.Clear(System.Drawing.Color.Transparent);
        g.DrawImage(sourceImage,
            new System.Drawing.Rectangle(0,0,sourceImage.Width,sourceImage.Height),
            new System.Drawing.Rectangle(0,0,sourceImage.Width,sourceImage.Height),
            System.Drawing.GraphicsUnit.Pixel);
        Font font = new Font("宋体",48f,FontStyle.Bold);
        Brush brush = new SolidBrush(Color.Red);
        g.DrawString(watermark,font,brush,50,50);
        try
        {   ///保存水印图,其格式和原图格式相同.
            watermarkImage.Save(watermarkPath,sourceImage.RawFormat);
        }
        catch(Exception ex)
        {
            throw new Exception(ex.Message);
        }
        finally
        {   ///释放资源
            sourceImage.Dispose();
            watermarkImage.Dispose();
```

```
            g.Dispose();
        }
    }
}
```

创建水印图成功后的显示效果如图 7-10 所示。

图 7-10 创建水印图成功效果

在本模块功能中，函数 CreateWatermarkImage()是文件 CreateShui.aspx.cs 的核心，其各参数的含义说明如下：

- 参数 sourcePath：源图的物理路径；
- 参数 watermarkPath：保存水印图的物理路径；
- 参数 watermark：显示的水印文字。

函数 CreateWatermarkImage()的实现过程比较复杂，具体流程如下：

(1) 根据 sourcePath 参数的源图地址导入源图。

(2) 根据源图大小创建和源图相同大小的水印图。

(3) 设置水印图的高质量插值法和平滑模式。

(4) 清空画布颜色，并设置背景为透明。

(5) 开始绘制水印图，并将绘制后的缩略图保存在指定位置——ShuiImages 文件夹内。

(6) 释放所占用的系统资源。

上述操作的运行流程如图 7-11 所示。

第 7 章 图文处理系统

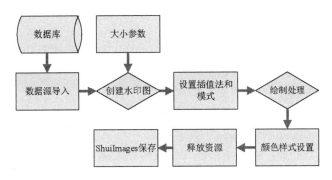

图 7-11　绘制处理流程

创建的缩略图或水印图的名称是数字字符串的格式，是函数 CreateDateTimeString()根据时间创建的动态字符串。

7.11　文件上传处理模块

视频讲解　光盘：视频\第 7 章\文件上传处理模块.avi

所谓文件上传，是指将用户指定的文件上传到系统中，并将上传文件的数据保存到系统库中。由此可见，上传处理也需要数据库这个中间媒介的参与。

本项目的文件上传功能由如下两部分构成：
- 多文件上传处理模块
- 文件自动上传处理模块

7.11.1　多文件上传处理模块

多文件上传处理是指，能够在页面的上传表单内同时选择多个文件进行上传处理。本实例多文件上传处理功能的实现流程如图 7-12 所示。

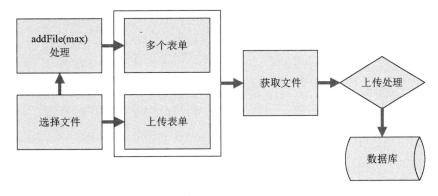

图 7-12　多文件上传处理流程

上述处理流程的实现文件如下：
- 上传表单文件：UploadBiaodan.aspx
- 上传处理文件：Uploadchuli.aspx.cs

1. 上传表单文件

上传表单文件 UploadBiaodan.aspx 的功能是提供文件上传表单，共用户选择要上传的文件，包括多个上传文件选择。其具体实现流程如下：

(1) 设置上传文件选择文本框。
(2) 设置文件选择激活按钮——【浏览】按钮。
(3) 调用验证码文件显示验证码。
(4) 插入【提交】处理按钮，单击后开始上传文本框内的文件。
(5) 插入 1 个 button，激活新增文件处理函数 addFile(max)。

> **注意：** 当单击【新增一个文件】按钮后，会自动增加一个上传文件选择框。但并不是无限增加的，增加的个数受系统设置文件的限制。具体的一次最多上传限制在文件 ASPNETAJAXWeb.cs 中定义，设置参数为 MAXFILECOUNT。

2. 上传处理文件

上传处理文件 Uploadchuli.aspx.cs 的功能是，将用户选择的文件上传到系统内的指定位置，并将文件数据添加到系统库中。其具体实现流程如下：

(1) 引入命名空间，定义变量病控制同时最多上传文件数量。
(2) 按钮激活 btnCommit_Click 事件，开始进行上传处理。
(3) 验证码判定，如果非法则停止处理事件。
(4) 获取被上传文件列表，并依次处理列表中的文件。
(5) 判断用户是否选择上传文件，如果没有选择则停止事件处理。
(6) 获取上传文件数据，并判断类型是否合法。
(7) 创建时间格式的文件名称，并保存其具体的物理路径。
(8) 使用 AddFile()将文件数据添加到系统库中。

文件 Uploadchuli.aspx.cs 的主要代码如下：

```csharp
using System.IO;
public partial class UploadFiles : System.Web.UI.Page
{
    protected int MAXFILECOUNT = AjaxFileImageSystem.MAXFILECOUNT;
    protected void Page_Load(object sender,EventArgs e)
    {
        ///
    }
    protected void btnCommit_Click(object sender,EventArgs e)
    {   ///判断验证吗
        if(Session[ValidateCode.VALIDATECODEKEY] == null)return;
        ///验证码是否相等
        if(tbCode.Text != Session[ValidateCode.VALIDATECODEKEY].ToString())
        {
            lbMessage.Text = "验证码输入错误，请重新输入.";
            return;
        }
        ///获取上载文件的列表
        HttpFileCollection fileList = HttpContext.Current.Request.Files;
        if(fileList == null) return;
        FileImage file = new FileImage();
```

```
        try
        {   ///上载文件列表中的文件
            for(int i = 0; i < fileList.Count; i++)
            {   ///获取当前上载的文件
                HttpPostedFile postedFile = fileList[i];
                if(postedFile == null) continue;
                ///获取上载文件名称
                string fileName = Path.GetFileNameWithoutExtension(postedFile.FileName);
                string extension = Path.GetExtension(postedFile.FileName);
                if(string.IsNullOrEmpty(extension) == true) continue;
                ///判断文件是否合法
                bool isAllow = false;
                foreach(string ext in AjaxFileImageSystem.ALLOWFILELIST)
                {
                    if(ext == extension.ToLower())
                    {
                        isAllow = true;
                        break;
                    }
                }
                if(isAllow == false) continue;
                string timeFilename = AjaxFileImageSystem.CreateDateTimeString();
                string storeUrl = timeFilename + extension;
                string url = AjaxFileImageSystem.STOREFILEPATH + storeUrl;
                string fullPath = Server.MapPath(url);
                postedFile.SaveAs(fullPath);
    file.AddFile(fileName,storeUrl,postedFile.ContentType,postedFile.ContentLength);
            }
        }
        catch(Exception ex)
        {           lbMessage.Text = "上载文件错误,错误原因为: " + ex.Message;
            return;
        }
        Response.Redirect("~/Default.aspx");
    }
}
```

7.11.2 文件自动上传处理模块

文件自动上传处理是指,当在页面的上传表单内选择上传文件后,不用使用激活按钮即可自动实现上传处理。本实例的文件自动上传处理功能的实现流程如图 7-13 所示。

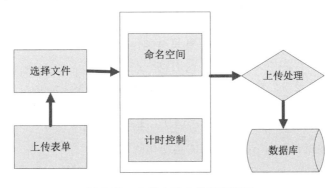

图 7-13 文件自动上传处理流程

上述处理流程的实现文件如下：
- 上传表单文件：AutoUploadFile.aspx
- 上传框架文件：AutoUploadIFrame.aspx
- 上传表单处理文件：AutoUploadFile.aspx.cs
- 上传框架处理文件：AutoUploadIFrame.aspx.cs

1. 上传表单文件

上传表单文件 AutoUploadFile.aspx 的功能是，调用 iframe 控件来显示系统上传表单。

2. 上传框架文件

上传框架文件 AutoUploadIFrame.aspx 的功能是，显示系统的文件上传表单。其具体实现流程如下：

(1) 分别插入 FileUpload 控件和 Label 控件，显示系统上传表单。
(2) 插入 1 个 Timer 控件，设置 5s 内执行一次事件 chuli。

3. 上传表单处理文件

上传表单处理文件 AutoUploadFile.aspx.cs 的功能是，引入类 AutoUploadFile，通过 Page_Load 载入页面。其具体实现代码如下：

```
using System.Web.UI;
using System.Web.UI.WebControls;
using System.Web.UI.WebControls.WebParts;
using System.Web.UI.HtmlControls;
public partial class AutoUploadFile : System.Web.UI.Page
{
    protected void Page_Load(object sender, EventArgs e)
    {
    }
}
```

4. 上传框架处理文件

上传框架处理文件 AutoUploadIFrame.aspx.cs 的功能是，通过验证事件 chuli 的值进行表单内文件的上传处理。其具体实现流程如下：

(1) 激活 chuli(object sender,EventArgs e)，判断表单内是否有上传数据，没有则停止处理。
(2) 有数据则获取上传文件的数据，并分别保存在 fileName、type 和 size 中。
(3) 创建时间格式的名称，获取上传文件的扩展名。
(4) 判断上传文件类型是否合法，如果非法则停止事件。
(5) 创建设置的保存路径文件夹，并映射物理路径。
(6) 判断上传文件是否已经存在，如果已存在则停止事件。
(7) 调用 fuAutoUploadFile 方法，开始上传处理。
(8) 使用 AddFile 方法，将上传文件数据添加到系统库中。

文件 AutoUploadIFrame.aspx.cs 的具体实现代码如下：

```
///引入新的命名空间
using ASPNETAJAXWeb.AjaxFileImage;
using ASPNETAJAXWeb.ValidateCode.Page;
using System.IO;
```

```csharp
public partial class AutoUploadIFramePage : System.Web.UI.Page
{
    protected void Page_Load(object sender, EventArgs e)
    {
    }
    protected void chuli(object sender,EventArgs e)
    {   ///判断上载文件的内容是否为空
        if(fuAutoUploadFile.HasFile == false ||
fuAutoUploadFile.PostedFile.ContentLength <= 0)
        {
            lbMessage.Visible = false;
            return;
        }
        ///获取上载文件的参数值
        string fileName = Path.GetFileNameWithoutExtension(fuAutoUploadFile.FileName);
        string type = fuAutoUploadFile.PostedFile.ContentType;
        int size = fuAutoUploadFile.PostedFile.ContentLength;
        ///创建基于时间的文件名称
        string timeFilename = AjaxFileImageSystem.CreateDateTimeString();
        string extension = Path.GetExtension(fuAutoUploadFile.PostedFile.FileName);
        ///判断文件是否合法
        bool isAllow = false;
        foreach(string ext in AjaxFileImageSystem.ALLOWFILELIST)
        {
            if(ext == extension.ToLower())
            {
                isAllow = true;
                break;
            }
        }
        if(isAllow == false) return;
        string storeUrl = timeFilename + extension;
        string url = AjaxFileImageSystem.STOREFILEPATH + storeUrl;
        string fullPath = Server.MapPath(url);
        if(File.Exists(fullPath) == true)
        {
            lbMessage.Text = "自动上载文件错误,错误原因为: \"上载文件的已经存在,请重新选择文件!\"";
            lbMessage.Visible = true;
            return;
        }
        try
        {
            fuAutoUploadFile.SaveAs(fullPath);
            FileImage file = new FileImage();
            ///添加到库
            if(file.AddFile(fileName,storeUrl,type,size) > 0)
            {
                lbMessage.Text = "恭喜您,自动上载文件,请妥善保管好您的文件.";
                lbMessage.Visible = true;
                return;
            }
        }
        catch(Exception ex)
        {   ///显示错误信息
            lbMessage.Text = "自动上载文件错误,错误原因为: " + ex.Message;
            lbMessage.Visible = true;
            return;
        }
    }
}
```

上述模块文件执行后，将自动把表单内数据上传到库中，并且迅速返回到原显示界面，如图 7-14 所示。

图 7-14　上传成功后的显示效果图

到此为止，整个项目全部介绍完毕，接下来可以将程序代码进行封装。代码封装是一个古老的话题，在 ASP.NET 技术中，为了系统程序的安全，有时需要将重要的代码进行封装处理。

下面以验证码文件为例，向读者介绍将类文件转换为程序集的方法。验证码文件转换为程序集的流程如下：

（1）在 Visual Studio 2013 中新建项目，选择模板为类库，命名为"ValidateCode"，如图 7-15 所示。

图 7-15　新建类库

（2）修改文件 Class1.cs 名为 ValidateCode.cs，然后将文件 Yanzhengma.cs 的代码复制进来，如图 7-16 所示。

第 7 章 图文处理系统

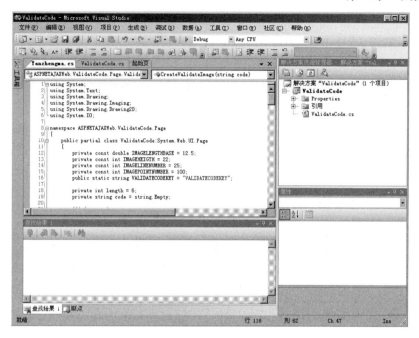

图 7-16　设置代码

(3) 右击【解决方案资源管理器】中的 ValidateCode 项目，然后选择【属性】选项。

(4) 在弹出对话框中设置程序集名为 ASPNETAJAXWeb.ValidateCode，默认命名空间为 ASPNETAJAXWeb.ValidateCode.Page，如图 7-17 所示。

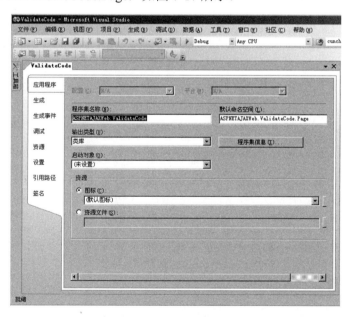

图 7-17　设置类库

经过上述步骤操作处理后，将在 ValidateCode\bin\Debug 文件夹内自动生成一个验证码程序集文件 ValidateCode.dll。读者可以将其复制到自己项目的 bin 文件夹内，然后将其引用。具体操作流程如下：

(1) 将 ValidateCode.dll 复制到自己项目的 bin 文件夹内。

(2) 将需要调用 ValidateCode.dll 的文件放在项目的根目录下，即和 bin 文件夹同级的目录。

(3) 右击【解决方案管理器】中的 bin 节点，然后选择【添加引用】选项。如图 7-18 所示。

(4) 在弹出的【添加引用对话框】内单击【浏览】按钮，然后找到 bin 文件夹内的 ValidateCode.dll，将其引用到项目中，如图 7-19 所示。

图 7-18　添加引用

图 7-19　引用文件

7.12　项目调试

视频讲解　光盘：视频\第 7 章\项目调试.avi

在项目测试时将项目命名为"tuwen"，系统主页效果如图 7-20 所示。

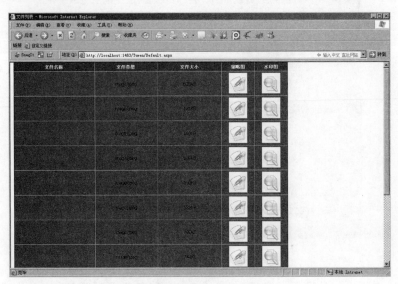

图 7-20　系统主页效果

图片上传后的效果如图 7-21 所示。

第 7 章 图文处理系统

图 7-21 图片上传后的效果

创建缩略图后的效果如图 7-22 所示。

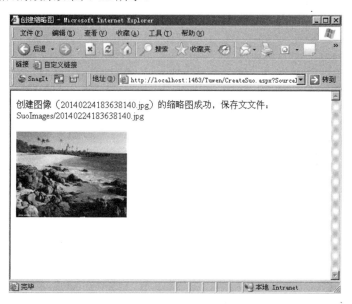

图 7-22 创建缩略图后的效果

第 8 章 综合供求信息系统

当今世界进入信息社会，信息已经成为影响经济发展的重要因素之一。信息化是决定企业成败的关键因素，也是企业实现跨地区、跨行业、跨所有制，特别是跨国经营的重要前提。而电子商务作为一种崭新的商务运作模式，越来越受企业的重视。本章通过开发一个流行的电子商务网站——供求信息网，介绍如何利用 ASP.NET+SQL Server 2008 快速开发一个供求信息平台。让读者了解 ASP.NET 技术在供求网站中的重要作用。

赠送的超值电子书

071. ADO.NET 简介
072. ADO.NET 结构
073. ADO.NET 对象
074. ADO.NET 的使用环境
075. 用 ADO.NET 对象实现数据库访问
076. ODBC.NET Data Provider
077. 连接 ODBC 数据源
078. DataSet 对象
079. XML 概述
080. 文档类型定义

8.1 程序的可移植性

视频讲解 光盘：视频\第8章\程序的可移植性.avi

程序可移植性是指将一种计算机上的软件放到其他计算机上运行的能力，也可以称作软件的自动搬家。软件移植是实现功能的等价联系，而不是等同联系。软件可移植性的主要标志是，这类软件有个通用的标准文本，它们独立于具体的计算机。开发者要想更加适应客户的各种需求，提高程序的可移植性是必不可少的工作。本节将引领大家一起探讨程序可移植性的奥秘。

8.1.1 什么是可移植性

软件可移植性指与软件从某一环境转移到另一环境下的难易程度。为了获得较高的可移植性，在设计过程中通常采用通用的程序设计语言和运行支撑环境，尽量不用与系统的底层相关性强的语言。从狭义上讲，程序的可移植性是指某个程序应当独立于计算机的硬件环境。从广义上讲，可移植程序还应独立于计算机的软件，即高级的标准化的软件，它的功能与机器系统结构无关，可跨越很多机器界限。从一种计算机向另一种计算机移植软件时，首先要考虑所移植的软件对宿主机硬件及操作系统的接口，然后设法用对目标机的接口代换之。因此，接口的改造容易与否，是衡量一个软件可移植性高低的主要标志之一。

可移植性是软件质量之一，良好的可移植性可以提高软件的生命周期。代码的可移植性主题是软件；可移植性是软件产品的一种能力属性，其行为表现为一种程度，而表现出来的程度与环境密切相关。这里的环境包括软件环境、硬件环境和系统的组织环境。

编程语言编写的程序首要被编译器编译成目标代码(0、1代码)，然后在目标代码的前面插入启动代码，最终生成了一个完整的程序。所以编程语言的可移植性依赖于它们的编译器是否强大，是否在多个平台上都有这种编程语言的编译器。例如C编译器在大约40种系统上可用，包括从8位微处理器的计算机到Cray超级计算机。

综上所述，一个编程语言的可移植性强不强主要取决于如下两点：
(1) 不同平台编译器的数量。
(2) 对特殊硬件或操作系统的依赖性。

8.1.2 C#实现跨平台的背景

随着计算机技术的广泛应用，单一的技术很难全面满足某些大型应用的全部需求。.NET技术可以实现跨语言开发，并且极大提高了开发效率，但是只能跑在Windows系列平台上，无法满足大型分布式应用的需求；Java/J2EE可以跨平台，适合大型分布式应用，但是其开发效率以及开发难度一直让许多初学者望而却步。

许多大型组织发现他们自己正在拥有和使用由.NET技术和J2EE技术混合组成的开发团队和发布服务器。为了平衡通过J2EE应用程序服务器发送的企业质量，公司的商业逻辑经常以企业JavaBean(EJB)的形式发布于J2EE应用程序服务器上。另一方面，为了满足日益变化的商业发展的要求，多数开发者比较喜欢在具有高度生产性能的 Visual Studio.NET

开发环境下实现描述逻辑。当你需要把.NET 描述层连接到 J2EE 商业逻辑层时，挑战就产生了。如何在 Visual Studio.NET 中，用 C#或 Visual Basic.NET 来实现 ASP.NET 描述层，然后再调用以 EJB 形式实现的商业逻辑层这一挑战性开发的呢？

解决这个问题最好的办法就是在.NET 平台和 Java 平台中间架设一座桥梁，让.NET 平台可以访问 Java、访问 EJB，能够运行在不同的平台上。Grasshoppe 的出现，很好地解决了这个问题。Grasshopper 允许在 Microsoft Windows、Linux 和任何允许使用 Java 的平台上使用 C#或 Visual Basic.NET 来开发、调试和部署 Web 应用程序以及 Web 服务。Grasshopper 支持源代码开发，因此可以开发能够在多个平台上进行编译和运行的 ASP.NET 应用程序。Grasshopper 绑定在 Apache Tomcat 应用程序服务器和 PostgreSQL 数据库上，因此在任何运行 Apache Tomcat 的平台上，你都能获得具有完全跨平台性的 Visual Studio 开发环境。

对于一名开发高手来说，不要使自己的程序局限于运行在某个特定平台下，一定要熟练掌握上述三种平台，并且实现同一程序在上述主流平台中全部运行成功。

8.1.3 赢在技术——通过可移植性实现跨平台项目

对于开发人员来说，只要严格遵循 C#语言规范来开发桯序，就无须考虑人多程序可移植性的问题。要想使自己的程序能够应付挑剔的客户，首先需要确保自己的程序能够在不同的开发平台中运行。在当今 C#语言程序开发应用中，最主流的开发平台是 Visual Studio.NET。

随着 Visual Studio.NET 开发工具的发展，联合使用第三方插件可以轻松实现跨平台操作。例如利用 Visual Studio.NET 可以开发 Linux 上的应用程序，可以将 ASP.NET 程序运行在 Linux 平台的 Apache 服务器上，可以让 ASP.NET 页面访问 J2EE 中的组件(如 EJB 等)，这些对于以往程序开发者而言听起来像是天方夜谭、痴人说梦。Windows 平台和 Linux 平台，Java 平台和.NET 平台这两对竞争对手，在程序开发者眼里似乎永远只是平行线没有交集。然而自从 Visual Studio 2010 发布后，将这些不可能开始变为可能。当然除此之外 Visual Studio 2010 下的 Team Explore Everywhere 对 Java 与 Eclipse 的开发也是不可小觑。

(1) TFS 与 Team Explorer Everywhere 跨平台

Team Explorer Everywhere 是 Eclipse 的 Plug-in 元件，让 Eclipse 能够使用 TFS 的版本控制、工作项目(Work Item)、Team Build 以及报表等功能，它提供类似 Team Explorer、Pending Changes 等视窗，操作起来更便捷。

Cross-Platform Command-Line 运行在 UNIX-based 系统中，在很多情况下是没有 X-Window，意思是没有图形化使用者界面，只能透过命令进行操作，这个工具可以让我们透过指令进行代码版本管控与 Team Build 等工作。

当然在安装方式上也很简单，只要将 Team Explorer Everywhere 解压后，将解压后的 Features 与 plugins 两个目录复制到 Eclipse 安装目录即可。Eclipse 启动后，再选择 Menu→Windows→Other Perspective→Other→Team Explorer，即可显示。

(2) Grasshoppe 工具跨平台

在 Visual Studio 2010 下可以利用 Grasshoppe 工具来开发在 Linux 下运行的 Web 应用程序，还可以利用 Visual MainWin for J2EE Developer Edition 来进行 Java 下的开发工作，这两者设计的目的就是在 Visual Studio 开发工具和 Linux、J2EE 之间架起一座桥梁。使 Visual

Studio 2010 的跨平台作业得以实现。

8.2 新的项目

视频讲解 光盘：视频\第 8 章\新的项目.avi

本项目的运作流程如图 8-1 所示。

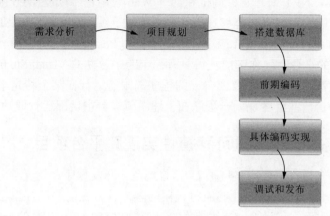

图 8-1 运作流程

8.3 需求分析

视频讲解 光盘：视频\第 8 章\需求分析.avi

在系统设计和系统编码工作之前，首先讲解系统需求分析阶段工作的具体实现过程。

8.3.1 开发背景

××公司是一家集数据通信、系统集成、电话增值服务于一体的高科技公司。公司为了扩大规模，增强企业的竞争力，决定向多元化发展，借助 Internet 在国内的快速发展，聚集部分资金投入网站建设，为企业和用户提供综合信息服务，以向企业提供有偿信息服务为盈利方式。例如，提供企业广告、发布招聘信息、寻求合作等服务方式。现委托第三方开发一个综合供求信息网站。

8.3.2 需求分析

对于信息网站来说，用户的访问量是至关重要的。所以信息网站必须为用户提供大量的、免费的、有价值的信息，才能够吸引用户。为此，网站不仅要为企业提供各种有偿服务，还要额外为用户提供大量的无偿服务。通过与企业的实际接触和沟通，确定网站应包括招聘信息、求职信息、培训信息、公寓信息、家教信息、车辆信息、物品求购、物品出售、求兑出兑、寻求合作、企业广告等服务。

综合各种调查信息，典型供求信息网需要具有以下功能：

- 由于用户的计算机知识普遍偏低，因此要求系统具有良好的人机界面。
- 方便的供求信息查询，支持多条件和模糊查询。
- 前台与后台设计明确，并保证后台的安全性。
- 供求信息显示格式清晰，达到一目了然的效果。
- 用户不需要注册，便可免费发布供求信息。
- 免费发布的供求信息，后台必须审核后才能正式发布，避免不良信息。
- 由于供求信息数据量大，后台应随时清理数据。

8.4 项目规划

视频讲解 光盘：视频\第8章\项目规划.avi

在完成需求分析工作后，接下来开始进行项目规划方面的工作。

8.4.1 系统目标

根据需求分析的描述以及与用户的沟通，现制定网站实现目标如下：

- 灵活、快速地填写供求信息，使信息传递更快捷；
- 系统采用人机对话方式，界面美观友好，信息查询灵活、方便，数据存储安全可靠；
- 实施强大的后台审核功能；
- 功能强大的月供求统计分析；
- 实现各种查询，如定位查询、模糊查询等；
- 强大的供求信息预警功能，尽可能地减少供求信息未审核现象；
- 对用户输入的数据，系统进行严格的数据检验，尽可能排除人为的错误；
- 网站最大限度地实现了易维护性和易操作性；
- 界面简洁、框架清晰、美观大方；
- 为充分展现网站的交互性，供求信息网采用动态网页技术实现用户信息在线发布；
- 充分体现用户对网站信息进行检举的权利。

8.4.2 网站功能结构

根据供求信息网的特点，可以将其分为前台和后台两个部分设计。前台主要用于实现分类供求信息展示(主要类别：招聘信息、求职信息、培训信息、公寓信息、家教信息、物品求购、物品出售、求兑出兑、车辆信息、寻求合作、企业广告)、详细信息查看、供求信息查询、供求信息发布、推荐供求信息等功能；后台主要用于实现分类供求信息的审核与管理、收费，分类供求信息发布与管理等功能。

供求信息网的前台功能结构如图 8-2 所示，供求信息网的后台功能结构如图 8-3 所示。

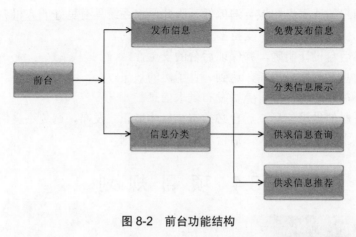

图 8-2　前台功能结构

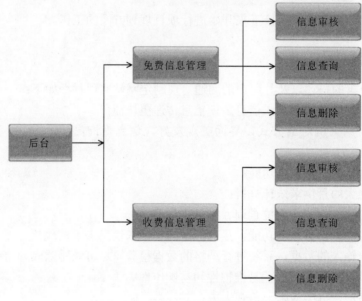

图 8-3　后台功能结构

8.5　MVC 设计思想

视频讲解　光盘：视频\第 8 章\ MVC 设计思想.avi

　　本章项目基于 MVC 设计思想实现。MVC 本来是存在于 Desktop 程序中的，M 是指数据模型；V 是指用户界面；C 则是指控制器。使用 MVC 的目的是将 M 和 V 的实现代码分离，从而使同一个程序可以使用不同的表现形式。比如一批统计数据你可以分别用柱状图、饼图来表示。C 存在的目的则是确保 M 和 V 的同步，一旦 M 改变，V 应该同步更新。MVC 是一个设计模式，它强制性地使应用程序的输入、处理和输出分开。MVC 应用程序被分成三个核心部件：模型、视图、控制器。

8.5.1 MVC 设计思想介绍

MVC 英文即 Model-View-Controller，即把一个应用的输入、处理、输出流程按照 Model、View、Controller 的方式进行分离，这样一个应用被分成三个层——模型层、视图层、控制器层，各个层次的具体说明如下。

(1) 模型(Model)层：就是业务流程/状态的处理以及业务规则的制定。业务流程的处理过程对其他层来说是暗箱操作，模型接受视图请求的数据，并返回最终的处理结果。业务模型的设计可以说是 MVC 最主要的核心。目前流行的 EJB 模型就是一个典型的应用例子，它从应用技术实现的角度对模型做了进一步的划分，以便充分利用现有的组件，但它不能作为应用设计模型的框架。它仅仅告诉你按这种模型设计就可以利用某些技术组件，从而减少了技术上的困难。对一个开发者来说，就可以专注于业务模型的设计。MVC 设计模式告诉我们，把应用的模型按一定的规则抽取出来，抽取的层次很重要，这也是判断开发人员是否优秀的设计依据。抽象与具体不能隔得太远，也不能太近。MVC 并没有提供模型的设计方法，而只告诉你应该组织管理这些模型，以便于模型的重构和提高重用性。我们可以用对象编程来做比喻，MVC 定义了一个顶级类，告诉它的子类你只能做这些，但没法限制你能做这些。这点对编程的开发人员非常重要。

(2) 视图(View)层：代表用户交互界面，随着应用的复杂性和规模性，界面的处理也变得具有挑战性。一个应用可能有很多不同的视图，MVC 设计模式对于视图的处理仅限于视图上数据的采集和处理，以及用户的请求，而不包括在视图上的业务流程的处理。业务流程的处理交予模型(Model)处理。比如一个订单的视图只接受来自模型的数据并显示给用户，以及将用户界面的输入数据和请求传递给控制和模型。

(3) 控制器(Controller)层：可以理解为从用户接收请求，将模型与视图匹配在一起，共同完成用户的请求。划分控制层的作用也很明显，它清楚地告诉你，它就是一个分发器，选择什么样的模型，选择什么样的视图，可以完成什么样的用户请求。控制层并不做任何数据处理操作，例如用户点击一个连接，控制层接受请求后，并不处理业务信息，它只把用户的信息传递给模型，告诉模型做什么，选择符合要求的视图返回给用户。因此，一个模型可能对应多个视图，一个视图可能对应多个模型。

模型、视图与控制器的分离，使得一个模型可以具有多个显示视图。如果用户通过某个视图的控制器改变了模型的数据，所有其他依赖于这些数据的视图都应反映到这些变化。因此，无论何时发生了何种数据变化，控制器都会将变化通知所有的视图，导致显示的更新，这实际上是一种模型的变化-传播机制。

8.5.2 MVC 设计模式的实现

(1) 模型

MVC 系统中的模型从概念上可以分为两类——系统的内部状态和改变系统状态的动作。模型是你所有的商业逻辑代码片段所在。本系统为模型提供了业务实体对象和业务处理对象：所有的业务处理对象都是从 tb_ThGoodsInfo 类和 tb_thgoodsMenthod 派生的子类。业务处理对象封装了具体的处理逻辑，调用业务逻辑模型，并且把响应提交到合适的视图组件以产生响应。实现时把"做什么"(业务处理)和"如何做"(业务实体)分离。这样可以实现业务逻辑的重用。

(2) 视图

视图是模型的表示,它提供用户交互界面。使用多个包含单显示窗体的用户部件,视图的实现很简单。可以像开发 Windows 界面一样直接在集成开发环境下通过拖动控件来完成窗体开发本。本系统中介绍每一个窗体都采用复合视图的形式即:一个窗体由多个子窗体(用户部件)组成;子窗体可以是最简单控件、服务器控件或多个控件嵌套而成的自定义控件。

视图部分大致处理流程如下:首先,窗体模板定义了窗体的布局,窗体配置文件定义视图标签的具体内容(用户部件);然后,由窗体布局策略类初始化并加载窗体,每个用户部件根据它自己的配置进行初始化,加载校验器并设置参数,以及事件的委托等;最后,用户提交后,通过了表示层的校验,用户部件把数据自动提交给业务实体即模型。

(3) 控制器

为了能够控制和协调每个用户跨越多个请求的处理,控制机制应该以集中的方式进行管理。因此,为了达到集中管理的目的引入了控制器。应用程序的控制器集中从客户端接收请求(典型情况下是一个运行浏览器的用户),决定执行什么商业逻辑功能,然后将产生下一步用户界面的责任委派给一个适当的视图组件。

用控制器提供一个控制和处理请求的集中入口点,它负责接收、截取并处理用户请求;并将请求委托给分发者类,根据当前状态和业务操作的结果决定向客户呈现的视图。

8.5.3 MVC 设计模式的扩展和优点

通过在 ASP.NET 中的 MVC 模式编写的,具有极其良好的可扩展性。它可以轻松实现以下功能:

- 实现一个模型的多个视图;
- 采用多个控制器;
- 当模型改变时,所有视图将自动刷新;
- 所有的控制器将相互独立工作。

大部分用过程语言比如 ASP、PHP 开发出来的 Web 应用,初始的开发模板就是混合层的数据编程,但由于数据窗体的分离不是很直接,因而很难体现出业务模型的样子或者模型的重用性。产品设计弹性力度很小,很难满足用户的变化性需求。MVC 要求对应用分层,虽然要花费额外的工作,但产品的结构清晰,产品的应用通过模型可以得到更好的体现。具体来说,MVC 的优点如下。

(1) 最重要的是应该有多个视图对应一个模型的能力,按 MVC 设计模式,一个订单模型以及多个视图即可解决问题。这样减少了代码的复制,即减少了代码的维护量,一旦模型发生改变,也易于维护。

(2) 由于模型返回的数据不带任何显示格式,因而这些模型也可直接应用于接口的使用。

(3) 由于一个应用被分离为三层,因此有时改变其中的一层就能满足应用的改变。一个应用的业务流程或者业务规则的改变只需改动 MVC 的模型层。控制层的概念也很有效,由于它把不同的模型和不同的视图组合在一起完成不同的请求，因此，控制层可以说是包含了用户请求权限的概念。

(4) 它还有利于软件工程化管理。由于不同的层各司其职，每一层不同的应用具有某些相同的特征，有利于通过工程化、工具化产生管理程序代码。

这就是 MVC 模式的好处，只需在以前的程序上稍作修改或增加新的类，即可轻松增加许多程序功能。以前开发的许多类可以重用，而程序结构根本不再需要改变，各类之间相互独立，便于团体开发，提高开发效率。下面讨论如何实现一个模型、两个视图和一个控制器的程序。其中模型类及视图类根本不需要改变，与前面的完全一样，这就是面向对象编程的好处。对于控制器中的类，只需要增加另一个视图，并与模型发生关联即可。同样也可以实现其他形式的 MVC，例如，一个模型、两个视图和两个控制器。从上面可以看出，通过 MVC 模式实现的应用程序具有极其良好的可扩展性。

但是 MVC 设计思想并不是万能的，在现实项目开发过程中，MVC 的不足体现在以下几个方面：

(1) 增加了系统结构和实现的复杂性。对于简单的界面，严格遵循 MVC，使模型、视图与控制器分离，会增加结构的复杂性，并可能产生过多的更新操作，降低运行效率。

(2) 视图与控制器间的过于紧密的连接。视图与控制器是相互分离，但确实联系紧密的部件，视图没有控制器的存在，其应用是很有限的，反之亦然，这样就妨碍了它们的独立重用。

(3) 视图对模型数据的低效率访问。依据模型操作接口的不同，视图可能需要多次调用才能获得足够的显示数据。对未变化数据的不必要的频繁访问，也将损害操作性能。

(4) 目前，一般高级的界面工具或构造器不支持 MVC 模式。改造这些工具以适应 MVC 需要和建立分离的部件的代价是很高的，从而造成使用 MVC 的困难。

用户显示(视图)从动作(控制器)中分离出来，提高了代码的重用性。将数据(模型)从对其操作的动作(控制器)分离出来可以让你设计一个与后台存储数据无关的系统。就 MVC 结构的本质而言，它是一种解决耦合系统问题的方法。

8.6　搭建数据库

视频讲解　光盘：视频\第 8 章\搭建数据库.avi

都说一个成功的管理系统，是由 50%的业务+50%的软件所组成，而 50%的成功软件又是由 25%的数据库+25%的程序组成的，数据库设计的好坏是关键。如果把企业的数据比作生命所必需的血液，那么数据库的设计就是应用中最重要的一部分。

本系统采用 SQL Server 2008 数据库，名称为 SIS，其中包含 4 张数据表。下面分别给出数据库 E-R 图分析及主要数据表的结构。

8.6.1　数据库 E-R 图分析

根据前面对网站所做的需求分析、流程设计以及系统功能结构的确定，规划出满足用户需求的各种实体以及它们之间的关系图，本网站规划出的数据库实体对象分别为供求信息实体、收费供求信息实体、网站后台用户实体和网站后台用户登录日志实体。

供求信息实体 E-R 图，如图 8-4 所示。

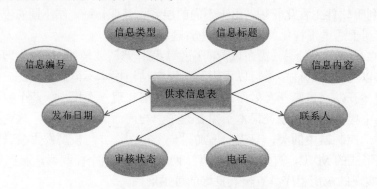

图 8-4　供求信息实体 E-R 图

收费供求信息实体 E-R 图，如图 8-5 所示。

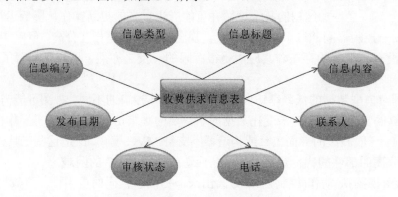

图 8-5　收费供求信息实体 E-R 图

网站后台用户实体 E-R 图，如图 8-6 所示。

网站后台用户登录日志实体 E-R 图，如图 8-7 所示。

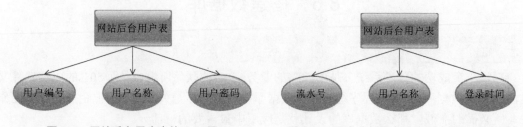

图 8-6　网站后台用户实体 E-R 图　　　　图 8-7　网站后台用户登录日志实体 E-R 图

8.6.2　数据结构表

在设计完数据库实体 E-R 图之后，下面将根据实体 E-R 图设计数据表结构。

(1) tb_info：供求信息表，用于存储用户发布的免费供求信息。具体数据表结构如表 8-1 所示。

第 8 章 综合供求信息系统

表 8-1 供求信息表

字段名称	数据类型	是否主键	功能描述
ID	Int	是	编号
type	varchar(50)	否	信息类型
title	varchar(50)	否	信息标题
info	varchar(500)	否	信息内容
linkman	varchar(50)	否	大小
tel	varchar(50)	否	电话
checkState	bit	否	审核状态
date	datetime	否	时间

(2) tb_LeaguerInfo：收费供求信息表，用于存储收费供求信息和推荐供求信息。具体数据表结构如表 8-2 所示。

表 8-2 收费供求信息表

字段名称	数据类型	是否主键	功能描述
ID	int	是	编号
type	varchar(50)	否	信息类型
title	varchar(50)	否	信息标题
info	varchar(500)	否	信息内容
linkman	varchar(50)	否	大小
tel	varchar(50)	否	电话
showday	datetime	否	信息有效截止日期
date	datetime	否	发布日期
CheckState	bit	否	是否推荐

(3) tb_Power：网站后台用户表，用于存储网站后台用户的名称和密码。具体数据表结构如表 8-3 所示。

表 8-3 网站后台用户表

字段名称	数据类型	是否主键	功能描述
ID	int	是	编号
sysName	varchar(50)	否	用户名
sysPwd	varchar(50)	否	密码

(4) tb_PowerLog：网站后台用户登录日志表，用于存储网站后台用户进行登录时的用户名称和登录时间。具体数据表结构如表 8-4 所示。

表 8-4 网站后台用户登录日志表

字段名称	数据类型	是否主键	功能描述
ID	int	是	编号
sysName	varchar(50)	否	用户名
sysLoginDate	varchar(50)	否	最近一次的登录时间

8.7 具 体 编 码

视频讲解 光盘：视频\第 8 章\具体编码.avi

从现在开始将步入具体编码阶段的工作，只需根据功能分析策划书即可轻松实现。

8.7.1 数据层功能设计

数据层设计主要实现逻辑业务层与 SQL Server 数据库建立一个连接访问桥。该层主要实现的功能方法为打开/关闭数据库连接，执行数据的增、删、改、查等功能。上述功能是通过文件 DataBase.cs 实现的，下面开始介绍此文件的实现流程。

1. 打开数据库连接的 Open 方法

建立数据库的连接，主要通过 SqlConnection 类实现，并初始化数据库连接字符串，然后通过 State 属性判断连接状态，如果数据库连接状态为关，则打开数据库连接。实现打开数据库连接的是 Open 方法，具体代码如下：

```
private SqlConnection con;  //创建连接对象
#region    打开数据库连接
/// <summary>
/// 打开数据库连接.
/// </summary>
private void Open()
{
    // 打开数据库连接
    if (con == null)
    {
        con = new SqlConnection("Data Source=(local);DataBase=SIS;User ID=sa;PWD=888888");
    }
    if (con.State == System.Data.ConnectionState.Closed)
        con.Open();

}
#endregion
```

数据库连接有 3 个参数：

- SqlConnection 类：表示 SQL Server 数据库的一个打开的连接。
- State 属性：数据库连接状态。
- Open 方法：打开数据库连接。

第 8 章 综合供求信息系统

2. 关闭数据库连接的 Close 方法

关闭数据库连接主要通过 SqlConnection 对象的 Close 方法实现。自定义 Close 方法关闭数据库连接的代码如下：

```csharp
#region 关闭连接
/// <summary>
/// 关闭数据库连接
/// </summary>
public void Close()
{
    if (con != null)
        con.Close();
}
#endregion
```

3. 释放数据库连接资源的 Dispose 方法

由于 DataBase 类使用 System.IDisposable 接口，IDisposable 接口声明了一个 Dispose 方法，所以应该完善 IDisposable 接口的 Dispose 方法，用来释放数据库连接资源。实现释放数据库连接资源的 Dispose 方法代码如下：

```csharp
#region 释放数据库连接资源
/// <summary>
/// 释放资源
/// </summary>
public void Dispose()
{
    // 确认连接是否已经关闭
    if (con != null)
    {
        con.Dispose();
        con = null;
    }
}
#endregion
```

4. 初始化 SqlParameter 参数值

本程序向数据库中读写数据是以参数形式实现的(与使用存储过程读写数据类似)。其中 MakeInParam 方法用于传入参数，MakeParam 方法用于转换参数。实现 MakeInParam 方法和 MakeParam 方法的完整代码如下：

```csharp
#region 传入参数并且转换为SqlParameter 类型
/// <summary>
/// 转换参数
/// </summary>
/// <param name="ParamName">存储过程名称或命令文本</param>
/// <param name="DbType">参数类型</param>
/// <param name="Size">参数大小</param>
/// <param name="Value">参数值</param>
/// <returns>新的 Parameter 对象</returns>
public SqlParameter MakeInParam(string ParamName, SqlDbType DbType, int Size, object Value)
{
    return MakeParam(ParamName, DbType, Size, ParameterDirection.Input, Value);
}
```

```
/// <summary>
/// 初始化参数值
/// </summary>
/// <param name="ParamName">存储过程名称或命令文本</param>
/// <param name="DbType">参数类型</param>
/// <param name="Size">参数大小</param>
/// <param name="Direction">参数方向</param>
/// <param name="Value">参数值</param>
/// <returns>新的 parameter 对象</returns>
public SqlParameter MakeParam(string ParamName, SqlDbType DbType, Int32 Size,
ParameterDirection Direction, object Value)
{
    SqlParameter param;

    if (Size > 0)
        param = new SqlParameter(ParamName, DbType, Size);
    else
        param = new SqlParameter(ParamName, DbType);

    param.Direction = Direction;
    if (!(Direction == ParameterDirection.Output && Value == null))
        param.Value = Value;
    return param;
}
#endregion
```

在此有如下 3 点说明：

- SqlParameter 类：表示用参数名称、SqlDbType、大小和源列名称初始化 SqlParameter 类的新实例。
- Direction 属性：表示获取或设置一个值，该参数值为只可输入、只可输出、双向还是存储过程返回值参数。
- Value 属性：表示获取或设置该参数的值。

5. 执行参数命令文本或 SQL 语句

RunProc 方法为可重载方法。其中，RunProc(string procName)方法主要用于执行简单的数据库添加、修改、删除等操作(例如，SQL 语句)；RunProc(string procName, SqlParameter[] prams)方法主要用于执行复杂的数据库添加、修改、删除等操作(带参数 SqlParameter 的命令文本的 SQL 语句)。实现可重载方法 RunProc 方法的完整代码如下：

```
#region    执行参数命令文本(无数据库中数据返回)
/// <summary>
/// 执行命令
/// </summary>
/// <param name="procName">命令文本</param>
/// <param name="prams">参数对象</param>
/// <returns></returns>
public int RunProc(string procName, SqlParameter[] prams)
{
    SqlCommand cmd = CreateCommand(procName, prams);
    cmd.ExecuteNonQuery();
    this.Close();
    //得到执行成功返回值
    return (int)cmd.Parameters["ReturnValue"].Value;
}
/// <summary>
```

```
/// 直接执行 SQL 语句
/// </summary>
/// <param name="procName">命令文本</param>
/// <returns></returns>
public int RunProc(string procName)
{
    this.Open();
    SqlCommand cmd = new SqlCommand(procName, con);
    cmd.ExecuteNonQuery();
    this.Close();
    return 1;
}
#endregion
```

在此有如下 3 点说明：

- ExecuteNonQuery 方法：表示对连接执行 Transact-SQL 语句并返回受影响的行数。
- this：表示 this 关键字引用类的当前实例。
- SqlCommand 类：表示要对 SQL Server 数据库执行的一个 Transact-SQL 语句或存储过程。

6. 执行查询命令文本，并且返回 DataSet 数据集

RunProcReturn 方法为可重载方法，返回值为 DataSet 类型。功能分别为执行带参数 SqlParameter 的命令文本，并返回查询 DataSet 结果集。下面代码中 RunProcReturn(string procName, SqlParameter[] prams,string tbName)方法主要用于执行带参数 SqlParameter 的查询命令文本；RunProcReturn(string procName, string tbName)用于直接执行查询 SQL 语句。可重载方法 RunProcReturn 的完整代码如下：

```
#region  执行参数命令文本(有返回值)
/// <summary>
/// 执行查询命令文本, 并且返回 DataSet 数据集
/// </summary>
/// <param name="procName">命令文本</param>
/// <param name="prams">参数对象</param>
/// <param name="tbName">数据表名称</param>
/// <returns></returns>
public DataSet RunProcReturn(string procName, SqlParameter[] prams, string tbName)
{
    SqlDataAdapter dap = CreateDataAdaper(procName, prams);
    DataSet ds = new DataSet();
    dap.Fill(ds, tbName);
    this.Close();
    //得到执行成功返回值
    return ds;
}

/// <summary>
/// 执行命令文本, 并且返回 DataSet 数据集
/// </summary>
/// <param name="procName">命令文本</param>
/// <param name="tbName">数据表名称</param>
/// <returns>DataSet</returns>
public DataSet RunProcReturn(string procName, string tbName)
{
    SqlDataAdapter dap = CreateDataAdaper(procName, null);
    DataSet ds = new DataSet();
```

```
      dap.Fill(ds, tbName);
      this.Close();
      //得到执行成功返回值
      return ds;
   }

   #endregion
```

在此有如下两点说明：

- SqlDataAdapter 类：表示用于填充 DataSet 和更新 SQL Server 数据库的一组数据命令和一个数据库连接。
- Fill 方法：表示在 DataSet 中添加或刷新行以匹配使用 DataSet 和 DataTable 名称的数据源中的行。

7. 将 SqlParameter 添加到 SqlDataAdapter 中

CreateDataAdaper 方法创建一个 SqlDataAdapter 对象以此来执行命令文本。具体代码如下：

```
#region 将命令文本添加到 SqlDataAdapter
/// <summary>
/// 创建一个 SqlDataAdapter 对象以此来执行命令文本
/// </summary>
/// <param name="procName">命令文本</param>
/// <param name="prams">参数对象</param>
/// <returns></returns>
private SqlDataAdapter CreateDataAdaper(string procName, SqlParameter[] prams)
{
   this.Open();
   SqlDataAdapter dap = new SqlDataAdapter(procName, con);
   dap.SelectCommand.CommandType = CommandType.Text;   //执行类型：命令文本
   if (prams != null)
   {
      foreach (SqlParameter parameter in prams)
         dap.SelectCommand.Parameters.Add(parameter);
   }
   //加入返回参数
   dap.SelectCommand.Parameters.Add(new SqlParameter("ReturnValue", SqlDbType.Int, 4,
      ParameterDirection.ReturnValue, false, 0, 0,
      string.Empty, DataRowVersion.Default, null));

   return dap;
}
#endregion
```

8. 将 SqlParameter 添加到 SqlCommand 中

CreateCommand 方法创建一个 SqlCommand 对象以此来执行命令文本。具体代码如下：

```
#region   将命令文本添加到 SqlCommand
/// <summary>
/// 创建一个 SqlCommand 对象以此来执行命令文本
/// </summary>
/// <param name="procName">命令文本</param>
/// <param name="prams">命令文本所需参数</param>
/// <returns>返回 SqlCommand 对象</returns>
private SqlCommand CreateCommand(string procName, SqlParameter[] prams)
```

```
{
    // 确认打开连接
    this.Open();
    SqlCommand cmd = new SqlCommand(procName, con);
    cmd.CommandType = CommandType.Text;                    //执行类型：命令文本
    // 依次把参数传入命令文本
    if (prams != null)
    {
        foreach (SqlParameter parameter in prams)
            cmd.Parameters.Add(parameter);
    }
    // 加入返回参数
    cmd.Parameters.Add(
        new SqlParameter("ReturnValue", SqlDbType.Int, 4,
        ParameterDirection.ReturnValue, false, 0, 0,
        string.Empty, DataRowVersion.Default, null));
    return cmd;
}
#endregion
```

在上述代码中，使用访问修饰符 public 定义了多个公共类和公共方法。在 C#程序中，访问修饰符能够控制修饰成员的可访问范围。访问修饰符能够使类或者类的成员在不同的范围内具有不同的可见性，用于实现数据和代码的隐藏。在 C#中定义了 5 种访问修饰符，分别是 public、protected internal、protected、internal 或 private。在上述修饰符中，除了 protected internal 组合外，其他的访问修饰符组合方式会导致编译时错误。访问修饰符被设置在成员的类型或者返回值类型之前。

C#常用访问修饰符的具体说明如表 8-5 所示。

表 8-5 C#访问修饰符

访问修饰符	说 明
public	设置访问不受限制，可以在类内和任何类外的代码中访问
Protected	设置可访问域限定于类内或从该类派生的类内
Internal	设置可访问域限定于类所在的程序内
protected internal	即表示 protected 或者 internal，设置可访问域限定于类所在的程序或那些由它所属的类派生的类内
private	设置可访问域限定于它所属的类内

8.7.2 网站逻辑业务功能设计

逻辑业务层是建立在数据层设计和表示层设计之上完成的。即处理功能 Web 窗体与数据库操作的业务功能。其功能是通过文件 Operation.cs 实现的，下面开始讲解其实现流程。

1．添加供求信息

InsertInfo 方法主要用于将免费供求信息添加到数据库中。具体实现代码如下：

```
#region 添加供求信息
/// <summary>
/// 添加供求信息
/// </summary>
```

```
/// <param name="type">信息类别</param>
/// <param name="title">标题</param>
/// <param name="info">内容</param>
/// <param name="linkMan">联系人</param>
/// <param name="tel">联系电话</param>
public void InsertInfo(string type, string title, string info, string linkMan, string tel)
{
    SqlParameter[] parms ={
        data.MakeInParam("@type",SqlDbType.VarChar,50,type),
        data.MakeInParam("@title",SqlDbType.VarChar,50,title),
        data.MakeInParam("@info",SqlDbType.VarChar,500,info),
        data.MakeInParam("@linkMan",SqlDbType.VarChar,50,linkMan),
        data.MakeInParam("@tel",SqlDbType.VarChar,50,tel),
    };
    int i = data.RunProc("INSERT INTO tb_info (type, title, info, linkman, tel) VALUES (@type, @title,@info,@linkMan, @tel)", parms);
}
#endregion
```

2. 修改供求信息

UpdateInfo 方法主要用于修改免费供求信息的审核状态。具体实现代码如下：

```
#region 修改供求信息
/// <summary>
/// 修改供求信息的审核状态
/// </summary>
/// <param name="id">信息ID</param>
/// <param name="type">信息类型</param>
public void UpdateInfo(string id, string type)
{
    DataSet ds = this.SelectInfo(type, Convert.ToInt32(id));
    bool checkState = Convert.ToBoolean(ds.Tables[0].Rows[0][6].ToString());
    int i;
    if (checkState)
    {
        i = data.RunProc("UPDATE tb_info SET checkState = 0 WHERE (ID = " + id + ")");
    }
    else
    {
        i = data.RunProc("UPDATE tb_info SET checkState = 1 WHERE (ID = " + id + ")");
    }
}
#endregion
```

3. 删除供求信息

DeleteInfo 方法主要用于删除免费供求信息，实现过程由调用数据层中的 RunProc 方法实现。具体实现代码如下：

```
#region 删除供求信息
/// <summary>
/// 删除指定的供求信息
/// </summary>
/// <param name="id">供求信息ID</param>
public void DeleteInfo(string id)
{
    int d = data.RunProc("Delete from tb_info where id='" + id + "'");
```

```
}
#endregion
```

4. 查询供求信息

SelectInfo 方法为可重载方法,用于根据不同的条件查询免费供求信息,实现过程由调用数据层中的 RunProcReturn 方法实现。具体实现代码如下:

```
#region  查询供求信息
/// <summary>
/// 按类型查询供求信息
/// </summary>
/// <param name="type">供求信息类型</param>
/// <returns>返回查询结果 DataSet 数据集</returns>
public DataSet SelectInfo(string type)
{
    SqlParameter[] parms ={ data.MakeInParam("@type", SqlDbType.VarChar, 50, type) };
    return data.RunProcReturn("SELECT ID, type, title, info, linkman, tel, checkState, date FROM tb_info where type=@type ORDER BY date DESC", parms, "tb_info");
}
/// <summary>
/// 按类型和 ID 查询供求信息
/// </summary>
/// <param name="type">供求信息类型</param>
/// <param name="id">供求信息 ID</param>
/// <returns>返回查询结果 DataSet 数据集</returns>
public DataSet SelectInfo(string type, int id)
{
    SqlParameter[] parms ={
        data.MakeInParam("@type", SqlDbType.VarChar, 50, type) ,
    };
    return data.RunProcReturn("SELECT ID, type, title, info, linkman, tel, checkState, date FROM tb_info where (type=@type) AND (ID=" + id + ") ORDER BY date DESC", parms, "tb_info1");
}
/// <summary>
/// 按信息类型查询,审核和未审核信息。
/// </summary>
/// <param name="type">信息类型</param>
/// <param name="checkState">True 显示审核信息 False 显示未审核信息</param>
/// <returns>返回查询结果 DataSet 数据集</returns>
public DataSet SelectInfo(string type, bool checkState)
{
    return data.RunProcReturn("select * from tb_info where type='" + type + "' and checkState='" + checkState + "'", "tb_info");
}

/// <summary>
/// 供求信息快速检索
/// </summary>
/// <param name="type">信息类型</param>
/// <param name="infoSearch">查询信息的关键字</param>
/// <returns>返回查询结果 DataSet 数据集</returns>
public DataSet SelectInfo(string type, string infoSearch)
{
    SqlParameter[] pars ={
        data.MakeInParam("@type", SqlDbType.VarChar, 50, type) ,
        data.MakeInParam("@info",SqlDbType.VarChar,50,"%"+infoSearch+"%")
    };
```

```
        return data.RunProcReturn("select * from tb_info where (type=@type) and (info like
@info) and (checkstate=1)", pars, "tb_info");
    }

    #endregion
```

5. 添加收费供求信息

InsertLeaguerInfo 方法主要用于将收费供求信息添加到数据库中。具体实现代码如下：

```
    #region 添加收费供求信息

    /// <summary>
    /// 添加收费供求信息
    /// </summary>
    /// <param name="type">信息类型</param>
    /// <param name="title">信息标题</param>
    /// <param name="info">信息内容</param>
    /// <param name="linkMan">联系人</param>
    /// <param name="tel">联系电话</param>
    /// <param name="sumDay">有时天数</param>
    public void InsertLeaguerInfo(string type, string title, string info, string linkMan,
string tel, DateTime sumDay,bool checkState)
    {
        SqlParameter[] parms ={
            data.MakeInParam("@type",SqlDbType.VarChar,50,type),
            data.MakeInParam("@title",SqlDbType.VarChar,50,title),
            data.MakeInParam("@info",SqlDbType.VarChar,500,info),
            data.MakeInParam("@linkMan",SqlDbType.VarChar,50,linkMan),
            data.MakeInParam("@tel",SqlDbType.VarChar,50,tel),
            data.MakeInParam("@showday",SqlDbType.DateTime,8,sumDay),
            data.MakeInParam("@CheckState",SqlDbType.Bit,8,checkState)
        };
        int i = data.RunProc("INSERT INTO tb_LeaguerInfo (type, title, info, linkman,
tel,showday,checkState) VALUES (@type, @title,@info,@linkMan,
@tel,@showday,@CheckState)", parms);
    }
    #endregion
```

6. 删除收费供求信息

DeleteLeaguerInfo 方法主要用于删除收费供求信息。具体实现代码如下：

```
    #region 删除收费供求信息
    /// <summary>
    /// 删除收费供求信息
    /// </summary>
    /// <param name="id">要删除信息的 I D</param>
    public void DeleteLeaguerInfo(string id)
    {
        int d = data.RunProc("Delete from tb_LeaguerInfo where id='" + id + "'");
    }
    #endregion
```

7. 查询收费供求信息

SelectLeaguerInfo 方法为可重载方法，用于根据不同的条件查询收费供求信息。具体实现代码如下：

```
    #region 查询收费供求信息
    /// <summary>
```

```csharp
/// 显示所有的收费信息
/// </summary>
/// <returns>返回 DataSet 结果集</returns>
public DataSet SelectLeaguerInfo()
{
    return data.RunProcReturn("Select * from tb_LeaguerInfo order by date desc", "tb_LeaguerInfo");
}
/// <summary>
/// 查询收费到期和未到期供求信息
/// </summary>
/// <param name="All">True 显示未到期信息,False 显示到期信息</param>
/// <returns>返回 DataSet 结果集</returns>
public DataSet SelectLeaguerInfo(bool All)
{
    if (All)           //显示有效收费信息
        return data.RunProcReturn("Select * from tb_LeaguerInfo where showday >= getdate() order by date desc", "tb_LeaguerInfo");
    else              //显示过期收费信息
        return data.RunProcReturn("select * from tb_LeaguerInfo where showday<getdate() order by date desc", "tb_LeaguerInfo");
}
/// <summary>
/// 查询同类型收费到期和未到期供求信息
/// </summary>
/// <param name="all">True 显示未到期信息,False 显示到期信息</param>
/// <param name="infoType">信息类型</param>
/// <returns>返回 DataSet 结果集</returns>
public DataSet SelectLeaguerInfo(bool All, string infoType)
{
    if (All)   //显示有效收费信息
        return data.RunProcReturn("Select * from tb_LeaguerInfo where type='" + infoType + "' and showday >= getdate() order by date desc", "tb_LeaguerInfo");
    else//显示过期收费信息
        return data.RunProcReturn("select * from tb_LeaguerInfo where type='" + infoType + "' and showday<getdate() order by date desc", "tb_LeaguerInfo");
}
/// <summary>
/// 查询显示'按类型未过期推荐信息'或'所有的未过期推荐信息'
/// </summary>
/// <param name="infoType">信息类型</param>
/// <param name="checkState">True 按类型显示未过期推荐信息  False 显示所有未过期推荐信息</param>
/// <returns></returns>
public DataSet SelectLeaguerInfo(string infoType,bool checkState)
{
    if (checkState)   //按类型未过期推荐信息
        return data.RunProcReturn("SELECT top 20 * FROM tb_LeaguerInfo WHERE (type = '" + infoType + "') AND (showday >= GETDATE()) AND (CheckState = '" + checkState + "') ORDER BY date DESC", "tb_LeaguerInfo");
    else//显示未过期推荐信息
        return data.RunProcReturn("SELECT top 10 * FROM tb_LeaguerInfo WHERE (showday >=GETDATE()) AND (CheckState = '" + !checkState + "') ORDER BY date DESC", "tb_LeaguerInfo");
}
/// <summary>
/// 查询同类型收费到期和未到期供求信息(前N条信息)
/// </summary>
/// <param name="all">True 显示有效收费信息,False 显示过期收费信息</param>
/// <param name="infoType">信息类型</param>
```

```
/// <param name="top">获取前N条信息</param>
/// <returns></returns>
public DataSet SelectLeaguerInfo(bool All, string infoType, int top)
{
    if (All)   //显示有效收费信息
        return data.RunProcReturn("Select top(" + top + ") * from tb_LeaguerInfo where type='" + infoType + "' and showday >= getdate() order by date desc", "tb_LeaguerInfo");
    else//显示过期收费信息
        return data.RunProcReturn("select top(" + top + ") * from tb_LeaguerInfo where type='" + infoType + "' and showday<getdate() order by date desc", "tb_LeaguerInfo");
}
/// <summary>
/// 根据ID查询收费供求信息
/// </summary>
/// <param name="id">供求信息ID</param>
/// <returns></returns>
public DataSet SelectLeaguerInfo(string id)
{
    return data.RunProcReturn("Select * from tb_LeaguerInfo where id='" + id + "' order by date desc", "tb_LeaguerInfo");
}
#endregion
```

8. DataList 分页设置绑定

PageDataListBind 方法主要用于实现 DataList 绑定分页功能。具体实现代码如下：

```
#region  分页设置绑定
/// <summary>
/// 绑定DataList控件，并且设置分页
/// </summary>
/// <param name="infoType">信息类型</param>
/// <param name="infoKey">查询的关键字(如果为空，则查询所有)</param>
/// <param name="currentPage">当前页</param>
/// <param name="PageSize">每页显示数量</param>
/// <returns>返回PagedDataSource对象</returns>
public PagedDataSource PageDataListBind(string infoType, string infoKey, int currentPage,int PageSize)
{
    PagedDataSource pds = new PagedDataSource();
    pds.DataSource = SelectInfo(infoType, infoKey).Tables[0].DefaultView;   //将查询结果绑定到分页数据源上.
    pds.AllowPaging = true;                       //允许分页
    pds.PageSize = PageSize;                      //设置每页显示的页数
    pds.CurrentPageIndex = currentPage - 1;       //设置当前页
    return pds;
}
#endregion
```

9. 后台登录

Logon 方法主要用于网站后台验证用户登录功能。具体实现代码如下：

```
#region 后台登录

public DataSet Logon(string user, string pwd)
{
    SqlParameter[] parms ={
        data.MakeInParam("@sysName",SqlDbType.VarChar,20,user),
        data.MakeInParam("@sysPwd",SqlDbType.VarChar,20,pwd)
    };
```

```
        return data.RunProcReturn("Select * from tb_Power where sysName=@sysName and
sysPwd=@sysPwd",parms, "tb_Power");
    }
    #endregion
```

通过上述实现代码可知，大多数综合供求信息系统的实现原理都是一样的，核心功能都包括信息发布、信息维护和信息分类。开发完本项目后，我直接可以保留所有核心代码，在前台界面换几幅图和站点名称，即可实现不同类型的供求信息网站。例如农业供求信息网、中介供求信息网、物流供求信息网等。也就是说，我用这一个项目的代码，可以实现很多个不同类型的供求信息站点。

8.7.3 网站主页设计

网站主页是关于网站的建设及形象宣传，它对网站生存和发展起着非常重要的作用。网站首页应该是一个信息含量较大、内容较丰富的宣传平台。供求信息网主页如图 8-8 所示。

图 8-8 供求信息网主页

主页中主要包含以下内容：

- 网站菜单导航(包括招聘信息、求职信息、培训信息、公寓信息、家教信息、车辆信息、物品求购、物品出售、求兑出兑、寻求合作、企业广告等)。
- 供求信息的发布(包括招聘信息、求职信息、培训信息、公寓信息、家教信息、车辆信息、物品求购、物品出售、求兑出兑、寻求合作、企业广告等)。
- 供求信息显示(包括招聘信息、求职信息、培训信息、公寓信息、家教信息、车辆信息、物品求购、物品出售、求兑出兑、寻求合作、企业广告等)。
- 详细供求信息查看。
- 供求信息快速查询。
- 推荐供求显示：按时间先后顺序显示推荐供求信息。
- 后台登录入口：为管理员进入后台提供一个入口。

供求信息网的主页和前台其他所有子页均使用了母版页技术。母版页的主要功能是为 ASP.NET 应用程序创建统一的用户界面和样式，它提供了共享的 HTML、控件和代码，可作为一个模板,供网站内所有页面使用,从而提升了整个程序开发的效率。本节将从以下几个方面来介绍母版页。

1. 母版页的使用

使用母版页,可以为 ASP.NET 应用程序页面创建一个通用的外观。开发人员可以利用母版页创建一个单页布局,然后将其应用到多个内容页中。母版页具有如下优点:

使用母版页可以集中处理网页的通用功能,以便可以只在一个位置上进行更新,在很大程度上提高了工作效率。

使用母版页可以方便地创建一组公共控件和代码,并将其应用于网站中所有引用该母版页的网页。例如,可以在母版页上使用控件来创建一个应用于所有网页的功能菜单。

可以通过控制母版页中的占位符 ContentPlaceHolder,对网页进行布局。

由内容页和母版页组成的对象模型,能够为应用程序提供一种高效、易用的实现方式,并且这种对象模型的执行效率比以前的处理方式有了很大的提高。

2. 实现主页

本模块使用了数据表 tb_LeaguerInfo,设计步骤如下:

(1) 在网站的根目录下新建一个 Web 窗体,默认名称为 Default.aspx,并且将其作为 MasterPage.master 母版页的内容页,该过程已经在 1.5.2 节中详细讲解,Default.aspx 主要用于网站的主页。

(2) 在 Web 窗体的 Content 区域添加一个 Table 表格,用于页面的布局。

(3) 在 Web 窗体 Content 区域的 Table 中添加 6 个 DataList 数据服务器控件,主要用于显示各种类型的部分供求信息。

(4) 在添加的 6 个 DataList 数据服务器控件中分别添加一个 Table,用于 DataList 控件的布局,并绑定相应的数据。在 ASPX 页中实现绑定代码如下:

```
<ItemTemplate><table align="center" cellpadding="0" cellspacing="0" width="266">
<tr><td>
<span class="hong" style="color: #000000">
<a class="huise"
href="ShowLeaguerInfo.aspx?id=<%#DataBinder.Eval(Container.DataItem,"id") %>"
target="_blank"><%#DataBinder.Eval(Container.DataItem,"title") %></a>
</span>
</td></tr>
<tr style="color: #000000"><td>
<img height="1" src="images/line.gif" width="266" />
</td></tr>
</table>
</ItemTemplate>
```

在主页 Web 窗体的加载事件中将各种类型的部分供求信息绑定到 DataList 控件。具体实现代码如下:

```
public partial class _Default : System.Web.UI.Page
{
    Operation operation = new Operation();  //声明网站业务类对象
    protected void Page_Load(object sender, EventArgs e)
    {
        if (!IsPostBack)  //!IsPostBack 避免重复刷新加载页面
        {
```

```
        //获取前6条分类供求信息
        dlZP.DataSource = operation.SelectLeaguerInfo(true, "招聘信息", 6);
        dlZP.DataBind();
        dlPX.DataSource = operation.SelectLeaguerInfo(true, "培训信息", 6);
        dlPX.DataBind();
        dlGY.DataSource = operation.SelectLeaguerInfo(true, "公寓信息", 6);
        dlGY.DataBind();
        dlJJ.DataSource = operation.SelectLeaguerInfo(true, "家教信息", 6);
        dlJJ.DataBind();
        dlWPQG.DataSource = operation.SelectLeaguerInfo(true, "物品求购", 6);
        dlWPQG.DataBind();
        dlWPCS.DataSource = operation.SelectLeaguerInfo(true, "物品出售", 6);
        dlWPCS.DataBind();
        dlQDCD.DataSource = operation.SelectLeaguerInfo(true, "求兑出兑", 6);
        dlQDCD.DataBind();
        dlCL.DataSource = operation.SelectLeaguerInfo(true, "车辆信息", 6);
        dlCL.DataBind();
    }
}
```

在上述代码中，要注意如下两点：

- Page.IsPostBack 属性：获取一个值，该值指示该页是否正为响应客户端回发而加载，或者它是否正被首次加载和访问。如果是为响应客户端回发而加载该页，则为 true；否则为 false。
- SelectLeaguerInfo 方法：自定义业务层类中方法，用于查询同类型收费到期和未到期供求信息(前 N 条信息)，True 显示过期信息，False 显示未过期信息。

8.7.4 网站招聘信息页设计

网站招聘信息页属于供求信息网的子页，主要显示企事业单位的招聘信息。根据企业的实际情况和网站的自身发展，招聘信息页主要分上、下两部分显示招聘，其中上半部分显示收费招聘信息，下半部分显示免费招聘信息，如图 8-9 所示。

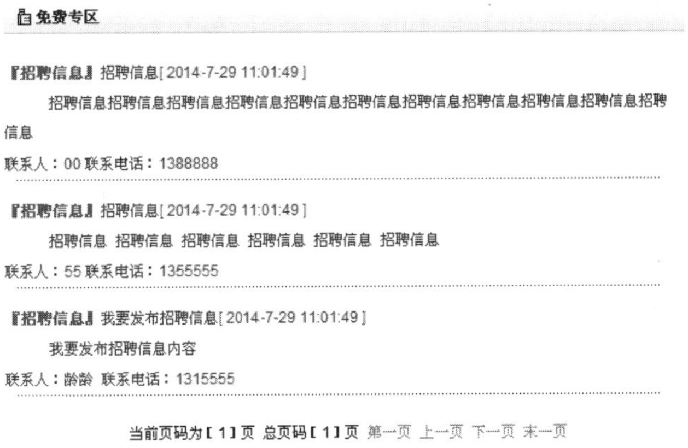

图 8-9 招聘页面效果

1. 设计步骤

(1) 在网站的根目录下创建 ShowPag 文件夹，用于存放显示分类信息 Web 窗体。

(2) 在 ShowPag 文件夹中新建一个 Web 窗体，命名为 webZP.aspx，并且将其作为 MasterPage.master 母版页的内容页。文件 webZP.aspx 主要用于网站的招聘信息页。

(3) 在 Web 窗体的 Content 区域添加一个 Table 表格，用于页面的布局。

(4) 在 Web 窗体 Content 区域的 Table 中添加两个 DataList 服务器控件，主要用于显示各种类型的部分供求信息。

(5) 在 Web 窗体 Content 区域的 Table 中添加 4 个 LinkButton 服务器控件，主要用于翻页的操作(第一页、上一页、下一页、最后一页)。

(6) 在 Web 窗体 Content 区域的 Table 中添加两个 Label 服务器控件，主要用于实现分页的总页数和当前页数。

(7) 在添加的 DataList 数据服务器控件中分别添加一个 Table，用于 DataList 控件的布局，并绑定相应的数据。DataList 数据服务器控件 ItemTemplate 模板中实现绑定的代码如下：

```
<ItemTemplate>
<table align="center" cellpadding="0" cellspacing="0" width="543">
<tr><td>
<span class="hongcu">【<%# DataBinder.Eval(Container.DataItem,"type") %>】</span>
<span class="chengse"><%# DataBinder.Eval(Container.DataItem,"title") %></span>
<span class="huise1"><%#DataBinder.Eval(Container.DataItem,"date") %> </span>
<br />
<span class="shenlan">        
  <%#DataBinder.Eval(Container.DataItem,"info") %> </span>
<br />
<span class="chengse">
联系人：<%#DataBinder.Eval(Container.DataItem,"linkMan") %>
联系电话：<%#DataBinder.Eval(Container.DataItem,"tel") %>
</span>
</td></tr>
<tr style="color: #000000"><td align="center">
<img height="1" src="images/longline.gif" width="525" />
</td></tr>
<tr style="color: #000000">
<td height="10"></td>
</tr>
</table>
</ItemTemplate>
```

2．实现代码

在招聘页面文件 webZP.aspx.cs 中，声明全局静态变量和类对象，用途参见代码中注释部分。在页面的加载事件中主要实现功能：实现获取查询关键字信息；调用自定义方法 DataListBind 实现免费招聘信息分页显示；显示未过期的收费招聘信息。然后自定义 DataListBind 方法主要用于实现 DataList 控件(分页显示免费供求信息)绑定及分页功能。具体实现代码如下：

```
public partial class webZP : System.Web.UI.Page
{
    Operation operation = new Operation();    //声明业务类对象
    static string infoType = "";              //声明供求信息类型对象
    static string infoKey = "";               //声明查询信息关键字
    static PagedDataSource pds = new PagedDataSource();  //声明
```

```csharp
protected void Page_Load(object sender, EventArgs e)
{
    if (!IsPostBack)
    {
        infoType = "招聘信息";
        //infoKey 的意思用语用户快速检索,如果值为空,显示所有招聘供求信息,否则显示查询内容
        infoKey = Convert.ToString(Session["key"]);
        this.DataListBind();
        //显示未过期收费信息
        dlCharge.DataSource = operation.SelectLeaguerInfo(true, infoType);
        dlCharge.DataBind();
        Session["key"] = null;
    }
}
/// <summary>
/// 将数据绑定到 DataList 控件
/// </summary>
public void DataListBind()
{
    //将分页结果设置结果赋值给新的页数据源对象
    pds = operation.PageDataListBind(infoType, infoKey,
Convert.ToInt32(lblCurrentPage.Text), 10);
    lnkBtnFirst.Enabled = true;          //控件翻页控件都设置为可用
    lnkBtnLast.Enabled = true;
    lnkBtnNext.Enabled = true;
    lnkBtnPrevious.Enabled = true;
    if (lblCurrentPage.Text == "1")      //如果当前显示第一页,"第一页"和"上一页"按钮不可用.
    {
        lnkBtnPrevious.Enabled = false;
        lnkBtnFirst.Enabled = false;
    }
    if (lblCurrentPage.Text == pds.PageCount.ToString())    //如果显示最后一页,"末一页"
和"下一页"按钮不可用.
    {
        lnkBtnNext.Enabled = false;
        lnkBtnLast.Enabled = false;
    }
    lblSumPage.Text = pds.PageCount.ToString();        //实现总页数
    dlFree.DataSource = pds;                           //绑定数据源
    dlFree.DataKeyField = "id";
    dlFree.DataBind();
}
protected void lnkBtnFirst_Click(object sender, EventArgs e)
{
    lblCurrentPage.Text = "1";   //第一页
    DataListBind();
}
protected void lnkBtnPrevious_Click(object sender, EventArgs e)
{
    lblCurrentPage.Text = (Convert.ToInt32(lblCurrentPage.Text) - 1).ToString();   //
上一页
    DataListBind();
}
protected void lnkBtnNext_Click(object sender, EventArgs e)
{
    lblCurrentPage.Text = (Convert.ToInt32(lblCurrentPage.Text) + 1).ToString();   //
下一页
    DataListBind();
}
protected void lnkBtnLast_Click(object sender, EventArgs e)    //最后一页
```

```
        {
            lblCurrentPage.Text = lblSumPage.Text;
            DataListBind();
        }
}
```

分页模块是 Web 系统中的常用模块之一，对于各种动态站点来说，通过分页计数能够用更好的效果将站点内容展示在浏览用户面前。对于 ASP.NET 程序员来说，是不必烦恼的事。因为 ASP.NET 固有的 GridView 控件很好地实现了分页处理功能，并且通过它本身的属性可以灵活设置。除了使用 GridView 控件进行分页处理外，还可以结合数据在库中的保存方式来分页。常见的分页方式有两种，分别是存储过程分页和控件分页。

8.7.5 免费供求信息发布页设计

免费供求信息发布页针对的对象为供求信息用户，是供求信息网站非常重要的功能，也是供求信息网站的核心功能。免费供求信息发布页如图 8-10 所示。用户可以根据自身需要将供求信息发布到相应的信息类别中(共包括 11 个信息类别：招聘信息、求职信息、培训信息、公寓信息、家教信息、车辆信息、物品求购、物品出售、求兑出兑、寻求合作、企业广告等供求信息)。供求信息成功发布后，管理员需要在后台对发布的供求信息进行审核，如果审核通过后，则显示在相应的信息类别网页中。

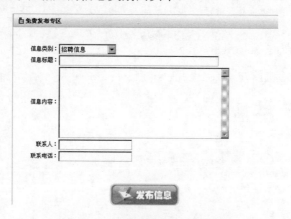

图 8-10　免费发布供求信息页面

1．设计步骤

(1) 在网站的根目录下新建一个 Web 窗体，命名为 InfoAdd.aspx，并且将其作为 MasterPage.master 母版页的内容页。该过程已经在 1.5.2 节中详细讲解，InfoAdd.aspx 主要用于网站的免费供求信息发布。

(2) 在 Web 窗体的 Content 区域添加一个 Table 表格，用于页面的布局。

(3) 在 Web 窗体 Content 区域的 Table 中添加 1 个 DropDownList 和 4 个 TextBox 服务器控件，主要用于选择供求信息类型和输入供求信息的标题、内容、联系电话、联系人。

(4) 在 Web 窗体 Content 区域的 Table 中添加 1 个 RegularExpressionValidator 和 4 个 RequiredFieldValidator 验证控件，主要用于验证电话号码的输入格式和输入供求信息不能为空。

(5) 在 Web 窗体 Content 区域的 Table 中添加 1 个 ImageButton 控件，用于发布供求信息。

2. 实现代码

单击【发布信息】按钮，信息经验证无误后方可添加到数据库中，上述功能通过文件 InfoAdd.aspx.cs 实现的。具体实现代码如下：

```
public partial class InfoAdd : System.Web.UI.Page
{
    Operation operation = new Operation();                    //声明业务层类对象

    protected void Page_Load(object sender, EventArgs e)
    {
    }

    protected void imgBtnAdd_Click(object sender, ImageClickEventArgs e)
    {
        operation.InsertInfo(DropDownList1.Text, txtTitle.Text.Trim(),
txtInfo.Text.Trim(), txtLinkMan.Text.Trim(), txtTel.Text.Trim());
        WebMessageBox.Show("信息发布成功！", "Default.aspx");
    }
}
```

8.7.6 后台主页设计

程序开发人员在设计网站后台主页时，主要是从后台管理人员对功能的易操作性、实用性、网站的易维护性考虑，与网站的前台相比美观性并不是很重要。供求信息网站后台主页运行效果如图 8-11 所示。

图 8-11 后台主页

1. 设计步骤

(1) 新建一个 Web 窗体，默认名称为 Default.aspx，主要用于网站后台首页的设计。

(2) 在 Web 窗体中添加一个 Table 表格，用于页面的布局。

(3) 在 Table 中添加一个 TreeView 服务器控件，在节点编辑器中添加相应的节点和子节点，并且设置子节点的 NavigateUrl 属性主要用于后台功能菜单的导航。

(4) 在页面的源视图中的相关位置，添加 iframe 框架代码，用于显示功能子页。具体代码如下：

```
<iframe id="iframe1" name="mainFrame" style="width: 802px; height: 596px"
frameborder="0">    </iframe>
```

2．实现过程

在页面的加载事件中，主要实现验证用户是否通过合理的程序登录，非法用户不能进入网站后台。上述功能是通过文件 BackGround\ Default.aspx.cs 实现的，具体实现代码如下：

```
public partial class BackGround_Default : System.Web.UI.Page
{
   protected void Page_Load(object sender, EventArgs e)
   {
      if (!IsPostBack)
      {
         try
         {
            if (Session["UserName"].ToString().ToLower() != "TSOFT".ToLower())
               WebMessageBox.Show("请登录后方可进入网站后台！", "../Logon.aspx");
         }
         catch { }
      }
   }
   public void PageExit()
   {
      Session["UserName"] = "";
      Response.Write("../Default.aspx");
   }
}
```

8.7.7 免费供求信息审核页设计

任何用户都可以免费发布供求信息，如果用户发布的供求信息属于不道德、不健康以及违法的信息，那么将会造成不可估计的损失。所以后台管理人员可以对供求信息进行审核，审核通过的供求信息可以显示在分类相应的页面中，否则，信息不能发布。免费供求信息审核页面如图 8-12 所示。

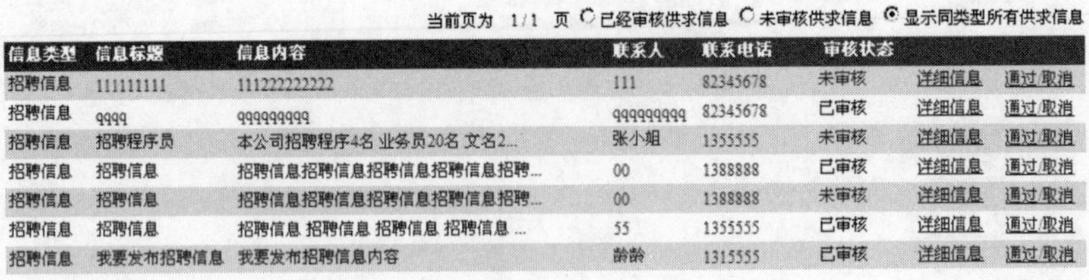

图 8-12 免费供求信息审核页面

1．设计步骤

(1) 在网站的根目录下创建 BackGround 文件夹，用于存放网站后台管理 Web 窗体。

(2) 在 BackGround 文件夹中新建一个 Web 窗体，命名为 CheckInfo.aspx，主要用于免费供求信息的审核。

(3) 在 Web 窗体中添加一个 Table，用于页面的布局。

(4) 在 Table 中添加一个 Label 控件，主要用于 GridView 控件分页后的总页数。主要属性设置：AllowPaging 属性为 True，即允许分页；PageSize 属性为 24，即每页显示 24 条数据；AutoGenerateColumns 属性为 False，即不显示自动生成的列。

(5) 在 Table 中添加 3 个 RadioButton 控件，它们分别用于控制显示已审核供求信息、显示未审核供求信息、显示同类型所有供求信息。

(6) 在 Table 中添加一个 GridView 控件，主要用于显示供求信息及对供求信息的审核操作。

2. 实现代码

声明全局静态变量和类对象，用途参见代码中注释部分。在页面的加载事件中，获取供求信息的类型，并调用自定义 GridViewBind 方法查询相关类型的供求信息显示在 GridView 控件中。值得注意的是，供求信息网所有分类供求信息审核都是在 BackGround\CheckInfo.aspx.cs 页面实现的。页面的加载事件中实现代码如下：

```
Operation operation = new Operation();　//业务层类对象
static string infoType = "";　　//供求信息类型
static int CheckType = -1;　　//3 种类别: 全部显示(-1 代表全部显示), 显示未审核(0), 显示审核(1)
protected void Page_Load(object sender, EventArgs e)
{
if (!IsPostBack)
{
infoType = Request.QueryString["id"].ToString();GridViewBind(infoType);
}
}
```

然后自定义 GridViewBind 方法，用于查询相关类型的供求信息，并且将查询结果显示在 GridView 表格控件中。具体实现代码如下：

```
/// <summary>
/// 绑定供求信息到 GridView 控件
/// </summary>
/// <param name="type">供求信息类别</param>
private void GridViewBind(string type)
{
    GridView1.DataSource = operation.SelectInfo(type);
    GridView1.DataKeyNames=new string[] {"id"};
    GridView1.DataBind();
    //显示当前页数
    lblPageSum.Text = "当前页为　" + (GridView1.PageIndex + 1) + " / " + GridView1.PageCount + "　页";
}
```

GridView 控件的 RowDataBound 事件是在将数据行绑定到数据时发生，那么在该事件下每绑定一行，就设置每行的相关功能，如高亮显示行、设置审核状态、多余的文字使用"…"替换。具体实现代码如下：

```
protected void GridView1_RowDataBound(object sender, GridViewRowEventArgs e)
{
    if (e.Row.RowType == DataControlRowType.DataRow)
    {
        //高亮显示指定行
        e.Row.Attributes.Add("onMouseOver",
"Color=this.style.backgroundColor;this.style.backgroundColor='#FFF000'");
```

```
        e.Row.Attributes.Add("onMouseOut", "this.style.backgroundColor=Color;");
        //设置审核状态,并且设置相应的颜色.
        if (e.Row.Cells[5].Text == "False")
        {
            e.Row.Cells[5].Text =StringFormat.HighLight("未审核",true);
        }
        else
        {
            e.Row.Cells[5].Text = StringFormat.HighLight("已审核", false);
        }
        //多余字  使用...显示
        e.Row.Cells[2].Text = StringFormat.Out(e.Row.Cells[2].Text, 18);
    }
}
```

SelectedIndexChanging 事件发生在单击某一行的【审核/取消】按钮以后发生,本程序通过该事件实现对供求信息的审核和取消工作。具体实现代码如下:

```
protected void GridView1_SelectedIndexChanging(object sender,
GridViewSelectEventArgs e)
{
    string id = GridView1.DataKeys[e.NewSelectedIndex].Value.ToString();
    operation.UpdateInfo(id, infoType);
    //按审核类型绑定数据(3种类别:全部显示(-1),显示未审核(0),显示审核(1))
    switch (CheckType)
    {
        case -1:
            GridViewBind(infoType);
            break;
        case 0:
            GridView1.DataSource = operation.SelectInfo(infoType, false);
            GridView1.DataBind();
            break;
        case 1:
            GridView1.DataSource = operation.SelectInfo(infoType, true);
            GridView1.DataBind();
            break;
    }
}
```

RowDeleting 事件是在单击某一行的【详细信息】按钮时,但在 GridView 控件删除该行之前发生。在此不是实现删除,只是通过删除命令完成查看详细供求信息的功能。具体实现代码如下:

```
protected void GridView1_RowDeleting(object sender, GridViewDeleteEventArgs e)
{
    string id = GridView1.DataKeys[e.RowIndex].Value.ToString();
    Response.Write("<script> window.open('DetailInfo.aspx?id=" + id + "&&type=" +
infoType + "','','height=258, width=679, top=200, left=200') </script>");
    Response.Write("<script>history.go(-1)</script>");
}
```

PageIndexChanging 事件是在单击某一页导航按钮时,且在 GridView 控件处理分页操作之前发生。通过该事件主要实现页面的分页功能。另外,在本程序主要实现了按审核、未审核等情况显示供求信息,但需要按相应情况的数据源绑定 GridView 控件,否则程序不会报错,而且会出现乱分页现象。具体实现代码如下:

```
protected void GridView1_PageIndexChanging(object sender, GridViewPageEventArgs e)
```

```
{
    //分页设置
    GridView1.PageIndex = e.NewPageIndex;
    //按审核类型绑定数据(3种类别：全部显示(-1),显示未审核(0),显示审核(1))
    switch (CheckType)
    {
        case -1:
            GridViewBind(infoType);
            break;
        case 0:
            GridView1.DataSource = operation.SelectInfo(infoType, false);
            GridView1.DataBind();
            break;
        case 1:
            GridView1.DataSource = operation.SelectInfo(infoType, true);
            GridView1.DataBind();
            break;
    }
    //显示当前页数
    lblPageSum.Text = "当前页为 " + (GridView1.PageIndex + 1) + " / " + GridView1.PageCount + " 页";
}
```

单击【已经审核供求信息】按钮，显示已经审核供求信息。具体实现代码如下：

```
protected void rdoBtnCheckTrue_CheckedChanged(object sender, EventArgs e)
{
    GridView1.PageIndex = 0;
    GridView1.DataSource = operation.SelectInfo(infoType, true);
    GridView1.DataBind();
    CheckType = 1;
    //显示当前页数
    lblPageSum.Text = "当前页为 " + (GridView1.PageIndex + 1) + " / " + GridView1.PageCount + " 页";
}
```

单击【未审核供求信息】按钮，显示未审核供求信息。具体实现代码如下：

```
protected void rdoBtnCheckFalse_CheckedChanged(object sender, EventArgs e)
{
    GridView1.PageIndex = 0;
    GridView1.DataSource = operation.SelectInfo(infoType, false);
    GridView1.DataBind();
    CheckType = 0;
    //显示当前页数
    lblPageSum.Text = "当前页为 " + (GridView1.PageIndex + 1) + " / " + GridView1.PageCount + " 页";
}
```

单击【显示同类型所有供求信息】按钮，显示同类型所有供求信息。具体实现代码如下：

```
protected void rdoBtnCheckAll_CheckedChanged(object sender, EventArgs e)
{
    GridView1.PageIndex = 0;
    GridViewBind(infoType);
    CheckType = -1;
    //显示当前页数
    lblPageSum.Text = "当前页为 " + (GridView1.PageIndex + 1) + " / " + GridView1.PageCount + " 页";
}
```

在 ASP.NET 项目中，整个模块的核心内容是各个处理函数。ASP.NET 项目中的模块功能是通过一个个函数来实现的，并且这些函数可以用不同的方式来表现。例如有时通过事件处理程序的方式实现，有时通过构造方法的方式实现，这两种方式有什么区别吗？虽然这两种方式都能实现我们需要的功能，但是两者是有区别的。要想探寻这两种方式的具体差异，就得从构造函数的特点说起了。构造函数是一种特殊的方法，主要用来在创建对象时初始化对象，即为对象成员变量赋初始值。总与 new 运算符一起使用在创建对象的语句中，特别是一个类可以有多个构造函数时，可以根据其参数个数的不同或参数类型的不同来区分它们，即构造函数的重载。首先窗体的 Load 事件是在窗体加载时执行的，构造函数里的代码是这个类的一个实例被创建时，也就是实例的一个类的对象时调用的。真要分出个它们的执行顺序的话，建议读者亲自设置断点进行跟踪，这样可以加深理解。构造函数就是在我们添加引用的时候，把我们当前的某些数值传入 new 出来的对象中去，而 load 则是当窗体被调用时加载到其上的方法，两者的本质不同。

8.7.8 免费供求信息删除页设计

1．设计步骤

（1）在 BackGround 文件夹中新建一个 Web 窗体，默认名称 DeleteInfo.aspx，主要用于免费供求信息的删除管理。

（2）在 Web 窗体中添加一个 Table 表格，用于页面的布局。

（3）在 Table 中添加一个 Label 控件，主要用于 GridView 控件分页后的总页数。主要属性设置：AllowPaging 属性为 True，即允许分页；PageSize 属性为 24，即每页显示 24 条数据；AutoGenerateColumns 属性为 False，即不显示自动生成的列。

2．实现代码

上述功能的实现文件是 DeleteInfo.Aspx.cs。在页面的加载事件中，获取供求信息的类型，并调用自定义 GridViewBind 方法查询相关类型的供求信息显示在 GridView 控件中。值得注意的是，供求信息网所有免费供求信息的删除管理都是在 DeleteInfo.aspx 页面实现的。

（1）页面的加载事件中实现代码如下：

```
Operation operation = new Operation();           //业务类对象
static string infoType = "";                     //供求信息类型

protected void Page_Load(object sender, EventArgs e)
{
    if (!IsPostBack)
    {
        infoType = Request.QueryString["id"].ToString();
        GridViewBind(infoType);
    }
}
```

（2）自定义 GridViewBind 方法，用于查询相关类型的供求信息，并且将查询结果显示在 GridView 表格控件中。实现代码如下：

```csharp
/// <summary>
/// 绑定供求信息到 GridView 控件
/// </summary>
/// <param name="type">供求信息类别</param>
private void GridViewBind(string type)
{
    GridView1.DataSource = operation.SelectInfo(type);
    GridView1.DataKeyNames = new string[] { "id" };
    GridView1.DataBind();
    //显示当前页数
    lblPageSum.Text = "当前页为 " + (GridView1.PageIndex + 1) + " / " + GridView1.PageCount + " 页";
}
```

(3) GridView 控件的 RowDataBound 事件是当将数据行绑定到数据时，则在该事件下每绑定一行，就设置每行的相关功能，如高亮显示行、设置审核状态、多余的文字使用"…"替换、删除供求信息前弹出提示框。实现代码如下：

```csharp
protected void GridView1_RowDataBound(object sender, GridViewRowEventArgs e)
{
    if (e.Row.RowType == DataControlRowType.DataRow)
    {
        //高亮显示指定行
        e.Row.Attributes.Add("onMouseOver", "Color=this.style.backgroundColor;this.style.backgroundColor='#FFF000'");
        e.Row.Attributes.Add("onMouseOut", "this.style.backgroundColor=Color;");
        //设置审核状态,并且设置相应的颜色.
        if (e.Row.Cells[5].Text == "False")
        {
            e.Row.Cells[5].Text = StringFormat.HighLight("未审核", true);
        }
        else
        {
            e.Row.Cells[5].Text = StringFormat.HighLight("已审核", false);
        }
        //多余字 使用...显示
        e.Row.Cells[2].Text = StringFormat.Out(e.Row.Cells[2].Text, 18);
        //删除指定行数据时,弹出询问对话框
        ((LinkButton)(e.Row.Cells[7].Controls[0])).Attributes.Add("onclick", "return confirm('是否删除当前行数据！')");
    }
}
```

(4) SelectedIndexChanging 事件发生在单击某一行的【详细信息】按钮以后发生，本程序通过该事件实现查看供求信息的详细信息。具体实现代码如下：

```csharp
protected void GridView1_SelectedIndexChanging(object sender, GridViewSelectEventArgs e)
{
    string id = GridView1.DataKeys[e.NewSelectedIndex].Value.ToString();
    Response.Write("<script> window.open('DetailInfo.aspx?id=" + id + "&&type=" + infoType + "','','height=258,width=679,top=200,left=200') </script>");
    Response.Write("<script>history.go(-1)</script>");
}
```

(5) PageIndexChanging 事件是在单击某一页导航按钮时，且在 GridView 控件处理分页操作之前发生。通过该事件主要实现页面的分页功能。具体实现代码如下：

```
protected void GridView1_PageIndexChanging(object sender, GridViewPageEventArgs e)
{
    GridView1.PageIndex = e.NewPageIndex;
    GridViewBind(infoType);
}
```

(6) RowDeleting 事件在单击某一行的【删除】按钮时，且在 GridView 控件删除该行之前发生。通过该事件主要完成供求信息的删除功能。实现代码如下：

```
protected void GridView1_RowDeleting(object sender, GridViewDeleteEventArgs e)
{
    operation.DeleteInfo(GridView1.DataKeys[e.RowIndex].Value.ToString());
    GridViewBind(infoType);
}
```

8.8 项目调试

视频讲解 光盘：视频\第 8 章\项目调试.avi

将本项目命名为"ASD"，系统主页效果如图 8-13 所示。

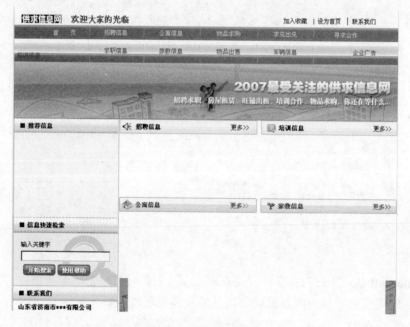

图 8-13 系统主页效果

招聘信息界面如图 8-14 所示。
免费发布信息界面如图 8-15 所示。
系统后台主界面如图 8-16 所示。

第 8 章 综合供求信息系统

图 8-14 招聘信息界面

图 8-15 免费发布信息界面

图 8-16 系统后台主界面

8.9　Visual Studio.NET 的跨平台应用

对于开发语言的世界来说，微软公司为 C#语言打造的开发工具 Visual Studio.NET 是最优秀的开发工具，无论是开发 Java 的 Eclipse，还是开发 C++的 Visual C++ 6.0。除去开发和测试的敏捷性，Visual Studio.NET 通过优秀的插件技术实现了跨平台应用。在这些插件中，最具代表性的产品如下。

8.9.1　Mainsoft Grasshoppe 框架实现和 Java 的跨平台

利用 Visual Studio.NET 开发 Linux 上的应用程序；将 ASP.NET 跑在 Linux 平台的 Apache 服务器上；让 ASP.NET 页面访问 JavaEE 中的组件(如 EJB 等)，这听起来有点天方夜谭、痴人说梦！Windows 平台和 Linux 平台；Java 平台和.NET 平台这两对冤家，在开发者眼里似乎永远都没有交集。然而，世界上没有绝对不可能的事情，听起来天方夜谭的事情往往很快就会变成现实。

使用微软 Visual Studio.NET 开发者，现在他们被提供一种新方法，可以开发在 Linux 下运行 Web 应用程序，这就是 Grasshoppe。这是一套全名为 Visual MainWin for J2EE Developer Edition 的工具，它可以免费得到，其设计目的就是在 Visual Studio.NET 开发工具和 Linux、JavaEE 之间架起一座桥梁。Grasshoppe 的设计者是 Mainsoft 公司，它被宣称为 Linux 下第一个基于 Visual Studio 的 Linux IDE。

Mainsoft Grasshopper 能够把.NET 代码转化为 Java 字节码，这样在任何安装了 Java 运行时的地方都可以运行.NET 代码了。由于 Java 运行时的安装率很高，尤其是在非微软操作系统上，这样代码就可以在无须让用户去安装 Mono 框架的情况下运行在更多的平台和操作系统之上了。总结来讲，这就是让.NET 运行在任何 Java 可以运行的地方，这也是对 Java 面对面地挑战。

8.9.2　Mono 框架实现跨平台、跨语言

Mono 是一个由 Novell 公司(由 Ximian 发起，并由 Miguel de lcaza 领导的，一个致力于开创.NET 在 Linux 上使用的开源工程，它包含一个 C#语言的编译器、一个 CLR 的运行时和一组类库，并实现了 ADO.NET 和 ASP.NET。能够使得开发人员在 Linux 用 C#开发程序)主持的项目。该项目的目标是创建一系列符合标准 ECMA (Ecma-334 和 Ecma-335)的.NET 工具，包括 C #编译器和共同语言(CL 即 Common Language)执行平台(Platform)。与微软的.NET 不同，Mono 项目不仅可以运行于 Windows 系统内，还可以运行于 Linux、FreeBSD、UNIX、Mac OS X 和 Solaris。

Mono 是.NET Framework 的一种开源实现，Mono 项目将使开发者用各种语言(C#、VB.NET 等)开发的.NET 应用程序，能在任何 Mono 支持的平台上运行，包括 Linux 和 UNIX。Mono 项目将使大家能开发出各种跨平台的应用程序，并能极大提高开源领域的开发效率。

作为一个有机的.NET 整体，它包括一个 C#编译器、一个公用语言运行时环境，以及相关的一整套类库，它甚至还包括 IDE、调试工具和文档浏览器。Mono 项目的网址是

http://www.mono-project.com。

  Mono 希望实现"一次编写,到处运行"。这不是 Java 的口号吗?但是我们知道 Java 可以跨平台但是不能跨语言。而.NET 可以跨语言但是不能跨平台(由于微软的战略)。所以 Mono 的目标就变为 "跨平台,跨语言"。

  近年来,随着 Android 和 iOS 两大智能手机系统的普及和发展。Mono 框架的功能也更加强大,甚至推出针对 Android 和 iOS 的开发框架,也就是说,完全可以使用微软的"Visual Studio.NET+C#"组合开发出 Android 和 iOS 程序。

第 9 章　客房管理系统

　　一套优秀的客房管理软件首先应该实现酒店各部门信息能以最快、最准确、最全面的形式传输、共享。因此酒店计算机管理系统必须是酒店前后台联网的一个网络系统，追求企业内业务的无纸化办公，提高工作效率，以增加经济效益，并引入先进的管理模式，以财务为核心，销售为龙头，完成有计划、有预测的目标管理。

　　本章将通过 ASP.NET 实现一个典型的客房管理系统，向读者讲解其具体实现过程，并剖析技术核心和实现技巧。

赠送的超值电子书

081. 何为母版页
082. 创建母版页
083. 创建内容页
084. 母版页的嵌套
085. 动态访问母版页
086. 母版页的应用范围
087. 缓存母版页
088. ASP.NET 主题
089. 应用样式
090. 应用主题和皮肤

9.1 提高程序的健壮性

视频讲解 光盘：视频\第 9 章\提高程序的健壮性.avi

一款好的软件程序，能够面对所有可能发生的情形而获得正确的结果。在评价软件质量好坏的规范中，健壮性是其中重要的一条。本节将引领大家一起探讨提高程序健壮性的奥秘。

9.1.1 一段房贷代码引发的深思

曾经在一本经典教科书中看到过一则教程，里面有个老师提到了印度人的软件业要比中国的好，其中的原因除了印度人母语是英语外，更重要的是因为印度人严谨，他们的程序更有健壮性。印度的一个资深程序员，月代码量仅仅是一千行左右。但是这一千行代码，算法平实，都是经过仔细推敲、实战检验的代码，不会轻易崩溃的代码。而国内的很多程序员，一天就可以写出一千行代码，写的代码简短精干，算法非常有技巧性，但往往是不安全的、不完善的。

平常写一段功能性的代码，可能需要一百行代码即可实现。但是如果写一段健壮的程序，至少需要 300 行代码。例如写一个房贷计算器程序，算法十分简单，十多行就完成了。在提示用户输入金额一栏中，要求从用户界面读取利率、年限和贷款额三个数据，大多数人的写法十分简单，只需如下一句代码即可。

```
doubleNum = Double.parseDouble(JOptionPane.showInputDialog(null,"请输入"+StrChars)) ;
```

但是，上述程序完全不具备健壮性，因为现实中输入的金额字符是不受限制的，输入的金额字符会有很多种情形，例如：

- 输入了负数。
- 输入超出了 double 类型所能涵盖的范围。
- 输入了标点符号。
- 输入了中文。
- 没有任何输入。
- 选择了取消或者点了右上角的关闭。

上述这一切都是有可能发生的情形，而且超出了程序的处理范围。这种情形本不该发生，但是在使用程序时，一切输入都是有可能的。作为一个程序员，如何让自己代码在执行的时候确保输入字符的合法性呢？可以编写一个独立的方法来验证输入的数据，限定输入的只能是正实数，否则就报错，需要用户单击【取消】或者【关闭】按钮。这个验证方法就是为了提高程序的健壮性而推出的。由此可见，程序的健壮性就是要求我们的程序需要考虑各种各样的运行环境和情形。

9.1.2 赢在高质量——提高程序的健壮性

程序的健壮性是指在异常情况下，软件能够正常运行的能力。正确性与健壮性的区别：前者描述软件在需求范围之内的行为，而后者描述软件在需求范围之外的行为。可是正常情况与异常情况并不容易区分，开发者往往要么没想到异常情况，要么把异常情况错当成正常情况而不做处理，结果降低了健壮性。用户才不管正确性与健壮性的区别，反正软件出了差错都是开发方的错。所以提高软件的健壮性也是开发者的义务。

程序的健壮性有两层含义：一是容错能力，二是恢复能力。

(1) 容错能力

容错是指发生异常情况时系统不出错误的能力，对于应用于航空航天、武器、金融等领域的这类高风险系统，容错设计非常重要。容错是非常健壮的意思，比如 UNIX 的容错能力很强，很难使系统出问题。而恢复则是指软件发生错误后(不论死活)重新运行时，能否恢复到没有发生错误前的状态的能力。

(2) 恢复能力

从语义上理解，恢复不及容错那么健壮。例如，某人挨了坏蛋一顿拳脚，特别健壮的人一点事都没有，表示有容错能力；比较健壮的人，虽然被打倒在地，过了一会儿还能爬起来，除了皮肉之痛外倒也不用去医院，表示恢复能力比较强；而虚弱的人可能短期恢复不过来，得在病床上躺很久。

恢复能力是很有价值的。Microsoft 公司早期的窗口系统如 Windows 3.x 和 Windows 9x，动不动就死机，其容错性的确比较差。但它们的恢复能力还不错，机器重新启动后一般都能正常运行，看在这个份上，人们也愿意将就着用。

一个软件可以正确地运行在不同环境下，则认为软件可移植性高，也可以说，软件在不同平台下是健壮的。一个软件能够检测自己内部的设计或者编码错误，并得到正确的执行结果，这是软件的正确性标准，但是也可以说，软件有内部的保护机制，是模块级健壮的。

软件健壮性是一个比较模糊的概念，但是却是非常重要的软件外部度量标准。软件设计的健壮与否直接反映了分析设计和编码人员的水平，即所谓的高手写的程序不容易死。

那么究竟如何提高程序的健壮性呢？需要从如下三个方面着手。

(1) 解决面向对象要求暗箱操作

由于面向对象要求各个部分是彼此独立的，那么各个部分就要足够强劲以应付输入参数的不合理性。虽然现代编程都讲究预处理，一般的是将输入格式转换为统一的格式，然后进行处理。比如说现在网上的搜索引擎，都是将输入转换为 Unicode 的格式。但是这并不是说我们的处理函数就不需要错误处理了。预处理能够大大减少程序出错的概率和编写错误处理的复杂度。

但是考虑到单独模块越来越趋向于智能化，各个黑箱应该具有独立的行为、错误处理，以及错误纠正的功能。

(2) 实现错误捕捉和错误信息

C#语言的错误处理机制比较健全，这里需要注意的问题是如何书写错误信息的问题。错误信息要完整：包括在什么地方，因为什么，出现了什么样的错误。不完整的错误信息没有任何可用价值。

另外一个就是出现运行的 log(日志)。在关键的步骤上输入一些信息到 log 文件内，提示当前程序运行到什么地方去了(如有可能，得到系统的当前错误码)。这样当程序意外中断的时候，可以使用这个 log 进行一定的判断。

(3) 实现程序的自我防御，预防二义性

好的程序应该是尽可能自动纠错的，这在程序的输入不可预测的情况下尤为重要。其实由于合作开发的原因,这样的情况很多。一个程序员编写的模块很有可能对输入有特定的要求,那么当另外一个程序员调用这个模块的时候就会出现问题。

实现程序的自我防御的好办法是在模块内对输入进行判断,如果有二义性,则进行合理纠错,并有效地提示(在 Debug 版本下)。这种解决办法通常是在循环语句中,使用 if 语句来处理二义性的情形。其中最简单的方法是,在 if 语句中设置一旦程序有任何错误发生,就退出当前的程序或单个线程。

9.2 新的项目

视频讲解　光盘：视频\第 9 章\新的项目.avi

本项目是为某知名酒店开发一个客房管理系统,客户提出了如下 3 点要求:
(1) 用 ASP.NET 实现;
(2) 实现对各个客房的管理;
(3) 实现智能营销统计。

项目开发团队的人员构成如下:
- 项目经理:负责前期功能分析,策划构建系统模块,检查项目进度,质量检查,以及和客户的沟通。
- 软件工程师 A:搭建数据库和设计基类。
- 软件工程师 B:具体编码工作。
- 软件工程师 C:系统测试和站点发布。

本项目的具体开发流程如图 9-1 所示。

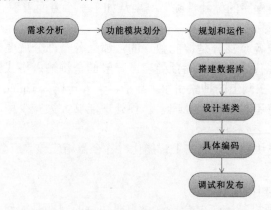

图 9-1　项目运作流程

9.3 系统需求分析

视频讲解　光盘：视频\第 9 章\系统需求分析.avi

在规划本项目之前,客户曾经询问能否作为桌面程序进行开发,本软件最终要将系统布局在整个酒店网络内实现网络管理,在这种情形下,选用 Web 模式是比较好的选择,这样客户在家中或外地也能方便地管理整个软件系统。

9.3.1 系统背景介绍

近年来，随着我国旅游业的发展，酒店服务业日新月异。随着竞争的加剧，客房管理和服务的水平日益成为直接影响酒店经营状况的关键要素，而硬件的比拼反而退为其次。这就需要客房管理者充分发挥计算机技术的优势，加强内部各部门之间的信息沟通与传递，切实提高办公效率和服务质量，更好地服务于客户。

在本系统中，将对客房信息、经营情况以及客户信息进行管理，从而为管理者提供快速、高效的信息服务，避免手工处理的烦琐与误差，及时、准确地了解客房的经营状况。

一个典型的客房管理系统，应该为管理者提供完整的管理平台，具体功能包括用户管理、客房类型管理、房间信息管理(房间号、房间类型、价格和位置等)以及对房间的经营管理(订房、退房等)。此外，为了方便对整个系统中的数据进行查找，系统为管理员提供了相对完善的查询功能，可以迅速地定位到客户的信息和客房的使用情况。

9.3.2 功能模块划分

本程序包括 6 个模块，分别是客房类型管理模块、用户管理模块、经营状况分析模块、客房经营管理模块、客房信息查询模块、客房信息管理模块，具体如图 9-2 所示。

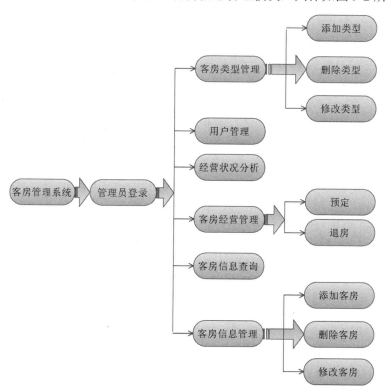

图 9-2　功能模块图

9.4 规划和运作

视频讲解 光盘：视频\第 9 章\规划和运作.avi

本节开始对整个项目的运作进行整体规划，此阶段工作也很重要，只要规划好具体的实现文件，后续的编码工作的思路将变得十分清晰明了。

9.4.1 规划系统文件

开始在 Visual Studio.NET 中规划系统需要的文件。具体结构如图 9-3 所示。

图 9-3 规划的项目文件结构

9.4.2 运作流程

用户登录后，首先展现给用户的是登录页面，即 Default.aspx 页面，用户输入【用户名】和【密码】后单击【登录】按钮，系统将通过数据判断模块进行验证，如果验证失败，则在页面提示用户"用户名或密码错误，请重新输入"；验证通过后，管理员即可对酒店进行管理。RCategoryMan.aspx 为房间类型管理页面；RoomsMan.aspx 为房间信息管理页面；RBusinessMan.aspx 为房间经营管理页面；CustomersMan.aspx 为客户信息查询页面；TurnoverStat.aspx 为经营状况统计页面。具体运作流程如图 9-4 所示。

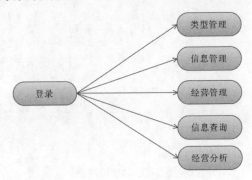

图 9-4 运作流程

9.5 设计数据库

客房管理系统需要提供信息的查询、保存、更新以及删除等功能，这就要求数据库能充分满足各种信息的输入和输出。通过对上述系统功能的分析，针对客房管理系统的特点，总结出如下的需求信息。

- 每个房间有两种状态：空房、已入住；
- 每种房间类型下有多个房间；
- 每个房间有正在入住客人的信息；
- 每个房间有以往所有入住客人的信息；
- 一个房间入住信息指向一个顾客；
- 每个顾客有自己的入住历史；
- 针对上述系统功能的分析和需求总结，设计如下数据项：
    - 顾客信息：姓名、电话、身份证号；
    - 房间记录：订房时间、退房时间、价格统计、入住顾客姓名、入住顾客电话；
    - 房间类型：类型名称、使用面积、床位、价格；
    - 房间信息：房间位置、房间描述；
    - 管理人员：用户名、密码、地址、电话；
    - 房间状态：状态标识。

9.5.1 设计 E-R 图

根据上述需求分析，可以得出如下数据库 E-R 图。

顾客信息实体 E-R 图如图 9-5 所示。

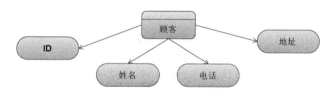

图 9-5 顾客信息实体 E-R 图

客房信息实体 E-R 图如图 9-6 所示。

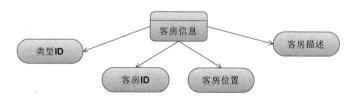

图 9-6 客房信息实体 E-R 图

客房入住记录实体 E-R 图如图 9-7 所示。

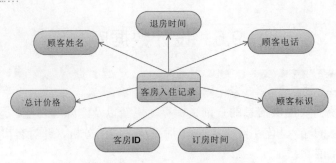

图 9-7 客房入住记录实体 E-R 图

客房类型实体 E-R 图如图 9-8 所示。

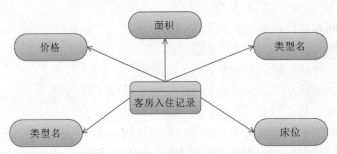

图 9-8 客房类型实体 E-R 图

当前客房入住信息实体 E-R 图如图 9-9 所示。

图 9-9 当前客房入住实体 E-R 图

9.5.2 设计表

顾客信息表如表 9-1 所示，主要用于记录顾客的姓名和电话。

表 9-1 CustomersInfo(顾客信息表)

序 号	列 名	数据类型	长 度	字段说明
1	CIdentityId	Nvarchar	50	顾客标识
2	CName	Nvarchar	50	顾客姓名
3	CPhone	Varchar	50	顾客电话
4	CAddress	Varchar	50	顾客地址

房间入住历史表如表 9-2 所示，主要用于记录房间的历史使用信息。

表9-2 History(房间入住历史表)

序号	列名	数据类型	长度	字段说明
1	BeginTime	Datetime	8	订房时间
2	EndTime	Datetime	8	退房时间
3	RoomId	Int	4	房间标识
4	TotalPrice	Money	8	总计价格
5	CIdentityId	Nvarchar	50	顾客标识
6	CName	Nvarchar	50	顾客姓名
7	CPhone	Nvarchar	50	顾客电话

房间类型表如表9-3所示，主要用于记录房间的名称、面积等相关信息。

表9-3 RoomCategory(房间类型表)

序号	列名	数据类型	长度	字段说明
1	RCategoryId	Int	4	房间类型标识
2	Name	Varchar	50	房间类型名称
3	Area	Float	8	房间面积
4	BedNum	Int	4	床位
5	Price	Money	8	价格
6	AirCondition	Int	4	空调
7	TV	Int	8	电视

房间入住信息表如表9-4所示，主要用于记录订房时间、消费者标识等信息。

表9-4 RoomOperation(房间入住信息表)

序号	列名	数据类型	长度	字段说明
1	RoomId	Int	4	房间标识
2	BeginTime	Datetime	4	订房时间
3	CIdentityId	Nvarchar	50	消费者标识
4	Remarks	Nvarchar	200	注释

房间信息表如表9-5所示，主要用于记录房间的位置、描述等信息。

表9-5 RoomsInfo(房间信息表)

序号	列名	数据类型	长度	字段说明
1	RoomId	Int	4	房间标识
2	RCategoryId	Int	4	房间类型标识
3	RPosition	Nvarchar	50	房间位置
4	Description	Nvarchar	50	房间描述

房间状态表如表 9-6 所示，主要用于记录房间的状态。

表 9-6　RoomStatus(房间状态表)

序号	列名	数据类型	长度	字段说明
1	RoomId	Int	4	房间标识
2	Status	Int	4	房间状态

用户表如表 9-7 所示，主要用于记录用户的名称、密码等信息。

表 9-7　UserInfo(用户表)

序号	列名	数据类型	长度	字段说明
1	UserId	Int	4	用户标识
2	Name	Varchar	50	用户名
3	Password	Varchar	50	密码
4	Email	Varchar	50	E-mail
5	Address	Varchar	50	地址
6	Telephone	Varchar	50	电话

9.5.3　建立和数据库的连接

设计数据库完毕，需要建立程序和数据库的连接，具体代码如下：

```
<appSettings>
<add key="ConnectionString"
value="server=(local);
User ID=sa;
Password=888888;
database=RoomManage;
Connection Reset=FALSE"/>
</appSettings>
```

其中，server 是数据库服务器的名称；id 是连接数据库的用户名；Password 是连接数据库的密码。代码第 6 行中，database 是使用的数据库的名称。

数据库是实现动态软件项目的中间媒介，但是在使用前需要建立连接。对于 C#来说，和不同数据库的连接方式不同。具体如下：

C#连接连接 Access：

```
using System.Data;
using System.Data.OleDb;
…
string strConnection="Provider=Microsoft.Jet.OleDb.4.0;";
strConnection+=@"Data Source=C:BegASPNETNorthwind.mdb";
OleDbConnection objConnection=new OleDbConnection(strConnection);
…
objConnection.Open();
objConnection.Close();
```

C#连接 SQL Server：

```
using System.Data;
```

第 9 章 客房管理系统

```
using System.Data.SqlClient;
...
string strConnection="user id=sa;password=;";
strConnection+="initial catalog=Northwind;Server=YourSQLServer;";
strConnection+="Connect Timeout=30";
SqlConnection objConnection=new SqlConnection(strConnection);
...
objConnection.Open();
objConnection.Close();
```

C#连接 Oracle：

```
using System.Data.OracleClient;
using System.Data;
//在窗体上添加一个按钮，叫 Button1，双击 Button1，输入以下代码
private
void Button1_Click(object sender, System.EventArgs e)
{
string ConnectionString="Data Source=sky;user=system; password=manager;";//写连接串
OracleConnection conn=new OracleConnection(ConnectionString);//创建一个新连接
try
{
conn.Open();
OracleCommand cmd=conn.CreateCommand();

cmd.CommandText="select * from MyTable";//在这儿写 sql 语句
OracleDataReader odr=cmd.ExecuteReader();//创建一个 OracleDateReader 对象
while(odr.Read())//读取数据，如果 odr.Read()返回为 false 的话，就说明到记录集的尾部了
{
Response.Write(odr.GetOracleString(1).ToString());//输出字段1,这个数是字段索引，具体怎么使用字段名还有待研究
}
odr.Close();
}
catch(Exception ee)
{
Response.Write(ee.Message);  //如果有错误，输出错误信息
}
finally
{
conn.Close();  //关闭连接
}
}
```

C#连接 MySQL：

```
using MySQLDriverCS;
// 建立数据库连接
MySQLConnection DBConn;
DBConn =
new MySQLConnection(new
MySQLConnectionString("localhost","mysql","root","",3306).AsString);
DBConn.Open();
// 执行查询语句
MySQLCommand DBComm;
DBComm =
new MySQLCommand("select Host,User from user",DBConn);
// 读取数据
MySQLDataReader DBReader = DBComm.ExecuteReaderEx();
// 显示数据
try
```

```
{
while (DBReader.Read())
{
Console.WriteLine("Host = {0} and User = {1}",
DBReader.GetString(0),DBReader.GetString(1));
}
}
finally
{
DBReader.Close();
DBConn.Close();
}
//关闭数据库连接
DBConn.Close();
```

C#连接 IBM DB2：

```
OleDbConnection1.Open();
//打开数据库连接
OleDbDataAdapter1.Fill(dataSet1,"Address");
//将得来的数据填入 dataSet
DataGrid1.DataBind();
//绑定数据
OleDbConnection1.Close();
//关闭连接
//增加数据库数据
```

在 Web Form 上新增对应字段数量个数的 TextBox，及一个 button，为该按键增加 Click 响应事件代码如下：

```
this.OleDbInsertCommand1.CommandText =
"INSERTsintosADDRESS(NAME,
EMAIL, AGE, ADDRESS) VALUES
('"+TextBox1.Text+"','"+TextBox2.Text+"','"+TextBox3.Text+"','"+TextBox4.Text+"')";
OleDbInsertCommand1.Connection.Open();
//打开连接
OleDbInsertCommand1.ExecuteNonQuery();
//执行该 SQL 语句
OleDbInsertCommand1.Connection.Close();
//关闭连接
```

C#连接 SyBase：

```
Provider=Sybase.ASEOLEDBProvider.2;Initial Catalog=数据库名;User ID=用户名; Data Source=
数据源;Extended Properties="";Server Name=ip 地址; Network Protocol=Winsock;Server Port
Address=5000;
```

9.6 设计基类

视频讲解 光盘：视频\第 9 章\设计基类.avi

为了以后考虑，我预先决定为本系统设计了一个基类，这样站点中的所有页面都可以直接或间接继承此类，从而允许以最少的代码修改来约束整个站点并为之提供功能。可能包括提供一些标准的被许多页面调用的使用程序方法，也可能提供一些用户识别和验证的基本代码。

9.6.1 PageBase 基类

下面是基类 PageBase 的代码，其中 UrlSuffix 属性用来获取主机名或 IP 地址和服务器上 ASP.NET 应用程序的虚拟程序根路径；UrlBase 属性在 UrlSuffix 前加了个字符串"http://"，这样就拥有了一个完整的路径；静态方法 public static bool CheckUser(string name, string pwd) 用来检测数据库用户表中是否存在该用户。具体代码如下：

```csharp
namespace GROUP
{
    /// <summary>
    /// PageBase 的摘要说明.
    /// </summary>
    public class PageBase:System.Web.UI.Page
    {
        public PageBase()
        {
            //
            // TODO: 在此处添加构造函数逻辑
            //
        }
        private static string UrlSuffix
        {
            get
            {
                return HttpContext.Current.Request.Url.Host + HttpContext.Current.Request.ApplicationPath;
            }
        }
        /// <value>
        ///UrlBase is used to get the prefix for URLs
        /// </value>
        public static String UrlBase
        {
            get
            {
                return @"http://" + UrlSuffix;
            }
        }
        //    public static string UserType;

        public static bool CheckUser(string name,string pwd)
        {
            bool authenticated = false;
            //从文件 Web.config 中读取连接字符串
            string sqldb= ConfigurationSettings.AppSettings["ConnectionString"];
            //创建 Command 对象
            SqlCommand mycommand = new SqlCommand();
            //连接 GinShopManage 数据库
            mycommand.Connection=new SqlConnection(sqldb);
            try
            {
                mycommand.Connection.Open();
                //调用存储过程 ValidateUser 检验帐户的有效性
                mycommand.CommandText="ValidateUser";
                mycommand.CommandType=CommandType.StoredProcedure;

                SqlParameter Name=new SqlParameter("@name",SqlDbType.NVarChar,20);
```

```
                Name.Value=name.Trim();
                mycommand.Parameters.Add(Name);

                SqlParameter Password=new 
SqlParameter("@pwd",SqlDbType.NVarChar,15);
                Password.Value=pwd.Trim();
                mycommand.Parameters.Add(Password);

                SqlParameter IsValid=new SqlParameter("@IsValid",SqlDbType.Int);
                IsValid.Direction=ParameterDirection.Output;
                mycommand.Parameters.Add(IsValid);

                mycommand.ExecuteNonQuery();
                if(((int)IsValid.Value)==1)
                {
                    //账户有效
                    authenticated=true;
                }
            }
            catch(Exception exc)
            {
                throw(exc);
            }
            finally
            {
                mycommand.Connection.Close();
            }
            //返回布尔值
            return authenticated;
        }
    }
}
```

在方法 CheckUser()使用了存储过程 ValidateUser,其代码如下:

```
CREATE PROCEDURE [dbo].[ValidateUser](
        @name nvarchar(20), @pwd nvarchar(15) ,
        @IsValid Int  output)
 AS

if (select count(Telephone) from UsersInfo where Name=@name and Password=@pwd ) =1
  begin
    select @IsValid = 1
  end
else
    select @IsValid = 0
return
```

9.6.2 ModuleBase 基类

因为系统中用到了很多控件,所以很有必要为这些控件写一个基类,目的就是以最少的代码来约束整个站点。在此编写 ModuleBase 类,具体代码如下:

```
namespace GROUP
{
    /// <summary>
    /// ModuleBase 的摘要说明。
    /// </summary>
    public class ModuleBase:System.Web.UI.UserControl
    {
```

```
        public ModuleBase()
        {
            //
            // TODO: 在此处添加构造函数逻辑
            //
        }
        private String basePathPrefix;
        private bool authenticated;

        /// <value>
        ///    Property PathPrefix is used to get or set the file path prefix to be used
by the control.
        ///    <remarks>
        ///        Sets the value PathPrefix.
        ///        Gets the value PathPrefix.
        ///    </remarks>
        /// </value>

        public String PathPrefix
        {
            get
            {
                if (null == basePathPrefix && HttpContext.Current != null)
                {
                    basePathPrefix = PageBase.UrlBase;
                }

                return basePathPrefix;
            }
            set
            {
                basePathPrefix = value;
            }
        }
        public bool Authenticate(string name,string pwd)
        {
            authenticated= PageBase.CheckUser(name,pwd);

            return authenticated;

        }
//        public String UserType
//        {
//            get
//            {
//                return PageBase.UserType;
//            }
//        }
    }
}
```

在 ASP.NET 业务系统的开发过程中，为了保证页面风格的一致性并减少重复代码的编写，我们需要引入基类页的概念，即定义一个基类页，让所有的页面都继承这个基类，并在该基类页中加入公用的属性和方法。

在实际使用时，按照功能页面划分，可以定义多个基类页，例如：

```
class FormBase
class BizFormBase : FormBase
class ViewFormBase : BizFormBase
```

```
class EditFormBase : BizFormBase
class QueryFormBase : FormBase
```

- **FormBase**：基类页中的根，提供与业务无关的服务，如 URL 重写、日志等。
- **BizFormBase**：加入和业务相关的属性，如该页面的当前业务对象 ID 等。
- **ViewFormBase** 和 **EditFormBase**：实现具体的查看、编辑功能。
- **QueryFormBase**：实现对通用查询页面的封装。

从面向对象的角度看，基类页与普通的基类、继承类设计其实区别并不大，都要在基类中编写公用的属性方法，并通过虚函数、事件等方式让继承类重写或响应。所不同的是基类页的设计过程受到所在环境的约束。在 WinForm 环境下，我们可以预先定义好窗体的公用元素，如工具条、默认的表格以及 DataSource 控件等。而到了 ASP.NET 下的 WebForm，则无法实现界面一级的继承，同时加入了状态管理等要求。

为了加深对基类的理解，下面以查询基类页的设计过程来分析基类。

一个最简单的查询页面会包括三部分：多个查询条件文本框、查询按钮和表格。同时查询页会和一个数据访问组件关联，当单击【查询】按钮时，会把查询条件转成 where 语句提交给数据访问组件。

```
QueryPeopleForm
OnQueryButtonClick(){
 string peopleName = txtPeopleName.Text;
 string peopleAge = txtPeopleAge.Text;
 string sql;
 sql = string.Format("Name Like '%{0}%' and Age = {1}, PeopleName, peopleAge);
 PeopleManager manager = new PeopleManager();
 this.gridMain.DataSource = manager.GetDataTable(sql);
 this.gridMain.DataBind();
}
```

当单击【查询】按钮时，我们做了以下三件事：

(1) 获取查询条件。
(2) 提交查询。
(3) 将查询结果绑定到表格。

此处的提交查询和绑定在不同的查询页面都是一样的，于是我们首先把(2)、(3)放到基类页中，并提供这样一个方法：void QueryAndBind(IManager manager, string sql);这里要定义 IManager 接口，让所有的 Manager 都实现该接口，这样基类页就无须知道具体的 Manager，只要调用 IManager.GetDataTable 方法，然后绑定到表格即可。

使用基类页后的代码如下：

```
QueryPeopleForm : QueryFormBase
OnQueryButtonClick(){
 string peopleName = txtPeopleName.Text;
 string peopleAge = txtPeopleAge.Text;
 sql = string.Format("Name Like'%{0}%'and Age = {1}, PeopleName, peopleAge);
 QueryAndBind(new PeopleManager(), sql);
}
```

这里的代码少了，但仍有问题，当查询条件变化后，每次拼查询语句的工作既枯燥又容易出错，那么我们加入一个 Query 类，以简化操作：

```
public enum QueryOperator
```

```
{
//等于比较.
Equal = 0,
// 不等于
NotEqual = 1,
// Like 比较
Like = 6
}
class Query
{
 void Add(string fieldName, string value, QueryOperator oper);
 string GetSql();
}
QueryPeopleForm : QueryFormBase
OnQueryButtonClick()
{
 Query query = new Query();
 query.Add("Name", txtPeopleName.Text, QueryOperator.Like);
 query.Add("Age", txtPeopleAge.Text, QueryOperator.Equal);
 QueryAndBind(new PeopleManager(), query.GetSql());
}
```

把拼 SQL 的工作放在 Query 类中做，调用者只要声明查询字段、对应的值和比较类型即可。

到这一步，我们的基类页已经很好用了，但还有一个小问题，也就是前面说的，在 WebForm 中无法实现界面级的继承，那么基类页的 QueryAndBind 方法，将无法知道查询结果要绑定到哪一个表格，这时我们的做法是在基类页中声明 DefaultGrid 属性，让继承页来告知当前的表格控件。

修改后的代码：

```
QueryPeopleForm : QueryFormBase
OnQueryButtonClick()
{
 InitControls(gridMain);
 Query query = new Query();
 query.Add("Name", txtPeopleName.Text, QueryOperator.Like);
 query.Add("Age", txtPeopleAge.Text, QueryOperator.Equal);
 QueryAndBind(new PeopleManager(), query.GetSql());
}
```

至此，基类页的功能已经完整了，但仍然不够，如果我们以后想改变查询按钮点击的行为，比如查询结果为空时，要弹出对话框提示，这时仍然要到处修改页面代码，这不是我们所希望的。于是我们将 QueryButton 的 OnClick 操作也放在基类页了中执行，继承页只要初始化数据访问组件和设置查询条件即可。

```
QueryPeopleForm : QueryFormBase
void Initialize(){
 // 指定页面对应的 Manager
 Manager = new PeopleManager();
 // 绑定控件
 InitControls(gridMain, btnQuery);
}
void GetQueryInfo(Query query)
{
 //获得查询条件
 query.Add("Name", txtPeopleName.Text, QueryOperator.Like);
```

```
            query.Add("Age", txtPeopleAge.Text, QueryOperator.Equal);
}
QueryFormBase:
private IManager manager = null;
public IManager Manager
{
 get { return manager; }
 set { manager = value; }
}
void InitControls(GridView grid, Button queryButton)
{
  this.defaultGrid = grid;
  this.queryButton = queryButton;
  queryButton.Click += new EventHandler(QueryButton_Click);
}
void QueryButton_Click(object sender, EventArgs e)
{
 Query query = new Query();
 GetQueryInfo(Query);
 QueryAndBind(manager, query.GetSql());
}
```

应该说基类的设计相对复杂，但好处是继承页的代码变得清楚了，没有多余、重复的代码。而基类页的设计其实是有技巧的，具体如下：

- 首先以最直接的方式写出页面代码。
- 提取公用方法和添加辅助类。
- 提取事件处理流程到基类页中。
- 在基类页中设计需要继承页重载的方法与事件。

从设计上来讲，用基类页的方式来统一操作、简化页面代码是一种非常直观的方式，缺点是随着项目的演化，基类页会变得大而全，不容易被新的项目重用，这时我们就可以考虑把其中的一部分功能放到用户控件和自定义组件中来实现，以减少耦合性和提高重用性。

9.7 具体编码

视频讲解　光盘：视频\第 9 章\具体编码.avi

本节将详细讲解本项目具体编码工作的实现过程，在此只需遵循规划书的方向即可轻松实现编码工作。

9.7.1 设计界面

(1) 样式文件

系统的整体样式文件是 GinShopManage.css，实现对项目内样式的控制。

(2) 功能导航

预设计进入系统后，左侧显示系统管理导航，在此编写文件 ListModule.ascx 实现上述功能，具体代码如下：

```
<table cellSpacing="0" cellPadding="0" width="150">
```

```html
<tr>
    <td style="PADDING-LEFT: 15px; PADDING-BOTTOM: 20px; PADDING-TOP: 20px" align="left"> 功能列表
    </td>
</tr>

<tr>
    <td align="center">
        <table width="100%" align=center>
            <tr>
                <td style="PADDING-LEFT: 25px; PADDING-TOP: 15px"><a id=RoomCategoryManLink
     href="<%=RoomCategoryManLink%>">客房类型管理 </a>
                </td>
            </tr>
            <tr>
                <td style="PADDING-LEFT: 25px; PADDING-TOP: 15px"><a id=RoomManLink
     href="<%=RoomManLink%>">客房信息管理 </a>
                </td>
            </tr>
            <tr>
                <td style="PADDING-LEFT: 25px; PADDING-TOP: 15px"><a id=RoomBussinessManLink
     href="<%=RoomBussinessManLink%>">客房经营管理 </a>
                </td>
            </tr>
            <tr>
                <td style="PADDING-LEFT: 25px; PADDING-TOP: 15px"><a id=CustomersManLink
     href="<%=CustomersManLink%>">客户信息检索 </a>
                </td>
            </tr>
            <tr>
                <td style="PADDING-LEFT: 25px; PADDING-TOP: 15px"><a id=TurnoverStatLink
     href="<%=TurnoverStatLink%>">经营状况分析 </a>
                </td>
            </tr>
        </table>
    </td>
</tr>
</table>
```

编写对应的后台处理文件 ListModule.ascx.cs，具体代码如下：

```csharp
public partial class ListModule : ModuleBase
{
    protected String UsersManLink;
    protected String CustomersManLink;
    protected String RoomCategoryManLink;
    protected String RoomManLink;
    protected String RoomBussinessManLink;
    protected String TurnoverStatLink;
    protected String ChangePwdLink;

    private void Page_Load(object sender, System.EventArgs e)
    {
        if( HttpContext.Current.User.Identity.IsAuthenticated)
        {
            //如果用户身份通过验证
```

```
                    String UserName= HttpContext.Current.User.Identity.Name;
                    UsersManLink=PathPrefix+"/UsersMan.aspx";
                    RoomCategoryManLink=PathPrefix + "/RCategoryMan.aspx";
                    RoomManLink=PathPrefix + "/RoomsMan.aspx";
                    CustomersManLink=PathPrefix + "/CustomersMan.aspx";
                    RoomBussinessManLink=PathPrefix+ "/RBussinessMan.aspx";
                    TurnoverStatLink=PathPrefix + "/TurnoverStat.aspx";
                    ChangePwdLink=PathPrefix +
"/PwdModify.aspx?UserName="+UserName;
            }

        }
        #region Web 窗体设计器生成的代码
        override protected void OnInit(EventArgs e)
        {
            //
            // CODEGEN: 该调用是 ASP.NET Web 窗体设计器所必需的.
            //
            InitializeComponent();
            base.OnInit(e);
        }

        /// <summary>
        ///     设计器支持所需的方法 - 不要使用代码编辑器
        ///     修改此方法的内容.
        /// </summary>
        private void InitializeComponent()
        {
            this.Load += new System.EventHandler(this.Page_Load);

        }
        #endregion
    }
}
```

在上述代码中，PathPrefix 是从本页面的基类 ModuleBase 继承来的属性，代表当前的路径再加上要链接的页面。这样在页面加载时这些变量会赋值给超链接的 href 属性，就会链接到需要的页面。

9.7.2 管理员登录模块

此客房管理系统不能随便进入，只有确保指定的用户才能登录，为此需要设计一个管理员登录模块。分别设计登录页面 LogonModule.ascx 和登录处理页面 LogonModule.ascx.cs。页面 LogonModule.ascx 是一个 HTML 页面，文件 LogonModule.ascx.cs 的具体实现代码如下：

```
        public partial class LogonModule : ModuleBase
        {

            private void Page_Load(object sender, System.EventArgs e)
            {
                if(HttpContext.Current.User.Identity.IsAuthenticated)
                {
                    String UserName=HttpContext.Current.User.Identity.Name;
                    ShowMsg.Text="<b><font color='red'>"+UserName+"</font></b>,欢迎您使用本系统!";
                    ShowMsg.Style["color"]="Green";
                }
```

```csharp
        else{
            ShowMsg.Text="您还未登录本系统,登录后才可使用各项服务";
            ShowMsg.Style["color"]="Red";
        }
    }

    #region Web 窗体设计器生成的代码
    override protected void OnInit(EventArgs e)
    {
        //
        // CODEGEN: 该调用是 ASP.NET Web 窗体设计器所必需的.
        //
        InitializeComponent();
        base.OnInit(e);
    }

    /// <summary>
    ///     设计器支持所需的方法 - 不要使用代码编辑器
    ///     修改此方法的内容.
    /// </summary>
    private void InitializeComponent()
    {
        this.LoginButton.Click += new
System.EventHandler(this.LogonButton_Click);
        this.Load += new System.EventHandler(this.Page_Load);

    }
    #endregion

    private void LogonButton_Click(object sender, System.EventArgs e)
    {

    if(Authenticate(LogonNameTextBox.Text.Trim() ,LogonPasswordTextBox.Text.Trim())==true)
        {
            FormsAuthentication.SetAuthCookie(LogonNameTextBox.Text.Trim(),true);

            Response.Redirect(PathPrefix+"/default.aspx");

        }
        else
        {
        MismatchLabel.Visible=true;
        }
    }
}
}
```

在上述代码中,页面加载时会首先运行 Page_Load,判断用户是否已经登录过。LogonButton_Click 事件是当用户单击【登录】按钮时触发的,在此用它从基类中继承的方法 Authenticate()来验证是否有该用户,如果没有则显示错误信息。

9.7.3 客房类型管理模块

客房类型管理模块用于实现对客房的管理。

1. 搭建客房类型管理页面

此阶段的实现文件如下：
- RCategoryMan.aspx：没有自己的内容，只是用来列出每个控件的框架。
- RCatgManModule.ascx：通过 GridView 控件显示数据。
- RCatgManModule.ascx.cs：处理程序。

文件 RCatgManModule.ascx.cs 的具体实现代码如下：

```csharp
public partial class RCategoryModule : ModuleBase
{
    private void Page_Load(object sender, System.EventArgs e)
    {
        if (!IsPostBack) Show_RCategoryList();
    }

    protected void Show_RCategoryList()
    {
        //从文件 Web.config 中读取连接字符串
        string sqldb = ConfigurationSettings.AppSettings["ConnectionString"];
        //连接 GinShopManage 数据库
        SqlConnection Conn = new SqlConnection(sqldb);
        //定义 sql 语句
        String selsql = "select RCategoryId,Name,BedNum,Price from RoomCategory";
        //创建 SqlDataAdapter 对象,调用 selsql
        SqlDataAdapter myadapter = new SqlDataAdapter(selsql, Conn);
        //创建并填充 DataSet
        DataSet ds = new DataSet();
        myadapter.Fill(ds);

        dg_RCategoryList.DataSource = ds;
        dg_RCategoryList.DataBind();
        //关闭 Conn
        Conn.Close();
    }
protected void GridView_Delete(Object sender, GridViewDeleteEventArgs E)
{
    //从文件 Web.config 中读取连接字符串
    string sqldb = ConfigurationSettings.AppSettings["ConnectionString"];
    //连接 GinShopManage 数据库
    SqlConnection Conn = new SqlConnection(sqldb);
    Conn.Open();
    //定义 sql 语句
    String delsql = "delete from RoomCategory where RCategoryId = @RCategoryId";
    //创建 mycommand 对象,调用 delsql
    SqlCommand mycommand = new SqlCommand(delsql, Conn);
    mycommand.Parameters.Add("@RCategoryId", SqlDbType.VarChar);
    //从 dg_RCategoryList 中获取 RCategoryId 值
    mycommand.Parameters["@RCategoryId"].Value =
dg_RCategoryList.DataKeys[E.RowIndex].Value.ToString();

    mycommand.ExecuteNonQuery();
    dg_RCategoryList.EditIndex = -1;
    //更新 dg_RCategoryList
    Show_RCategoryList();
}
protected void GridView_Page(Object sender, GridViewPageEventArgs E)
{
```

```csharp
        dg_RCategoryList.PageIndex = E.NewPageIndex;
        Show_RCategoryList();
}
        #region Web 窗体设计器生成的代码
        override protected void OnInit(EventArgs e)
        {
            //
            // CODEGEN: 该调用是 ASP.NET Web 窗体设计器所必需的.
            //
            InitializeComponent();
            base.OnInit(e);
        }

        /// <summary>
        ///         设计器支持所需的方法 - 不要使用代码编辑器
        ///         修改此方法的内容.
        /// </summary>
        private void InitializeComponent()
        {
            this.search.Click += new System.EventHandler(this.btn_search_Click);
            this.ShowAll.Click += new System.EventHandler(this.ShowAll_Click);
            this.Load += new System.EventHandler(this.Page_Load);

        }
        #endregion

        private void ShowAll_Click(object sender, System.EventArgs e)
        {
            Show_RCategoryList();
        }

        private void btn_search_Click(object sender, System.EventArgs e)
        {
            //从文件 Web.config 中读取连接字符串
            string sqldb = ConfigurationSettings.AppSettings["ConnectionString"];
            //连接 GinShopManage 数据库
            SqlConnection Conn = new SqlConnection(sqldb);
            //定义 sql 语句
            String selsql = "select RCategoryId,Name,BedNum,Price from RoomCategory where Name = @Name";
            //创建 SqlDataAdapter 对象,调用 selsql
            SqlDataAdapter myadapter = new SqlDataAdapter(selsql, Conn);
            myadapter.SelectCommand.Parameters.Add("@Name", SqlDbType.VarChar);
            myadapter.SelectCommand.Parameters["@Name"].Value = RNameTextBox.Text.Trim();
            //创建并填充 DataSet
            DataSet ds = new DataSet();
            myadapter.Fill(ds);
            dg_RCategoryList.DataSource = ds;
            dg_RCategoryList.DataBind();
            Conn.Close();
        }
    }
}
```

在上述代码中，当控件被加载时会首先执行 Page_Load 中的代码，在这里执行了一个自定义的方法 Show_Rcategory List()，该方法从数据库中读取所有有关房间类型的信息，并绑定到 GridView 控件以显示数据。GridView_Delete 事件是当管理者单击【删除】按钮时触发的，该事件将管理者单击的 GridView 控件中的当前数据作为参数进行删除操作。事件

ShowAll_Click 用来显示所有的房间类型，它同样调用了 Show_RCategoryList()方法；btn_search_Click 事件将 RnameTextBox 的 Text 内容作为条件，在数据库中查询出要搜索的房间类型并显示出来。

2. 修改、删除客房类型

当单击房间类型管理页面中的【删除】按钮时，将触发 GridView_Delete 事件，删除对应 ID 的房间类型。此外，在该页面中还包含【详单】超链接，单击后，可获取被单击行的类型 ID，然后传给 RCategoryEdit.aspx 页面，从中修改房间类型的信息，如图 9-10 所示。

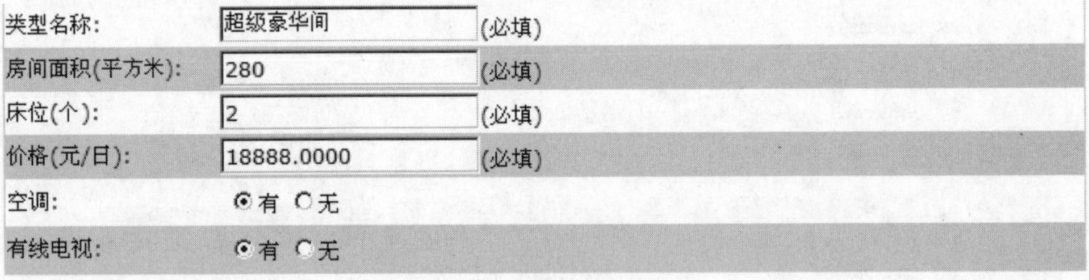

图 9-10 客房类型修改

此阶段的实现文件如下：

- RCategoryEdit.aspx：一个 HTML 表单页面，说明输入控件和验证控件的使用方法；
- RCatgEditModule.ascx.cs：实现客房类型的修改和删除。

文件 RCatgEditModule.ascx.cs 的具体实现流程如下：

(1) 首先执行 Page_Load 中的代码，接收上个页面传过来的参数，然后将其作为条件进行查询，再从数据库中读出此条记录的信息并赋值给每个 Web 控件，以便管理员进行修改。具体代码如下：

```csharp
public partial class RCatgEditModule : ModuleBase
{
    private void Page_Load(object sender, System.EventArgs e)
    {
        if(!IsPostBack)
        {
            //显示房间类型信息
            RCategoryIdLabel.Text=Request.QueryString ["RCategoryId"].ToString();
            //从文件 Web.config 中读取连接字符串
            string sqldb = ConfigurationSettings.AppSettings["ConnectionString"];
            //连接 GinShopManage 数据库
            SqlConnection Conn = new SqlConnection (sqldb);
            Conn.Open ();
            //定义 sql 语句
            String selsql="select Name,Area,BedNum,Price,AirCondition,TV from RoomCategory where RCategoryId = @RCategoryId";
            //创建 mycommand 对象,调用 selsql
            SqlCommand mycommand=new SqlCommand(selsql,Conn);
            mycommand.Parameters .Add ("@RCategoryId",SqlDbType.Int );
            mycommand.Parameters ["@RCategoryId"].Value = int.Parse(RCategoryIdLabel.Text);
            SqlDataReader dr=mycommand.ExecuteReader ();
```

```csharp
            if(dr.Read ())
            {
                RCatgNameTextBox.Text =dr["Name"].ToString ();
                AreaTextBox.Text =dr["Area"].ToString ();
                BedNumTextBox.Text =dr["BedNum"].ToString ();
                PriceTextBox.Text=dr["Price"].ToString ();
                AirConditionList.SelectedIndex
=int.Parse(dr["AirCondition"].ToString());
                TvList.SelectedIndex =int.Parse(dr["TV"].ToString());
            }
        }
    }

    #region Web 窗体设计器生成的代码
    override protected void OnInit(EventArgs e)
    {
        //
        // CODEGEN: 该调用是 ASP.NET Web 窗体设计器所必需的.
        //
        InitializeComponent();
        base.OnInit(e);
    }

    /// <summary>
    ///     设计器支持所需的方法 - 不要使用代码编辑器
    ///     修改此方法的内容.
    /// </summary>
    private void InitializeComponent()
    {
        this.Submit.Click += new System.EventHandler(this.Submit_Click);
        this.Load += new System.EventHandler(this.Page_Load);

    }
    #endregion
```

(2) 完成房间类型信息修改后，单击【修改信息】按钮时将触发 Submit_Click 事件。在其中将首先获取修改完成后的信息(即每个 Web 控件的值)，然后再把它们更新到数据库。具体代码如下：

```csharp
            private void Submit_Click(object sender, System.EventArgs e)
            {
                if(Page.IsValid )
                {
                    //从文件 Web.config 中读取连接字符串
                    string sqldb =
ConfigurationSettings.AppSettings["ConnectionString"];
                    //连接 GinShopManage 数据库
                    SqlConnection Conn = new SqlConnection (sqldb);
                    Conn.Open ();
                    //定义 sql 语句
                    String updatesql="update RoomCategory set
Name=@Name,Area=@Area,BedNum=@BedNum,Price=@Price,AirCondition=@AirCondition,TV=@TV
where RCategoryId = @RCategoryId";
                    //利用 Command 对象调用 updatesql
                    SqlCommand mycommand=new SqlCommand (updatesql,Conn);
                    //往存储过程中添加参数
         mycommand.Parameters .Add ("@RCategoryId",SqlDbType.Int);
                    mycommand.Parameters .Add ("@Name",SqlDbType.VarChar);
                    mycommand.Parameters .Add ("@Area",SqlDbType.Float);
                    mycommand.Parameters .Add ("@BedNum",SqlDbType.Int);
```

```
                mycommand.Parameters .Add ("@Price",SqlDbType.Money);
                mycommand.Parameters .Add ("@AirCondition",SqlDbType.Int);
                mycommand.Parameters .Add ("@TV",SqlDbType.Int);
                //给存储过程的参数赋值
            mycommand.Parameters ["@RCategoryId"].Value
=int.Parse(RCategoryIdLabel.Text);
                mycommand.Parameters ["@Name"].Value =RCatgNameTextBox.Text.Trim();
                mycommand.Parameters ["@Area"].Value
=Convert.ToDouble(AreaTextBox.Text.Trim());
                mycommand.Parameters ["@BedNum"].Value
=int.Parse(BedNumTextBox.Text.Trim());
                mycommand.Parameters ["@Price"].Value
=Convert.ToDouble(PriceTextBox.Text.Trim());
                mycommand.Parameters ["@AirCondition"].Value
=AirConditionList.SelectedIndex;
                mycommand.Parameters ["@TV"].Value =TvList.SelectedIndex;
                try
                {
                    mycommand.ExecuteNonQuery();
                    ShowMsg.Text="房间类型信息修改成功";
                    ShowMsg.Style["color"]="green";}
                catch(SqlException error)
                {
                    ShowMsg.Text="修改未成功,请稍后再试。原因："+error.Message;
                    ShowMsg.Style["color"]="red";
                }
                //关闭连接
                Conn.Close();
            }
        }
    }
}
```

3．添加客房类型

在客房类型管理页面中单击【添加新房间类型】链接，将打开 RCategoryAdd.aspx 页面，可以在其中添加客房类型，如图 9-11 所示。

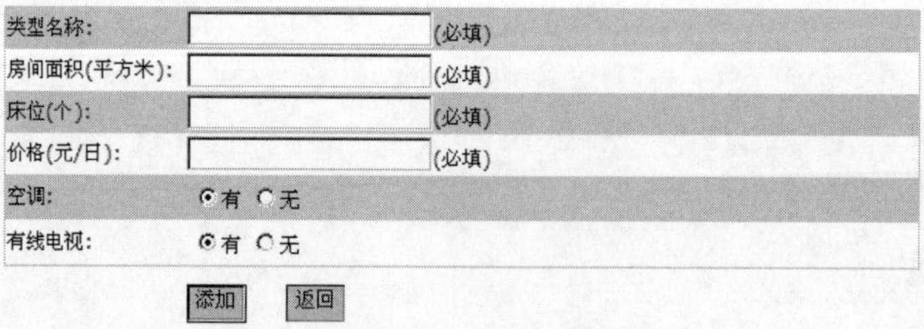

图 9-11 添加客房类型

此处的实现文件如下：

- RCategoryAdd.aspx：HTML 文件；
- RCatgAddModule.ascx.cs：实现数据添加。

下面重点讲解 RCatgAddModule.ascx.cs 的实现流程。

(1) 当管理员单击【添加】按钮时首先会执行 IsNameValidate，然后在该事件中获取 RCatgNameTextBox.Text 中的内容，将其作为参数在数据库中进行查询，如果存在数据则表示已经有该类型的房间；如果没有则会执行下面的 SubmitButton_Click 事件。其对应代码如下：

```
    public partial class RCatgAddModule : ModuleBase
    {
        private void Page_Load(object sender, System.EventArgs e)
        {
            // 在此处放置用户代码以初始化页面
        }

        //验证房间类型是否已存在
        public void IsNameValidate(object source,
System.Web.UI.WebControls.ServerValidateEventArgs args)
        {
            //从文件 Web.config 中读取连接字符串
            string sqldb= ConfigurationSettings.AppSettings["ConnectionString"];
            //连接 GinShopManage 数据库
            SqlConnection Conn= new SqlConnection (sqldb);
            Conn.Open ();
            //构造 SQL 语句，该语句在 RoomCategory 表中检查房间类型是否已存在
            string checksql= "select * from RoomCategory where
Name='"+RCatgNameTextBox.Text.Trim() +"'";
            //创建 Command 对象
            SqlCommand mycommand=new SqlCommand (checksql,Conn);
            //执行 ExecuteReader ()方法
            SqlDataReader dr=mycommand.ExecuteReader ();
            if(dr.Read ())
            {
                args.IsValid =false;//房间类型已存在
            }
            else
            {
                args.IsValid =true;//房间类型未存在
            }
            //关闭连接
            Conn.Close();
        }
```

(2) 如果存在数据则表示已经有该类型的房间；如果没有则会执行 SubmitButton_Click 事件中的代码。在 SubmitButton_Click 中获取页面中各元素的值，然后作为插入语句的内容进行插入数据库的操作。其对应代码如下：

```
        private void InitializeComponent()
        {
            this.SubmitButton.Click += new
System.EventHandler(this.SubmitButton_Click);
            this.ReturnButton.Click += new
System.EventHandler(this.ReturnButton_Click);
            this.Load += new System.EventHandler(this.Page_Load);
        }
        #endregion

        private void SubmitButton_Click(object sender, System.EventArgs e)
        {
            if(Page.IsValid)
            {
                //从文件 Web.config 中读取连接字符串
                string sqldb= ConfigurationSettings.AppSettings["ConnectionString"];
                //连接 GinShopManage 数据库
                SqlConnection Conn= new SqlConnection (sqldb);
                Conn.Open ();
```

```csharp
            //利用Command对象调用存储过程
            SqlCommand mycommand=new SqlCommand ("InsertRoomCategory",Conn);
            //将命令类型转为存储类型
            mycommand.CommandType =CommandType.StoredProcedure ;
            //往存储过程中添加参数
            mycommand.Parameters .Add ("@Name",SqlDbType.VarChar);
            mycommand.Parameters .Add ("@Area",SqlDbType.Float);
            mycommand.Parameters .Add ("@BedNum",SqlDbType.Int);
            mycommand.Parameters .Add ("@Price",SqlDbType.Money);
            mycommand.Parameters .Add ("@AirCondition",SqlDbType.Int);
            mycommand.Parameters .Add ("@TV",SqlDbType.Int);
            //给存储过程的参数赋值
            mycommand.Parameters ["@Name"].Value =RCatgNameTextBox.Text.Trim();
            mycommand.Parameters ["@Area"].Value =Convert.ToDouble(AreaTextBox.Text.Trim());
            mycommand.Parameters ["@BedNum"].Value =int.Parse(BedNumTextBox.Text.Trim());
            mycommand.Parameters ["@Price"].Value =Convert.ToDouble(PriceTextBox.Text.Trim());
            mycommand.Parameters ["@AirCondition"].Value =AirConditionList.SelectedIndex;
            mycommand.Parameters ["@TV"].Value =TvList.SelectedIndex;
            try
            {
                mycommand.ExecuteNonQuery();
                ShowMsg.Text="新房间类型添加成功";
                ShowMsg.Style["color"]="green";}
            catch(SqlException error)
            {
                ShowMsg.Text="添加未成功,请稍后再试。原因:"+error.Message;
                ShowMsg.Style["color"]="red";
            }
            //关闭连接
            Conn.Close();
        }
    }
    private void ReturnButton_Click(object sender, System.EventArgs e)
    {
        Response.Redirect(PathPrefix+"/RCategoryMan.aspx");
    }
}
```

9.7.4 客房信息管理模块

客房信息管理模块用于实现对客房信息的管理。在管理员界面中单击【房间信息管理】超链接,将进入房间信息管理页面 RoomsMan.aspx,如图 9-12 所示。

1. 客房信息列表页面

客房信息列表页面显示当前系统中已存在的客房信息,对应的实现文件如下:
- RoomsMan.aspx:HTML 页面;
- RoomsManModule.ascx.cs:处理程序,用于获取系统内的客房信息。

第 9 章 客房管理系统

房间号	房间类型	价格(元/天)	房间位置	修改	删除
226	普通双人间	450.0000	二层西侧	详单	删除
408	普通双人间	450.0000	四层左侧	详单	删除
428	VIP单人间	500.0000	四层西侧	详单	删除
518	VIP单人间	500.0000	五层东侧	详单	删除
666	VIP单人间	500.0000	六层中央	详单	删除

下一页

添加新房间

图 9-12 客房信息管理

下面介绍文件 RoomsManModule.ascx.cs 的具体实现流程。

(1) 当控件被加载时会首先执行 Page_Load 中的代码，对应代码如下：

```csharp
public partial class RoomsManModule : ModuleBase
{
    private void Page_Load(object sender, System.EventArgs e)
    {
        if(!IsPostBack) Show_RoomsList();
    }

    protected void Show_RoomsList()
    {
        //从文件 Web.config 中读取连接字符串
        string sqldb = ConfigurationSettings.AppSettings["ConnectionString"];
        //连接 GinShopManage 数据库
        SqlConnection Conn = new SqlConnection (sqldb);
        //创建 SqlDataAdapter 对象,调用存储过程 ShowRoomsInfo
        SqlDataAdapter myadapter=new SqlDataAdapter ("ShowRoomsList",Conn);
        //创建并填充 DataSet
        DataSet ds = new DataSet ();
        myadapter.Fill (ds);

        dg_RoomsList.DataSource =ds;
        dg_RoomsList.DataBind ();

        Conn.Close ();
    }
```

(2) 定义事件 GridView_Delete，当管理者单击【删除】按钮时触发的，该事件将管理者单击的 GridView 控件中的当前条的数据作为参数进行删除操作。search_Click 事件将 RoomIdTextBox 的 Text 属性作为条件，在数据库中查询出要搜索的房间信息并显示出来。其对应代码如下：

```csharp
protected void GridView_Delete(Object sender, GridViewDeleteEventArgs E)
{
    //从文件 Web.config 中读取连接字符串
    string sqldb = ConfigurationSettings.AppSettings["ConnectionString"];
    //连接 GinShopManage 数据库
    SqlConnection Conn = new SqlConnection (sqldb);
    Conn.Open ();
    //创建 mycommand 对象,调用存储过程
    SqlCommand mycommand = new SqlCommand ("DeleteRoom",Conn);
    mycommand.CommandType=CommandType.StoredProcedure;
    mycommand.Parameters .Add ("@RoomId",SqlDbType.Int );
    //从 dg_RoomsList 中获取 UserId 值
```

```csharp
        mycommand.Parameters["@RoomId"].Value =
dg_RoomsList.DataKeys[E.RowIndex].Value.ToString();
        mycommand.ExecuteNonQuery ();
        dg_RoomsList.EditIndex =-1;
        //更新dg_RoomsList
        Show_RoomsList();
}
protected void GridView_Page(Object sender, GridViewPageEventArgs E)
{
    dg_RoomsList.PageIndex =E.NewPageIndex ;
    Show_RoomsList();
}
        #region Web 窗体设计器生成的代码
        override protected void OnInit(EventArgs e)
        {
            //
            // CODEGEN: 该调用是 ASP.NET Web 窗体设计器所必需的.
            //
            InitializeComponent();
            base.OnInit(e);
        }

        /// <summary>
        ///         设计器支持所需的方法 - 不要使用代码编辑器
        ///         修改此方法的内容.
        /// </summary>
        private void InitializeComponent()
        {
            this.search.Click += new System.EventHandler(this.search_Click);
            this.ShowAll.Click += new System.EventHandler(this.ShowAll_Click);
            this.Load += new System.EventHandler(this.Page_Load);

        }
        #endregion
private void search_Click(object sender, System.EventArgs e)
{
    //从文件Web.config中读取连接字符串
    string sqldb = ConfigurationSettings.AppSettings["ConnectionString"];
    //连接GinShopManage 数据库
    SqlConnection Conn = new SqlConnection (sqldb);
        //创建SqlDataAdapter 对象,调用存储过程ShowRoomsInfo
    SqlDataAdapter myadapter = new SqlDataAdapter ("ShowRoomById",Conn);
    myadapter.SelectCommand.CommandType=CommandType.StoredProcedure;
    myadapter.SelectCommand.Parameters .Add ("@RoomId",SqlDbType.Int);
    myadapter.SelectCommand.Parameters ["@RoomId"].Value =RoomIdTextBox.Text.Trim();
    //创建并填充DataSet
    DataSet ds = new DataSet ();
    myadapter.Fill (ds);
    dg_RoomsList.DataSource =ds;
    dg_RoomsList.DataBind ();
    Conn.Close ();
}
private void ShowAll_Click(object sender, System.EventArgs e)
{
   Show_RoomsList();
}


}
}
```

2. 修改、删除客房信息

此阶段的对应的实现文件如下：

- RoomEdit.aspx：HTML 页面；
- RoomEditModule.ascx.cs：处理程序，实现对指定客房信息的修改和删除。

下面介绍文件 RoomEditModule.ascx.cs 的具体实现流程。

(1) 执行后获取原来的信息并显示，对应代码如下：

```
public partial class RoomEditModule : ModuleBase
{
    private void Page_Load(object sender, System.EventArgs e)
    {
        if(!IsPostBack)
        {
            //绑定房间类型信息下拉列表框
            //从文件 Web.config 中读取连接字符串
            string sqldb= ConfigurationSettings.AppSettings["ConnectionString"];
            //连接 GinShopManage 数据库
            SqlConnection Conn= new SqlConnection (sqldb);
            Conn.Open ();
            //定义 sql 语句
            string mysql="select RCategoryId,Name from RoomCategory ";
            SqlCommand command=new SqlCommand (mysql,Conn);
            SqlDataReader dr=command.ExecuteReader ();
            while(dr.Read ())
            {
                ListItem li=new ListItem(dr["Name"].ToString(),dr["RCategoryId"].ToString());
                RCategoryNameList.Items.Add (li);
            }
            Conn.Close ();

            //显示房间信息
            RoomIdLabel.Text=Request.QueryString ["RoomId"].ToString ();
            //连接 GinShopManage 数据库
            SqlConnection Conn1 = new SqlConnection (sqldb);
            Conn1.Open ();
            //利用 Command 对象调用存储过程
            SqlCommand mycommand=new SqlCommand ("ShowRoomById",Conn1);
            //将命令类型转为存储类型
            mycommand.CommandType =CommandType.StoredProcedure ;
            mycommand.Parameters .Add ("@RoomId",SqlDbType.Int);
            mycommand.Parameters ["@RoomID"].Value = int.Parse(RoomIdLabel.Text);
            SqlDataReader dr1=mycommand.ExecuteReader ();
            if(dr1.Read ())
            {
                RCategoryNameList.Items.FindByText(dr1["Name"].ToString()).Selected=true;
                RPositionTextBox.Text =dr1["RPosition"].ToString();
                DescriptionTextBox.Text =dr1["Description"].ToString ();
            }
            //关闭 Conn1
            Conn1.Close();
        }
    }
```

(2) 定义 NotNullValidate 事件，在页面提交时将验证是否选择了房间类型，如果没有则停止提交；Submit_Click 是在管理员单击了【修改信息】按钮后触发的事件，在这里获取管理员修改的信息，然后再将这些信息更新到数据库中。其对应代码如下：

```
private void Submit_Click(object sender, System.EventArgs e)
{
    if(Page.IsValid )
    {
        //从文件 Web.config 中读取连接字符串
        string sqldb = ConfigurationSettings.AppSettings["ConnectionString"];
        //连接 GinShopManage 数据库
        SqlConnection Conn = new SqlConnection (sqldb);
        Conn.Open ();
        //定义 sql 语句
        String updatesql="update RoomsInfo set RCategoryId= @RCategoryId,RPosition=@RPosition,Description=@Description where RoomId = @RoomId";
        //利用 Command 对象调用 updatesql
        SqlCommand mycommand=new SqlCommand (updatesql,Conn);
        //添加参数
        mycommand.Parameters .Add ("@RoomId",SqlDbType.Int);
        mycommand.Parameters .Add ("@RCategoryId",SqlDbType.Int);
        mycommand.Parameters .Add ("@RPosition",SqlDbType.NVarChar);
        mycommand.Parameters .Add ("@Description",SqlDbType.NVarChar);
        //给存储过程的参数赋值
        mycommand.Parameters ["@RoomId"].Value =RoomIdLabel.Text;
        mycommand.Parameters ["@RCategoryId"].Value =RCategoryNameList.SelectedIndex;
        mycommand.Parameters ["@RPosition"].Value =RPositionTextBox.Text.Trim();
        mycommand.Parameters ["@Description"].Value =DescriptionTextBox.Text.Trim();
        try
        {
            mycommand.ExecuteNonQuery();
            ShowMsg.Text="房间信息修改成功";
            ShowMsg.Style["color"]="green";}
        catch(SqlException error)
        {
            ShowMsg.Text="修改未成功,请稍后再试. 原因："+error.Message;
            ShowMsg.Style["color"]="red";
        }
        //关闭连接
        Conn.Close();
    }
}
```

3. 添加客房信息

当单击【添加新房间】超链接后将打开 RoomAdd.aspx 页面，在此表单界面可以添加新的房间，如图 9-13 所示。

此阶段的实现文件如下：

- RoomAdd.aspx：HTML 文件；
- RoomAddModule.ascx.cs：处理文件，实现数据的添加。

第9章 客房管理系统

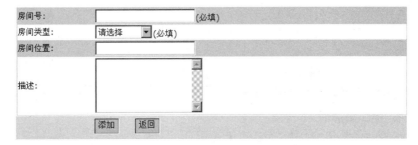

图 9-13 添加客房表单界面

下面介绍文件 RoomAddModule.ascx.cs 的具体实现流程。

(1) 通过 Page_Load 事件加载下拉列表框的数据并进行绑定，IsIdValidate()方法用来验证客房号是否已被登记，对应代码如下：

```csharp
    public partial class RoomAddModule : ModuleBase
    {
        private void Page_Load(object sender, System.EventArgs e)
        {
            //绑定房间类型信息下拉列表框
            if(!IsPostBack)
            {
                //从文件Web.config中读取连接字符串
                string sqldb= ConfigurationSettings.AppSettings["ConnectionString"];
                //连接 GinShopManage 数据库
                SqlConnection Conn= new SqlConnection (sqldb);
                Conn.Open ();
                //定义sql语句
                string mysql="select RCategoryId,Name from RoomCategory ";
                SqlCommand cm=new SqlCommand (mysql,Conn);
                SqlDataReader dr=cm.ExecuteReader ();
                while(dr.Read ())
                {
                    ListItem li=new
ListItem(dr["Name"].ToString(),dr["RCategoryId"].ToString());
                    RCategoryNameList.Items.Add (li);
                }
                Conn.Close ();
            }
        }


        //验证房间号是否已登记
        public void IsIdValidate(object source,
System.Web.UI.WebControls.ServerValidateEventArgs args)
        {
            //从文件Web.config中读取连接字符串
            string sqldb= ConfigurationSettings.AppSettings["ConnectionString"];
            //连接 GinShopManage 数据库
            SqlConnection Conn= new SqlConnection (sqldb);
            Conn.Open ();
            //构造 SQL 语句,该语句在 RoomCategory 表中检查房间类型是否已存在
            string checksql= "select * from RoomsInfo where RoomId='"+RoomIdTextBox.Text.Trim() +"'";
            //创建 Command 对象
            SqlCommand mycommand=new SqlCommand (checksql,Conn);
            //执行 ExecuteReader ()方法
            SqlDataReader dr=mycommand.ExecuteReader ();
```

```
            if(dr.Read ())
            {
                args.IsValid =false;//房间号已存在
            }
            else
            {
                args.IsValid =true;//房间号未登记
            }
            //关闭连接
            Conn.Close();
        }
```

(2) 定义 NotNullValidate 事件，在页面提交时将验证是否选择了房间类型，如果没有则停止提交；SubmitButton_Click 是在管理员单击了【添加】按钮后触发的事件，用来获取管理员修改的信息，然后再把这些信息更新到数据库中。其对应代码如下：

```
        //房间类型是否已选定
        public void NotNullValidate(object source,
System.Web.UI.WebControls.ServerValidateEventArgs args)
        {
            if(RCategoryNameList.SelectedIndex==0)
            {
                args.IsValid =false;//房间类型未选
            }
            else
            {
                args.IsValid =true;//房间类型已选
            }
        }
        #region Web 窗体设计器生成的代码
        override protected void OnInit(EventArgs e)
        {
            //
            // CODEGEN: 该调用是 ASP.NET Web 窗体设计器所必需的.
            //
            InitializeComponent();
            base.OnInit(e);
        }

        /// <summary>
        ///     设计器支持所需的方法 - 不要使用代码编辑器
        ///     修改此方法的内容.
        /// </summary>
        private void InitializeComponent()
        {
            this.SubmitButton.Click += new
System.EventHandler(this.SubmitButton_Click);
            this.ReturnButton.Click += new
System.EventHandler(this.ReturnButton_Click);
            this.Load += new System.EventHandler(this.Page_Load);

        }
        #endregion

        private void SubmitButton_Click(object sender, System.EventArgs e)
        {
            if(Page.IsValid)
            {
                //从文件 Web.config 中读取连接字符串
                string sqldb= ConfigurationSettings.AppSettings["ConnectionString"];
```

```
                    //连接 GinShopManage 数据库
                    SqlConnection Conn= new SqlConnection (sqldb);
                    Conn.Open ();
                    //利用 Command 对象调用存储过程
                    SqlCommand mycommand=new SqlCommand ("InsertRoom",Conn);
                    //将命令类型转为存储类型
                    mycommand.CommandType =CommandType.StoredProcedure ;
                    //往存储过程中添加参数
                    mycommand.Parameters .Add ("@RoomId",SqlDbType.Int);
                    mycommand.Parameters .Add ("@RCategoryId",SqlDbType.Int);
                    mycommand.Parameters .Add ("@RPosition",SqlDbType.NVarChar);
                    mycommand.Parameters .Add ("@Description",SqlDbType.NVarChar);
                    //给存储过程的参数赋值
                    mycommand.Parameters ["@RoomId"].Value
=int.Parse(RoomIdTextBox.Text.Trim());
                    mycommand.Parameters ["@RCategoryId"].Value =
RCategoryNameList.SelectedIndex;
                    mycommand.Parameters ["@RPosition"].Value
=RPositionTextBox.Text.Trim();
                    mycommand.Parameters ["@Description"].Value
=DescriptionTextBox.Text.Trim();
                    try
                    {
                        mycommand.ExecuteNonQuery();
                        ShowMsg.Text="新房间信息添加成功";
                        ShowMsg.Style["color"]="green";}
                    catch(SqlException error)
                    {
                        ShowMsg.Text="添加未成功,请稍后再试. 原因: "+error.Message;
                        ShowMsg.Style["color"]="red";
                    }
                    //关闭连接
                    Conn.Close();
                }
            }
            private void ReturnButton_Click(object sender, System.EventArgs e)
            {
                Response.Redirect(PathPrefix+"/RoomsMan.aspx");
            }
        }
    }
```

9.7.5 客房经营管理模块

客房经营管理模块用于统计酒店内客房的经营信息。当单击【房间经营管理】超链接时，将进入房间经营管理页面 RBusinessMan.aspx，如图 9-14 所示。

图 9-14 客房经营管理

此模块显示系统中的客房使用状况，对应的实现文件如下：

- RBusinessMan.aspx：HTML 页面；
- RBusiManModule.ascx.cs：处理程序，用于获取系统内的客房使用信息。

下面介绍文件 RBusiManModule.ascx.cs 的具体实现流程。

(1) 通过 Page_Load() 事件用来获取、绑定数据到下拉列表框，然后调用 Show_RoomsList()方法显示房间信息，对应代码如下：

```csharp
public partial class RBussiModule : ModuleBase
{
  protected string Status;

    private void Page_Load(object sender, System.EventArgs e)
    {
        if(!IsPostBack)
        {
            //绑定房间类型信息下拉列表框
            //从文件Web.config中读取连接字符串
            string sqldb= ConfigurationSettings.AppSettings["ConnectionString"];
            //连接GinShopManage数据库
            SqlConnection Conn= new SqlConnection (sqldb);
            Conn.Open ();
            //定义sql语句
            string mysql="select RCategoryId,Name from RoomCategory ";
            SqlCommand command=new SqlCommand (mysql,Conn);
            SqlDataReader dr=command.ExecuteReader ();
            while(dr.Read ())
            {
                ListItem li=new ListItem(dr["Name"].ToString(),dr["RCategoryId"].ToString());
                RCategoryNameList.Items.Add (li);
            }
            Conn.Close ();

        //dl_RoomsList 显示房间信息
            Show_RoomsList();
        }
    }
    //dl_RoomsList 显示房间信息
    protected void Show_RoomsList()
    {
        if(dl_RoomsList.SelectedIndex>-1){
          dl_RoomsList.SelectedIndex=-1;
        }
        //从文件Web.config中读取连接字符串
        string sqldb= ConfigurationSettings.AppSettings["ConnectionString"];
        //连接GinShopManage数据库
        SqlConnection Conn= new SqlConnection (sqldb);
        //创建SqlDataAdapter对象,调用存储过程ShowRoomsInfo
        SqlDataAdapter myadapter=new SqlDataAdapter ("ShowRoomsInfo",Conn);
        //创建并填充DataSet
        DataSet ds = new DataSet ();
        myadapter.Fill (ds,"RoomsList");
        dl_RoomsList.DataSource =ds;
        dl_RoomsList.DataBind ();
        //根据房间状态确定dl_RoomsList的Status显示
        for(int i=0;i<dl_RoomsList.Items.Count;i++)
        {
            DataRow dr=ds.Tables[0].Rows[i];
            if(dr["Status"].ToString()=="2")
```

```
                {
((Label)dl_RoomsList.Items[i].FindControl("StatusLabel")).Text="否";
                Status="否";
                }
            else if(dr["Status"].ToString()=="1")
                {
((Label)dl_RoomsList.Items[i].FindControl("StatusLabel")).Text="有";
                Status="是";
                }
        }
    Conn.Close ();
    }
```

(2) 当管理员单击【查询】按钮时将触发 search_Click 事件，读取【查询】按钮前边下拉列表框中的内容，并将其作为条件对数据库进行查询，然后再将查询出的结果绑定到 dl_RoomsList。其对应代码如下：

```
            private void search_Click(object sender, System.EventArgs e)
            {
                if(dl_RoomsList.SelectedIndex>-1)
                {
                    dl_RoomsList.SelectedIndex=-1;
                }
                //从文件 Web.config 中读取连接字符串
                string sqldb = ConfigurationSettings.AppSettings["ConnectionString"];
                //连接 GinShopManage 数据库
                SqlConnection Conn = new SqlConnection (sqldb);
                //创建 SqlDataAdapter 对象,调用存储过程 ShowRoomsInfo
                SqlDataAdapter myadapter = new SqlDataAdapter
("ShowRoomByCatgAndStatus",Conn);
                myadapter.SelectCommand.CommandType=CommandType.StoredProcedure;
                myadapter.SelectCommand.Parameters .Add ("@RCategoryId",SqlDbType.Int);
                myadapter.SelectCommand.Parameters ["@RCategoryId"].Value
=RCategoryNameList.SelectedIndex;
                myadapter.SelectCommand.Parameters .Add ("@Status",SqlDbType.Int);
                myadapter.SelectCommand.Parameters ["@Status"].Value
=StatusList.SelectedIndex;
                //创建并填充 DataSet
                DataSet ds = new DataSet ();
                myadapter.Fill (ds);

                dl_RoomsList.DataSource =ds;
                dl_RoomsList.DataBind ();
                //根据房间状态确定 dl_RoomsList 的 Status 显示
                for(int i=0;i<dl_RoomsList.Items.Count;i++)
                {
                    DataRow dr=ds.Tables[0].Rows[i];
                    if(dr["Status"].ToString()=="2")
                    {
((Label)dl_RoomsList.Items[i].FindControl("StatusLabel")).Text="否";
                    }
                    else if(dr["Status"].ToString()=="1")
                    {
((Label)dl_RoomsList.Items[i].FindControl("StatusLabel")).Text="有";
                    }
```

```
        }
            Conn.Close ();
    }

        private void ShowAll_Click(object sender, System.EventArgs e)
        {
            //dl_RoomsList 显示房间信息
            Show_RoomsList();
        }
```

(3) 当管理员单击 DataList 中的【房间号】按钮时将触发 Button1_Click 事件，以房间号为条件，从数据库中读取该房间的具体信息，再绑定到 rp_RoomDetails。其对应的代码如下：

```
        protected void Button1_Click(object sender, EventArgs e)
        {
            int RoomId = int.Parse(((Button)sender).Text);
            //从文件 Web.config 中读取连接字符串
            string sqldb = ConfigurationSettings.AppSettings["ConnectionString"];
            //连接 GinShopManage 数据库
            SqlConnection Conn = new SqlConnection(sqldb);
            //创建 SqlDataAdapter 对象,调用存储过程 ShowRoomsInfo
            SqlDataAdapter myadapter = new SqlDataAdapter("GetRoomDetails", Conn);
            myadapter.SelectCommand.CommandType = CommandType.StoredProcedure;
            myadapter.SelectCommand.Parameters.Add("@RoomId", SqlDbType.Int);
            myadapter.SelectCommand.Parameters["@RoomID"].Value = RoomId;
            //创建并填充 DataSet
            DataSet ds = new DataSet();
            myadapter.Fill(ds, "Rooms");
            DataRow dr = ds.Tables[0].Rows[0];
            rp_RoomDetails.DataSource = ds;
            rp_RoomDetails.DataBind();
            //根据房间状态确定酒店业务
            if (dr["Status"].ToString() == "2")
            {
                //如果房间被定,预定业务不可用
                ((HyperLink)rp_RoomDetails.Items[0].FindControl("OrderLink")).Enabled = false;
            }
            else if (dr["Status"].ToString() == "1")
            {
                //如果房间未定,退房业务不可用
                ((HyperLink)rp_RoomDetails.Items[0].FindControl("CheckOutLink")).Enabled = false;
            }
            Conn.Close();
        }
    }
}
```

9.7.6 经营状况分析模块

当单击【经营状况分析】超链接，将进入经营状况分析页面 TurnOverStat.aspx，如图 9-15 所示。

此模块显示系统中的客房使用状况，对应的实现文件如下：

- TurnoverStat.aspx：HTML 页面；

第 9 章 客房管理系统

订房时间	退房时间	房间号	房间类型	客户姓名	身份证号	联系电话	金额
2014-3-22 21:07:47	2014-3-22 21:09:06	888	VIP双人间	wl	111111111111111	4324	800.0000
2014-3-22 21:08:26	2014-3-22 21:08:52	408	普通双人间	小丽	222222222222222	4324324	450.0000
2014-4-7 9:37:26	2014-4-7 9:37:53	1066	超级豪华间	1	111111111111111	1	8888.0000
2014-4-12 13:03:35	2014-4-12 13:04:05	408	普通双人间	qqq	111111111111111	11	450.0000
2014-4-12 13:10:15	2014-4-12 13:11:53	408	普通双人间	SFS	222222222222222	2	450.0000

营业额：

图 9-15　经营状况分析界面

- TurnOverStatModule.ascx.cs：处理程序，用于获取系统内的客房的经营信息。

下面介绍文件 TurnOverStatModule.ascx.cs 的具体实现流程。

（1）当页面加载时会执行 Page_Load 中的代码，这里执行的是一个自定义的方法 Show_TurnOverList()。其对应的实现代码如下：

```
public partial class TurnOverStatModule : ModuleBase
{
    private void Page_Load(object sender, System.EventArgs e)
    {
        if(!IsPostBack)
        {
            //
            //绑定房间类型信息下拉列表框
            //
            //从文件 Web.config 中读取连接字符串
            string sqldb= ConfigurationSettings.AppSettings["ConnectionString"];
            //连接 GinShopManage 数据库
            SqlConnection Conn= new SqlConnection (sqldb);
            Conn.Open ();
            //定义 sql 语句
            string mysql="select RCategoryId,Name from RoomCategory ";
            SqlCommand cm=new SqlCommand  (mysql,Conn);
            SqlDataReader dr=cm.ExecuteReader ();
            while(dr.Read ())
            {
                ListItem li=new ListItem(dr["Name"].ToString(),dr["RCategoryId"].ToString());
                RCategoryNameList.Items.Add (li);
            }
            Conn.Close ();

            Show_TurnOverList();
        }
    }

    protected void Show_TurnOverList()
    {
        //从文件 Web.config 中读取连接字符串
        string sqldb = ConfigurationSettings.AppSettings["ConnectionString"];
        //连接 GinShopManage 数据库
        SqlConnection Conn = new SqlConnection (sqldb);
        //定义 sql
        string selsql="select h.BeginTime,h.EndTime,h.RoomId,c.Name,h.CName,h.CIdentityId,h.CPhone,h.TotalPrice"+
```

```
            " from History h,RoomsInfo r,RoomCategory c where r.RoomId=h.RoomId and
r.RCategoryId=c.RCategoryId";
            //创建 SqlDataAdapter 对象,调用存储过程 ShowRoomsInfo
            SqlDataAdapter myadapter=new SqlDataAdapter (selsql,Conn);
            //创建并填充 DataSet
            DataSet ds = new DataSet ();
            myadapter.Fill (ds);

            dg_TurnOverList.DataSource =ds;
            dg_TurnOverList.DataBind ();

            Conn.Close ();
        }
        protected void GridView_Page(Object sender,GridViewPageEventArgs E)
        {
            dg_TurnOverList.PageIndex =E.NewPageIndex ;
            Show_TurnOverList();
        }
```

(2) 当单击【开始统计】按钮时将触发 Calculate_Click 事件实现信息统计，对应代码如下：

```
            private void Calculate_Click(object sender, System.EventArgs e)
            {
                dg_TurnOverList.PageIndex=0;

                //从文件 Web.config 中读取连接字符串
                string sqldb = ConfigurationSettings.AppSettings["ConnectionString"];
                //连接 GinShopManage 数据库
                SqlConnection Conn = new SqlConnection (sqldb);
                //定义 sql 语句
                String selsql="select
h.BeginTime,h.EndTime,h.RoomId,c.Name,h.CName,h.CIdentityId,h.CPhone,h.TotalPrice"+
                    " from History h,RoomsInfo r,RoomCategory c where r.RoomId=h.RoomId and
r.RCategoryId=c.RCategoryId";
                //读取时间纪录
                string
datefrom=YearFromList.SelectedItem.Value.ToString()+"-"+MouthFromList.SelectedItem.Va
lue.ToString()+"-"+DayFromList.SelectedItem.Value.ToString();
                string
dateto=YearToList.SelectedItem.Value.ToString()+"-"+MouthToList.SelectedItem.Value.To
String()+"-"+DayToList.SelectedItem.Value.ToString();
                selsql=selsql+" and h.BeginTime between '"+datefrom+"'and'"+dateto+"'";
                //读取方式记录
                if(RCategoryNameList.SelectedIndex!=0)
                {
                    selsql=selsql+" and
c.RCategoryId='"+RCategoryNameList.SelectedIndex+"'";
                //创建 SqlDataAdapter 对象,调用 selsql
                SqlDataAdapter myadapter = new SqlDataAdapter (selsql,Conn);
                //创建并填充 DataSet
                DataSet ds = new DataSet ();
                myadapter.Fill (ds);

                dg_TurnOverList.DataSource =ds;
                dg_TurnOverList.DataBind ();

                //计算营业额
```

第 9 章 客房管理系统

```
            double SumPrice=0;
            for(int i=0;i<dg_TurnOverList.Rows.Count;i++){
                DataRow dr=ds.Tables[0].Rows[i];
                SumPrice=SumPrice+Convert.ToDouble(dr["TotalPrice"].ToString());
            }
        TurnOverLabel.Text=SumPrice.ToString();
            //关闭Conn
            Conn.Close ();
        }
        private void ShowAll_Click(object sender, System.EventArgs e)
        {
            Show_TurnOverList();
        }
    }
}
```

在 ASP.NET 页面中，事件处理必不可少。例如在计数器应用中，其实 ASP.NET 的通信及访问模型中有三个层次：

第一个层次就是 Application，这是 Web 应用程序层。此层次的变量周期为整个 Application，不过在 Application_Start 和 Application_End 两个事件中运行的代码，只有在应用程序开始或结束的时候才能进行(服务器启动/关闭或者强制 IIS 把此应用程序启动/关闭的时候)，因此在这两个事件中写计数器代码是无用的。

第二个层次是 Session，是 Web 应用程序的一个通信层。一次与用户的通信(从以一个 IP 访问应用程序开始，到这个 IP 与应用程序断开或超时断开)对计数器来说是最有价值的体现，也是一个页面计数器的功能。

但是问题也随之出现了：Session 的 Session_Start 和 Session_End 事件是在一次通信的开始和结束才被激发的。这样如果在 Session_Start 事件中写代码的话，只有一次通信开始时访问的页面上才有计数器的显示，而在刷新后页面显示计数器的部分就不会再显示了，怎么办？看第三层！

第三个层次是 Page 层，是每个页面即 Web Document 的控制对象层。我们知道了一个 Web 页面有一个 Page 层，我们就会了解，一个页面调出的时候将会调用在此事件中添加计数器计数的代码，计数器就会因为页面刷新一次而增加 1，这是我们不愿意看到的。怎么办？很简单，在 Session_Start 中写计数器计数的代码，在 Page_Load 中写计数器显示的代码，这样就可以实现我们需要的功能了。

9.8 项目调试

视频讲解 光盘：视频\第 9 章\项目调试.avi

将项目命名为"RoomManage"，编译运行后的主界面如图 9-16 所示。
客房类型管理界面如图 9-17 所示。
客房信息管理界面如图 9-18 所示。
客房经营管理界面如图 9-19 所示。

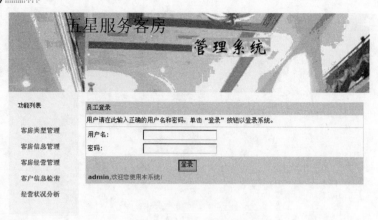

图 9-16　主界面

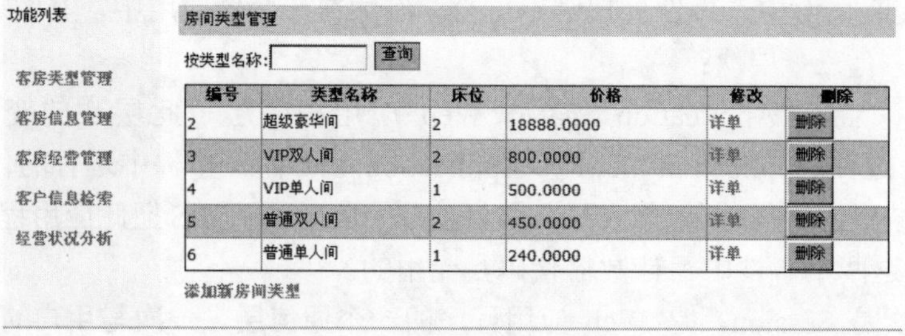

图 9-17　客房类型管理界面

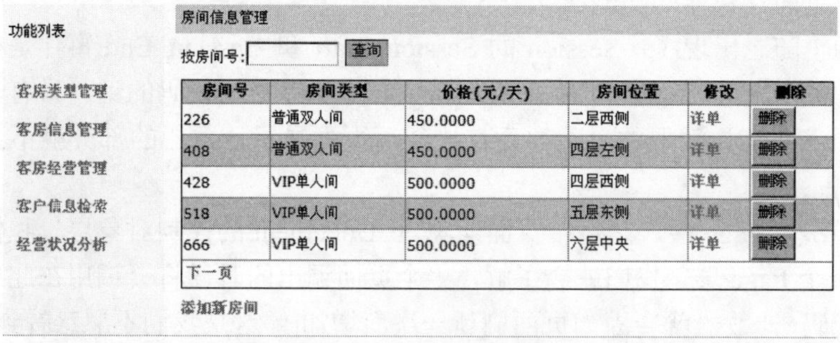

图 9-18　客房信息管理界面

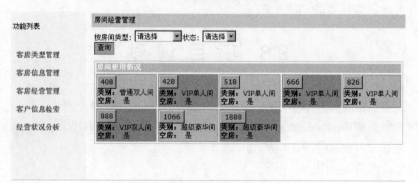

图 9-19　客房经营管理界面

客房检索界面如图 9-20 所示。

图 9-20　客房检索界面

客房经营状况分析界面如图 9-21 所示。

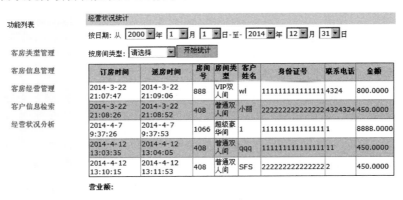

图 9-21　客房经营状况分析界面

第 10 章 典型企业网站

随着计算机网络和电子商务的飞速发展，各企业单位建立自己的站点势在必行。这样不但可以宣传自己的产品和服务，而且可以提高企业形象，更全面地为客户服务。本章将向读者介绍现实应用中企业网站的构建方法，并且通过一个简单化妆品网站实例，对企业网站的构建流程进行详细阐述。

赠送的超值电子书

091. 个性化设置基础
092. ASP.NET 中的个性化用户配置
093. 实现个性化用户配置
094. 在 Web.Config 文件中一段完整的 profile 配置代码
095. Profile 对象与 Session 对象的对比
096. Portal 框架简介
097. WebPart 的基本要素
098. WebPartManager 控件
099. WebPartZone 控件
100. CatalogZone 控件

10.1 做好项目管理者

视频讲解　光盘：视频\第 10 章\做好项目管理者.avi

无论程序员个体之间差异有多大，都会不断地在实战中实现技术上的反思和提高。当开发技术和经验积累到一定级别后，你必然会经历带队做项目的阶段。身处这一阶段的你，开发技术已经不是那么重要了，最关键的是管理能力和协调能力。本节将和广大读者一起探讨做好项目管理者的秘诀。

10.1.1 软件工程师到项目经理到管理者之路

很多程序员可能会干一辈子的软件工程师，但是也有一些程序员工作机遇比较好，不但负责了项目的设计工作，而且负责了项目管理工作，这表明他已经对项目经理这个工作有了一定的尝试。因此，这类程序员可以审视一下自己，是否适合这项工作。如果自己对这种工作比较满意，而且具备项目经理的要求，则可以向项目经理这个方向发展。项目经理承担着项目管理的职责，对项目负主要责任。项目经理和程序员的作用也不相同，项目经理的重点已经从编程转移到对人、对技术、对进度、对项目的管理。由于软件的项目经理与软件项目的相关性太大，因此，他必须要了解软件开发的各个环节、了解开发的各种技术和运用、了解开发队伍人员的水平和特点。所以他依旧和程序员脱不了干系。从程序员成长到项目经理，可以使得项目经理更好地理解程序员在项目中的地位和作用，了解软件开发的各种规律性的东西，从而保证项目的正常完成。而且，项目经理的收入在公司中的地位也是比较高的。因此，走向项目经理是程序员的另一个发展空间。在此特别提醒一下，程序员在担任项目经理之前最好要把软件设计工作做好，这样在做项目经理的时候，就会有很好的基础。

当然也有很多程序员希望自己能成为公司中的主管、经理、老总、老板，这样无论是收入和在公司的地位都相对比较高一些。另外，一方面程序员可能厌倦了年复一年的编程工作，对工作产生了抵触情绪，希望能摆脱这种步步紧逼的工作状态。走向管理者其实要求程序员要比一般人做更多的准备，要做更多的转型工作，并不是想当管理者就能成为管理者的。但是，如果程序员有这个志向和爱好，积累了这方面的工作经验，自己也感觉在这个方面能够发展，更重要的是有这样的机会，走向管理者也是可能的。由于软件公司的管理者毕竟不同于一般公司的管理者，专业能力越强，管理起来就越得心应手的，没有专业能力的管理，遇到的问题会很多，也很难解决。因此，我的建议程序员最好要把编程、项目设计、项目管理等基础打好。这样转型到管理者成功率就会高一些。

10.1.2 赢在管理——运转一个健步如飞的团队

从组织心理学的角度来看，软件开发是一种典型的聚合型作业——成员虽然形式上独立完成分配的作业，但最后聚合为完整的作业。最终作业对各部分作业的技术标准和完成时限有要求，形成成员活动的相互制约。项目经理作为一个项目的领导者，是整个团队的灵魂。

第 10 章　典型企业网站

在项目开发过程中,之所以项目经理的角色非常重要,是因为他需要负责项目组开发人员的日常管理,控制项目的进度,负责和设计部门、市场部门以及客户之间进行必要的沟通。这个阶段通常是多个部门的人员共同组成一个项目组,因此,项目管理的一定要保证统一管理,理想状态是项目经理全权负责项目组人员的人员工作安排、业绩考核、工资奖金等,因为项目经理最了解项目组成员的工作态度和工作业绩。要想在项目经理的位置上做到游刃有余,就需要让你的团队运转的健步如飞。要做到这一点是需要秘诀的,具体来说可以从如下几个方面进行讲解。

1) 自身修养

(1) 亲和力

自身除了开发技术过关外,还要具备完美的亲和力。亲和力是指你和团队相互依赖,相互信任能力的大小。亲和力是你领导团队走向成功的基础,如果一个团队的向心力不够,各自为政,那么失败就会在身边陪伴你。要团队的每个成员都信任你,你必须要做到关心下属,主动与下属沟通,为下属争取合法权利等。关心下属就是在日常工作中对下属的工作状况、发展方向进行指导,避免其走弯路;在生活中也对其身体状况进行关心,促进身体和心理健康的恢复。

多找下属沟通是消除误会的润滑剂,同时也是了解下属内心真实想法唯一捷径。做软件项目经理的人,在某些事情上的处理的确会与人不同,也难以令人理解。这个时候只有多与下属沟通,逐步达成共识,争取大家的理解和支持。记住,没有下属的理解和支持,你永远无法实现项目管理的规范化。

另外为下属争取合法权利是软件项目经理的一项重要职责。敢负责任是软件项目经理基本素质,如果你不经常研究工作数据保障下属的合法权益,你就很难让你的团队保持高效率。

(2) 敢负责任

一个人因为有责任才有生存的意义,经理就是要负责任,如果不负责任就可以不要经理了!软件项目经理关系到一个项目的成败,对于公司他必须要承担及时汇报项目进度、成本核算和质量系数的责任,同时也必须保证项目组成员绩效考核、政策落实、预留人才储备等责任,是整个项目中责任最大的人,如果他没有良好的心理素质和应对能力是无法担负责任的。在实际工作中,软件项目经理主要负责项目组的人员安排调度、工作分配、工作审核、工作跟踪、项目计划、项目汇报总结、成本核算和利润分配等职责。

2) 慧眼识珠

在软件项目外包过程中,如何在一大批开发人员中进行甄别与筛选,找到最适合的开发人员,是项目经理必须解决的一大难题。如果草率地选择开发人员,往往会造成项目的开发周期延长、质量无法达到要求、成本增加,甚至项目彻底失败的严重后果。

要想在公司内部开发人员中选择最合适的开发人员,通常可以采用下面的方法实现。

(1) 查看开发人员的档案、作品展示信息。详细了解每一名备选者的作品展示信息,通过查看这些信息可以了解其技术能力和经验。

(2) 查看开发人员的工作历史记录以及客户对其的评价信息,如果开发人员完成过较多的项目并且客户给出的评分和评价都很好,这样的开发人员通常是值得信赖的。当然,有时也会有例外。有的开发人员可能因为一些客观原因出现了个别失败的项目,这种情况可以和同事进一步沟通来了解并判断。

（3）对于初步通过筛选的程序员，接下来要进一步了解其完成的项目或提供的作品的类型、规模、使用的技术等信息。有的开发人员完成了很多项目或者提供了较多的展示作品，但如果这些项目或作品和你现在的项目差异很大甚至完全不同，表示他们的专业领域不同，不一定能够胜任你的项目。

（4）对比开发人员的外语能力和沟通能力，如果你的项目要使用外语，就需要考察开发人员的外语能力。如果你确信开发过程中需要和开发人员进行频繁的沟通，则需要了解对方是否有相关的沟通条件。

3）团队意识高于一切

对于国内中小型公司来说，通常开发团队就是固定的那么几个人，没有太多的人才可供你选择。在这种情况下，团队中的成员都已经十分了解了。此时建议读者，一定要确保这些仅有的团队成员具有团队意识。现在的软件开发已经不再是以前的个人英雄主义时代，现在更多的情况是以团队的形式进行系统的设计和开发，团队精神也变得越来越重要。所以在组建自己的团队时，特别是挑选并组建一个长期固定的团队成员时，其成员必须具备团队精神。那么到底什么是团队精神呢，我觉得它包括了如下 4 个特点。

（1）荣辱与共

作为一个团队中的成员，一定要牢记这 4 个字。作为一个团队中的成员，就要把整个团队的荣辱放在第一位，这似乎是集体主义精神的体现，与当前更为流行的个人为中心的思想有些格格不入，但是，只有把整个团队的利益放在首位，团队才能够发展和进步。而团队的发展和进步必定会给其中的每个成员带来好处。

（2）交流分享

交流不但在团队中重要，而且在任何工作中都是非常重要的。人和人之间需要充分交流后才能够更好地工作，团队之中每个成员之间都应该充分交流，否则会在信息的传达过程中出现理解上的偏差。例如，如果第一阶段工程(需求分析、概要设计)的负责人不和实施阶段工程(详细设计、编码、测试)的人员充分交流，那么很可能会做出一个客户不满意的产品。

（3）精诚协作

作为一个团队中的成员，也一定要牢记这 4 个字。想要达到精诚协作，首先就要远离"事不关己，高高挂起"。尽管有些工作不是我们的分内工作，但是既然都属于团队的事情，我们都有责任尽自己所能去做。有人会说"做得多，错就多"，帮别人修改了程序，当这个程序出问题的时候，就会怪罪到自己的头上。这种情况的确存在，笔者也遇到过多次，但是我更珍惜的是在这个过程中和其他团队成员的交流以及所学习到的知识。任何事都不可能是完美的，都具有两面性。而且这样做非常有利于形成真正意义上的团队，当出现问题的时候，我们帮助过别人，当我们自己出现问题的时候，也就会有人帮我们。

（4）尊重理解

每个人都有自己的长处，也都有自己的短处，我们每个人只能尽量做到完美。生活中有很多其他的事情会对工作造成影响，当发现别人犯错的时候，我们应该理解，并且要以对事不对人的态度去解决问题。例如测试人员发现开发人员程序中出现了很多缺陷，那么不应该去指责，而是应该记录下来，然后和开发人员一起分析，提醒他以后不要出现类似的错误。

10.2　新的项目

视频讲解　光盘：视频\第 10 章\新的项目.avi

本项目的客户是一家化妆品连锁巨头，整个开发团队主要成员的具体说明如下：
- 软件工程师 A：负责项目分析、前台界面设计和系统架构；
- 软件工程师 B：撰写项目计划书和具体编码；
- 软件工程师 C：系统后期调试和发布。

本项目的具体实现流程如图 10-1 所示。

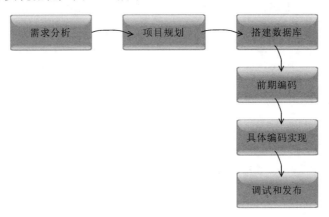

图 10-1　运作流程图

10.3　功能分析

视频讲解　光盘：视频\第 10 章\功能分析.avi

作为一个基本的企业网站，必须具备如下功能：

(1) 产品展示模块

利用互联网这个平台，设计精美的页面来展示企业的产品和服务，并结合具体情况对产品进行详细的介绍。

(2) 企业资讯模块

在网站上发布企业当前最新的动态信息，让客户及时了解企业的发展状况；发布同行业的发展资讯，吸引浏览用户的眼球，从而让更多的意向客户成为直接客户。

(3) 系统管理模块

为了方便企业对系统的维护，及时方便地更新站点内的产品和信息，需要设置专门的管理平台对系统内的信息进行管理维护。例如，产品添加、修改和删除等。

10.4 编写项目计划书

视频讲解 光盘：视频\第 10 章\编写项目计划书.avi

根据系统功能分析，查阅了相关资料，并根据《计算机软件产品开发文件编制指南(GB 8567—1988)》中的项目开发计划要求，结合单位实际情况编写了项目计划书。

1. 引言

(1) 编写目的

随着计算机网络和电子商务的飞速发展，各企业单位建立自己的站点势在必行。这样不但可以宣传自己的产品和服务，而且可以提高企业的形象，为客户提供更全面的服务。

(2) 背景

本项目是由×××化妆品连锁集团委托我公司开发一个 Web 项目，主要功能是展示连锁店内的化妆品，并提供新闻展示。项目周期为 40 天。

2. 功能分析

(1) 产品展示模块

利用互联网这个平台，设计精美的页面来展示企业的产品和服务，并结合具体情况对产品进行详细的介绍。

(2) 企业资讯模块

在网站上发布企业当前最新的动态信息，让客户及时了解企业的发展状况；发布同行业的发展资讯，吸引浏览用户的眼球，从而让更多的意向客户成为直接客户。

(3) 系统管理模块

为了方便企业对系统的维护，及时方便地更新站点内的产品和信息，需要设置专门的管理平台对系统内的信息进行管理维护。例如，产品添加、修改和删除等。

3. 应交付成果

在项目开发完后，交付内容有编译运行后的软件，系统数据库文件和系统使用说明书。进行无偿维护服务 6 个月，超过 6 个月进行有偿维护与服务。

4. 项目开发环境

操作系统为 Windows XP、Windows 2003、Windows 7 均可，使用集成开发工具 Microsoft VisualStudio 2010。

5. 项目验收方式与依据

项目验收分为内部验收和外部验收两种方式。在项目开发完成后，首先进行内部验收，由测试人员根据用户需求和项目目标进行验收。项目在通过内部验收后，交给客户进行验收，验收的主要依据为需求规格说明书。

10.5 设计界面

视频讲解　光盘：视频\第 10 章\设计界面.avi

在项目开发伊始，我安装了很久未用的 Dreamweaver，从网络中搜索了很多化妆品网站的模板。终于功夫不负有心人，我设计了一套我认为还算可以的界面。

在具体开发之前的某一天，客户代表 CC 在产品部同事的陪同下来到了我们项目办公室。

CC："感谢贵公司的设计师们，我们你很满意你们的界面设计方案。现在有一个新问题，我们作为一个化妆品连锁机构，既然准备做网站，何不一步到位，在产品展示的同时实现电子商务呢？"

我："您的意思是搭建一个在线销售平台？"

CC："对！"

我："技术上完全没问题，需要增加购物车、订单和会员模块，预算可能会增加。"

CC："预算没有问题，我马上和你们老总去谈！"

这样，我们计划书中的功能分析部分发生了变化。

功能分析

(1) 会员管理模块

提供一个完成的会员管理机制，通过登录验证确保会员登录后能够购买商品。

(2) 购物车和订单处理

通过购物车和订单模块实现在线商品购买。

(3) 产品展示模块

利用互联网这个平台，设计精美的页面来展示企业的产品和服务，并结合具体情况对产品进行详细的介绍。

(4) 企业资讯模块

在网站上发布企业当前最新的动态信息，让客户及时了解企业的发展状况；发布同行业的发展资讯，吸引浏览用户的眼球，从而让更多的意向客户成为直接客户。

(5) 系统管理模块

为了方便企业对系统的维护，及时方便地更新站点内的产品和信息，需要设置专门的管理平台对系统内的信息进行管理维护。例如，产品添加、修改和删除等。

在具体设计界面时，样式设计环节必不可少。作为一个网站，是向外展示信息的一个平台，因为是展示，所以外表变得十分重要。都说人的外表很重要，帅哥和美女不但能养眼，而且良好的表面印象可能会比外表普通者获取更多的机会。

同样作为互联网产品的 Web 站点，外表更是吸引浏览用户的必杀手段之一。如果一个网站乱七八糟，界面不好看，谁还有心情去光顾啊。反之，如果一个站点界面美观又大方，就会给浏览者留下一个深刻的印象，相信他就会经常光顾的。

同样，如果是客户验收，美观的界面总会带来很高的印象分。反之你功能再强大，但是界面难看，客户会在第一时间枪毙你的。

10.6 功能模块分析

视频讲解 光盘：视频\第 10 章\功能模块分析.avi

系统功能模块来源于系统架构，系统架构是一个项目的根本，项目是否合理、科学，取决于系统架构。所以在此步骤需要十分谨慎，严格根据客户的需求实现系统架构工作。

本项目将采用两层架构，这样 Web 展示层的每个页面均可直接对数据库进行访问，不用实现过多的数据库连接和操作接口，开发和调试过程简单，但日后的维护相对烦琐一些。

数据库是系统的底层，数据访问模块包含在 Web 展示层中，Web 展示层通过数据访问模块访问数据库。数据访问模块一般封装了数据库的查询、添加、更新、删除等操作，同时还为 Web 展示层提供了访问数据库的接口。

本系统将采用 ASP.NET 应用程序的两层架构模式，分为两层：Web 展示层和数据库层，如表 10-1 所示。

表 10-1 ASP.NET 两层架构模式的各层功能

名称	功能描述
Web 展示层	系统最高层，用于向用户展示各种页面，用户通过页面对系统进行操作，并实现用户各种操作信息的添加、修改和删除。与数据库直接关联，其数据访问模块封装了对数据库的所有操作，包括数据的添加、修改、删除和查询
数据库	用来存储本系统所有的数据

要从管理员界面和普通用户界面两个角度分别对功能模块加以描述。管理员界面的系统功能模块如图 10-2 所示；普通用户界面的系统功能模块如图 10-3 所示。

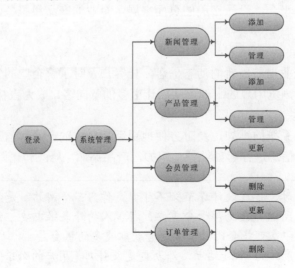

图 10-2 管理员功能模块

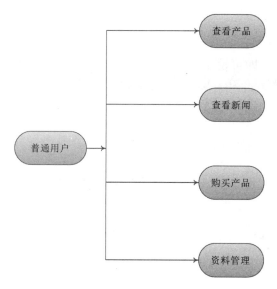

图 10-3 普通用户功能模块

10.7 数据库设计

视频讲解 光盘：视频\第 10 章\数据库设计.avi

数据库是动态 Web 的基础，Web 中的所有数据都是基于数据库的，所以数据库的设计好坏直接关系到整个项目的好坏。如果把企业的数据比作生命所必需的血液，那么数据库的设计就是应用中最重要的血小板。在本项目中，我准备使用 SQL Server 2005 数据库，命名为 EnterpriseManage。下面分别给出数据库需求分析、概念结构设计 E-R 图分析及主要数据表的结构。

10.7.1 数据库需求分析

系统信息管理需要提供信息的查询、保存、更新和删除等功能，这就要求数据库能充分满足各种数据的输入和输出。为此总结出如下需求信息：

- 一条新闻只有一个类别；
- 一个类别可以有多条新闻；
- 一个用户可以有多个订单；
- 一个产品可以有多个订单。

针对上述系统功能的分析和需求总结，设计如下数据项：

- 用户信息：用户名、密码、电话、地址、类型；
- 产品信息：产品名称、价格、产品具体信息；
- 订单信息：订单号、订购用户、订购时间、是否处理；
- 新闻信息：新闻标题、新闻内容、新闻类别、添加时间、点击次数。

10.7.2 数据库概念结构设计

根据上面的数据项，即可设计出满足用户需求的各种实体，以及它们之间的关系，为后面的逻辑结构设计做好准备。实体中包含各种具体信息，通过相互之间的关联作用形成数据流。本系统中设计的实体包括用户实体、产品实体、新闻实体、新闻类别实体和订单实体。

用户信息实体 E-R 图如图 10-4 所示。

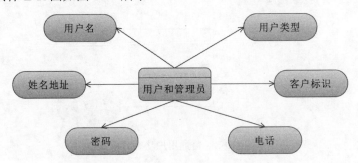

图 10-4　用户信息实体 E-R 图

产品信息实体 E-R 图如图 10-5 所示。

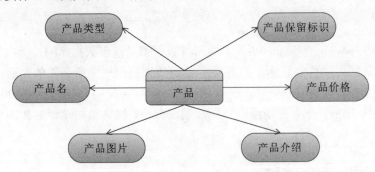

图 10-5　产品信息实体 E-R 图

新闻信息实体 E-R 图如图 10-6 所示。

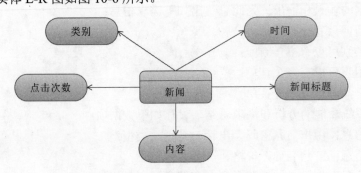

图 10-6　新闻信息实体 E-R 图

订单信息实体 E-R 图如图 10-7 所示。

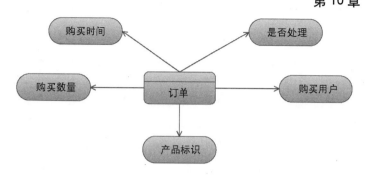

图 10-7 订单信息实体 E-R 图

10.7.3 数据表结构

用户信息表如表 10-2 所示,用来记录与用户有关的信息。

表 10-2 tUser(用户信息表)

序号	列名	数据类型	长度	字段说明
1	ID	Bigint	8	定义用户唯一 ID 号
2	userrname	Nvarchar	50	记录用户名
3	userpassword	Nvarchar	50	记录用户密码
4	username	Nvarchar	50	记录用户真实姓名
5	usertel	Nvarchar	50	记录用户电话
6	useraddr	Nvarchar	4	记录用户地址
7	userclass	Int	4	记录用户类型

产品信息表如表 10-3 所示,用来记录产品的相关信息。

表 10-3 tProduct(产品信息表)

序号	列名	数据类型	长度	字段说明
1	ID	Bigint	8	定义产品唯一 ID
2	productname	Nvarchar	50	记录产品名称
3	productprice	Int	4	记录产品价格
4	productpic	Nvarchar	50	记录产品图片
5	productinfo	Ntext	16	记录产品介绍
6	productclass	Nvarchar	50	记录产品类型
7	prolibnow	Int	4	产品的保留标识

新闻信息表如表 10-4 所示,用来记录新闻的相关信息。

表 10-4 tNews(新闻信息表)

序号	列名	数据类型	长度	字段说明
1	ID	Bigint	8	定义新闻 ID 号

续表

序 号	列 名	数据类型	长 度	字段说明
2	newstitle	Nvarchar	50	记录新闻标题
3	newscontent	Nvarchar	16	记录新闻内容
4	newsclass	Nvarchar	50	新闻类别
5	addtime	Datatime	8	添加时间
6	newsclick	Int	4	点击次数

订单信息表如表 10-5 所示，用来记录订单的相关信息。

表 10-5　tOrder(订单信息表)

序 号	列 名	数据类型	长 度	字段说明
1	ID	Bigint	8	订单 ID 号
2	opid	Int	4	订购的产品 ID
3	opnum	Int	4	订购数量
4	ouser	Nvarchar	50	订购用户
5	otime	Datatime	8	订购时间
6	isdeal	Nvarchar	50	是否处理

新闻类别表如表 10-6 所示，用来记录新闻的类别。

表 10-6　newsclass(新闻类别表)

序 号	列 名	数据类型	长 度	字段说明
1	ID	Bigint	8	定义新闻类别 ID 号
2	classname	Nvarchar	50	记录新闻类别

数据结构看似很简单，但实际上具体划分时有很大学问。我们通常分为垂直划分和水平划分两种方式。

(1) 垂直划分

垂直划分是按照功能划分，把数据分别放到不同的数据库和服务器。

当一个网站开始刚刚创建时，可能只是考虑一天只有几十或者几百个人访问，数据库可能就个 db，所有表都放一起，一台普通的服务器可能就够了，而且开发人员也非常高兴，而且信心十足，因为所有的表都在一个库中，这样查询语句就可以随便关联了，多美的一件事情。但是随着访问压力的增加，读写操作不断增加，数据库的压力绝对越来越大，可能接近极限，这时可能人们想到增加从服务器，做什么集群之类的，可是问题又来了，数据量也快速增长。

这时可以考虑对读写操作进行分离，按照业务把不同的数据放到不同的库中。其实在一个大型而且臃肿的数据库中表和表之间的数据很多是没有关系的，或者更加不需要(join)操作，理论上就应该把它们分别放到不同的服务器。例如用户的收藏夹的数据和博客的数据库就可以放到两个独立的服务器。这就叫垂直划分(其实叫什么不重要)。具体如图 10-8

所示。

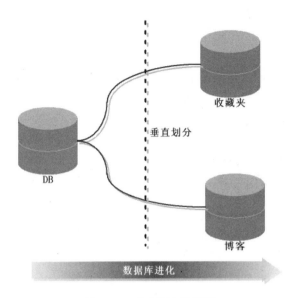

图 10-8　垂直划分演示图

(2) 水平划分

水平划分则把一个表的数据划分到不同的数据库，两个数据库的表结构一样。怎么划分，应该根据一定的规则，可以根据数据的产生者来做引导，上面的数据是由人产生的，可以根据人的 id 来划分数据库。然后再根据一定的规则，先获知数据在哪个数据库。具体如图 10-9 所示。

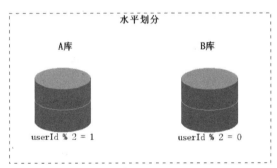

图 10-9　水平划分演示图

其实很多大型网站都经历了数据库垂直划分和水平划分的阶段。其实这可以根据经验来确定，不一定有某些硬性的规则。

10.8　具 体 编 码

视频讲解　光盘：视频\第 10 章\具体编码.avi

到目前为止，前面所有的准备工作都已经结束了，本节将详细讲解具体编码工作的实现过程。

10.8.1 编写公用模块代码

1. 数据库连接

为方便应用程序移植，为版本控制提供更好的支持，可以在应用程序配置文件(也就是 Web.Config)中设置数据库连接信息，对应的连接代码如下：

```
<connectionStrings>
    <!--设置数据库连接字符串配置-->
    <add name="ConnectionString" connectionString="Provider=SQLOLEDB.1;Password=888888;Persist Security Info=True;      User ID=sa;Initial Catalog=EnterpriseManage;      Data Source=(local);"/>
</connectionStrings>
```

应当使 uid 和 pwd 与读者计算机上的 SQL Server 登录名和密码相对应。这里的 Provider 表示当前数据库驱动是 OLE DB 方式，这和前面介绍的数据库操作方式不同。

2. 数据层类

编写一个 DataBase.cs 类，用于实现所有的数据库的操作。具体实现流程如下：

(1) 方法 DataTable ReadTable(string strSql)：此方法用来从数据库中读取数据，并返回一个 DataTable，对应代码如下：

```
//读写数据表--DataTable
public DataTable ReadTable(string strSql)
{
    DataTable dd=new DataTable();//创建一个数据表dd
    OleDbConnection dbconn=new OleDbConnection(ConnectionString);//定义新的数据连接控件并初始化
    dbconn.Open();//打开连接
    OleDbDataAdapter adapter = new OleDbDataAdapter(strSql, dbconn);//定义并初始化数据适配器
    adapter.Fill(dd);        //将数据适配器中的数据填充到数据集dd中
    dbconn.Close();//关闭连接
    return dd;
}
```

(2) 方法 DataSet Readdate(string strSql)：和 ReadTable 方法类似，将返回一个 DataSet。对应代码如下：

```
//读写数据集--DataSet
public DataSet Readdate(string strSql)
{
    DataSet dd=new DataSet();//创建一个数据集dd
    OleDbConnection dbconn=new OleDbConnection(ConnectionString);//定义新的数据连接控件并初始化
    dbconn.Open();//打开连接
    OleDbDataAdapter adapter = new OleDbDataAdapter(strSql, dbconn);//定义并初始化数据适配器
    adapter.Fill(dd);            //将数据适配器中的数据填充到数据集dd中
    dbconn.Close();//关闭连接
    return dd;
}
```

(3) 方法 DataSet GetDataSet(string strSql,string tableName)：和上述两个方法几乎一样，

只是多了个 tableName 参数，返回一个 DataSet，对应代码如下：

```
public DataSet GetDataSet(string strSql,string tableName)
{
    DataSet dataSet=new DataSet();   //定义一个数据集,用来赋值给应用程序的一个数据集
    OleDbConnection conn = new OleDbConnection(ConnectionString);
    System.Data.OleDb.OleDbDataAdapter dataAdapter=new OleDbDataAdapter(strSql,conn);
    dataAdapter.Fill(dataSet,tableName);
    return dataSet;                  //返回这个数据集
}
```

(4) 方法 OleDbDataReader readrow(string sql)：该方法执行一个 SQL 查询并返回一个 OleDbDataReader，对应代码如下：

```
public OleDbDataReader readrow(string sql)
{
    OleDbConnection Con = new OleDbConnection(ConnectionString);
    OleDbCommand objCommand =new OleDbCommand(sql,Con);
    OleDbDataReader objDataReader ;
    objCommand.Connection.Open();
    objDataReader = objCommand.ExecuteReader();
    if(objDataReader.Read())
    {
        objCommand.Dispose();
        return objDataReader;
    }
    else
    {
        objCommand.Dispose();
        return null;
    }
}
```

(5) 方法 Readstr(string strSql,int flag)：该方法用来返回一个表中一行中的一个字段的值，对应代码如下：

```
//读某一行中某一字段的值
public string Readstr(string strSql,int flag)
{
    DataSet dd=new DataSet();//创建一个数据集 dd
    string str;
    OleDbConnection dbconn=new OleDbConnection(ConnectionString);//定义新的数据连接控件并初始化
    dbconn.Open();//打开连接
    OleDbDataAdapter adapter = new OleDbDataAdapter(strSql, dbconn);//定义并初始化数据适配器
    adapter.Fill(dd);              //将数据适配器中的数据填充到数据集 dd 中
    str=dd.Tables[0].Rows[0].ItemArray[flag].ToString();
    dbconn.Close();//关闭连接
    return str;
}
```

(6) 方法 execsql(string strSql)：该方法用来执行非查询的 SQL 语句，对应代码如下：

```
public void execsql(string strSql)
{
    OleDbConnection dbconn=new OleDbConnection(ConnectionString);//定义新的数据连接控件并初始化
```

```
            OleDbCommand comm=new OleDbCommand(strSql,dbconn);//定义并初始化命令对象
            dbconn.Close();//关闭连接
            dbconn.Open();//打开连接

            comm.ExecuteNonQuery();//执行命令
            dbconn.Close();//关闭连接
        }
```

在 ASP.NET 程序项目中，连接到数据库服务器通常由几个需要较长时间的步骤组成。必须建立物理通道(例如套接字或命名管道)，必须与服务器进行初次连接，必须分析连接字符串信息，必须由服务器对连接进行身份验证等。实际上，大部分的应用程序都是使用一个或几个不同的连接配置。当应用程序的数据量和访问量大的时候，这意味着在运行应用程序的过程中，许多相同的连接将反复地被打开和关闭，从而会引起数据库服务器效率低下，甚至引发程序崩溃。为了确保应用程序的稳定和降低性能成本，可以在 ADO.NET 中使用称为连接池的优化方法来管理维护连接。

连接池可以减少创建连接的次数，定义最小连接数(固定连接数)，当用户在连接上调用 Open，连接池就会检查池中是否有可用的连接。如果发现有连接可用，会将该连接返回给调用者，而不是创建新连接。应用程序在该连接上调用 Close 时，连接池会判断该连接是否在最小连接数之内，如果"是"会将连接回收到活动连接池中而不是真正关闭连接，否则将烧毁连接。连接返回到池中之后，即可在下一个 Open 调用中重复使用。

在使用数据库连接时需要注意什么呢？必须及时关闭不用的连接池！因为每次打开连接就会建立一条到服务器数据库的通道，每台服务器的总通道数量是有限的，大概就 2000 个，而且内存占用也会比较大，虽然打开和关闭有点麻烦，但是双方面考虑之后还是用完即关闭好一点，这样可以节约内存。在本项目的公共类中，就及时关闭了不用的连接。如果不写关闭代码，一个终端退出后数据库通道还是占用的，那么很多个人连接之后就把通道占满了，这样其他用户再连就连不上了，除非重启数据库服务或重启服务器，这样就得不偿失了。

10.8.2 设计界面控件

在主界面中，分为顶部导航、左侧登录和右侧信息三部分。其中顶部导航和右侧信息就不必多说了，在此重点阐述左侧登录界面。在此模块中显示了一些基本的用户控件，最主要的就是【登录】和【注册】按钮以及供用户输入信息的文本框，实现文件是 kuserleft.ascx，对应代码如下：

```
    <tr>
        <td align="center" bgColor="#ffffff"><asp:panel id="Panel1" runat="server">
        <TABLE cellSpacing="1" cellPadding="3" width="180" border="0">
        <TR>
        <TD align="center" colSpan="2"><FONT color="#cc3399"><STRONG>::用户登
录::</STRONG></FONT></TD>
        </TR>
        <TR>
        <TD style="WIDTH: 72px" align="right" width="72">用户名：</TD>
        <TD width="127"> 
        <asp:textbox id="username" runat="server" BorderStyle="Solid" Width="90px"
CssClass="inputlog"></asp:textbox></TD>
        </TR>
```

```
    <TR>
        <TD style="WIDTH: 72px" align="right">密   码: </TD>
        <TD> 
        <asp:textbox id="userpass" runat="server" BorderStyle="Solid" Width="90px"
CssClass="inputlog" TextMode="Password"></asp:textbox></TD>
    </TR>
    <TR>
        <TD colSpan="2"> 
        <asp:button id="Button1" runat="server" BorderStyle="Solid" Width="72px" Text="
登录" onclick="Button1_Click"></asp:button><FONT face="宋体"> </FONT>
        <asp:button id="Button2" runat="server" BorderStyle="Solid" Width="72px" Text="
注册" onclick="Button2_Click"></asp:button></TD>
    </TR>
</TABLE>
</asp:panel><asp:panel id="Panel2" runat="server">
<TABLE cellSpacing="1" cellPadding="3" width="180" border="0">
    <TR>
        <TD align="center"><FONT color="#cc3399"><STRONG>::用户中
心::</STRONG></FONT></TD>
    </TR>
    <TR>
        <TD align="center">欢迎您:
        <asp:Label id="Label1" runat="server">Label</asp:Label>, <BR>
        <FONT face="宋体" color="#cc3399">--------------------</FONT><BR>
        您可以进行以下操作: </TD>
    </TR>
    <TR>
        <TD align="center">
        <TABLE cellSpacing="1" cellPadding="5" width="80%" border="0">
    <TR>
        <TD><FONT color="#cc3399">》<A href="userinfoedit.aspx">修改注册资料
</A></FONT></TD>
    </TR>
    <TR>
        <TD><FONT color="#cc3399">》<A href="userorderlist.aspx">我的订单
</A></FONT></TD>
    </TR>
    <TR>
        <TD><FONT color="#cc3399">》<A href="kprolist.aspx">断续订购</A></FONT></TD>
    </TR>
    <TR>
        <TD><FONT color="#cc3399">》<A href="contraller.aspx?cname=logout">退出
</A></FONT></TD>
    </TR>
```

接下来,在文件 kuserleft.ascx.cs 中实现处理,显示不同的提示信息。实现过程如下。
(1) 页面初始化,判断用户是否登录,对应代码如下:

```
protected void Page_Load(object sender, System.EventArgs e)
{
    // 在此处放置用户代码以初始化页面
    Panel1.Visible = false;
    Panel2.Visible = false;
    if (Session["name"] != null)
    {
        Label1.Text = Session["name"].ToString();
        Panel2.Visible = true;
    }
    else
    {
```

```
            Panel1.Visible = true;
        }
    }
```

(2) 定义 Button1_Click 按钮事件，单击中【登录】按钮时触发，用于验证用户输入的用户名和密码是否正确。对应代码如下：

```
protected void Button1_Click(object sender, System.EventArgs e)
{
    string strsql;
    strsql = "select * from tUser where username ='" + username.Text + "' and userpassword = '" + userpass.Text + "'";
    DataSet dataSet = new DataSet();
    dataSet=database.GetDataSet(strsql,"usernamelist");
    if(dataSet.Tables["usernamelist"].Rows.Count == 0)
    {
        Response.Write("<script>alert(\"用户名不存在或密码错误,请确认后再登录!\");</script>");
    }
    else
    {
        Session["name"] = username.Text;
        Response.Write("<script>alert(\"登录成功! \");</script>");
        Label1.Text = "<b>" + Session["name"].ToString() + "</b>";
        Panel1.Visible = false;
        Panel2.Visible = true;
    }
}
```

(3) 定义 Button2_Click 事件，将想要注册的用户连接到注册新用户的页面。对应代码如下：

```
protected void Button2_Click(object sender, System.EventArgs e)
{
    Response.Redirect("userreg.aspx");
}
```

10.8.3 用户登录模块

管理员登录界面效果如图 10-10 所示。

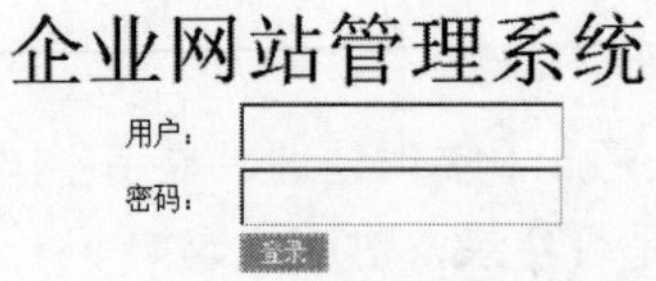

企业网站管理系统

用户：
密码：
登录

图 10-10 管理员登录界面效果

管理员登录界面的实现比较简单，用户登录时只是触发了一个事件，此事件用来判断该用户是否合法。实现文件是 Admin_login.aspx 和 Admin_login.aspx.cs，Admin_login.aspx.cs 的实现代码如下：

```
protected void Button1_Click(object sender, System.EventArgs e)
{
    string strsql = "select * from tUser where username = '" + adminname.Text + "' and userpassword = '"+ adminpass.Text +"' and userclass = 2";
```

```
            DataTable dt = new DataTable();
            dt = database.ReadTable(strsql);
            if(dt.Rows.Count>0)
            {
                Session["admin"] = adminname.Text;
                Response.Redirect("Admin_index.aspx");
            }
            else
            {
                adminpass.Text = "";
            }
```

10.8.4 新闻管理模块

1. 添加新闻

来到后台管理中心后，单击【新闻添加】链接后可以进入添加表单界面，实现新闻信息的添加，如图 10-11 所示。

图 10-11 新闻添加表单界面效果

(1) 文件 Admin_addnews.aspx：是一个添加表单，对应的实现代码如下：

```
        <form id="Form1" method="post" runat="server">
            <asp:TextBox id="newstitle" style="Z-INDEX: 107; LEFT: 152px; POSITION: absolute; TOP: 80px"
                runat="server" Width="288px"></asp:TextBox>
            <asp:TextBox id="newscon" style="Z-INDEX: 101; LEFT: 152px; POSITION: absolute; TOP: 144px" runat="server"
                Width="288px" TextMode="MultiLine" Height="160px"></asp:TextBox>
            <asp:Button id="Button1" style="Z-INDEX: 102; LEFT: 256px; POSITION: absolute; TOP: 328px" runat="server"
                Text="发布" onclick="Button1_Click"></asp:Button>
            <asp:Label id="Label1" style="Z-INDEX: 104; LEFT: 96px; POSITION: absolute; TOP: 80px" runat="server">标题</asp:Label>
            <asp:Label id="Label2" style="Z-INDEX: 105; LEFT: 96px; POSITION: absolute; TOP: 112px" runat="server">类别</asp:Label>
            <asp:Label id="Label3" style="Z-INDEX: 106; LEFT: 96px; POSITION: absolute; TOP: 144px" runat="server">内容</asp:Label>
            <asp:DropDownList id="newsclass" style="Z-INDEX: 108; LEFT: 152px; POSITION: absolute; TOP: 112px"
                runat="server"></asp:DropDownList>
        </form>
```

(2) 文件 Admin_addnews.aspx.cs：获取添加表单的信息，将信息添加到系统数据库中。对应的实现代码如下：

```csharp
protected void Page_Load(object sender, System.EventArgs e)
{
    if (Session["admin"] == null)
    {
        //Response.Write("<script>alert(\"您还没有登录,不能进行接下来的操作,请登录后断续! \");</script>");
        Response.Redirect("contraller.aspx?cname=noadmin");
    }// 在此处放置用户代码以初始化页面
    if(!Page.IsPostBack)
    {
        DataTable dt = new DataTable();
        string strsql = "select * from newsclass";
        dt = database.ReadTable(strsql);
        newsclass.DataSource = dt;
        newsclass.DataTextField = "classname";
        newsclass.DataValueField = "classname";
        newsclass.DataBind();

    }
}

protected void Button1_Click(object sender, System.EventArgs e)
{
    string strsql;
    strsql = "insert into tNews (newstitle,newscontent,newsclass,addtime,newsclick) values ('"+ newstitle.Text +"','"+ newscon.Text +"','" + newsclass.SelectedValue + "','"+ System.DateTime.Now.ToString() +"',0)";
    database.execsql(strsql);
    Response.Write("<script>alert(\"新闻发表成功! \");</script>");
    newscon.Text = "";
    newstitle.Text = "";
}
```

（3）文件 contraller.aspx.cs：判断用户是否登录，确保只有是合法用户才能操作。对应代码如下：

```csharp
protected void Page_Load(object sender, System.EventArgs e)
{
    if (Request.Params["cname"] != null)
    {
        string usercom = Request.Params["cname"];

        if (usercom == "logout")
        {
            Session.Remove("name");
            Response.Redirect("Index.aspx");
        }
        if (usercom == "noadmin")
        {
            Response.Write("请登录后操作! <a href=Admin_login.aspx target=_parent><font color=#ff0000>管理登录</font></a>");
            //Response.Redirect("Admin_login.aspx");
        }
        if (usercom == "adminout")
        {
            Session.Remove("admin");
            Response.Redirect("Admin_login.aspx");
        }
    }
}
```

2. 新闻列表

此模块的功能是查询系统内的新闻信息，将新闻以列表样式显示出来。效果如图 10-12 所示。

图 10-12　新闻列表界面效果

（1）Admin_newsman.aspx：通过 DataGird 控件实现新闻显示，在 GridView 控件中添加一个删除列，用来链接到新闻删除页面。对应代码如下：

```
<asp:GridView id="DataGrid2" runat="server" Width="704px"
AutoGenerateColumns="False" BorderWidth="0"  Height="160px">
    <Columns>
        <asp:TemplateField>
            <ItemTemplate>
                <TABLE cellSpacing="1" cellPadding="3" width="98%" border="0">
                    <TR>
                        <TD class="tdbg">·<A href='kshownews.aspx?id=<%# Eval("ID")%>' target=_blank>
                            <%# Eval("newstitle")%>
                            ... </A>
                        </TD>
                        <TD align="right" width="100" class="tdbg">[<%# Eval( "newsclass")%>]</TD>
                        <TD align="right" width="50" class="tdbg">[<%# Eval( "newsclick")%>]</TD>
                        <TD align="right" width="170" class="tdbg"><%# Eval("addtime")%></TD>
                        <TD align="right" width="30" class="tdbg"><A href='Admin_newsdel.aspx?newsid=<%# Eval("ID")%>'>删除</A></TD>
                    </TR>
                </TABLE>
            </ItemTemplate>
        </asp:TemplateField>
    </Columns>
</asp:GridView>
```

（2）文件 Admin_newsman.aspx.cs：对数据库进行查询，并将读取的数据集填充到 dt 数据集，再绑定到控件。对应代码如下：

```
protected void Page_Load(object sender, System.EventArgs e)
```

```
        {
            // 在此处放置用户代码以初始化页面

            if (Session["admin"] == null)
            {
                //Response.Write("<script>alert(\"您还没有登录，不能进行接下来的操作，请
登录后断续！\");</script>");
                Response.Redirect("contraller.aspx?cname=noadmin");
            }
            string strsql;
            strsql = "SELECT * FROM tNews order by ID desc ";
            DataTable dt = database.ReadTable(strsql);
            DataGrid2.DataSource = dt;
            DataGrid2.DataBind();
        }
```

（3）文件 Admin_newsdel.aspx.cs：删除指定编号的新闻信息，对应代码如下：

```
        protected void Page_Load(object sender, System.EventArgs e)
        {
            if (Session["admin"] == null)
            {
                //Response.Write("<script>alert(\"您还没有登录，不能进行接下来的操作，请
登录后断续！\");</script>");
                Response.Redirect("contraller.aspx?cname=noadmin");
            }
            if (Request.Params["newsid"] != null)
            {
                string strsql = "delete from tNews where ID=" +
Request.Params["newsid"].ToString();
                database.execsql(strsql);
                Response.Redirect("Admin_newsman.aspx");
            }
            // 在此处放置用户代码以初始化页面
        }
```

10.8.5 产品管理模块

1．添加产品

单击【新闻添加】链接后可以进入添加表单界面，实现产品信息的添加，如图 10-13 所示。

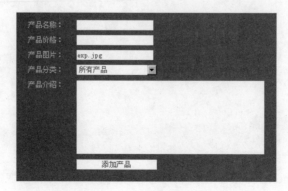

图 10-13 产品添加表单界面

(1) 文件 Admin_addpro.aspx：是一个添加表单，对应的实现代码如下：

```
        <form id="Form1" method="post" runat="server">
            <FONT face="宋体">
                <asp:Label id="Label1" style="Z-INDEX: 101; LEFT: 72px; POSITION: absolute; TOP: 32px" runat="server">产品名称: </asp:Label>
                <asp:Label id="Label2" style="Z-INDEX: 102; LEFT: 72px; POSITION: absolute; TOP: 56px" runat="server">产品价格: </asp:Label>
                <asp:Label id="Label3" style="Z-INDEX: 103; LEFT: 72px; POSITION: absolute; TOP: 80px" runat="server">产品图片: </asp:Label>
                <asp:TextBox id="TextBox1" style="Z-INDEX: 104; LEFT: 152px; POSITION: absolute; TOP: 32px" runat="server"></asp:TextBox>
                <asp:TextBox id="TextBox2" style="Z-INDEX: 105; LEFT: 152px; POSITION: absolute; TOP: 56px" runat="server"></asp:TextBox>
                <asp:TextBox id="TextBox3" style="Z-INDEX: 106; LEFT: 152px; POSITION: absolute; TOP: 80px" runat="server">exp.jpg</asp:TextBox>
                <asp:TextBox id="TextBox5" style="Z-INDEX: 108; LEFT: 152px; POSITION: absolute; TOP: 128px"
                    runat="server" TextMode="MultiLine" Height="120px" Width="312px"></asp:TextBox>
                <asp:Label id="Label4" style="Z-INDEX: 109; LEFT: 72px; POSITION: absolute; TOP: 104px" runat="server">产品分类: </asp:Label>
                <asp:Label id="Label5" style="Z-INDEX: 110; LEFT: 72px; POSITION: absolute; TOP: 128px" runat="server">产品介绍: </asp:Label>
                <asp:Button id="Button1" style="Z-INDEX: 111; LEFT: 152px; POSITION: absolute; TOP: 256px" runat="server"
                    Width="136px" Text="添加产品" onclick="Button1_Click"></asp:Button>
                <asp:DropDownList id="DropDownList1" style="Z-INDEX: 112; LEFT: 152px; POSITION: absolute; TOP: 104px"
                    runat="server" Width="136px"></asp:DropDownList></FONT>
        </form>
```

(2) 文件 Admin_addpro.aspx.cs：将表单中的数据添加到系统库中，实现产品的添加处理。对应代码如下：

```
    public partial class Admin_addpro : System.Web.UI.Page
    {
        DataBase database = new DataBase();

        protected void Page_Load(object sender, System.EventArgs e)
        {
            if (Session["admin"] == null)
            {
                //Response.Write("<script>alert(\"您还没有登录,不能进行接下来的操作,请登录后断续!\");</script>");
                Response.Redirect("contraller.aspx?cname=noadmin");
            }// 在此处放置用户代码以初始化页面
            if(!Page.IsPostBack)
            {
                DataTable dt = new DataTable();
                string strsql = "select * from tClass";
                dt = database.ReadTable(strsql);
                DropDownList1.DataSource = dt;
                DropDownList1.DataTextField = "className";
                DropDownList1.DataValueField = "className";
                DropDownList1.DataBind();

            }
        }
```

2. 产品列表

此模块的功能是查询系统内的产品信息，将产品以列表样式显示出来。效果如图 10-14 所示。

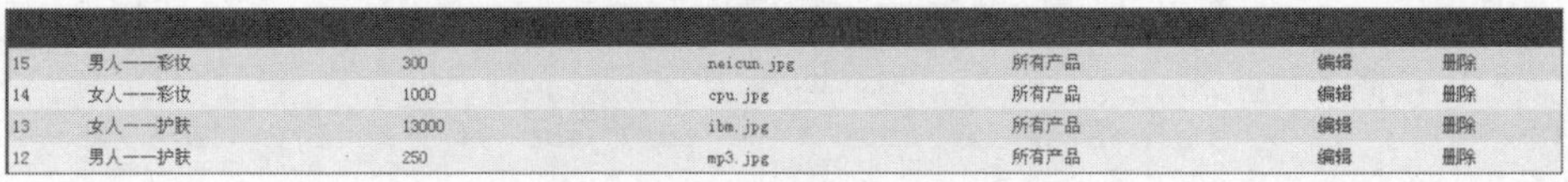

15	男人——彩妆	300	neicun.jpg	所有产品	编辑	删除
14	女人——彩妆	1000	cpu.jpg	所有产品	编辑	删除
13	女人——护肤	13000	ibm.jpg	所有产品	编辑	删除
12	男人——护肤	250	mp3.jpg	所有产品	编辑	删除

图 10-14　产品列表界面

(1) 文件 Admin_proman.aspx：通过 DataGird 控件实现新闻显示，在 GridView 控件中添加“删除”和“编辑”列，分别实现产品删除和更新。对应代码如下：

```
<form id="Form1" method="post" runat="server">
            <FONT face="宋体">
    <asp:GridView id="GridView1" runat="server" Width="100%"
   AutoGenerateColumns="False" BorderColor="#E7E7FF" DataKeyNames="ID"
        BorderStyle="None" BorderWidth="1px" BackColor="White" CellPadding="3"
   GridLines="Horizontal" onrowdeleting="GridView1_RowDeleting"
   onrowcancelingedit="GridView1_RowCancelingEdit"
   onrowediting="GridView1_RowEditing" onrowupdating="GridView1_RowUpdating">
        <FooterStyle ForeColor="#4A3C8C" BackColor="#B5C7DE"></FooterStyle>
        <SelectedRowStyle Font-Bold="True" ForeColor="#F7F7F7"
BackColor="#738A9C"></SelectedRowStyle>
        <AlternatingRowStyle BackColor="#F7F7F7"></AlternatingRowStyle>
        <RowStyle ForeColor="#4A3C8C" BackColor="#E7E7FF"></RowStyle>
        <HeaderStyle Font-Bold="True" ForeColor="Red"
BackColor="#4A3C8C"></HeaderStyle>
        <Columns>
            <asp:BoundField  DataField="ID" ReadOnly="True"></asp:BoundField>
            <asp:BoundField DataField="productname" HeaderText="产品名称
"></asp:BoundField>
            <asp:BoundField DataField="productprice" HeaderText="产品价格
"></asp:BoundField>
            <asp:BoundField DataField="productpic" HeaderText="产品图片
"></asp:BoundField>
            <asp:BoundField DataField="productclass" ReadOnly="True" HeaderText="产品
类别"></asp:BoundField>
            <asp:CommandField ShowEditButton="True" />
            <asp:ButtonField Text="删除"  CommandName="Delete"></asp:ButtonField>
        </Columns>
        <PagerSettings Mode="Numeric" />
    </asp:GridView>
</FONT>
    </form>
```

(2) 文件 Admin_proman.aspx.cs：当页面加载时会运行 Page_Load 中的代码，将数据读出来，然后绑定到 GridView 控件，这样便实现了产品的列表显示。然后分别实现更新处理和删除处理。对应代码如下：

```
    public partial class Admin_proman : System.Web.UI.Page
    {
      //创建数据操作对象
        DataBase database = new DataBase();
        protected void Page_Load(object sender, System.EventArgs e)
        {
         //判断是否是管理员
```

```csharp
            if (Session["admin"] == null)
            {
                //Response.Write("<script>alert(\"您还没有登录，不能进行接下来的操作，请登录后断续！\");</script>");
                Response.Redirect("contraller.aspx?cname=noadmin");
            }
            if(!IsPostBack)
            {
                string strsql;
                strsql = "SELECT * FROM tProduct order by ID desc ";
            //获取所有的产品
                DataTable dt = database.ReadTable(strsql);
                GridView1.DataSource = dt;
                GridView1.DataBind();
            }
        }
protected void GridView1_RowDeleting(object sender, GridViewDeleteEventArgs e)
{
    string myid;
    string strsql = "";
    //获取当前行的主键
    myid = GridView1.Rows[e.RowIndex].Cells[0].Text;
    //删除选择的产品
    strsql = "delete from tProduct where ID=" + myid;
    database.execsql(strsql);
    //重新绑定数据
    strsql = "SELECT * FROM tProduct order by ID desc";
    DataTable dt = database.ReadTable(strsql);
    GridView1.DataSource = dt;
    GridView1.DataBind();
}
protected void GridView1_RowUpdating(object sender, GridViewUpdateEventArgs e)
{
    string id;
    string strsql;
    //获取要更新数据的主键
    id = GridView1.Rows[e.RowIndex].Cells[0].Text;
    //获取更新后的数据
    TextBox tb = (TextBox)GridView1.Rows[e.RowIndex].Cells[1].Controls[0];
    strsql = "update tProduct set productname='"
        + ((TextBox)(GridView1.Rows[e.RowIndex].Cells[1].Controls[0])).Text
        + "',productprice='" +
((TextBox)(GridView1.Rows[e.RowIndex].Cells[2].Controls[0])).Text
        + "',productpic='"
        + ((TextBox)(GridView1.Rows[e.RowIndex].Cells[3].Controls[0])).Text
        + "' where ID=" + id;
    database.execsql(strsql);
    strsql = "SELECT * FROM tProduct order by ID desc";
    //取消编辑状态
    GridView1.EditIndex = -1;
    //重新绑定数据
    DataTable dt = database.ReadTable(strsql);
    GridView1.DataSource = dt;
    GridView1.DataBind();
}
protected void GridView1_RowCancelingEdit(object sender, GridViewCancelEditEventArgs e)
{
    //取消编辑状态
    GridView1.EditIndex = -1;
    //获取所有的数据
    string strsql;
    strsql = "SELECT * FROM tProduct order by ID desc";
```

```
        DataTable dt = database.ReadTable(strsql);
        //绑定到GridView
        GridView1.DataSource = dt;
        GridView1.DataBind();
}
protected void GridView1_RowEditing(object sender, GridViewEditEventArgs e)
{
        //获取当前编辑的行号
        GridView1.EditIndex = e.NewEditIndex;
        //重新绑定数据
        string strsql;
        strsql = "SELECT * FROM tProduct order by ID desc";
        DataTable dt = database.ReadTable(strsql);
        GridView1.DataSource = dt;
        GridView1.DataBind();
}
```

10.8.6 用户管理模块

1. 文件 Admin_userman.aspx

单击【用户管理】链接后可以进入用户管理界面，实现对系统内用户的管理，如图 10-15 所示。

图 10-15 用户管理界面

文件 Admin_userman.aspx 是一个静态页面，用于列表显示系统内的用户信息。对应的实现代码如下：

```
<form id="Form1" method="post" runat="server">
    <FONT face="宋体">
    <asp:GridView id="GridView1" runat="server" Width="100%"
AutoGenerateColumns="False" BorderColor="#E7E7FF"
        BorderStyle="None" BorderWidth="1px" BackColor="White" DataKeyNames="ID"
CellPadding="3" GridLines="Horizontal"
onrowcancelingedit="GridView1_RowCancelingEdit"
onrowdeleting="GridView1_RowDeleting" onrowediting="GridView1_RowEditing"
onrowupdating="GridView1_RowUpdating">
        <SelectedRowStyle Font-Bold="True" ForeColor="#F7F7F7"
BackColor="#738A9C"></SelectedRowStyle>
        <AlternatingRowStyle BackColor="#F7F7F7"></AlternatingRowStyle>
        <RowStyle ForeColor="#4A3C8C" BackColor="#E7E7FF"></RowStyle>
        <HeaderStyle Font-Bold="True" ForeColor="Red"
BackColor="#4A3C8C"></HeaderStyle>
        <FooterStyle ForeColor="#4A3C8C" BackColor="#B5C7DE"></FooterStyle>
        <Columns>
            <asp:BoundField DataField="ID" ReadOnly="True"
HeaderText="ID"></asp:BoundField>
            <asp:BoundField DataField="username" HeaderText="用户名
"></asp:BoundField>
            <asp:BoundField DataField="userpassword" HeaderText="密码
"></asp:BoundField>
            <asp:BoundField DataField="userrname" ReadOnly="True" HeaderText="真名
"></asp:BoundField>
```

```
            <asp:BoundField DataField="usertel" ReadOnly="True" HeaderText="电话
"></asp:BoundField>
            <asp:BoundField DataField="useraddr" ReadOnly="True" HeaderText="地址
"></asp:BoundField>
            <asp:BoundField DataField="userclass" HeaderText="权限"></asp:BoundField>
    <asp:CommandField ShowEditButton="True" />
    <asp:ButtonField Text="删除" CommandName="Delete"></asp:ButtonField>
    </Columns>
    <PagerSettings Mode="Numeric" />
    </asp:GridView>
    </FONT>
```

2. 文件 Admin_userman.aspx.cs

文件 Admin_userman.aspx.cs 是一个处理文件，实现流程如下：

(1) 登录验证处理：登录后则查询并列表显示系统内的用户信息。对应代码如下：

```
public partial class Admin_userman : System.Web.UI.Page
{
    DataBase database = new DataBase();
    protected void Page_Load(object sender, System.EventArgs e)
    {
        // 在此处放置用户代码以初始化页面
        if (Session["admin"] == null)
        {
            //Response.Write("<script>alert(\"您还没有登录，不能进行接下来的操作，请
登录后断续！\");</script>");
            Response.Redirect("contraller.aspx?cname=noadmin");
        }
        if(!Page.IsPostBack)
        {

            string strsql;
            strsql = "SELECT * FROM tUser order by ID desc ";
            DataTable dt = database.ReadTable(strsql);
            GridView1.DataSource = dt;
            GridView1.DataBind();
        }
    }
```

(2) 退出编辑状态：当用户不想更新所做的修改时，可以单击【取消】按钮，对应代码如下：

```
protected void GridView1_RowCancelingEdit(object sender, GridViewCancelEditEventArgs e)
{
    //取消编辑状态
    GridView1.EditIndex = -1;
    //重新绑定数据
    string strsql;
    strsql= "SELECT * FROM tUser order by ID desc ";
    DataTable dt = database.ReadTable(strsql);
    GridView1.DataSource = dt;
    GridView1.DataBind();
}
```

(3) 删除信息：删除不会使控件处于编辑状态，所以只需要在这里得到用户单击的控件的某一项，然后用这一项和数据库进行关联，即可进行删除操作。删除完毕后不要忘记再读出数据，重新绑定到控件上。对应代码如下：

```csharp
protected void GridView1_RowDeleting(object sender, GridViewDeleteEventArgs e)
{
    string myid;
    string strsql = "";
    //获取当前行的主键
    myid = GridView1.Rows[e.RowIndex].Cells[0].Text;
    //删除数据
    strsql = "delete * fromt tUser where ID=" + myid;
    database.execsql(strsql);
    //重新读取并绑定
    strsql = "SELECT * FROM tUser order by ID desc ";
    DataTable dt = database.ReadTable(strsql);
    GridView1.DataSource = dt;
    GridView1.DataBind();
}
```

(4) 编辑信息：当单击【编辑】按钮时，需要先获取管理员所单击按钮在网格中的索引，然后将其赋值给 GridView 的 EditIndex 属性，再读取数据库，将数据绑定到 GridView。对应代码如下：

```csharp
protected void GridView1_RowEditing(object sender, GridViewEditEventArgs e)
{
    //获取编辑的行号
    GridView1.EditIndex = e.NewEditIndex;
    //重新绑定数据
    string strsql;
    strsql = "SELECT * FROM tUser order by ID desc ";
    DataTable dt = database.ReadTable(strsql);
    GridView1.DataSource = dt;
    GridView1.DataBind();
}
```

(5) 更新信息：单击【更新】按钮会触发 GridView1_RowUpdating 事件。在这个事件中，先退出编辑状态，然后根据管理员在 TextBox 中输入的数据更新数据库的内容，再次读取数据库中的内容，并绑定到 GridView。对应代码如下：

```csharp
protected void GridView1_RowUpdating(object sender, GridViewUpdateEventArgs e)
{
    string id;
    string strsql;
    //定义三个TextBox控件
    TextBox username, userpass, useracc;
    id = GridView1.Rows[e.RowIndex].Cells[0].Text;
    username = (TextBox)(GridView1.Rows[e.RowIndex].Cells[1].Controls[0]);
    userpass = (TextBox)(GridView1.Rows[e.RowIndex].Cells[2].Controls[0]);
    useracc = (TextBox)(GridView1.Rows[e.RowIndex].Cells[6].Controls[0]);
    //更新数据库的数据
    //TextBox3.Text=tb.Text;
    strsql = "update tUser set username='" + username.Text + "',userpassword='"
        + userpass.Text + "',userclass=" + useracc.Text + " where ID=" + id;
    //Response.Write(strsql);
    database.execsql(strsql);
    //重新绑定GridView
    strsql = "SELECT * FROM tUser order by ID desc ";
    GridView1.EditIndex = -1;
    DataTable dt = database.ReadTable(strsql);
    GridView1.DataSource = dt;
    GridView1.DataBind();
}
```

> **注意**：后面的订单处理和购物车处理在本书前面的内容中已经进行了详细介绍，为节省篇幅，在此将不再讲解，具体内容读者也可以参阅配书光盘中的视频教学。

在 ASP.NET 程序中，当页面被提交时请求的第一个方法永远是构造函数。可以在构造函数里面初始一些自定义属性或对象，不过这时候因为页面还没有被完全初始化，所以多少会有些限制。特别需要使用 HttpContext 对象，当前可以使用的对象包括 QueryString、Form 以及 Cookies 集合，还有 Cache 对象。注意：在构造函数里是不允许使用 Session 的。

下一个将执行的方法是 AddParsedSubObject 方法，这个方法将添加所有独立的控件并把页面组成一个控件集合树，这个方法经常被一些高级的页面模板解决方案(Page Template Solutions)重写，以便添加页面内容到页面模板(Page Template)中一些特殊的控件中。这个方法递归应用到所有的页面控件及相应的每个子控件，所有的控件都是在这个方法中开始最早的初始化。

页面类中下一个将执行的方法是 DeterminePostBackMode。这个方法允许您修改 IsPostBack 的值及相关的事件。如果您需要从数据库中加载 ViewState，这个方法将特别有用，因为 ViewState 只有在 IsPostBack 为真的情况下才会进行恢复。返回空，将会导致强制执行非回传，返回 Request.Form 则强制执行一个回传。除非在特殊情况下，否则并不建议去操作它，因为它还会影响其他的事件。

下一个将要执行的方法是 OnInit 方法，一般这是第一个真正被使用的方法。这个方法触发时，所有页面定义中的控件执行初始化，这意味着所有在页面中定义的值应用到相应的控件上。不过，ViewState 和传回的值还不会应用到控件上，因此，任何被代码或用户改变的值还没有被恢复到控件上。

10.9 项 目 调 试

视频讲解　光盘：视频\第 10 章\项目调试.avi

编译运行后的主界面如图 10-16 所示。

图 10-16　主界面效果图

公司新闻界面如图 10-17 所示。

图 10-17　公司新闻界面效果图

产品界面如图 10-18 所示。

图 10-18　产品界面效果图

后台主界面如图 10-19 所示。

图 10-19　后台主界面效果图

第 11 章　在线考试系统

　　网络化在线考试作为网上远程教育的重要组成部分和发展分支，已经在一些发达国家得到蓬勃发展，人们选学课程和考试都是通过网络进行。特别是 Internet 业务的普及，构筑高性能、低成本的计算机网络化在线考试，从技术条件和经济条件上已经成熟。例如，在美国，一些著名的考试就采用了网上在线考试的形式，包括 Microsoft 公司的 MCSE(微软系统工程师认证考试)、GMAT(工商管理硕士入学考试)、托福考试、GRE(美国研究生入学考试)等，并已在全球应用。本章将向读者介绍开发一个在线考试系统的具体过程。

赠送的超值电子书

101. EditorZone 控件
102. 配置 WebPart 环境
103. 创建、管理 WebPart 页面
104. 管理 WebPart 页面
105. WebPart 页面间的通信
106. 自定义 WebPart
107. 在实际开发中使用 WebPart 控件的方式
108. Web Part 的定制功能推动了 ASP.NET 的发展
109. ASP.NET 中几种 Webpart 部署的方式
110. ASP.NET 缓存介绍

11.1 算法是程序的灵魂

视频讲解　光盘：视频\第 11 章\算法是程序的灵魂.avi

程序的灵魂是算法，只有掌握了算法，才能轻松地驾驭程序。原来编程不是按部就班，正确的做法是选择一种算法去实现功能，这个算法正是解决问题的有力武器，也是对一个项目"下手"的第一步。算法能够告诉我在面对一个应用时用什么思路去实现，有了这个思路后，我们的编码工作只需遵循这个思路去实现即可。算法是一个程序的编码思路，是我们程序员解决问题的指路明灯。本节将和广大读者一起探讨算法的奥秘。

11.1.1 何谓算法

算法的英文名称是 Algorithm，这个词在 1957 年之前在 Webster's New World Dictionary(《韦氏新世界词典》)中还未出现，只能找到带有它的古代含义的较老形式的"Algorism"(算术)，是指用阿拉伯数字进行算术运算的过程。在中世纪时，珠算家用算盘进行计算，而算术家用算术进行计算。

在一本早期的德文数学词典 Vollstandiges Mathematisches Lexicon (《数学大全辞典》)中给出了 Algorithmus(算法)的详细定义：

"在这个名称之下，组合了 4 种类型的算术计算的概念，即加法、乘法、减法、除法"。拉丁短语 Algorithmus Infinitesimalis (无限小方法)，在当时就用来表示 Leibnitz(莱布尼茨)所发明的以无限小量进行计算的微积分方法。

在 1950 年，Algorithm 一词经常同欧几里得算法(Euclid's Algorithm)联系在一起。这个算法就是在欧几里得的《几何原本》中所阐述的求两个数的最大公约数的过程，即辗转相除法。从此以后，Algorithm 从这一叫法一直沿用至今。

长期以来，算法得到了长足的发展。根据经验和发展结论得出，算法应该具有如下 5 个重要的特征。

(1) 有穷性：保证执行有限步骤之后结束；
(2) 确切性：每一步骤都有确切的定义；
(3) 输入：每个算法有零个或多个输入，以刻画运算对象的初始情况，所谓零个输入是指算法本身定除了初始条件；
(4) 输出：每个算法有一个或多个输出，显示对输入数据加工后的结果，没有输出的算法是毫无意义的；
(5) 可行性：在原则上算法能够精确地运行，进行有限次运算后即可完成一种运算。

为了理解什么是算法，先看一道有趣的智力题。

"烧水泡茶"有如下 5 道工序：

①烧开水　②洗茶壶　③洗茶杯　④拿茶叶　⑤泡茶

烧开水、洗茶壶、洗茶杯，拿茶叶是泡茶的前提。其中烧开水需要 15 分钟，洗茶壶需要 2 分钟，洗茶杯需要 1 分钟，拿茶叶需要 1 分钟，泡茶需要 1 分钟。

下面是两种"烧水泡茶"的方法。

方法 1：

第一步：烧水；

第二步：水烧开后，洗刷茶具，拿茶叶；

第三步：沏茶。

方法 2：

第一步：烧水；

第二步：烧水过程中，洗刷茶具，拿茶叶；

第三步：水烧开后沏茶。

问题：比较这两个方法有何不同，并分析哪个方法更优？

上述两个方法都能最终实现"烧水泡茶"的功能，每种方法的三个步骤就是一种"算法"。算法是指在有限步骤内求解某一问题所使用的一组定义明确的规则。通俗点说，就是计算机解题的过程。在这个过程中，无论是形成解题思路还是编写程序，都是在实施某种算法。前者是推理实现的算法，后者是操作实现的算法。

11.1.2 赢在技术沉淀——计算机中的算法

众所周知，做任何事情都需要一定的步骤。计算机虽然很神奇，能够帮助我们解决很多问题。但是计算机在解决问题时，也需要遵循一定的步骤。我们在编写程序实现某个项目功能的时候，也需要遵循一定的算法。算法的地位非常重要，重要到号称是程序的"灵魂"。

计算机中算法可分为如下两大类。

- 数值运算算法：求解数值。
- 非数值运算算法：事务管理领域。

假设有一个下面的运算：

$1 \times 2 \times 3 \times 4 \times 5$

为了计算上述运算结果，最普通的做法是按照如下步骤进行计算。

第 1 步：先计算 1×2，得到结果 2。

第 2 步：将步骤 1 得到的乘积 2 乘以 3，计算得到结果 6。

第 3 步：将 6 再乘以 4，计算得 24。

第 4 步：将 24 再乘以 5，计算得 120。

最终计算结果是 240，上述第 1 步到第 4 步的计算过程就是一个算法。如果我们想用编程的方式来解决上述运算，通常会使用如下算法来实现。

第 1 步：假设定义 t=1。

第 2 步：使 i=2。

第 3 步：使 t×i，乘积仍然放在变量 t 中，可表示为 t×i→t。

第 4 步：使 i 的值+1，即 i+1→i。

第 5 步：如果 i≤5，返回重新执行步骤 3 以及其后的步骤 4 和步骤 5；否则，算法结束。

由此可见，上述算法方式就是数学中的"n!"公式。既然有了公式了，在具体编码的时候，只需使用这个公式就可以解决上述运算的问题。

再看下面的一个数学应用问题。

假设有 80 个学生，要求打印输出成绩在 60 分以上的学生。

在此设用 n 来表示学生学号，n_i 表示第 i 个学生学号；cheng 表示学生成绩，$cheng_i$ 表示第 i 个学生成绩。根据题目要求，我们可以写出如下算法。

第 1 步：1→i。

第 2 步：如果 $cheng_i$≥60，则打印输出 n_i 和 $cheng_i$，否则不打印输出。

第 3 步：i+1→i。

第 4 步：如果 i≤80，返回步骤 2，否则，结束。

由此可见，算法在计算机中的地位十分重要。所以在面对一个项目应用时，一定不要立即埋头苦干地编写代码，而要仔细思考解决这个问题的算法是什么。想出算法之后，以这个算法为指导思想来编码。

11.1.3 赢在技术沉淀——表示算法的方法

算法的表示方法即算法的描述和外在表现，在 2.3.2 节中我们演示的算法都是通过语言描述来体现的。其实除了语言描述之外，还可以通过其他方法来描述算法。

1. 用流程图来表示算法

流程图的标识说明如图 11-1 所示。

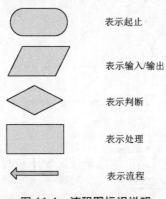

图 11-1　流程图标识说明

再次回到 2.3.2 节中的问题：

假设有 80 个学生，要求打印输出成绩在 60 分以上的学生。

针对上述问题，我们可以使用图 11-2 所示的算法流程图来表示。

在我们日常流程设计应用中，通常使用如下 3 种流程图结构。

- 顺序结构：顺序结构如图 11-3 所示，其中 A 和 B 两个框是顺序执行的。即在执行完工 A 以后再执行 B 的操作。顺序结构是一种基本结构。
- 选择结构：选择结构也称为分支结构，如图 11-4 所示。此结构中必含一个判断框根据给定的条件是否成立而选择是执行 A 框还是 B 框。无论条件是否成立，只能执行 A 框或 B 框之一，也就是说 A、B 两框只有一个，也必须有一个被执行。若两框中有一框为空，程序仍然按两个分支的方向运行。

第 11 章 在线考试系统

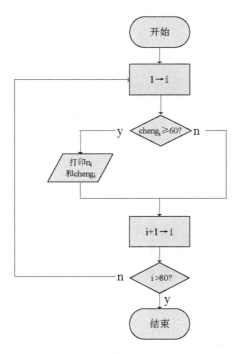

图 11-2 算法流程图

- 循环结构：循环结构分为两种：一种是当型循环，一种是直到型循环。当型循环是先判断条件 P 是否成立，成立才执行 A 操作，而直到型循环是先执行 A 操作再判断条件 P 是否成，成立又作 A 操作，如图 11-5 所示。

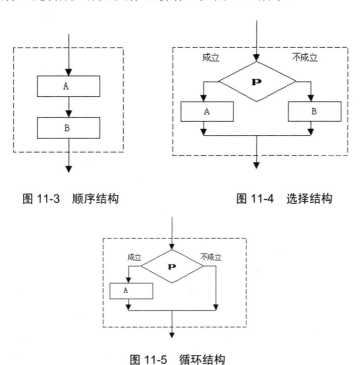

图 11-3 顺序结构　　　　　　　图 11-4 选择结构

图 11-5 循环结构

细心的我发现了上述 3 种基本结构有如下 4 个很重要的特点，这 4 个特点对于我理解算法是很有帮助的。
- 只有一个入口；
- 只有一个出口；
- 结构内的每一部分都有机会被执行到；
- 结构内不存在"死循环"。

2．用 N-S 流程图来表示算法

在 1973 年，聪明的美国学者提出了 N-S 流程图的概念，通过它可以表示计算机的算法。N-S 流程图由一些特定意义的图形、流程线及简要的文字说明构成，能够比较清晰明确地表示程序的运行过程。N-S 图的推出背景很有渊源，人们在使用传统流程图的过程中发现流程线不一定是必需的，所以设计了一种新的流程图，这种新的方式可以把整个程序写在一个大框图内，这个大框图由若干个小的基本框图构成，这种流程图简称 N-S 图。

遵循 N-S 流程图的特点，顺序结构表示为图 11-6 所示的结构，选择结构表示为图 11-7 所示的结构，循环结构表示为图 11-8 所示的结构。

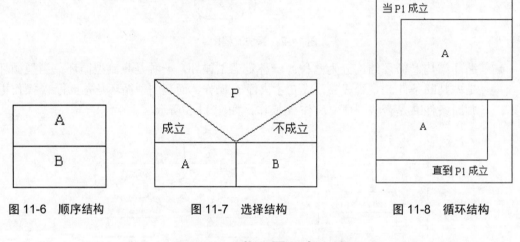

图 11-6　顺序结构　　　　图 11-7　选择结构　　　　图 11-8　循环结构

11.2　背景介绍

视频讲解　光盘：视频\第 11 章\背景介绍.avi

世界各国对教育的发展给予了前所未有的关注，都试图在未来的信息社会中让教育处于一个优势的位置，从而走在社会发展的前列，为此许多国家都把信息技术应用于教育，采取措施推进教育信息化。在国内，普遍地看绝大多数远程教育的考试还停留在传统考试方式。在此方式下，组织一次考试至少要经过 5 个步骤，即人工出卷、考生考试、人工阅卷、试卷分析和成绩评估。显然，随着考试类型的不断增加及考试要求的不断提高，教师的工作量将会越来越大，并且这样工作将是一件十分烦琐和非常容易出错的事情。但是对互联网的真正应用仅限于网上报名工作和网上成绩查询，还没有真正形成上网考试的规模。而在国外一些国家，网上提交作业和网上考试已经相当普及了。所以说传统的考试方式已经不能适应现代考试的需要。

近几年来，借鉴发达国家的成功经验，结合我国的实际情况，伴随着网络应用的不断扩大，远程教育和虚拟大学的出现，网络应用正不断深入人心。人们迫切要求利用网络技术进行在线考试，来提高了考试的质量，突出公正和客观性，减轻组织及保障工作的负担，提高工作效率。于是许多教育教学类的课程在线考试软件应运而生，高等学校，企事业单位也都纷纷组织研究此类应用的解决方案，并研制开发了大量的不同类型计算机在线考试软件，也推出了一批优秀的在线考试软件产品。比如全国计算机等级考试软件、职称计算机能力考试等，有力地推动了我国网络化在线考试的发展水平，并积累了大量有价值的经验。

11.2.1 系统开发的目的

信息技术的发展对教育的影响是巨大的，随着信息技术和网络技术的迅速发展，教育信息化和网络化也将成为必然的趋势。作为教育评价和衡量学生能力的考试也正经历着无纸化和网络化的飞跃。网络的开放性和分布性的特点以及基于互联网的巨大计算能力使得考试突破了时间和空间的限制。基于网络技术的考试系统正成为人们的研究热点之一，其中，基于 Web 技术的考试系统已成为互联网的重要应用之一。

目前教师采用在线考试系统的还不多见，因为教师个体精力确实有限。但随着教研组制度的完善和教学交流活动的增加。对题库的创建将提上议事的日程，在线考试系统将大有用武之地，且能确保考风考纪的根本好转。

在线考试具有动态出题、自动阅卷、成绩分析等优点，不仅大大减轻了教师人工组卷烦琐的工作量，提高资源利用率，其运行过程中，组卷速度较快，较少出现重复的现象，而且有利于教考分离的实施，符合目前教学改革的目标。更节省纸张资源，增强环保意识。因此，在线考试系统具有潜在的巨大商机和研究价值，是未来数字化校园系统研究的热点内容。

11.2.2 系统开发的意义

很多学校学生的期末考试仍采用任课教师(个人或集体)考前出题的方式。为解决学生压题、考前漏题、补(缓)考试题与正式考试试题题量及难度差异问题，教务管理部门通常要求教师同时出多套试卷，其题量与难度要求相同，并且要同时给出答案和评分标准。

若建立题库，每次考试前由题库中题目随机生成试卷，则可较好地解决考教分离的问题，也可将广大教师从每学期末繁重的命题工作中解放出来。近年来，部分学校陆续开发了一些基于微机的题库系统，并作为成果向其他学校推广，但这些题库一般都是结合本校具体情况，针对单一课程的小型题库，甚至某些学校购得的题库系统中的题目本身是不可维护的，即使题目已不适合自己的学生考试使用，也无法更新题库中的题目。

为解决题库系统中存在的这些问题，作者经过研究几种不同的网上系统，经充分的考虑，最后给出了一个较为理想的题库系统解决方案，并结合当前比较使用的 B/S 结构开发一个功能较完备的网上考试系统。

11.3 可行性分析

视频讲解 光盘：视频\第 11 章\可行性分析.avi

可行性分析的目的就是要用最小的代价在尽可能短的时间内确定问题是否能够解决。通过分析解法的利弊，来判定系统目标和规模是否现实，系统完成后所能带来的效益是否达到值得去投资开发这个系统的程度。网络在线考试系统的可行性可从以下两方面考虑。

11.3.1 经济可行性

定期的组织考试是各个院校及时掌握学生学习成绩的有效方式，利用网络在线考试系统，一方面可以节省人力资源，降低考试成本；另一方面，在线考试系统能够快速进行考试和评分，体现出考试的客观与公正性。

11.3.2 技术可行性

开发一个网络在线考试系统，涉及的最核心的技术问题就是如何实现在不刷新页面的情况下实时显示考试时间及剩余时间，并做到到达考试结束时间时自动提交试卷的功能。通过 Ajax 技术可以轻松实现这些功能，这为网络在线考试系统的开发提供了技术保障。

11.4 系统需求分析和总体设计

视频讲解 光盘：视频\第 11 章\系统需求分析和总体设计.avi

随着计算机技术的发展和网络技术的日益成熟，通过网络进行信息交流已成为一种快捷的交互方式。在这种网络环境下，学校或考试机构希望通过建立网络在线考试网站来扩大知名度、降低管理成本和减少人力物力的投资，从而为考生提供更全面、更灵活的服务，并全面、准确地对考试进行跟踪和评价。与此同时，考生希望根据自己的学习情况进行测试，并能够得到客观、科学的评价；教务人员希望能够有效地改进现有的考试模式，提高考试效率。

通过实际情况的调查，要求网络在线考试系统具有以下功能：

- 界面设计美观大方、方便、快捷、操作灵活，树立企业形象。
- 要求实现在线考试功能，自动核算考试成绩。
- 要求提供考试时间倒计时功能，使考生实时了解考试剩余时间。
- 要求系统自动阅卷，保证考试成绩真实有效。
- 要求考生凭准考证号查询考试成绩，以保证信息安全。

根据系统的功能要求，网络考试系统中涉及两种不同的用户：考试用户、管理员，他们的职能各不相同。考试用户进入网络考试系统，可以按照学习通知完成查询考试通知，查询个人考试成绩，修改密码，在线考试。管理员能够发布学习通知，发布考试通知，设置考试时长、考试时段、考试题型比例，进行试题库维护(包括删除、添加、及时更新)，按不同条件查询考生的成绩并进行分析统计。所有数据都存储在服务器的数据库中，具体应达到以下目标：

(1) 采用开放、动态的系统框架，加强用户与网站的交互性。
(2) 具有空间性。被授权的用户可以在异地登陆考试系统，无须到指定地点进行考试。
(3) 操作简单方便，界面简洁美观。
(4) 系统提供考试倒计时功能，使考生了解考试剩余时间。
(5) 随机抽取试题。
(6) 实现自动提交试卷的功能。当考试时间到达规定时间，如果考生还未提交试卷，系统将自动交卷，以保证考试严肃、公正地进行。
(7) 系统自动阅卷，保证成绩的真实准确。
(8) 考生可以查询自己的考试成绩。

11.5　系统功能结构和运行流程分析

视频讲解　光盘：视频\第 11 章\系统功能结构和运行流程分析.avi

网络考试系统的考生用户和管理员分别为前台用户和后台用户，他们的功能职责不同，其功能结构图如图 11-9 所示。

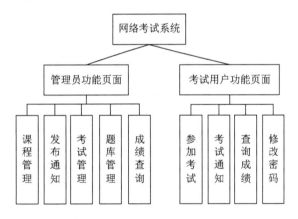

图 11-9　网络考试系统功能结构

在本网络考试系统中，考生的基本功能如下：
(1) 参加考试：选择考试课程之后，考试开始并计时，手动和自动提交试卷，自动阅卷。
(2) 查询成绩：考生可以查询本人的成绩信息。
(3) 修改密码：考生修改自己的密码。
(4) 学习通知：考生可以查看管理员发布的考试通知。

管理员的基本功能如下：
(1) 发布通知：管理员进入发布通知页面，发布考试通知。
(2) 考试管理：添加、修改考试科目；修改试卷的题型比例；修改考题类型、考题类别，确定考试日期和考试时长。
(3) 题库管理：及时对题库进行更新，删除旧的题目，插入新的题目等。

(4) 成绩查询：管理员可以查看权限范围内所有用户的成绩信息，并可以对所有信息进行分析统计。

考生在网络在线考试系统中通过注册为网站用户，登录网站进行相关操作。考生登录后，可以进行在线考试、查询成绩和修改个人密码的操作。在考试前，考生需要阅读考试规则、选择考试套题后开始考试；考试时间结束时，考生提交试卷；提交试卷的同时，系统将自动返回本次考试的考试结果。网站的管理员通过登录模块可以登录到网站的后台系统，对考生信息、考试信息、管理员信息进行管理。网络在线考试系统的系统流程，如图11-10所示。

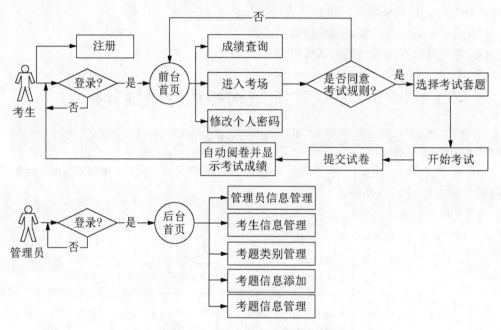

图 11-10　网络在线考试系统流程

11.6　项目计划书

视频讲解　光盘：视频\第 11 章\项目计划书.avi

今天，PrB 根据我的功能分析，查阅了相关资料，并根据《GB 8567—88 计算机软件产品开发文件编制指南》中的项目开发计划要求，结合单位实际情况编写了项目计划书。

1．引言

(1) 编写目的

随着网络的普及和发展，远程教育网网站纷纷建立。另外，各大学校为了提高知名度，也纷纷建立了教学站点。在上述教育站点中，在线考试系统已经成为一个必不可少的组成模块。

(2) 背景

本项目是由×××教育集团委托我公司开发一个在线考试系统，项目周期为 40 天。

2. 功能分析

要求网络在线考试系统具有以下功能：
- 界面设计美观大方、方便、快捷、操作灵活，树立企业形象。
- 要求实现在线考试功能，自动核算考试成绩。
- 要求提供考试时间倒计时功能，使考生实时了解考试剩余时间。
- 要求系统自动阅卷，保证考试成绩真实有效。
- 要求考生凭准考证号查询考试成绩，以保证信息安全。

3. 应交付成果

在项目开发完后，交付内容有编译运行后的软件，系统数据库文件和系统使用说明书。进行无偿维护服务 6 个月，超过 6 个月进行有偿维护与服务。

4. 项目开发环境

操作系统为 Windows XP、Windows 2003、Windows 7 均可，使用集成开发工具 Microsoft Visual Studio 2013。

5. 项目验收方式与依据

项目验收分为内部验收和外部验收两种方式。在项目开发完成后，首先进行内部验收，由测试人员根据用户需求和项目目标进行验收。项目在通过内部验收后，交给客户进行验收，验收的主要依据为需求规格说明书。

11.7 数据库设计

视频讲解　光盘：视频\第 11 章\数据库设计.avi

数据库是动态 Web 的基础，Web 中的所有数据都是基于数据库的，所以数据库的设计好坏直接关系到整个项目的好坏。数据库的设计过程一般是从现实世界出发，进行需求分析、概念分析、逻辑分析和物理设计的。其中需求分析是整个设计过程的基础，是最困难、最耗费时间的一步。需求分析做得不好，甚至会导致整个数据库设计返工。概念结构设计师整个数据库设计的关键，它通过对用户需求进行分析、综合、归纳与抽象，形成一个独立、具体的数据可管理系统的概念模型。逻辑结构设计师将概念转换为某个数据库管理系统所支持的数据库模型，并对其进行优化。物理结构设计是为逻辑结构设计选择一个最适合应用环境的物理结构，并对数据可进行布置。

如果把企业的数据比作生命所必需的血液，那么数据库的设计就是应用中最重要的血小板。在本项目中，我准备使用 SQL Server 2008 数据库，命名为"db_Examination_Data"。下面分别给出数据库需求分析、概念结构设计 E-R 图分析及主要数据表的结构。

11.7.1 数据库需求分析

该考试系统是根据学生考试模块、管理员(老师)管理模块进行开发设计的，主要实现如下目标：登录模块，实现提供前台和后台登录口以及学生注册密码找回的链接；前台学生考试模块，实现查看和更改个人信息、修改密码、参加考试和练习、查看考试成绩、退出系统等功能；后台管理员(老师)管理模块，实现注册和查看管理员、学生信息管理、科目管理、考试和练习信息管理、考试和练习题目管理、人工阅卷(主观题阅卷)、学生成绩管理、退出系统等功能。

11.7.2 数据库概念结构设计

根据上面的数据项，即可设计出满足用户需求的各种实体，以及它们之间的关系，为后面的逻辑结构设计做好准备。实体中包含各种具体信息，通过相互之间的关联作用形成数据流。

管理员信息实体 E-R 图如图 11-11 所示。

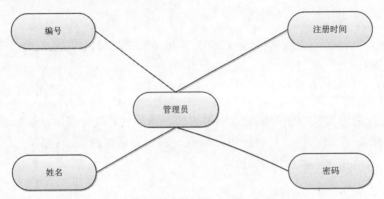

图 11-11　管理员信息实体 E-R 图

考试套题信息实体 E-R 图如图 11-12 所示。

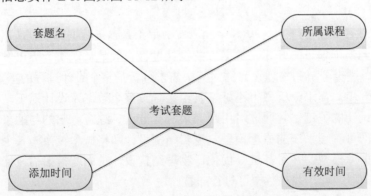

图 11-12　考试套题信息实体 E-R 图

考生信息实体 E-R 图如图 11-13 所示。

第 11 章 在线考试系统

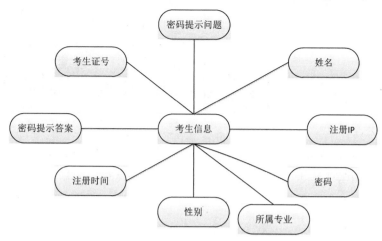

图 11-13 考生信息实体 E-R 图

考试成绩信息实体 E-R 图如图 11-14 所示。

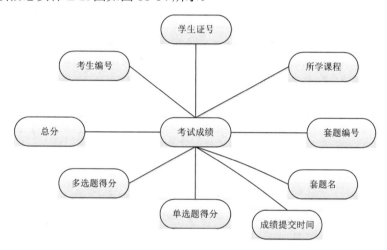

图 11-14 考试成绩信息实体 E-R 图

11.7.3 设计表

tb_Administrator(管理员信息表)用于保存管理员信息,表结构如表 11-1 所示。

表 11-1 tb_Administrator 表结构

字段名称	数据类型	长 度	默 认 值	允 许 空	字段描述
ID	bigint	8		否	唯一标识
Name	Varchar	50		否	管理员名称
PWD	Varchar	50		否	管理员密码

tb_Lesson(考生课程信息表)用于保存指定专业所包含的课程信息,表结构如表 11-2 所示。

表 11-2　tb_Lesson 表结构

字段名称	数据类型	长度	默认值	允许空	字段描述
ID	bigint	8		否	唯一标识
Name	Varchar	60		是	课程名称
ofProfession	bigint	8		是	所属专业编号
JoinTime	datetime	8	Getdate()	是	添加时间

tb_Profession(考生专业信息表)用于保存考试所涉及的专业信息，表结构如表 11-3 所示。

表 11-3　tb_Profession 表结构

字段名称	数据类型	长度	默认值	允许空	字段描述
ID	bigint	8		否	唯一标识
Name	Varchar	200		是	专业名称
JoinTime	datetime	8	Getdate()	是	添加时间

tb_Questions(考试试卷信息表)用于保存各套题所包含的详细考试题目，表结构如表 11-4 所示。

表 11-4　tb_Questions 表结构

字段名称	数据类型	长度	默认值	允许空	字段描述
ID	bigint	8		否	唯一标识
Que_subject	Varchar	50		是	试题主题
Que_type	char	10		是	试题类型
Que_joindate	datetime	8	Getdate()	是	试题添加时间
Que_lessonid	int	4		是	所属课程号
Que_professionid	int	4		是	所属专业号
Que_toatiid	bigint	8		是	所属套题编号
OptionA	Varchar	50		是	选项 A
OptionB	varchar	50		是	选项 B
OptionC	varchar	50		是	选项 C
OptionD	varchar	50		是	选项 D
Que_answer	char	10		是	试题答案
note	varchar	50		是	注释

Tb_Student(考生信息表)用于保存在网站注册的考生信息，表结构如表 11-5 所示。

表 11-5 Tb_Student 表结构

字段名称	数据类型	长 度	默 认 值	允 许 空	字段描述
ID	Varchar	50		否	学生证号
Name	Varchar	20		是	姓名
PWD	Varchar	20		是	密码
Sex	Varchar	2		是	性别
JoinTime	datetime	8	Getdate()	是	加入时间
Question	Varchar	50		是	密码问题
Answer	Varchar	50		是	密码答案
Profession	bigint	8		是	所学专业号
IPAddress	char	30		是	IP 地址

Tb_StuResult(考生成绩信息表)用于保存考生的考试成绩,表结构如表 11-6 所示。

表 11-6 Tb_StuResult 表结构

字段名称	数据类型	长 度	默 认 值	允 许 空	字段描述
res_Id	bigint	8		否	唯一标识
Stu_id	Varchar	50		是	所属学生编号
Which_lesson	Varchar	50		是	所属课程名称
taotiid	bigint	8		是	所属套题编号
taotiname	Varchar	50		是	所属套题名称
Res_single	int	4		是	单选成绩
Res_more	int	4		是	多选成绩
Res_total	int	4		是	总成绩
Res_subdate	datetime	8	Getdate()	是	成绩提交时间

Tb_taoti(考试套题信息表)用于保存课程所对应的套题信息,表结构如表 11-7 所示。

表 11-7 Tb_taoti 表结构

字段名称	数据类型	长 度	默 认 值	允 许 空	字段描述
ID	bigint	8		否	唯一标识
Name	Varchar	50		是	套题名称
LessonID	bigint	8		是	所属课程号
JoinTime	datetime	8	Getdate()	是	添加时间
LimitTime	datetime	8		是	有效时间

11.8 编写公共类

视频讲解 光盘:视频\第 11 章\编写公共类.avi

在文件 Datacon.cs 中定义公共类 Datacon,然后定义如下方法。

- getcon():连接系统数据库;
- eccom:执行对数据库操作的 SQL 命令,首先接受一个 SQL 语句参数,然后与 SQL

Server 数据库建立连接，使用 SqlCommand 的对象执行所需要执行的 SQL 语句，最后通过 try-catch-finally 语句进行异常处理，如果执行成功则返回 true，否则返回 false。

- ecDropDownList：将数据库数据绑定到下拉框中，该方法 4 个参数分别表示 DropDownList 控件、SQL 语句、列表项提供的内容字段和列表项提供值。应用 SqlDataAdapter 对象填充数据集并指定 DropDownList 控件的数据源，设置列表项提供的内容字段和列表项提供值所绑定的数据源。如果 DropDownList 控件执行 DataBind()方法返回 true，反之则返回 false。
- ecadabind：将数据库数据绑定到表格控件中，用来执行 SQL 语句，返回类型为 bool。该方法主要是执行 SqlDataAdapter 中的语句，并将其绑定到 GridView 控件上，如果执行成功返回 true，否则返回 false。
- ecadabindinfostring 将数据库数据绑定到表格控件中，并获得表中的主键字段。用来执行 SQL 语句，返回 Bool 类型。执行 SqlDataAdapter 中的语句，将其绑定到 GridView 控件上显示其主键字段的名称，相应功能执行成功返回 true，否则返回 false。
- ExceRead：读取数据库中的数据，该方法首先创建数据库连接，通过 SqlCommand 对象来执行 ExecuteReader()方法创建一个数据阅读器，用来依次读取数据库中的数据，最后返回一个 SqlDataReader 类对象。

文件 Datacon.cs 的具体实现代码如下：

```
public class Datacon
{
    public Datacon()
    {

    }
    public SqlConnection getcon()
    {
        string strCon = ConfigurationManager.ConnectionStrings["ConStr"].ToString();
        SqlConnection sqlCon = new SqlConnection(strCon);
        return sqlCon;
    }
    public bool eccom(string sqlstr)
    {
        SqlConnection con=this.getcon();
        con.Open();
        SqlCommand mycommand=new SqlCommand(sqlstr,con);
        try
        {
            mycommand.ExecuteNonQuery();
            return true;
        }
        catch
        {
            return false;
        }
        finally
        {
            con.Close();
        }
    }
```

```csharp
public bool ecDropDownList(DropDownList DDL, string sqlstr3, string DTF, string DVF)
{
    //创建数据库连接
    SqlConnection con = this.getcon();
    //打开数据库连接
    con.Open();
    //定义并初使化数据适配器
    SqlDataAdapter mydataadapter = new SqlDataAdapter(sqlstr3,con);
    //创建一个数据集mydataset
    DataSet mydataset = new DataSet();
    //将数据适配器中的数据填充到数据集中
    mydataadapter.Fill(mydataset);
    DDL.DataSource = mydataset;
    DDL.DataTextField = DTF;
    DDL.DataValueField = DVF;
    try
    {

        DDL.DataBind();
        return true;
    }
    catch
    {
        return false;
    }
    finally
    {
        //关闭数据库连接
        con.Close();
    }
}
public bool ecadabind(GridView gv,string sqlstr14)
{
    //定义新的数据库连接
    SqlConnection con = this.getcon();
    //打开数据库连接
    con.Open();
    //定义并初使化数据适配器
    SqlDataAdapter mydataadapter = new SqlDataAdapter(sqlstr14,con);
    //创建一个数据集mydataset
    DataSet mydataset = new DataSet();
    //将数据适配器中的数据填充到数据集中
    mydataadapter.Fill(mydataset);
    //将此数据集作为表格控件的数据源
    gv.DataSource=mydataset;
    try
    {
        //绑定数据库中数据
        gv.DataBind();
        //返回这个数据集
        return true;
    }
    catch
    {
        return false;
    }
    finally
    {
        //关闭数据库连接
        con.Close();
```

```
        }
    }
    public bool ecadabindinfostring(GridView gv,string sqlstr5,string DNK)
    {
        SqlConnection con = this.getcon();
        con.Open();
        SqlDataAdapter mydataadapter = new SqlDataAdapter(sqlstr5,con);
        DataSet mydataset = new DataSet();
        mydataadapter.Fill(mydataset);
        gv.DataSource=mydataset;
        gv.DataKeyNames = new string[] { DNK };
        try
        {
            gv.DataBind();
            return true;
        }
        catch
        {
            return false;
        }
        finally
        {
            con.Close();
        }
    }
    public SqlDataReader ExceRead(string SqlCom)
    {
        SqlConnection con = this.getcon();
        con.Open();
        //创建一个SqlCommand对象,表示要执行的SqlCom语句或存储过程
        SqlCommand sqlcom = new SqlCommand(SqlCom, con);
        SqlDataReader read = sqlcom.ExecuteReader();
        return read;
    }
```

> **注意**：由于 SqlConnection 类继承 IDisposable 接口，所以垃圾回收器(GC)不能直接回收，需要使用 Dispose() 来释放资源或使用 Using 来进行资源管理。

通过对本书前面内容的学习，读者应该会发现，在使用 ASP.NET 开发项目时，公共类必不可少，好处是既可以节省代码编写量，也可以实现面向对象，何乐而不为呢？但是究竟哪些信息常作为公共类呢，在此我做了一个简单的总结，并全部写在一个代码文件里，具体如下：

```
/****************************************************************
**  1.获取数据库的连接，返回值需判断是否为null-----------GetSqlConnection
*   2.根据Select——查询语句，返回DataSet--------------------GetDataSet
*   3.使用数据库内容填充DataGrid----------------FillDataGridFromSQLString
*   4.使用数据库内容填充DataGrid----------------FillDataGridFromSQLString(重载)
*   5.返回SQL语句所查询出来的行数-------------------------------GetRowCount
*   6.填充下拉列表-------------------------------------------FillComboBox*
*   7.由一条SQL语句生成一个DataReader；返回值需要判断是否为空------GetDataReader
*   8.返回单个查询数据：第一列，第一行的值--------------------GetFirstData
*   9.对数据库中的一条记录操作：增、删、更新---------------ExecuteCommand
*   10.对数据库进行增删改操作------------------------------ExecuteCommand2
*   11.判断str是不是全是由数字构成-------------------------IsNumeric
*   12.检测含有中文字符串的实际长度-------------------------len
****************************************************************/
using System;
```

```csharp
using System.Data.SqlClient;
using System.Data;
using System.Windows.Forms;
namespace Tayside.Common
{
    /// <summary>
    /// DataBase 的摘要说明。
    /// </summary>
    public class DataBase
    {
        public DataBase()
        {
        }
        /// <summary>
        /// 1.获取数据库的连接，返回值需判断是否为null
        /// </summary>
        /// <returns></returns>
        public static SqlConnection GetSqlConnection()
        {
            string strCnn = "Server=192.1610.12.136;database=Tayside;user id=sa;password=";
            try
            {
                SqlConnection sqlCnn = new SqlConnection(strCnn);
                sqlCnn.Open();
                return sqlCnn;
            }
            catch(Exception ee)
            {
                string temp=ee.Message;
                return null;
            }
        }

        /// <summary>
        /// 获取SqlCommand对象
        /// </summary>
        /// <returns></returns>
        public static SqlCommand GetSqlCommand()
        {
            SqlConnection sqlCnn = GetSqlConnection();
            if(sqlCnn == null)
                return null;
            else
            {
                SqlCommand sqlCmm = new SqlCommand();
                sqlCmm.Connection = sqlCnn;
                return sqlCmm;
            }
        }

        /// <summary>
        /// 2.根据Select——查询语句，返回DataSet
        /// </summary>
        /// <param name="strSql">Select SQL 语句</param>
        /// <returns>返回值需判断是否为空</returns>
        public static DataSet GetDataSet(string strSql)
        {
            try
            {
                using( SqlConnection sqlCnn = GetSqlConnection() )
                {
                    SqlDataAdapter dataAdapter = new SqlDataAdapter( strSql, sqlCnn );
                    DataSet dataSet = new DataSet();
                    dataAdapter.Fill( dataSet );
```

```csharp
            return dataSet;
        }
    }
    catch
    {
        return null;
    }
}

/// <summary>
/// 3.使用数据库内容填充DataGrid
/// </summary>
/// <param name="dataGrid">要填充的DataGrid</param>
/// <param name="strSql">要获取数据库内容的SQL字符串</param>
/// <returns></returns>
public static bool FillDataGridFromSQLString( DataGrid dataGrid,string strSql)
{
    try
    {
        DataSet ds = GetDataSet(strSql);
        dataGrid.SetDataBinding(ds, "");

        return true;
    }
    catch(Exception ee)
    {
        string t=ee.Message;
        return false;
    }
}

/// <summary>
/// 4.使用数据库内容填充DataGrid
/// </summary>
/// <param name="dataGrid">要填充的DataGrid</param>
/// <param name="strSql">要获取数据库内容的SQL字符串</param>
/// <param name="table">要填充DataGrid的表名</param>
/// <returns></returns>
public static bool FillDataGridFromSQLString( DataGrid dataGrid,string strSql,string table)
{
    try
    {
        DataSet ds = GetDataSet(strSql);
        dataGrid.SetDataBinding(ds, table);

        return true;
    }
    catch(Exception ee)
    {
        string t=ee.Message;
        return false;
    }
}

/// <summary>
/// 5.返回SQL语句所查询出来的行数
/// </summary>
/// <param name="strSql"></param>
/// <returns></returns>
public static int GetRowCount(string strSql)
{
    DataSet ds = GetDataSet(strSql);
```

```csharp
    int count = ds.Tables[0].Rows.Count;
    return count;
}

/// <summary>
/// 6.填充下拉列表
/// </summary>
/// <param name="cmBox">要填充的 ComboBox</param>
/// <param name="strSql">查询语句</param>
/// <returns>是否成功</returns>
public static bool FillComboBox(ComboBox cmBox,string strSql)
{
    try
    {
        using(SqlConnection sqlCnn = GetSqlConnection())
        {
            SqlDataReader dr = GetDataReader(strSql);
            while(dr.Read())
            {
                cmBox.Items.Add(dr.GetValue(0));
            }
            return true;
        }
    }
    catch
    {
        return false;
    }
}

/// <summary>
/// 7.由一条SQL语句生成一个DataReader；返回值需要判断是否为空
/// </summary>
/// <param name="strSql">要使用的 Sql 语句</param>
/// <returns></returns>
public static SqlDataReader GetDataReader(string strSql)
{
    try
    {
        SqlConnection sqlCnn = GetSqlConnection();
        SqlCommand sqlCmm = new SqlCommand(strSql,sqlCnn);
        return sqlCmm.ExecuteReader(CommandBehavior.CloseConnection);
    }
    catch
    {
        return null;
    }
}

/// <summary>
/// 8.返回单个查询数据：第一列，第一行的值
/// </summary>
/// <param name="strSql">Select SQL 语句</param>
/// <returns></returns>
public static string GetFirstData(string strSql)
{
    try
    {
        using( SqlConnection sqlCnn = GetSqlConnection() )
        {
            SqlCommand sqlCmm = new SqlCommand(strSql,sqlCnn);
            return sqlCmm.ExecuteScalar().ToString();
        }
```

```csharp
    }
    catch
    {
       return "";
    }
}

/// <summary>
/// 9.对数据库中的一条记录操作:增、删、更新
/// </summary>
/// <param name="strSql">要执行的 SQL 语句</param>
/// <returns>返回执行是否成功</returns>
public static bool ExecuteCommand(string strSql)
{
   try
   {
       using( SqlConnection sqlCnn = GetSqlConnection())
       {
           SqlCommand sqlCmm = new SqlCommand(strSql,sqlCnn);
           int temp = sqlCmm.ExecuteNonQuery();
           return  temp == 1;

       }
   }
   catch
   {
       return false;
   }

}

/// <summary>
/// 10.对数据库进行增删改操作
/// </summary>
/// <param name="strSql"></param>
/// <returns></returns>
public static bool ExecuteCommand2(string strSql)
{
   try
   {
       using( SqlConnection sqlCnn = GetSqlConnection())
       {
           SqlCommand sqlCmm = new SqlCommand(strSql,sqlCnn);
           int temp = sqlCmm.ExecuteNonQuery();
           return   true;
       }
   }
   catch
   {
       return false;
   }
}

/// <summary>
/// 8.判断 str 是不是全是由数字构成
/// </summary>
/// <param name="str"></param>
/// <returns></returns>
public static bool IsNumeric(string str)
{
   if (str==null || str.Length==0)
       return false;
   foreach(char c in str)
   {
```

```
            if (!Char.IsNumber(c))
            {
              return false;
            }
        }
        return true;
    }

    /// <summary>
    /// 12.检测含有中文字符串的实际长度
    /// </summary>
    /// <param name="str">字符串</param>
    public static int len(string str)
    {
        System.Text.ASCIIEncoding n = new System.Text.ASCIIEncoding();
        byte[] b = n.GetBytes(str);
        int l = 0; // l 为字符串的实际长度
        for (int i=0;i <= b.Length-1;i++)
        {
            if (b[i] ==63)  //判断是否为汉字或全角符号
            {
              l++;
            }
            l++;
        }
        return l;
    }
}
```

11.9 实现登录界面

视频讲解 光盘：视频\第 11 章\实现登录界面.avi

考生和管理员需要通过登录页面进入在线考试网，考生在登录在线考试网之前，首先需要通过登录页面进行注册。为了防止考生忘记密码，提供了找回密码的功能。在线考试登录页面的运行效果图如 11-15 所示。

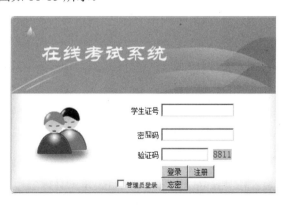

图 11-15　在线考试网登录页面

11.9.1　技术分析

考生找回密码主要分为 3 个页面来完成，具体流程如图 11-16 所示。

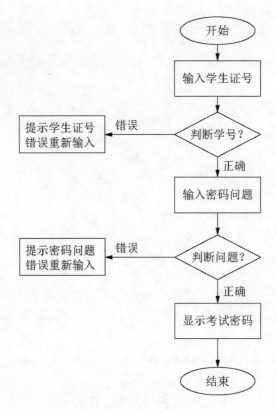

图 11-16 找回密码流程

验证码实现可以防止用户恶意注册。在 igm 文件夹下面有一个生成验证码的一般处理程序(ValidateCode.ashx)，在 Default.aspx 页面添加一个 img 控件引入一般处理程序，通过对 igm 添加点击事件(onclick="ChangeCode()")使用 Javascript 实现点击图片刷新。具体实现代码如下：

```
//点击图片调用的事件
<script type="text/javascript">
function ChangeCode() {
var img = document.getElementById("imgOk").src = "igm/ValidateCode.ashx?date=" + new Date().getMilliseconds();
    }
</script>
//通过img控件显示一般处理程序所画的验证码图片
<img src="igm/ValidateCode.ashx" id="imgOk" onclick="ChangeCode()" />
```

11.9.2 实现登录页面

本模块使用的数据表：tb_Administrator、tb_Student，具体实现过程如下。

(1) 在应用程序中新建一个 web 窗体，命名为 Default.aspx。

(2) 在页面添加一个 Table(表格)为整个页面布局。3 个 TextBox 控件、3 个 Lable 控件、3 个 Button 控件和 1 个 CheckBox 控件。页面各控件说明如表 11-8 所示。

表 11-8 Default.aspx 页面控件说明

控件类型	控件名称	主要属性设置	控件用途
CheckBox	cblAdminLog	无	验证管理员登录
Button	btnLogin	Text 属性设置为"登录"	用于考生登录
	btnZhuce	Text 属性设置为"注册"	用于考生注册
	btnPwd	Text 属性设置为"忘密"	用于考生忘记密码
TextBox	txtUserName	无	录入登录考生学生证号
	txtPwd	无	录入登录密码
	txtValidate	无	录入登录验证码

在处理登录页面提交的数据时，首先会根据【管理员登录】复选框的值来判断是否是管理员登录，如果选中则执行核对用户名、密码、验证码而进入管理员页面，否则进入考生页面。单击【确定】按钮，提交登录信息，其代码如下。

```
protected void Button1_Click(object sender, EventArgs e)
{
  //判断验证码是否有误
if (txtValidate.Text != txtValidate.Text)
{
Response.Write("<script language=javascript>alert('验证码有误!
')location='javascript:history.go(-1)'</script>");
    }
 else
    {
  //判断是否是管理员登录，如果是则调用方法getcom方法中的条件1
if (cblAdminLog.Items[0].Selected == true)
{
    getcom(1);
      }
  //非管理员登录，调用getcom方法中条件2
 else
    {
    getcom(2);
      }
}
}
```

调用自定义方法 getcom 方法，判断是否是管理员还是考生，代码如下：

```
private void getcom(int i)
    {
      //打开数据库连接，并调用公共类中的getcon方法
      SqlConnection con = dataconn.getcon();
      con.Open();
      //创建一个新的SqlCommand实例对象
      SqlCommand com = con.CreateCommand();
      switch (i)
      {
        case 1:
        com.CommandText = "select count(*) from tb_Administrator where Name='" +
this.txtUserName.Text + "'and PWD='" + this.txtPwd.Text + "'";
        //获取SQL语句的值 强制转换成数值类型
        int count1 = Convert.ToInt32(com.ExecuteScalar());
        //判断数据库中是否存在数据
        if (count1 > 0)
```

```
            {
        Application["Name"] = txtUserName.Text;//成功
        Application["PWD"] = txtPwd.Text;//成功
        //如果登录成功,则跳转到管理员页面
        Page.Response.Redirect("HouAdmin/admin.aspx");
            }
        else
        {
        //如果登录失败,则弹出错误信息
        Response.Write("<script lanuage=javascript>alert('用户名或密码有误!
');location='javascript:history.go(-1)'</script>");
            }
            break;
        case 2:
        com.CommandText = "select count(*) from tb_Student where ID='" + txtUserName.Text
+ "' and PWD='" + txtPwd.Text + "'";
        int count2 = Convert.ToInt32(com.ExecuteScalar());
        if (count2 > 0)
            {
        Application["ID"] = txtUserName.Text;
        Application["PWD"] = txtPwd.Text;
        Page.Response.Redirect("QianUser/zaixian_kaoshi.aspx");
            }
        else
            {
        Response.Write("<script lanuage=javascript>alert('用户名或密码有误!
');location='javascript:history.go(-1)'</script>");
        return;
            }
            break;
    }
}
```

11.9.3 实现考生注册页面

考生要进入在线考试系统,首先需要注册一个学生证号。点击在线考试系统登录页中的【注册】按钮,进入考生注册页面。注册页面的运行效果如图11-17所示。在注册页面中输入考生的基本信息,包括学生学号、学生姓名、密码、密码问题、问题答案、性别和所学专业。为了防止注册的学生证号重复,可以通过单击【检测注册号】按钮进行检测,如图11-18所示。

图11-17 考生注册页面

第 11 章　在线考试系统

图 11-18　检测考生注册的学生证号是否已注册

考生输入注册的学生证号后通过检测显示在数据库中无此号，可以注册。检测完考生注册信息的学生账号，并在注册页面输入正确的信息后，如图 11-19 所示，单击【确定】按钮，如果注册成功将会在页面显示"成功！"信息。

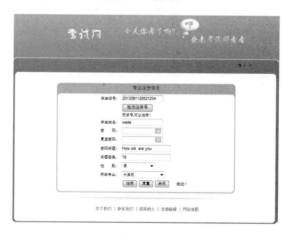

图 11-19　考生注册成功页面

考生注册界面用到了如表 11-9 所示的控件。

表 11-9　考生注册界面用到的控件

验证控件名称	主要属性	用　途
RequiredFieldValidatorName	ControlToValidate 的属性为 txtStuID ErrorMessage 为"学生证号不允许为空"	判断学生证号是否为空
RequiredFieldValidatorNameIsNum	ControlToValidate 为"txtStuID"ErrorMessage 为"学生编号为 16 位有效数字" ValidationExpression 为"^.{16}$"	判断学生证号是否为 16 位的数字
RequiredFieldValidatorPwd	ControlToValidate 为 "txtStuPwd"ErrorMessage 为"密码不允许为空"	判断密码是否为空

续表

验证控件名称	主要属性	用途
CompareValidatorPwd	ControlToCompare 为"txtStuPwd" ControlToValidate 为"txtStuFPwd" ErrorMessage 为"密码不一致"	判断二次输入的密码是否一致

考生注册页面使用的数据表：tb_Profession、tb_Student，具体设计步骤如下。

(1) 在应用程序中新建一个 web 窗体，命名为 zhuce.aspx，作为考生注册页面。

(2) 在页面中添加一个 Table(表格)控件为整体布局，2 个 DropDownList 控件、3 个 Button 控件、6 个 TextBox 控件、4 个 RequiredFieldValidator、1 个 CompareValidator。页面各控件说明如表 11-10 所示。

表 11-10　zhuce.aspx 页面主要控件说明

控件类型	控件名称	主要属性设置	控件用途
DropDownList	DropDownList1	无	注册考生选择性别和所学专业
Button	btnRes	Text 属性设置为"注册"	用于考生注册
	btnBack	Text 属性设置为"重置"	重置考生注册信息
	btnClose	Text 属性设置为"关闭"	关闭考生注册页面
TextBox	TextBox1	无	注册考生的学生证号、姓名、密码、重复密码、密码问题、密码答案

在后台代码的 Page_Load 事件中，首先调用公共类中的 ecDropDownList 方法，将考生姓名绑定到 DropDownList 控件。其代码如下：

```
protected void Page_Load(object sender, EventArgs e)
    {
        if (!IsPostBack)
        {
            //调用公共类中的ecDropDownList方法
            dataconn.ecDropDownList(ddlProfession, "select * from tb_Profession", "Name", "ID");
            Label1.Visible = false;
            Label2.Visible = false;
            Label3.Visible = false;
        }
    }
```

单击该注册页面中的【注册】按钮，催发其 Click 事件，将注册信息添加到数据库中。其代码如下：

```
protected void Button1_Click(object sender, EventArgs e)
    {
        //调用公共类中的eccom，执行 SQL 语句命令
        dataconn.eccom("insert into tb_Student"
            + "(ID,Name,PWD,question,answer,Sex,profession)"
            + "values('" + this.txtStuID.Text + "','" + this.txtStuName.Text + "','"
            + this.txtStuPwd.Text + "','" + this.txtQuePwd.Text + "','"
            + this.txtAnsPwd.Text + "','" + this.ddlSex.Text + "',"
            + Convert.ToInt32(ddlProfession.SelectedValue) + ")");
        //如果添加成功,弹出成功对话框
```

```
        Label1.Visible = true;
    }
```

为了避免考生输入的学生证号出现重复，导致注册失败，在页面中添加了一个【检查注册号】按钮，来检查该注册的学生证号是否已经存在。

在该按钮触发的事件中，主要应用了数据库阅读器(SqlDataReader)读取数据库中数据判断注册号是否存在。事件代码如下：

```
protected void Button1_Click1(object sender, EventArgs e)
    {
        SqlDataReader read = dataconn.ExceRead("select * from tb_Student where ID='" + this.txtStuID.Text + "'");
        read.Read();
        if (read.HasRows)
        {
            if (this.txtStuID.Text == read["ID"].ToString())
            {
                Label2.Visible = true;
            }
        }
        else
        {
            Label3.Visible = true;
        }
        read.Close();
    }
```

11.10 实现在线考试页面

视频讲解　　光盘：视频\第 11 章\实现在线考试页面.avi

在线考试页面的主要功能是允许考试在网站上针对指定的专业和课程进行考试。在该页面中，考生首先需要阅读完考试规则，在同意所列出的考试规则的前提下，才能选择考试课程和套题，进入考试页面进行答题，如图 11-20 和图 11-21 所示。

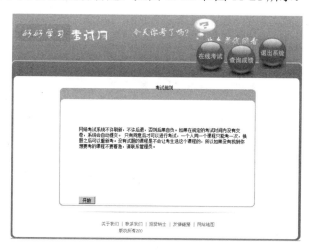

图 11-20　考试规则阅读页面

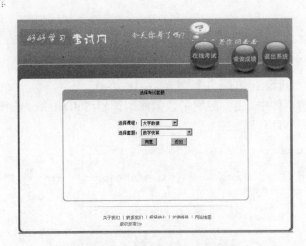

图 11-21　选择课程和套题页面

单击【同意】按钮后弹出图 11-22 所示的页面。

图 11-22　单击【同意】按钮后弹出的页面

单击【开始】按钮后弹出试题页面，开始考试，如图 11-23 所示。

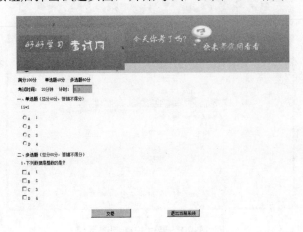

图 11-23　试题页面

当考生提交试卷或达到考试结束时间时，系统将自动对考生提交的试卷进行评分，并给出最终考试成绩。页面运行效果如图 11-24 所示。

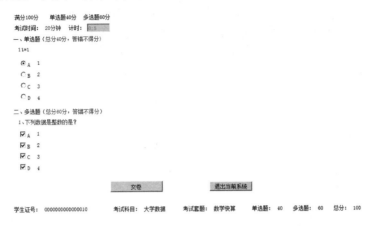

图 11-24　考试最终提交成绩效果图

11.10.1　在线考试页面技术分析

在本页面中使用了 Application 对象和 Session 对象。在 ASP.NET 中，Application 对象可称之为记录应用程序参数的对象，Application 对象是 HttpApplicationState 类的一个实例，可以生成一个所有 web 应用程序都可以存取的变量。这个变量的使用范围涵盖全部使用者，只要正在使用这个网页的程序都可以存取这个变量。使用 Application 对象的相关的语法如下：

```
Application["变量"] ="变量内容" ;
Application("对象名")=Server.CreateObject(Progid)
```

Session 对象可称之为记录浏览器的变量对象。Session 对象是 HttpSessionState 类的一个实例，其功能和 Application 对象类似，都是用来存储跨网页程序的变量或者对象，但 Session 对象和 Application 对象有些特性存在着差异。Session 对象只针对单一网页使用者，也就是说各个连接的机器都有各自的 Session 对象，不同的客户端无法互相存取。Application 对象中止于停止 IIS 服务时，而 Session 对象中止于联机机器离线时，也就是当网页使用者关闭浏览器或超过设定的 Session 变量的有效时间时，Session 对象就会消失。

Session 对象和 Application 对象一样都是 Page 对象的成员，因此可直接在网页中使用。使用 Session 对象存放信息的语法如下：

```
Session["变量名"]="内容";
```

从会话中读取信息的语法如下：

```
VariablesName= Session["变量名"];
```

11.10.2　具体实现

本模块使用的数据表 tb_StuResult、tb_Questions，具体设计步骤如下。

(1) 在应用程序中新建一个文件夹，将其命名为"QianUser"。在该文件夹创建一个 Web

窗体，命名为 StartExamfra.aspx，作为考生在线考试页面。

(2) 在页面中添加一个 Tabel(表格)控件为整个页面布局。添加 2 个 Button 控件、2 个 DataList 控件、1 个 TextBox、1 个 CheckBoxList 和 1 个 RadioButtonList，通过属性窗口设置控件的属性。页面中各个控件的属性设置及其用途如表 11-11 所示。

表 11-11　在线考试页面涉及的主要控件

控件类型	控件名称	主要属性设置	控件用途
Button	btnSubmin	Text 属性设置为"交卷"	考生提交试卷
	btnExit	Text 属性设置为"退出当前系统"	考生退出考试系统
TextBox	time	无	显示考生时间
DataList	DataList1	无	绑定单选题
	DataList2	无	绑定多选题
CheckBoxList	CheckBoxList1	无	嵌套在 DataList 控件中显示多选题选项
RadioButtonList	RadioButtonList1	无	嵌套在 DataList 控件中显示单选题选项

首先创建公共类 Datacon 的类对象，以便在后面程序调用其方法，然后自定义 4 个 int 类型的全局变量——int_row1、int_row2、int_row1Point 和 int_row2Point，分别用来表示单选题题号、多选题题号、单选题分数和多选题分数。其实现代码如下：

```
Datacon dataconn = new Datacon();
static int int_row1 = 0;//单选题题号索引
static int int_row2 = 0;//多选题题号索引
static int int_row1Point = 0;//单选题分数
static int int_row2Point = 0;//多选题分数
```

在页面加载的 Page_Load 事件中编写如下代码，用于从数据库中提取出相应题目。

```
protected void Page_Load(object sender, EventArgs e)
{
    if (!IsPostBack)//判断页面是否是首次加载
    {
        this.getCom(1);//从数据库中获取单选题
        this.getCom(2); //从数据库中获取多选题
    }
}
```

单击【交卷】按钮，首先通过 Session 变量获取学生 ID 和其选择的科目及套题信息，然后调用 getCom()方法来执行提交考卷操作。其关键代码如下：

```
protected void btnSubmit_Click(object sender, EventArgs e)
{
    int_row1 = 0;//单选题题号索引
    int_row2 = 0;//多选题题号索引
    int_row1Point = 0;//单选题分数
    int_row2Point = 0;//多选题分数
    Label3.Visible = Label4.Visible = Label7.Visible = Label8.Visible = Label9.Visible = Label11-Visible = true;
```

```
        this.lblStuID.Text = Session["StuName"].ToString();
        this.lblSubject.Text = Session["SelLession"].ToString();
        this.lblQuestion.Text = Session["SelTitle"].ToString();
        this.getCom(3);
        this.getCom(4);
        this.lblTotal.Text = Convert.ToString(int_row1Point + int_row2Point);
        dataconn.eccom("insert into tb_StuResult"
                + "(stu_id,which_lesson,taotiid,taotiname,res_single,res_more)"
                + "values('" + lblStuID.Text + "','" + lblSubject.Text + "',"
                + Application["d2"].ToString() + ",'" + lblQuestion.Text + "','" +
int_row1Point + "," + int_row2Point + ")");
        this.getCom(5);
        Response.Write("<script lanuage=javascript>alert('您确定要交卷吗?
');localtion='StartExamfra.aspx';</script>");
    }
```

自定义一个getCom()方法,用来执行与数据库相关的操作。实现代码如下:

```
protected void getCom(int i)
{
        string dd1 = Application["d1"].ToString();
        string dd2 = Application["d2"].ToString();
        SqlConnection con = dataconn.getcon();
        switch (i)
        {
        //从数据库中选择单选题
         case 1:
            SqlDataAdapter myadapter1 = new SqlDataAdapter("select * " + "from tb_Questions where que_type='单选题'and que_lessonid='" + dd1 + "'and que_taotiid='" + dd2 + "'order by id desc", con);
            DataSet myds1 = new DataSet();
            myadapter1.Fill(myds1);
            DataList1.DataSource = myds1;
            DataList1.DataBind();
            //生成单选题题号
            for (int tID1 = 1; tID1 <= DataList1.Items.Count; tID1++)
            {
             Label lblSelect = (Label)DataList1.Items[tID1 - 1].FindControl("Label2");
             lblSelect.Text = tID1.ToString() + "、";
              }
              break;
            //从数据库中选择多选题
        case 2:
            SqlDataAdapter myadapter2 = new SqlDataAdapter("select * "+ "from tb_Questions where que_type='多选题'and que_lessonid='"+ dd1 + "'and que_taotiid='" + dd2 + "'order by id desc", con);
            DataSet myds2 = new DataSet();
            myadapter2.Fill(myds2);
            DataList2.DataSource = myds2;
            DataList2.DataBind();
            //生成多选题题号
            for (int tID2 = 1; tID2 <= DataList2.Items.Count; tID2++)
            {
            Label lblDSelect = (Label)DataList2.Items[tID2 - 1].FindControl("Label24");
            lblDSelect.Text = tID2.ToString() + "、";
             }
        break;
        //核对单选题答案
```

```csharp
        case 3:
            SqlDataAdapter myadapter3 = new SqlDataAdapter("select id,que_answer"+ " from tb_Questions where que_type='单选题'and que_lessonid="+ dd1 + " and que_taotiid=" + dd2 + " order by id desc", con);
            DataSet myds3 = new DataSet();
            myadapter3.Fill(myds3);
            DataRow[] row1 = myds3.Tables[0].Select();
            //计算单选题成
            foreach (DataRow answer1 in row1)
            {
                int_row1 += 1;
                if (int_row1<= 3)
                {
                    RadioButtonList rbl = (RadioButtonList)(DataList1.Items[int_row1 -1].FindControl("RadioButtonList1"));
                    if (rbl.SelectedValue == "")
                    {
                        this.lblSel.Text = "0";
                    }
                    else
                    {
                        if (answer1["que_answer"].ToString().Trim() == rbl.SelectedValue.ToString().Trim())
                        {
                            int_row1Point += 40 / DataList1.Items.Count;
                            this.lblSel.Text = int_row1Point.ToString();
                        }
                    }
                }
            }
            break;
        //核对多选题答案
        case 4:
            SqlDataAdapter myadapter4 = new SqlDataAdapter("select id,que_answer"
                + " from tb_Questions where que_type='多选题'and que_lessonid="
                + dd1 + " and que_taotiid=" + dd2 + " order by id desc", con);
            DataSet myds4 = new DataSet();
            myadapter4.Fill(myds4);
            DataRow[] row2 = myds4.Tables[0].Select();
            //计算多选题成绩
            foreach (DataRow answer2 in row2)
            {
                int_row2 += 1;
                if (int_row2 <= 3)
                {
                    CheckBoxList cbl = (CheckBoxList)(DataList2.Items[int_row2 - 1].FindControl("CheckBoxList1"));
                    if (cbl.SelectedValue == "")
                    {
                        lblDSel.Text = "0";
                    }
                    else
                    {
                        his.TextBox1.Text = "";
                        for (int q = 0; q < cbl.Items.Count; q++)
                        {
                            if (cbl.Items[q].Selected == true)
                            {
```

```
                    his.TextBox1.Text = TextBox1.Text.Trim() + cbl.Items[q].Value + ",
";
                }
            }
            if (answer2["que_answer"].ToString().Trim() + "," ==
this.TextBox1.Text.Trim())
            {
                int_row2Point += 60 / DataList2.Items.Count;
                this.lblDSel.Text = int_row2Point.ToString();
            }
        }
    }
    break;
}
}
```

11.11 实现后台管理页面

视频讲解 光盘：视频\第 11 章\实现后台管理页面.avi

在线考试后台管理页面的运行效果如图 11-25 所示。后台管理包括管理员信息的管理、注册考生的管理、专业信息的管理、课程信息的管理、套题信息的管理、考生成绩的管理、考试题目的管理。这些管理页面主要都是进行数据的新增、修改、删除、查询。所有实现方式都类似，下面以考试套题管理页面的实现为例。

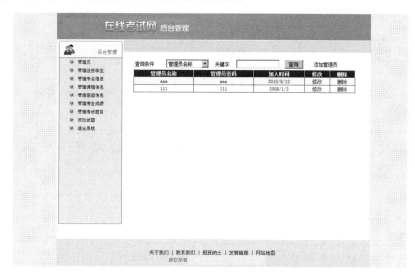

图 11-25 在线考试后台管理页面

考试套题管理页的主要功能包括对考生套题进行添加、查询、修改和删除操作。添加考试套题信息时，需要先在文本框中输入所添加的套题名称，并在下拉列表框中选择所属课程名，然后再进行添加操作；在考试套题信息列表页面中，可以通过选择不同的查询条件并输入相应的关键字来实现查询操作；根据实际需要，还可以实时跟新考试套题中的详细信息或者删除考试套题。考试套题管理页面的运行效果如图 11-26 所示。

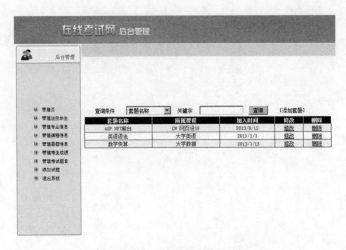

图 11-26 考试套题管理页面

11.11.1 考试套题管理页面技术分析

在考试套题信息【查询】按钮事件中主要应用了 SQL Server 视图数据处理技术，该页创建的视图名为 kecheng_taoti_view，建立该视图的目的主要是从 tb_Lesson 和 tb_TaoTi 两张表中检索出包括套题名称、所属课程和加入时间的信息。

```
protected void Button1_Click(object sender, EventArgs e)
{
if (txtSelect.Text == "")
{
  //调用 ecadabindinfostring 方法绑定数据库信息
  dataconn.ecadabindinfostring(gvQueInfo, "Select * From kecheng_taoti_view ORDER BY Id DESC", "ID");
  }
else
{
  //调用 ecadabind 方法绑定查询信息
  dataconn.ecadabind(gvQueInfo, "Select * From kecheng_taoti_view Where "
        + ddlQueName.SelectedValue + " Like '%" + txtSelect.Text + "%'");
  }
}
```

在接下来的内容中，重点介绍一下 SQL Server 视图方面的技术分析。

(1) 视图的概述

视图是用户用来查看数据库表中数据的一种常用方式，其作用相当于一个虚表。当一些用户需要经常访问数据表中某些字段构成的数据，但从数据安全角度考虑，又不希望直接接触数据表时，可以利用视图这一数据对象。视图不是数据表，它仅是一些 SQL 查询语句的集合，使用时按照不同的要求从数据表中提取不同的数据。视图犹如数据表的窗户，管理员定义这些"窗户"的位置后，用户即可以通过它浏览表中的部分或全部数据。视图中数据的物理存放位置在数据库的表中，这些表一般称为视图的基表。

(2) 创建视图

在 SQL Server 使用创建视图向导、企业管理器或在查询分析器里执行 CREATE VIEW 语句。语法格式如下：

```
CREATE VIEW 视图名
--对包含 CREATE VIEW 语句的文本加密
[WITH ENCRYPTION]
AS
SELECT 语句
--表示对视图所有数据执行修改操作都必须遵守定义视图 SELECT 语句的 WHERE 子句所指定的条件
[WITH CHECK OPTION]
```

11.11.2 考试套题管理页面实现过程

本模块使用的数据表：tb_Lesson、tb_TaoTi，具体设计步骤如下。

（1）在应用程序中新建一个文件夹，将其命名为"HouAdmin"。在该文件夹中创建一个 Web 窗体，命名为"taoti_xinxi.aspx"，用于在线考试套题管理。

（2）在 taoti_xinxi.aspx 页中从【工具箱】选项卡中分别拖放 1 个 ScripManager 控件和 1 个 UpdatePanel 控件，添加这两个控件用于构建 AJAX 环境。

（3）在 UpdatePanel 控件中添加一个 Table(表格)控件为整个页面布局。再从【工具箱】选项卡中拖放 1 个 GridView 控件、1 个 Button 控件、1 个 TextBox、1 个 DropDownList 和 1 个 HypeLink，通过属性窗口设置控件的属性。页面中各个控件的属性设置及其用途如表 11-12 所示。

表 11-12 taoti_xinxi.aspx 页面用到的主要控件

控件类型	控件名称	主要属性设置	控件用途
GridView	gvAdminInfo	AllowPaging 属性设置为 True(用于分页) AutoGenerateColumns 属性设置为 False(取消自动成列) PageSize 属性设置为 6(设置分页数) SkinID 属性设置为 gvSkin(应用主题)	绑定考试套题信息
Button	btnSelect	Text 属性设置为查询	用于查询考试套题
TextBox	txtKey	无	输入查询的关键字
DropDownList	ddlSelect	无	下拉选择(设置查询条件)
HyperLink	HyperLink1	无	跳转到添加考试套题页

11.11.3 实现代码

套题信息列表通过 ASP.NET 3.5 提供的 GirdView 控件把考试套题的基本信息显示出来。在每条信息后设置执行修改及删除功能的超链接按钮。每次登录此页面时程序都会自动执行后台 Page_Load 页面加载事件中的 SQL 语句，将检索到的数据通过 GridView 控件显示在页面中。

编写此代码前，首先在命名空间区域中引用 using System.DataSqlClient 命名空间，然后在 Page_Load 页面加载事件中定义执行需要显示在 GridView 控件中信息的 SQL 语句，通过调用公共类执行该语句完成数据显示操作。后台主要实现数据显示功能的代码如下：

```
Datacon dataconn = new Datacon();
protected void Page_Load(object sender, EventArgs e)
```

```
        {
            if (!IsPostBack)//判断页面是否自次加载
            {
                //调用ecadabindinfostring方法绑定数据库信息
                dataconn.ecadabindinfostring(gvQueInfo, "Select * From kecheng_taoti_view ORDER BY Id DESC", "ID");
            }
        }
        protected void Button1_Click(object sender, EventArgs e)
        {
            if (txtSelect.Text == "")
            {
                //调用ecadabindinfostring方法绑定数据库信息
                dataconn.ecadabindinfostring(gvQueInfo, "Select * From kecheng_taoti_view ORDER BY Id DESC", "ID");
            }
            else
            {
                //调用ecadabind方法绑定查询信息
                dataconn.ecadabind(gvQueInfo, "Select * From kecheng_taoti_view Where "
                    + ddlQueName.SelectedValue + " Like '%" + txtSelect.Text + "%'");
            }
        }
        protected void GridView1_PageIndexChanging(object sender, GridViewPageEventArgs e)
        {
            //获得GridView控件的当前信息
            gvQueInfo.PageIndex = e.NewPageIndex;
            //调用公共类ecadabind方法，绑定数据库信息
            dataconn.ecadabind(gvQueInfo, "Select * From kecheng_taoti_view Where "
                    + ddlQueName.SelectedValue + " Like '%" + txtSelect.Text + "%'");
        }
        protected void GridView1_RowDeleting(object sender, GridViewDeleteEventArgs e)
        {
            //调用公共类中的eccom方法，执行SQL语句
            dataconn.eccom("delete from tb_TaoTi where ID='" + gvQueInfo.DataKeys[e.RowIndex].Value + "'");
            //跳转后台套题管理页
            Page.Response.Redirect("taoti_xinxi.aspx");
        }
        protected void GridView1_RowDataBound(object sender, GridViewRowEventArgs e)
        {
            if (e.Row.RowType == DataControlRowType.DataRow)
            {
                e.Row.Cells[2].Text = Convert.ToString(Convert.ToDateTime(e.Row.Cells[2].Text).ToShortDateString());
            }
            if (e.Row.RowType == DataControlRowType.DataRow)
            {
                ((LinkButton)(e.Row.Cells[4].Controls[0])).Attributes.Add("onclick", "return confirm('确定删除吗？')");
            }
```

双击前台【查询】按钮，同时会进入此按钮后台的 Click 点击事件中，然后在 Click 单击事件中定义执行模糊查询的 SQL 语句，通过调用公共类执行该语句，将结果显示在 GridView 控件中完成查询操作。后台主要实现查询功能的代码如下：

```
Datacon dataconn = new Datacon();
protected void Button1_Click(object sender, EventArgs e)
```

```
{
    if (txtSelect.Text == "")
    {
        //调用 ecadabindinfostring 方法绑定数据库信息
        dataconn.ecadabindinfostring(gvQueInfo, "Select * From kecheng_taoti_view ORDER BY Id DESC", "ID");
    }
    else
    {
        //调用 ecadabind 方法绑定查询信息
        dataconn.ecadabind(gvQueInfo, "Select * From kecheng_taoti_view Where "
            + ddlQueName.SelectedValue + " Like '%" + txtSelect.Text + "%'");
    }
}
```

当管理员单击某条记录的【修改】链接后,可以进入套题信息修改页面 TaotiUpdate.aspx。在该页的 Page_Load 事件代码中,编写如下代码:

```
//创建公共类的一个新的实例对象
Datacon dataconn = new Datacon();
protected void Page_Load(object sender, EventArgs e)
{
    if (!IsPostBack)//判断页面是否首次加载
    {
        //调用公共类中的 ecDropDownList 方法,将考生所学专业绑定到下拉列表框中
        dataconn.ecDropDownList(ddlLesson, "select * from tb_Lesson", "Name", "id");
        //调用公共类中的 getcon 方法,创建一个新的数据库连接
        SqlConnection con = dataconn.getcon();
        //定义并初始化一个数据适配器
        SqlDataAdapter mydataadapter = new SqlDataAdapter("select * from tb_TaoTi where id="
            + Request["id"], con);
        //创建一个 DataSet 数据集
        DataSet mydataset = new DataSet();
        //将数据适配器中的数据填充到数据集 mydataset 中
        mydataadapter.Fill(mydataset, "tb_TaoTi");
        //在 mydataset 数据集中创建 tb_TaoTi 的默认视图
        DataRowView rowview = mydataset.Tables["tb_TaoTi"].DefaultView[0];
        //将输入的套题名称转换成字符串
        this.txtQueName.Text = Convert.ToString(rowview["Name"]);
        ddlLesson.Text = Convert.ToString(rowview["LessonID"]);
        //关闭数据库连接
        con.Close();
    }
}
```

为了方便系统管理,在考试套题管理页面中每条记录后添加了一个【删除】链接,当管理员单击此链接时,系统会自动删除该在线考试套题信息。实现删除功能的代码如下:

```
protected void GridView1_PageIndexChanging(object sender, GridViewPageEventArgs e)
{
    //获得 GridView 控件的当前信息
    gvQueInfo.PageIndex = e.NewPageIndex;
    //调用公共类 ecadabind 方法,绑定数据库信息
    dataconn.ecadabind(gvQueInfo, "Select * From kecheng_taoti_view Where "
            + ddlQueName.SelectedValue + " Like '%" + txtSelect.Text + "%'");
}
```

11.12 系统测试

视频讲解 光盘：视频\第 11 章\系统测试.avi

系统开发过程中，主要需要进行单元测试。单元测试(unit testing)，是指对软件中的最小可测试单元进行检查和验证。对于单元测试中单元的含义，一般来说，要根据实际情况去判定其具体含义，如 C 语言中单元指一个函数，C#里单元指一个类，图形化的软件中可以指一个窗口或一个菜单等。总的来说，单元就是人为规定的最小的被测功能模块。单元测试是在软件开发过程中要进行的最低级别的测试活动，软件的独立单元将在与程序的其他部分相隔离的情况下进行测试。

在线考试页面中在实现计算考生单选题分数或多选题分数时，需要将在 DataList 容器控件中查找到的带指定 Id 参数 RaidoButtonList1 或 checkBoxlist1 的服务器控件强制转换成 RaidoButtonList 或 checkBoxlist 类型，否则会出现如图 11-27 所示的错误提示。

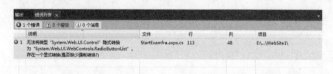

图 11-27 错误提示

解决该页提示错误，只需将下面代码中加粗、倾斜、下划线的代码替换，强制转换成 RadioButtonList 控件即可。

```
RadioButtonList rbl = (RadioButtonList)(DataList1.Items[int row1 - 1].FindControl("RadioButtonList1"));
case 3:
SqlDataAdapter myadapter3 = new SqlDataAdapter("select id,que_answer"+ " from tb_Questions where que_type='单选题'and que_lessonid="+ dd1 + " and que_taotiid=" + dd2 + " order by id desc", con);
DataSet myds3 = new DataSet();
myadapter3.Fill(myds3);
DataRow[] row1 = myds3.Tables[0].Select();
//计算单选题成
foreach (DataRow answer1 in row1)
{
 int_row1 += 1;
 if (int_row1<= 3)
 {
 RadioButtonList rbl = (DataList1.Items[int_row1 - 1].FindControl("RadioButtonList1"));
if (rbl.SelectedValue == "")
   {
      this.lblSel.Text = "0";
      }
 else
   {
    if (answer1["que_answer"].ToString().Trim() == rbl.SelectedValue.ToString().Trim())
     {
         int_row1Point += 40 / DataList1.Items.Count;
         this.lblSel.Text = int_row1Point.ToString();
      }
    }
  }
}
break;
```

第 12 章　在线 BBS 论坛系统

BBS 论坛系统是为了方便大家的沟通和获取信息而开发的系统。本章阐述了一个网上在线论坛网站的基本体系结构,它包括浏览搜索帖子、用户登录注册、发表/回复帖子、个人资料管理和帖子管理;后台功能主要包括用户管理、论坛版块管理和帖子管理等功能模块,并构建了一个网上在线论坛网站的基本体系结构。本章将向读者介绍开发一个在线论坛系统的具体过程。

赠送的超值电子书

111. 看 ASP.NET 中的几种缓存
112. 使用@OutputCache 指令整页输出缓存
113. 使用 API 输出缓存
114. 页面输出缓存应用
115. 使用@ OutputCache 指令
116. 使用 PartialCachingAttribute 类
117. 使用 ControlCachePolicy 类
118. 缓存后替换
119. 应用程序数据缓存
120. 将项添加到缓存中

12.1 走向架构师之路

视频讲解 光盘：视频\第 12 章\走向架构师之路.avi

程序员的水平有高有低，职位也不尽相同。如果你想立志向技术方面发展，那么在众多的职位中，究竟什么职位值得大家羡慕呢？答案是架构师。

12.1.1 什么是架构师

架构师是软件开发行业中的一种新兴职业，工作职责是在一个软件项目开发过程中，将客户的需求转换为规范的开发计划及文本，并制定这个项目的总体架构，指导整个开发团队完成这个计划。架构师的主要任务不是从事具体的软件程序的编写，而是从事更高层次的开发构架工作。架构师必须对开发技术非常了解，并且需要有良好的组织管理能力。可以这样说，一个架构师工作的好坏决定了整个软件开发项目的成败。

架构师实际上就是软件的总体设计师，项目首席设计师就是总设计师。架构师的形成一定是在实践中积累起来的，而并非上了几次培训班，读了几本书就可以成功的，架构师是在工程实践中培养出来的。

架构师是客户需求和开发者之间的桥梁。在软件行业中，一般提到的架构师是技术架构师，而忽略了领域架构师或者讲是领域工程师的概念。一个好的领域专家一定是业务领域的架构师，他能够给出某一个业务领域的架构，我们可以称为业务架构，只有技术架构和业务架构紧密结合才有可能真正创造出一个好的系统。软件架构师在整个软件开发过程中都起着重要的作用，并随着开发进程的推进而其职责或关注点不断地变化，在需求阶段，软件架构师主要负责理解和管理非功能性系统需求，比如软件的可维护性、性能、复用性、可靠性、有效性和可测试性等。此外，架构师还要经常审查和客户及市场人员所提出的需求，确认开发团队所提出的设计；在需求越来越明确后，架构师的关注点开始转移到组织开发团队成员和开发过程定义上；在软件设计阶段，架构师负责对整个软件体系结构、关键构件、接口和开发政策的设计；在编码阶段，架构师则成为详细设计者和代码编写者的顾问，并且经常性地要举行一些技术研讨会、技术培训班等；随着软件开始测试、集成和交付，集成和测试支持将成为软件架构师的工作重点；在软件维护开始时，软件架构师就开始为下一版本的产品是否应该增加新的功能模块进行决策。

12.1.2 赢在架构之——如何成为一名架构师

在软件开发过程中，一个优秀软件架构师的重要性是不应低估的。那么究竟如何成为优秀的软件架构师呢？

- 必须具有丰富的软件设计与开发经验，这有助于理解并解释所进行的设计是如何映射到实现中去。
- 要具有领导能力与团队协作技能，软件架构师必须是一个得到承认的技术领导，能在关键时候对技术的选择做出及时、有效的决定。
- 具有很强的沟通能力，其时这一点好像什么角色都最好具备，软件架构师需要与各路人马经常打交道，客户、市场人员、开发人员、测试人员、项目经理、网络管理员、数据库工程师等，而且在很多角色之间还要起沟通者的作用。
- 需要时刻注意新软件设计和开发方面的发展情况，并不断探索更有效的新方法。开发语言、设计模式和开发平台不断很快地升级，软件架构师需要吸收这些新技术新知识，并将它们用于软件系统开发工作中。
- 具备行业的业务知识，这有助于设计出一个满足客户需求的体系结构，优秀的软件架构师常常因为要尽快获得对行业业务的理解而必须快速学习并且进行敏锐的观察。

12.1.3　赢在架构之——何种架构才算是一个"美丽"的架构

美丽至简，精益并且是不断演进式发展。精益在于避免过度设计，同样使得架构能不断演进。无论是一个大规模的电信网络管理系统、大规模应用的互联网架构还是企业级的 ERP 系统，很多时候不可能一开始就设计出最完美的解决方案。系统应该随着规模的变化，不断演进。这样的系统才是科学的、经济的。

架构之美体现在关注点的分离和结合。在软件设计中，我们需要考虑多方面的关注点，漂亮的架构就是让这些关注点尽可能分离，然后以最简单的方式结合，从而得到高内聚、低耦合的系统。

在现实应用中，一般有如下三种评估架构的方法。

(1) 确定架构属性，通过建模或者模拟系统的一个或者多个方面。

例如，通过性能建模来评估系统的吞吐量和伸缩性。通过失效树模型来评估系统的可靠性和可访问性，还有复杂性和耦合性指标，可用于评估可变性和可维护性。

(2) 通过对架构师的质询来评估架构。

有许多结构化的质询方法，通过组织内的专家或者一些领域专家的质询来评估架构。

(3) 架构折中分析法。

这是质询评估法的变体，它通过寻找架构中不能满足品质关注点的风险来评估架构。使用特定场景分析，每种场景描述特定利益相关人对系统的品质关注点。然后由架构师来解释如何支持每一种场景。

12.1.4　赢在架构之——如何打造一个美丽的架构

(1) 要明确系统的关注点。

要明确系统需要考虑哪些关注点，哪些关注点是需要重点考虑的关注点。没有一个系统能够完美地满足所有关注点，对其中一个关注点的完美满足就是对另外一个关注点的不完美满足，所以架构是一种折中，一种针对特定系统重要关注点的折中满足。发现特定系统中的重要关注点，以及满足这些关注点的条件，是我们取得架构的方法。

另外，项目中的不同群体对系统有不同的关注点，具体说明如下。

- 投资人：关注的是项目是否可以在给定的资源和进度约束下完成。
- 架构师、开发人员、测试人员：关注的是系统最初的构建和以后的维护、演进。
- 项目经理：关注的是如何组织团队，指定迭代计划。

- 客户：关心的是所有关注点是否得到了满足。

与相关利益群体沟通、明确这些关注点和约束，并为他们排列优先级。

(2) 是一组要遵循的规则。

这组规则有助于消除复杂性，并可以用于指导详细设计和系统验证。设计规则可能表现为特定的抽象，这些抽象总是以同样的方式使用；设计规则还表现为一种模式，如管道模式和过滤器模式，在系统中处处使用相同的设计原则，设计概念具备完整性。一个好的架构反映的是一组设计思想，而不是只有很多好的思想，但这些思想之间却彼此独立、不协调。设计规则还体现在符合法规和安全性的要求。

(3) 确保设计概念在实现时得到一致体现。

(4) 好的架构来自于好的架构师提供的现场指导，原因在于一些关注点是很多系统的共性。

- 功能性：产品向它的用户提供哪些功能？
- 可变性：软件将来可能要有哪些改变，哪些变化不可能发生，不需要特别容易做这些改变？
- 性能：产品将达到怎样的性能？
- 容量：多少用户将并发使用该系统？该系统为多少用户保存数据？
- 生态系统：在部署的生态环境中，该系统与其他系统进行哪些交互？
- 模块化：如何将编写软件的任务分解为工作指派？特别是这些模块应如何进行独立开发，能够准确而容易地满足彼此的需要。
- 可构建性：如何将软件构建为一组组件，并能够独立实现和验证这些组件？哪些组件应该复用其他的产品？哪些应该从外部供应商处获得？
- 产品化：如果产品将以几种变体的形式存在，如何开发一个产品线并利用这些变体的共性？产品线中的产品以什么样的步骤开发？是否可以开发最小的产品，然后再添加、扩展组件，在不改变以前编写的代码的情况下，开发产品线的其他成员？
- 安全性：产品是否需要用户认证？数据的安全性如何得到保障？如何抵挡外来的攻击？

最后想说的是，架构之路并不平坦，需要我们不断探索，不断实践。在自己的成长之路上，每一滴汗水才是自己成长的记号。《金刚经》云："一切圣贤皆，以无为法而有差别"。

12.2　系统需求分析

视频讲解　光盘：视频\第 12 章\系统需求分析.avi

BBS 起源于 20 世纪 80 年代初，最初，论坛只是用于发布公告信息，讨论问题的在线交流平台。后来，随着网络的普及，论坛的功能越来越丰富，受到广大网民的欢迎。因此，商业网站对论坛重视起来，纷纷在自己的网站上开辟论坛，作为与网民交流的园地。同时在线技术支持和在线服务也在论坛中开展起来。

第 12 章 在线 BBS 论坛系统

网上在线论坛面向的群体主要是学生,可以讨论关于生活和学习方面的各种经验和困难等,同时对于用户分为不同级别,根据用户级别的不同在论坛中为用户分配不同的权限。同时 BBS 还需要拥有对各种信息管理的功能。通过对典型的网上在线论坛的考察、分析,要求本系统具有以下特点:

- 要求系统具有良好的人机界面;
- 功能强大,操作简单,扩展性强,稳定性高;
- 对帖子进行分类,便于管理;
- 网站最大限度地实现易维护性和易操作性;
- 网站运行稳定,安全可靠。

12.3 系统可行性分析

视频讲解 光盘:视频\第 12 章\系统可行性分析.avi

可行性研究的目的就是用最小的代价在尽可能短的时间内确定问题是否能够解决。为了确定开发具有可行性,对本系统主要进行了以下 4 个方面的分析。

12.3.1 经济可行性

经济可行性主要是对项目的经济效益进行评价。本系统对系统开发者来说并不需要太高的成本支出,只是对系统的管理者付出管理报酬即可,而且开发周期不需要太长,节省了人力、物力、财力资源,所以本系统在经济上是可行的。

12.3.2 技术可行性

技术可行性分析主要是分析技术条件能否顺利完成开发工作,硬、软件能否满足开发者的需要等。在软件方面,本系统采用的是 ASP.NET 进行开发,前台网页设计使用的是 Microsoft Visual Studio 2008,而数据库系统采用的是 SQL 2008。通过分析,在软、硬件方面现有工具与环境完全可以实现系统的开发,因此具有技术上的可行性。

12.3.3 时机可行性

时机可行性是分析系统开发时机是否成熟。目前越来越多的应用程序都已经是转向基于 Web 的开发,并且 Internet 已经广泛使用,因此系统的设计具有时机可行性。

12.3.4 管理可行性

主要是管理人员是否支持,现有的管理制度和方法是否科学,规章制度是否齐全,原始数据是否正确等。系统的开发主要就是为了方便信息的管理,补充传统管理方式的不足,因此具备了管理上的可行性。

综上所述,本系统开发目标已明确,在技术和经济等方面具备可行性,并且投入少、见效快,因此系统的开发是完全可行的。

12.3.5 角色分析

本网站是为了方便大家的沟通和获取信息，同时促进大家互相认识，以便提高人们的娱乐生活水平。本网站分为两个角色：管理员和用户。每个角色操作的共性是通过密码验证后登录，显示身份信息，通过单击修改密码菜单实现密码更改。角色工作完成后，通过注销登录退出登录状态。管理员可以对帖子、版块、用户等进行相关的管理。用户可以注册、登录、登录网上在论坛上进行发帖、回帖、浏览帖子等。

12.4 系统设计

视频讲解　光盘：视频\第 12 章\系统设计.avi

开发网上在线论坛最终目的是为用户提供一个良好的技术交流平台，得到用户的及时反馈。为了满足客户需要，本系统在设计时应实现以下几个目标：

- 系统界面友好，美观；
- 划分用户界面，将不同的权限划分给不同的用户；
- 合理管理论坛相关信息；
- 易于维护和扩展；
- 系统运行稳定、可靠。

12.4.1 系统功能结构

网上在线论坛是一个典型的 ASP.ENT 应用程序。当进入论坛的首页后不论论坛的注册用户，还是普通游客，区别在于能否发帖，即功能不同，当然管理员拥有最高级别，拥有注册用户和游客的所有功能。功能结构如图 12-1 所示。

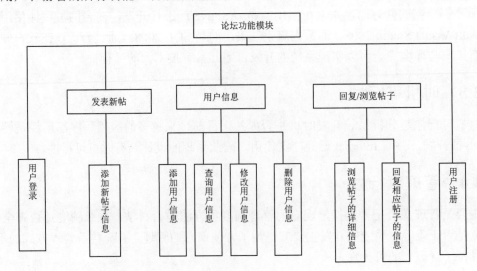

图 12-1　网上在线论坛功能结构图

12.4.2 功能描述

(1) 会员注册

新会员注册，提供会员信息，检验会员信息的有效性。

(2) 会员登录

提供用户凭证，验证用户信息，基于角色授权。

(3) 会员管理

管理员由系统初始化分配一个，管理员可以对会员信息户角色调整，版主调整，删除会员等。

(4) 论坛版块管理

管理员可以添加、删除、论坛版块。

(5) 帖子管理

管理员可以对所有帖子进行删除等操作，也可以对本版块帖子进行置顶、删除等操作。

(6) 帖子发表

注册用户可以在感兴趣的版块中发表新主题帖。

(7) 帖子回复

用户可以对自己感兴趣的主题发表回复。

(8) 帖子浏览

用户可以浏览所有可见帖子。

12.4.3 业务流程图

网上在线论坛的业务流程如图 12-2 所示。

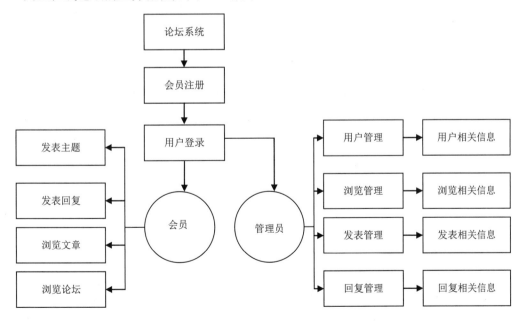

图 12-2　网上在线论坛流程

12.4.4 网站主要数据绑定控件技术分析

网上在线论坛的网站首页主要应用了 GridView 控件和 DataList 控件的两大关键技术——数据绑定技术和分页技术。

在动态网站开发过程中，经常需要在表格控件中查看一些基本信息。在网上在线论坛使用 GridView 和 DataList 控件，将帖子的基本信息绑定到页面上，且可以进行一般的管理操作。

在首页及其很多页面，都使用了 GridView 控件进行帖子的基本信息，详细信息应用 DataList 控件进行绑定。

首先看一下关于本网站 GridView 控件中，实现绑定和分页功能有关的属性、事件介绍如下：

- AllowPaging 属性：获取或设置一个值，该值显示是否启用分页功能；
- DataSource 属性：获取或设置对象，数据绑定控件从该对象中检索数据项列表；
- DataKeyNames 属性：获取或设置一个数组，该数组包含了显示在 GridView 控件中的项的主键字段的名称；
- DataKeys 属性：获取一个 Datakey 对象集合，这些对象表示 GridView 控件中每一行的数据键值；
- PageCount 属性：获取 GridView 控件中显示数据源记录所需的页数；
- PageIndex 属性：获取或设置当前显示页面的索引；
- PageSize 属性：获取或设置 GridView 控件在每一个页面上显示的记录数；
- PageIndexChanging 事件：在单击某一个页面导航一按钮时，在 GridView 控件处理分页操作之前完成。

然后在详细信息界面使用了 DataList 控件，然后显示帖子的详细信息和回复信息，其属性和时间如下：

- DataSource：有 DataBind 的地方，就应该有 DataSource。如果没有指定 DataSource 而执行 DataBind，那 DataGrid 将什么也不会显示。DataSource 一般是 DataSet、DataTable 或者 DataView。当然也可以绑定 DataReader 或者其他实现 IEnumerable 的类；
- DataKeys：获取一个 Datakey 对象集合，这些对象表示 DataList 控件中每一行的数据键值；
- DataKeyField：一般设置为数据表的 Unique 字段(否则就没意义了)，通过 DataKey 可以得到这一行对应的关键字段的值；
- DataKeys：DataKey 的集合，通过行的索引来读取相应行的 DataKey；
- EditItemIndex、SelectedIndex、CurrentPageIndex、SelectedItem：这些属性都很好理解，看名字就知道是什么意思，需要注意的是，设置了 EditItemIndex 或者 CurrentPageIndex 后需要重新执行 DataBind 方法(前面提到过，还需要设置 DataSource)；
- Columns：Columns 就是 Columns，列的集合，可以设置列的属性，包括 Visible、HeaderText、FooterText、SortExpression 等。需要指明的是自动生成的列，是不包

含在 Columns 中的。只有在.aspx 中显示声明的列和在代码中添加的列才会被包含在其中；
- Items：Items 是 DataGridItem 的集合，可以遍历当前 DataGrid 中显示数据的 DataGridItem；
- ItemIndex：得到行在 Items 中的索引；
- ItemType：返回行的类型，也就是上面列出的 Header、Item、...、Pager；
- ItemCommand、CancelCommand、DeleteCommand、EditCommand、UpdateCommand 也就是 DataGrid 中，点击 Button、LinkButton 后执行的事件，执行的事件取决于按钮的 CommandName。其实最主要的一个是 ItemCommand，而后面四个都只是 ItemCommand 的一小部分，如一个按钮的 CommandName 为 Cancel，当返回后，首先执行的是 ItemCommand 事件，然后才是 CancelCommand 事件；
- PageIndexChanged：如果你的 DataGrid 是分页的，那当你在 DataGrid 上点击 Pager 上的 1、2、3 或者<、>时，就会激发这个事件。在这个事件里面，你可以用 e.NewPageIndex 来读取要改变的页，然后赋值给 DataGrid 的 CurrentPageIndex 属性。最后不要忘了，还要设置 DataSource，还要执行 DataBind。注意：DataList 中没有这个事件，如果需要在 DataList 中分页，可以一段一段地读取数据，然后把当前段的数据绑定到 DataList 上；
- ItemDataBound 和 ItemCreated：首先要分析的是这两个事件的发生时间。ItemDataBound，只要执行了 DataBind 方法，就会马上激发这个事件；ItemCreated 呢，如果页面是第一次访问(Page.IsPostBack = false)，那在第一次执行 DataBind 的时候，会先激发 ItemCreated 事件，也就是说，执行了 DataBind 后，首先会用 ItemCreated 来建立 Header 行，然后用 ItemDataBound 来绑定 Header 行，再用 ItemCreated 来建立第一行，再调用 ItemDataBound 来绑定第一行，也就是说 ItemCreated 和 ItemDataBound 是交替执行的。页面返回时，也会执行 ItemCreated 事件，在 Page_Load 之前，但是这时候就不会再执行 ItemDataBound 事件了。

12.5 项目计划书

视频讲解 光盘：视频\第 12 章\项目计划书.avi

今天，PrB 根据我的功能分析，查阅了相关资料，并根据《GB8567—88 计算机软件产品开发文件编制指南》中的项目开发计划要求，结合单位实际情况编写了项目计划书。

1. 引言

(1) 编写目的

随着网络的普及，论坛的功能越来越丰富，受到广大网民的欢迎。因此，商业网站对论坛重视起来，纷纷在自己的网站上开辟论坛，作为与网民交流的园地。同时在线技术支持和在线服务也在论坛中开展起来。

(2) 背景

本项目是由×××教育集团委托我公司开发一个 BBS 项目，主要功能是为客户提供售后服务，项目周期为 40 天。

2．功能分析

（1）会员注册

新会员注册，提供会员信息，检验会员信息的有效性。

（2）会员登录

提供用户凭证，验证用户信息，基于角色授权。

（3）会员管理

管理员由系统初始化分配，它可以对会员信息进行角色调整、版主调整、删除会员等。

（4）论坛版块管理

管理员可以添加、删除、论坛版块。

（5）帖子管理

管理员可以对所有帖子进行删除等操作，也可以对本版块帖子进行置顶、删除等操作。

（6）帖子发表

注册用户可以在感兴趣的版块中发表新主题帖。

（7）帖子回复

用户可以对自己感兴趣的主题发表回复。

（8）帖子浏览

用户可以浏览所有可见帖子。

3．应交付成果

项目开发完后，交付内容有编译运行后的软件、系统数据库文件和系统使用说明书。无偿维护服务 6 个月，超过 6 个月进行有偿维护与服务。

4．项目开发环境

操作系统为 Windows XP、Windows 2003、Windows 7 均可，使用集成开发工具 Microsoft VisualStudio 2010。

5．项目验收方式与依据

项目验收分为内部验收和外部验收两种方式。在项目开发完成后，首先进行内部验收，由测试人员根据用户需求和项目目标进行验收。项目在通过内部验收后，交给客户进行验收，验收的主要依据为需求规格说明书。

12.6 数据库设计

视频讲解　光盘：视频\第 12 章\数据库设计.avi

数据库是动态 Web 的基础，Web 中的所有数据都是基于数据库的，所以数据库设计的好坏直接关系到整个项目的好坏。数据库的设计过程一般是从现实世界出发，进行需求分析、概念分析、逻辑分析和物理设计的。其中需求分析是整个设计过程的基础，是最困难、最耗费时间的一步。需求分析做得不好，甚至会导致整个数据库设计返工重做。概念结构设计师整个数据库设计的关键,它通过对用户需求进行分析、综合、归纳与抽象,形成一个独立、具体的数据可管理系统的概念模型。逻辑结构设计师将概念转换为某个数据库管理系统所支持的数据库模型,并对其进行优化。物理结构设计是为逻辑结构设计选择一个最适合应用环境的物理结构,并对数据可进行布置。

12.6.1 数据库概念设计

本系统采用 SQL Server 2008 数据库,名称为"db_Discuss",其中包括 4 张表。通过对网站进行的需求分析、网站流程设计以及系统功能结构的确定,规划处系统中使用的数据库实体对象分别为发帖信息实体、回帖信息实体、头像信息实体以及用户信息实体。

发帖信息实体 E-R 图如图 12-3 所示。

回帖信息实体 E-R 图如图 12-4 所示。

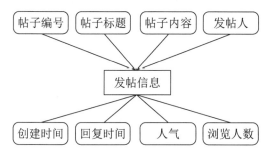

图 12-3　发帖信息实体 E-R 图

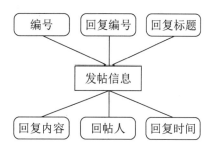

图 12-4　回帖信息实体 E-R 图

头像信息实体 E-R 图如图 12-5 所示。
用户信息实体 E-R 图如图 12-6 所示。

图 12-5　头像信息实体 E-R 图

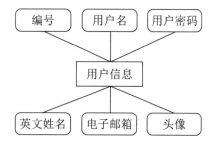

图 12-6　用户信息实体 E-R 图

12.6.2 数据库逻辑结构设计

根据数据库实体 E-R 图设计数据表结构。由于篇幅限制,下面给出主要数据表的结构。

(1) tb_Users(用户信息表)

用户信息表主要存储用户的相关信息,如图 12-7 所示。

(2) tb_hf(回帖信息表)

回帖信息表主要存储回复帖子的相关信息,如图 12-8 所示。

图 12-7 用户信息表

图 12-8 回帖信息表

(3) tb_Content(发帖信息表)

发帖信息表主要存储发表帖子的相关信息，如图 12-9 所示。

(4) tb_touxiang(头像信息表)

头像信息表主要存储头像的相关信息，如图 12-10 所示。

图 12-9 发帖信息表

图 12-10 头像信息表

12.7 编写公共类

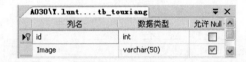视频讲解 光盘：视频\第 12 章\编写公共类.avi

在本系统中创建了一个公共类 DB 类，主要用来访问 SQL Server 2008 数据库，数据库操作类主要的功能是连接数据库。

文件 Datacon.cs 的具体实现代码如下。

```
public class DB
{
    public DB()
    {
        //
        // TODO: 在此处添加构造函数逻辑
        //
    }
    public static SqlConnection createDB()
    {
        return new SqlConnection(ConfigurationManager.ConnectionStrings["ConStr"].ToString());
    }
}
```

12.8 实现网站首页

视频讲解 光盘：视频\第 12 章\实现网站首页.avi

网上在线论坛的网站首页主要显示论坛中帖子的信息列表，并提示网站菜单导航及用户登录和注册功能。网站菜单导航包括用户信息管理、修改当前用户信息、用户信息查询、用户登录、发表帖子、用户注册等。

12.8.1 设计思路

本模块使用的数据表：tb_Users、tb_Conten。该页面主要运用了 Label、Literal、Textbox、ImageButton、GridView 控件。调用用户定义 aa()方法，首先创建一个新的数据库连接对象，并初始化一个 SqlCommand 命令对象，然后通过 SqlDataAdapter(数据适配器)的 Fill()方法填充创建的 DataSet 数据集，最后以 DataBind()方法绑定数据库中的数据，以显示注册会员发表帖子的相关信息。

在应用程序中应用 GridView 控件自带的分页技术时，首先将 GridView 控件的 AllowPaging 属性设置为 True，以允许该控件分页，然后触发其 PageIndexChanging 事件，并在该事件中编写 GridView 控件分页的代码。

12.8.2 具体实现

本模块使用的数据表有 tb_Users，tb_Content，具体实现过程如下。

(1) 建 Web 窗体，主要用于显示网站首页的相关信息。

(2) 在 Web 窗体的区域内添加一个 Table，用于页面的整体布局，并在用户控件窗体的区域内拖放一个 foot.ascx, header.ascx, guide_1.ascx, guide_2.ascx 用户控件，用于显示网站底部、顶部及导航信息。

(3) 在网站首页中涉及的主要控件，控件属性设置及用途。

首页文件 Default.aspx 的具体实现代码如下。

```
<body leftmargin="0" topmargin="0" marginwidth="0" marginheight="0">
    <form id="form1" runat="server">
    <div>
        <div style="text-align: center">
            <table border="0" style="width: 800px">
                <tr>
                    <td style="width: 807px" align="center">
                        <div style="text-align: center">
                            <table border="0" style="width: 100%">
                                <tr>
                                    <td style="width: 100px; height: 161px;">
                                    </td>
                                    <td style="width: 100px; height: 161px;">
                                    <asp:Image ID="Image2" runat="server"
ImageUrl="~/image/index_02.gif" Width="863px" /></td>
                                </tr>
                            </table>
```

```html
                </div>
            </td>
        </tr>
        <tr>
            <td style="width: 807px; height: 44px;">
                <div style="text-align: center">
                    <table border="0" style="width: 131%">
                        <tr>
                            <td colspan="6" style="width: 76px">
                                <div style="text-align: center">
                                    <table border="0" width="100%">
                                        <tr>
                                            <td style="width: 120px; height: 26px;">
                                                <asp:Label ID="Label7" runat="server" Font-Size="9pt"
Text="欢迎光临编程词典网上论坛！" Width="210px" ForeColor="#C00000"></asp:Label></td>
                                            <td style="width: 100px; height: 26px;">
                                                <asp:LinkButton ID="LinkButton2" runat="server"
Font-Size="9pt" ForeColor="Blue"
                                                    Width="100px" OnClick="LinkButton2_Click">用户信息管
理</asp:LinkButton></td>
                                            <td style="width: 100px; height: 26px"
valign="middle">
                                                     </td>
                                            <td style="width: 100px; height: 26px;">
                                                <asp:LinkButton ID="LinkButton3" runat="server"
Font-Size="9pt" ForeColor="Blue"
                                                    Width="140px" OnClick="LinkButton3_Click">修改当前用
户信息</asp:LinkButton></td>
                                            <td style="width: 433px; height: 26px">
                                                </td>
                                            <td style="width: 100px; height: 26px;">
                                                <asp:LinkButton ID="LinkButton5" runat="server"
Font-Size="9pt"
                                                    Width="130px" OnClick="LinkButton5_Click">用户信息查
询</asp:LinkButton></td>
                                            <td style="width: 100px; height: 26px">
                                                </td>
                                            <td style="width: 177px; height: 26px;">
                                                <asp:LinkButton ID="LinkButton4" runat="server"
Font-Size="9pt" ForeColor="Blue"
                                                    Width="130px" OnClick="LinkButton4_Click">用户登录
</asp:LinkButton></td>
                                            <td style="width: 100px; height: 26px;">
                                                </td>
                                            <td style="width: 806064px; height: 26px;">
                                                <asp:ImageButton ID="ImageButton2"
runat="server" ImageUrl="~/image/faxintie an niu.gif" OnClick="ImageButton2_Click"
/></td>
                                        </tr>
                                    </table>
                                </div>
                            </td>
                            <td style="width: 116px">
                            </td>
                        </tr>
                        <tr>
                            <td colspan="6" style="width: 76px; height: 4px">
                                <table align="center" border="0" cellpadding="0"
cellspacing="0" height="27" width="806">
                                    <tr>
                                        <td style="height: 33px" width="28">
```

```
                            <asp:Image ID="Image3" runat="server"
ImageUrl="~/image/speaker.gif" /> </td>
                                <td style="height: 33px; text-align: left; width:
59px;">
                        <asp:Label ID="Label6" runat="server" Text="Label" Width="60px"
ForeColor="#FF8000"></asp:Label></td>
                                <td style="height: 33px; text-align: left; width:
56px;">
                                <asp:Literal ID="Literal1"
runat="server"></asp:Literal></td>
                                <td style="height: 33px; text-align: left; width:
6px;">
                                        <asp:Image ID="Image1" runat="server"
Height="8px" ImageUrl="~/image/jiantou.gif"
                                Width="12px" /> </td>
                            <td style="height: 33px; width: 68px;">
                                 用户名：</td>
                            <td style="height: 33px" width="135">
                        <asp:TextBox ID="txtname" runat="server"
Width="131px"></asp:TextBox> </td>
                            <td style="height: 33px" width="54">
                                密码： </td>
                            <td style="height: 33px" width="136">
                        <asp:TextBox ID="txtpwd" runat="server" Width="131px"
TextMode="Password"></asp:TextBox> </td>
                            <td style="height: 33px" width="72">
                                 <asp:ImageButton ID="ImageButton1"
runat="server" ImageUrl="~/image/denglu an niu.gif"
                                        OnClick="ImageButton1_Click1"
/></td>
                            <td style="height: 33px" width="64">
                                 <asp:ImageButton ID="ImageButton3"
runat="server" ImageUrl="~/image/zhuce an niu.gif"
                                        OnClick="ImageButton3_Click"
/></td>
                        </tr>
                        </table>
                    </td>
                    <td style="width: 116px; height: 4px">
                    </td>
                </tr>
                <tr>
                    <td colspan="6" style="height: 29px; width: 76px;
background-color: #ffffff;" align="center">
                            <asp:Image ID="Image5" runat="server"
ImageUrl="~/image/biaotilan.gif" Width="871px" /></td>
                        <td style="width: 116px; height: 29px">
                        </td>
                </tr>
                <tr>
                    <td colspan="6" style="width: 76px">
                        <asp:GridView ID="gvlt" runat="server" AllowPaging="True"
AutoGenerateColumns="False"
                            CellPadding="4" Font-Size="12pt" ForeColor="#333333"
GridLines="None" Width="870px" Font-Names="华文新魏" PageSize="14"
OnRowDeleting="gvlt_RowDeleting">
                            <FooterStyle BackColor="#8080FF" Font-Bold="True"
ForeColor="White" />
                            <Columns>
                                <asp:BoundField DataField="ContId" HeaderText="编号"
Visible="False" />
```

```
                              <asp:BoundField DataField="Subject" HeaderText="标题" />
                              <asp:BoundField DataField="UserName" HeaderText="作者    " />
                              <asp:BoundField DataField="CreateTime" HeaderText="创建日期及时
间" />
                              <asp:BoundField DataField="LastAnswerTime" HeaderText="最后回
复时间" />
                              <asp:BoundField DataField="HitCount" HeaderText="人气指数" />
                              <asp:HyperLinkField DataNavigateUrlFields="ContId"
DataNavigateUrlFormatString="~/teizixinxi/chakan.aspx?ContId={0}"
                                  HeaderText="详细信息" Text="详细信息" />
                              <asp:CommandField ShowDeleteButton="True" />
                          </Columns>
                          <RowStyle BackColor="LightBlue" />
                          <EditRowStyle BackColor="#2461BF" />
                          <SelectedRowStyle BackColor="#D1DDF1" Font-Bold="True"
ForeColor="#333333" />
                          <PagerStyle BackColor="LightBlue" ForeColor="White"
HorizontalAlign="Center" />
                          <HeaderStyle BackColor="#EFF3FB" Font-Bold="True"
ForeColor="DimGray" />
                          <AlternatingRowStyle BackColor="White" Font-Size="Small" />
                      </asp:GridView>
                          </td>
                          <td style="width: 116px">
                          </td>
                      </tr>
                      <tr>
                          <td colspan="6" style="width: 76px">
                          <asp:Image ID="Image4" runat="server"
ImageUrl="~/image/index_17.gif" Width="865px" /></td>
                          <td style="width: 116px">
                          </td>
                      </tr>
                  </table>
              </div>
                 
            </td>
          </tr>
        </table>
    </div>

    </div>
    </form>
</body>
```

执行文件 Default.aspx.cs 的具体实现代码如下。

```
public partial class Default: System.Web.UI.Page
{
    protected void Page_Load(object sender, EventArgs e)
    {

        if (!this.IsPostBack)
        {

            // 将系统时间与13进行比较，来获取问候语
            int Time = System.DateTime.Now.Hour.CompareTo(13);
            string str;
            if (Time > 0)
            {
                str = "下午好!";
```

```csharp
        }
        else if (Time < 0)
        {
            str = "上午好! ";
        }
        else
        {
            str = "中午好! ";
        }
        if (Session["UserName"] == null && Session["UserPwd"] == null)
        {
        }
        else
        {
            //this.Label6.Visible = true;


        }
        this.aa();
         this.Label6.Text = str;
    }

}
public void aa()
{
    SqlConnection con = DB.createDB();
    SqlCommand cmd = new SqlCommand();
    cmd.Connection = con;
    con.Open();
    SqlDataAdapter sda = new SqlDataAdapter("select * from tb_Content", con);
    DataSet ds = new DataSet();
    sda.Fill(ds, "tb_Content");
    this.gvlt.DataSource = ds;
    this.gvlt.DataKeyNames = new string[] { "ContId" };
    this.gvlt.DataBind();
    con.Close();
}
protected void gvlt_PageIndexChanging(object sender, GridViewPageEventArgs e)
{
    this.gvlt.PageIndex = e.NewPageIndex;
    this.aa();
}
protected void ImageButton1_Click(object sender, ImageClickEventArgs e)
{
    Response.Redirect("~/teizixinxi/addteizi.aspx");
}
protected void LinkButton4_Click(object sender, EventArgs e)
{
    Response.Redirect("~/denglu/denglu.aspx");
}
protected void LinkButton3_Click(object sender, EventArgs e)
{
    Response.Redirect("~/dangqianxinxi/dqyhxinxixg.aspx");
}
protected void LinkButton2_Click(object sender, EventArgs e)
{
    Response.Redirect("~/yonghuxinxi/yonghu.aspx");
}
protected void LinkButton5_Click(object sender, EventArgs e)
{
    Response.Redirect("~/yonghuxinxi/yonghuchaxun.aspx");
```

```csharp
    }
    protected void ImageButton2_Click(object sender, ImageClickEventArgs e)
    {
        Response.Redirect("~/teizixinxi/addteizi.aspx");
    }
    protected void ImageButton1_Click1(object sender, ImageClickEventArgs e)
    {
        SqlConnection con = DB.createDB();
        SqlCommand cmd = new SqlCommand();
        cmd.Connection = con;
        con.Open();
        cmd.CommandText = "select count(*) from tb_Users where UserName='" + this.txtname.Text + "'and UserPwd='" + this.txtpwd.Text + "' ";
        int a = Convert.ToInt32(cmd.ExecuteScalar());
        if (a > 0)
        {
            Response.Write("<script>alert('恭喜您登录成功！');location='javascript:history.go(-1)'</script>");
            Session["UserName"] = this.txtname.Text;
            Session["UserPwd"] = this.txtpwd.Text;
            this.Literal1.Text = Session["UserName"].ToString()+ " " + "登录成功";
            txtname.Text = "";
            txtpwd.Text = "";
        }
        else
        {
            Response.Write("<script>alert('很遗憾，登录失败！');location='javascript:history.go(-1)'</script>");

        }
        con.Close();
    }
    protected void ImageButton3_Click(object sender, ImageClickEventArgs e)
    {
        Response.Redirect("~/zhucexinix/zhucexinxi.aspx");
    }
    protected void gvlt_RowDeleting(object sender, GridViewDeleteEventArgs e)
    {
        if (Session["UserName"] == null && Session["UserPwd"] == null)
        {
        Response.Redirect("~/denglu/denglu.aspx");
        }
        else
        {
        if (Session["UserName"].ToString() == "Tsoft" && Session["UserPwd"].ToString() == "111")
        {
            string ContId = this.gvlt.DataKeys[e.RowIndex].Value.ToString();
            SqlConnection con = DB.createDB();
            con.Open();
            SqlCommand cmd = new SqlCommand("delete from tb_Content where ContId='" + ContId + "'", con);
            cmd.ExecuteNonQuery();


            this.aa();

            Response.Redirect("~/tisixinxi/chenggong.aspx");
            this.gvlt.EditIndex = -1;
        }
        else
```

```
            {
                Response.Write("<script>alert('你没有权限删除此帖，必须是管理员才能进行删除！');location='javascript:history.go(-1)'</script>");
            }
        }
    }
}
```

网上在线论坛首页实现结果如图 12-11 所示。

图 12-11　网上在线论坛首页实现效果

通过上述代码的实现过程，可以了解到基类的重要性。提到基类就不得不说派生类，两者一直在 C#体系中占据重要地位。为了使读者加深对基类和派生类的印象，接下来对基类和派生类进行简单的总结。

(1) 基类和派生类的一些基本概念

```
class B : A{}
```

A 是基类，B 是派生类。
一个类最多只允许从一个类中派生。

```
class C : B{}
```

B 还可以充当 C 的派生类。继承总是隐式为 public 的，System.Object 是所有类的根，编译器会把你的类悄悄地编译成 class A : System.Object{}。

(2) 调用基类的构造函数

```
class B : A{
public B(string sqlstr) : base(sqlstr)
{}
}
```

(3) 基类派生类对象之间的关系

```
class A{}
class B : A {}
class C: A {}
B b = new B();
C c = b;    //这样写是错误地，因为类型不同
A a = b;    //这样写是正确的，但是一定要注意
```

这样做有一个明显的限制，a 对象只能访问基类中的成员不能访问派生类中的成员，这就是为什么 C#完全面向对象的原因，因为 C#中所有的东西都继承自 System.Object，任何东西都能赋给一个 object 变量。

(4) 方法的隐藏

如果一个基类有 n 个方法和 n 个派生类，这 n 个派生类里又分别有 n 个方法。这时会产生一个问题，就是会遇到完全一样签名的方法(方法名\参数的数量\类型完全一样)，如果出现这样的情况，在编译过程中将收到一个警告，不要惊慌，仅仅是警告而已，不会影响编译的过程。但是应该认真地对待这个警告，如果派生类的一个对象将调用基类的一个方法，然而这个方法又在这个派生类里有相同签名的方法，那编译器该怎么办呢？对象调用的是派生类里的方法，这种现象在微软官方叫方法的隐藏。

如果不想看到那个警告，可以在派生类中与基类同签名的方法前面加个 new 关键字，告诉编译器"会为造成的结果负责，不要警告！"注意这个关键字只是起个屏蔽警告的作用，派生类的对象照样还是不能调用基类中同签名的方法。

(5) 方法的覆盖

先看个例子：

```
class nvren...{
public virtual string leixing()
...{return "这是个女人";}
}
class meinv : nvren
...{
public override string leixing()
...{return "这是个美女";}
}
class weizhi : nvren
...{
... //这里并没有任何覆盖原方法的方法
}
nvren a = new nvren();
meinv b = new meinv();
weizhi c = new weizhi();
Console.WriteLine(a.leixing());
Console.WriteLine(b.leixing());
Console.WriteLine(c.leixing());
```

程序很简单，当调用第三个 WriteLine 时，程序输出了"这是个女人"，现在不用我解释就会明白了。这种同一个语句调用不同方法的现象称为多态性。另外，在使用 virtul 和 override 一定要注意：

- 两个方法必签名相同；
- 两个方法均不能是 private 方法,且必须有相同的可访问性；
- 不要试图 override 没有 virtual 的方法；
- 不要试图不用 override 就覆盖基类的 virtual 方法(那就成了方法的隐藏了)；
- 一个 override 方法将隐式的成为 virtual 方法，他本身可在未来的一个派生类里被覆盖。

第 12 章　在线 BBS 论坛系统

12.9　实现用户注册信息页面

视频讲解　光盘：视频\第 12 章\实现用户注册信息页面.avi

要在论坛中发表帖子必须注册成为会员。在网站首页中单击【注册】按钮，首先进入用户协议页面(zhucexinxi.aspx)，同意用户协议之后再进入注册页面，在其中根据提示输入相关信息。另外，注册的用户可以选择自己喜欢的有个性的头像在论坛中代表自己的形象。完成以上操作，单击【保存】按钮，系统核对无误后即可注册为会员。

12.9.1　设计思路

用户界面主要运用了 Label、Image、Textbox、RequiredFieldValidator、LinkButton、DropDownList 等控件。

在 page_Load 单击事件中，根据传过来的变量 id 的值查询头像信息表，主要通过 SqlDataAdapter 类实现，然后通过 Fill()方法，将数据绑定到数据集中并且将数据绑定到 DropDownList 控件中加以显示。

单击【保存】按钮，通过 SqlConnection 对象的 BeginTransaction()方法创建名为 st 的 SqlTransaction 对象，然后将该对象分配给 SqlCommand 对象的 Transaction 属性，然后通过该对象的 Commit()方法提交事务，利用 SqlTransaction 对象的 Rollback()方法回滚事务。

为了避免在保存注册信息的操作过程中由于意外原因造成操作失误，在程序中引入了事务。事务处理可以避免某种原因而导致数据的错误，确保插入数据最终结果的确定性和数据的一致性。和事务处理相关的方法如下。

- BeginTransaction 方法：该方法用于开始数据库事务。
- Transaction：用于获取或设置将在其中执行 SqlCommand 的 SqlTransaction。
- Commit 方法：用于提交数据库事务。
- Rollback 方法：用于从挂起状态回滚事务。

12.9.2　核心代码

(1) 首先建一个名为 zhucexinxi 的文件夹，在该文件夹下创建一个窗体，命名为"zhuce.aspx"，该页主要用于显示用户注册的相关信息。

(2) 在窗体的区域内添加一个 Table，用于页面整体布局。

(3) 用户注册页 zhuce.aspx 中涉及的主要控件，控件属性设置及用途。

文件 zhucexinxi.aspx 的具体实现代码如下。

```
<body background="image/background.gif">
    <form id="form1" runat="server">
    <div>
        <div>
            <div>
                <div style="text-align: center">
                    <table border="1" style="width: 714px">
                        <tr>
```

```html
                        <td style="width: 90px">
                             <asp:Image ID="Image2" runat="server" ImageUrl="~/image/index_02.gif" Width="863px" /></td>
                    </tr>
                    <tr>
                        <td align="center" style="width: 90px">
                            <table border="0" style="width: 82%">
                                <tr>
                                    <td style="width: 100px; height: 25px;">
                                        <asp:Label ID="Label7" runat="server" Font-Size="9pt" Text="欢迎光临网上论坛！" Width="180px" ForeColor="Maroon"></asp:Label></td>
                                    <td style="width: 100px; height: 25px;">
                                        <asp:LinkButton ID="LinkButton2" runat="server" Font-Size="9pt" ForeColor="Blue"
                                            Width="100px" OnClick="LinkButton2_Click">用户信息管理</asp:LinkButton></td>
                                    <td style="width: 100px; height: 25px">
                                        <asp:Image ID="Image7" runat="server" Height="8px" ImageUrl="~/image/jiantou.gif"
                                            Width="12px" /></td>
                                    <td style="width: 101px; height: 25px;">
                                        <asp:LinkButton ID="LinkButton3" runat="server" Font-Size="9pt" ForeColor="Blue"
                                            Width="120px" OnClick="LinkButton3_Click">修改当前用户信息</asp:LinkButton></td>
                                    <td style="width: 101px; height: 25px">
                                        <asp:Image ID="Image1" runat="server" Height="8px" ImageUrl="~/image/jiantou.gif"
                                            Width="12px" /></td>
                                    <td style="width: 100px; height: 25px;">
                                        <asp:LinkButton ID="LinkButton5" runat="server" Font-Size="9pt" Width="100px">用户信息查询 </asp:LinkButton></td>
                                    <td style="width: 100px; height: 25px;">
                                        <asp:Image ID="Image3" runat="server" Height="8px" ImageUrl="~/image/jiantou.gif"
                                            Width="12px" /></td>
                                    <td style="width: 177px; height: 25px;">
                                        <asp:LinkButton ID="LinkButton4" runat="server" Font-Size="9pt" ForeColor="Blue"
                                            Width="80px" OnClick="LinkButton4_Click" Height="17px">用户登录</asp:LinkButton></td>
                                    <td style="width: 177px; height: 25px">
                                        <asp:Image ID="Image4" runat="server" Height="8px" ImageUrl="~/image/jiantou.gif"
                                            Width="12px" /></td>
                                    <td style="width: 100px; height: 25px;">
                                        <asp:LinkButton ID="lbtnsy" runat="server" Font-Size="Small" OnClick="lbtnsy_Click"
                                            Width="80px">返回首页</asp:LinkButton></td>
                                    <td style="width: 815121px; height: 25px;">
                                        <asp:ImageButton ID="ImageButton2" runat="server" ImageUrl="~/image/faxintie an niu.gif" OnClick="ImageButton2_Click" /></td>
                                </tr>
                            </table>
                            <table align="center" border="0" cellpadding="0" cellspacing="0" height="27" width="806">
                                <tr>
                                    <td style="height: 33px" width="28">
                                        <asp:Image ID="Image5" runat="server" ImageUrl="~/image/speaker.gif" /> </td>
```

```
                            <td style="width: 211px; height: 33px; text-align: left">
                                <asp:Label ID="Label2" runat="server"
Font-Size="10pt" Text="游客您好,请您先注册后登录！" Width="184px"></asp:Label></td>
                            <td style="width: 24px; height: 33px; text-align: left">
                            </td>
                            <td style="width: 6px; height: 33px; text-align: left">
                                 <asp:Label ID="Label3" runat="server"
Font-Size="10pt" Text="服务热线：(0431)8437**7*"
                                    Width="170px"></asp:Label></td>
                            <td style="width: 23px; height: 33px">
                            </td>
                            <td style="height: 33px" width="135">
                                 <asp:Label ID="Label4" runat="server"
Font-Size="10pt" Text="Email:tmoonbook@sina.com"
                                    Width="150px"></asp:Label></td>
                            <td style="width: 38px; height: 33px">
                                 </td>
                            <td style="height: 33px" width="136">
                                 </td>
                            <td style="height: 33px" valign="middle" width="72">
                                 <asp:Label ID="Label5" runat="server"
Font-Size="10pt" Text="广阔的空间，编程者的天地！"
                                    Width="172px"></asp:Label></td>
                            <td style="height: 33px" width="64">
                                 </td>
                        </tr>
                    </table>
                </td>
            </tr>
            <tr>
                <td style="width: 90px; height: 17px" align="right">
                     <table style="width: 704px; height: 178px">
                        <tr>
                            <td colspan="1" style="width: 425px; height: 16px">
                            </td>
                            <td colspan="3" style="height: 16px">
                            </td>
                        </tr>
                        <tr>
                            <td style="width: 425px; height: 16px">
                            </td>
                            <td style="width: 89px; height: 16px">
                            </td>
                            <td style="width: 100px; height: 16px">
                            </td>
                            <td align="center" style="width: 313px; height: 16px">
                            </td>
                        </tr>
                        <tr>
                            <td align="center" style="width: 425px; height: 4px">
                            </td>
                            <td align="center" style="width: 89px; height: 4px">
                            </td>
                            <td align="center" rowspan="5" style="width: 100px">
                                <table border="1" style="width: 473px">
                                    <tr>
                                        <td bgcolor="#99ccff" colspan="2">
                                            <asp:Label ID="Label1" runat="server"
Font-Bold="True" Font-Names="华文新魏" Font-Size="X-Large"
                                                ForeColor="Maroon" Text="用户注册协议
"></asp:Label></td>
```

```html
                                        </tr>
                                        <tr>
                                            <td bgcolor="#99ccff" colspan="2">
                                                <asp:Label ID="Label13" runat="server" Font-Names="华文行楷" Font-Size="Large" Text="为维护网上公共秩序和社会稳定,请您自觉遵守以下条款:"></asp:Label></td>
                                        </tr>
                                        <tr style="font-size: 12pt; color: #000000; font-family: Times New Roman">
                                            <td bgcolor="#99ccff" colspan="2" style="height: 22px" align="left">
                                                <asp:Label ID="Label8" runat="server" Font-Bold="True" Font-Names="华文新魏" ForeColor="RoyalBlue"
                                                    Text="(一)不得利用本论坛进行商业广告宣传;" Width="325px"></asp:Label></td>
                                        </tr>
                                        <tr style="font-size: 12pt; font-family: Times New Roman">
                                            <td bgcolor="#99ccff" colspan="2" align="left">
                                                <asp:Label ID="Label9" runat="server" Font-Bold="True" Font-Names="华文新魏" ForeColor="RoyalBlue"
                                                    Text="(二)不得利用本论坛发送非法文章;" Width="360px"></asp:Label></td>
                                        </tr>
                                        <tr style="font-size: 12pt; font-family: Times New Roman">
                                            <td bgcolor="#99ccff" colspan="2" align="left">
                                                 
                                                <asp:Label ID="Label10" runat="server" Font-Bold="True" Font-Names="华文新魏" ForeColor="RoyalBlue"
                                                    Text="(三)互相尊重,对自己的言论和行为负责;" Width="81%"></asp:Label></td>
                                        </tr>
                                        <tr style="font-size: 12pt; font-family: Times New Roman">
                                            <td bgcolor="#99ccff" colspan="2" align="left">
                                                <asp:Label ID="Label11" runat="server" Font-Bold="True" Font-Names="华文新魏" ForeColor="RoyalBlue"
                                                    Text="(四)本论坛版权归XXXX公司,不得对本论坛进行转载或作为私用;" Width="523px"></asp:Label></td>
                                        </tr>
                                        <tr style="font-size: 12pt; font-family: Times New Roman">
                                            <td bgcolor="#99ccff" colspan="2" style="height: 35px">
                                                <asp:Button ID="btnty" runat="server" OnClick="btnty_Click" Text="我同意" Height="23px" Width="48px" />
                                                <asp:Button ID="btnbty" runat="server" OnClick="btnbty_Click" Text="不同意" Height="23px" Width="48px" /></td>
                                        </tr>
                                        <tr style="font-size: 12pt; font-family: Times New Roman">
                                            <td colspan="2" style="height: 21px">
                                                    
                                            </td>
                                        </tr>
                                    </table>
```

```html
                                </td>
                                <td style="font-size: 12pt; width: 313px; font-family:
Times New Roman; height: 4px">
                                     </td>
                            </tr>
                            <tr style="font-size: 12pt; font-family: Times New Roman">
                                <td align="right" style="width: 425px">
                                </td>
                                <td align="right" style="width: 89px">
                                </td>
                                <td style="width: 313px">
                                </td>
                            </tr>
                            <tr style="font-size: 12pt; font-family: Times New Roman">
                                <td align="center" style="width: 425px">
                                </td>
                                <td align="center" style="width: 89px">
                                </td>
                                <td align="center" style="width: 313px">
                                     </td>
                            </tr>
                            <tr style="font-size: 12pt; font-family: Times New Roman">
                                <td style="width: 425px; height: 30px">
                                </td>
                                <td style="width: 89px; height: 30px">
                                </td>
                                <td style="width: 313px; height: 30px">
                                </td>
                            </tr>
                            <tr style="font-size: 12pt; font-family: Times New Roman">
                                <td style="width: 425px">
                                </td>
                                <td style="width: 89px">
                                </td>
                                <td style="width: 313px">
                                </td>
                            </tr>
                            <tr style="font-size: 12pt; font-family: Times New Roman">
                                <td colspan="1" style="width: 425px">
                                </td>
                                <td colspan="3">
                                     </td>
                            </tr>
                            <tr style="font-size: 12pt; font-family: Times New Roman">
                                <td colspan="1" style="width: 425px">
                                </td>
                                <td colspan="3">
                                </td>
                            </tr>
                        </table>
                    </td>
                </tr>
                <tr style="font-size: 12pt; font-family: Times New Roman">
                    <td align="center" style="width: 90px; height: 17px">
                        <uc1:foot ID="Foot1" runat="server" />
                    </td>
                </tr>
                <tr style="font-size: 12pt; font-family: Times New Roman">
                    <td align="center" rowspan="6" style="width: 90px">
                         </td>
                </tr>
```

```
                <tr style="font-size: 12pt; font-family: Times New Roman">
                </tr>
                <tr style="font-size: 12pt; font-family: Times New Roman">
                </tr>
                <tr style="font-size: 12pt; font-family: Times New Roman">
                </tr>
                <tr style="font-size: 12pt; font-family: Times New Roman">
                </tr>
                <tr style="font-size: 12pt; font-family: Times New Roman">
                </tr>
            </table>
        </div>
    </div>
  </div>

   </div>
   </form>
</body>
```

在线论坛注册信息页面实现结果如图12-12所示。

图 12-12 在线论坛注册信息页面实现效果

单击【我同意】按钮来到注册表单界面，实现文件是 zhuce.aspx，具体实现代码如下。

```
<body>
    <form id="form1" runat="server">
        <div>
            <div>
                <div>
                    <div style="text-align: center">
                        <table border="1" style="width: 714px">
                            <tr>
                                <td style="width: 90px">
                                     <asp:Image ID="Image2" runat="server"
ImageUrl="~/image/index_02.gif" Width="863px" /></td>
                            </tr>
                            <tr>
                                <td align="center" style="width: 90px">
                        <table border="0" style="width: 82%">
                            <tr>
```

第 12 章 在线 BBS 论坛系统

```html
                        <td style="width: 100px; height: 25px;">
                            <asp:Label ID="Label7" runat="server" Font-Size="9pt"
Text="欢迎光临网上论坛！" Width="180px" ForeColor="#C04000"></asp:Label></td>
                        <td style="width: 100px; height: 25px;">
                            <asp:LinkButton ID="lyhgl" runat="server" Font-Size="9pt"
ForeColor="Blue"
                                Width="100px" OnClick="lyhgl_Click"
CausesValidation="False">用户信息管理</asp:LinkButton></td>
                        <td style="width: 100px; height: 25px">
                            <asp:Image ID="Image7" runat="server" Height="8px"
ImageUrl="~/image/jiantou.gif"
                                Width="12px" /></td>
                        <td style="width: 100px; height: 25px;">
                            <asp:LinkButton ID="LinkButton3" runat="server"
Font-Size="9pt" ForeColor="Blue"
                                Width="120px" OnClick="LinkButton3_Click"
CausesValidation="False">修改当前用户信息</asp:LinkButton></td>
                        <td style="width: 100px; height: 25px">
                            <asp:Image ID="Image1" runat="server" Height="8px"
ImageUrl="~/image/jiantou.gif"
                                Width="12px" /></td>
                        <td style="width: 100px; height: 25px;">
                            <asp:LinkButton ID="LinkButton5" runat="server"
Font-Size="9pt" Width="100px" OnClick="LinkButton5_Click" CausesValidation="False">用
户信息查询 </asp:LinkButton></td>
                        <td style="width: 100px; height: 25px;">
                            <asp:Image ID="Image3" runat="server" Height="8px"
ImageUrl="~/image/jiantou.gif"
                                Width="12px" /></td>
                        <td style="width: 177px; height: 25px;">
                            <asp:LinkButton ID="LinkButton4" runat="server"
Font-Size="9pt" ForeColor="Blue"
                                Width="80px" OnClick="LinkButton4_Click"
CausesValidation="False">用户登录</asp:LinkButton></td>
                        <td style="width: 177px; height: 25px;">
                            <asp:Image ID="Image4" runat="server" Height="8px"
ImageUrl="~/image/jiantou.gif"
                                Width="12px" /></td>
                        <td style="width: 100px; height: 25px;">
                            <asp:LinkButton ID="lbtnsy" runat="server"
Font-Size="Small" OnClick="lbtnsy_Click"
                                Width="80px" CausesValidation="False">返回首页
</asp:LinkButton></td>
                        <td style="width: 815121px; height: 25px;">
                            <asp:ImageButton ID="ImageButton2" runat="server"
ImageUrl="~/image/faxintie an niu.gif" OnClick="ImageButton2_Click"
CausesValidation="False" /></td>
                    </tr>
                </table>
                    <table align="center" border="0" cellpadding="0"
cellspacing="0" height="27" width="806">
                        <tr>
                            <td style="height: 33px" width="28">
                                <asp:Image ID="Image6" runat="server"
ImageUrl="~/image/speaker.gif" /> </td>
                            <td style="width: 211px; height: 33px; text-align: left">
                                <asp:Label ID="Label2" runat="server"
Font-Size="10pt" Text="游客您好,请您先注册后登录！" Width="184px"></asp:Label></td>
                            <td style="width: 24px; height: 33px; text-align: left">
                                </td>
                            <td style="width: 6px; height: 33px; text-align: left">
```

```
                                     <asp:Label ID="Label3" runat="server"
Font-Size="10pt" Text="服务热线：(0431)8437**7*"
                                        Width="170px"></asp:Label></td>
                                    <td style="width: 23px; height: 33px">
                                        </td>
                                    <td style="height: 33px" width="135">
                                         <asp:Label ID="Label4" runat="server"
Font-Size="10pt" Text="Email:tmoonbook@sina.com"
                                        Width="150px"></asp:Label></td>
                                    <td style="width: 38px; height: 33px">
                                         </td>
                                    <td style="height: 33px" width="136">
                                         </td>
                                    <td style="height: 33px" valign="middle" width="72">
                                         <asp:Label ID="Label5" runat="server"
Font-Size="10pt" Text="广阔的空间，编程者的天地！"
                                        Width="172px"></asp:Label></td>
                                    <td style="height: 33px" width="64">
                                         </td>
                                </tr>
                            </table>
                        </td>
                    </tr>
                    <tr>
                        <td align="center" style="width: 90px; height: 17px">
                             <table style="width: 704px; height: 178px">
                                <tr>
                                    <td colspan="4" style="height: 20px; background-image:
url(../image/zhu ti 2.gif);" align="left" valign="middle" bgcolor="#ff9933">
                                        <asp:Image ID="Image5" runat="server"
ImageUrl="~/image/zhu ti 1.gif" />
                            <asp:Label ID="Label1" runat="server" Font-Bold="True"
Font-Size="X-Large" ForeColor="#404040"
                                Text="新用户注册" Font-Names="华文新魏"></asp:Label>
                                                     
         
                                                     
         
                                                     
         
                                                   
                            <asp:LinkButton ID="lbtn" runat="server" Font-Size="Small"
ForeColor="Blue"
                                OnClick="LinkButton2_Click" CausesValidation="False">返回首页
</asp:LinkButton></td>
                                </tr>
                                <tr>
                                    <td style="width: 107px">
                                    </td>
                                    <td style="width: 89px">
                                    </td>
                                    <td style="width: 100px">
                                    </td>
                                    <td align="center" style="width: 100px">
                        </td>
                                </tr>
                                <tr>
                                    <td align="center" style="width: 107px; height: 4px">
                                    </td>
```

```
                                <td align="center" style="width: 89px; height: 4px">
                                </td>
                                <td align="center" rowspan="5" style="width: 100px">
         <table style="width: 473px" border="1">
            <tr>
                <td bgcolor="#99ccff" colspan="2">
                </td>
            </tr>
            <tr style="font-size: 12pt; color: #000000; font-family: Times New Roman">
                <td bgcolor="#99ccff" style="width: 198px; height: 22px">
                    用户姓名: </td>
                <td style="width: 150px; height: 22px">
                    <asp:TextBox ID="txtname" runat="server"></asp:TextBox>
                    <asp:RequiredFieldValidator ID="Rfvname" runat="server"
ControlToValidate="txtname"
                        Display="Dynamic" ErrorMessage="用户姓名不能为空" Font-Size="Small"
Width="129px"></asp:RequiredFieldValidator></td>
            </tr>
            <tr style="font-size: 12pt; font-family: Times New Roman">
                <td bgcolor="#99ccff" style="width: 198px">
                    用户密码: </td>
                <td style="width: 150px">
                    <asp:TextBox ID="txtpwd" runat="server" TextMode="Password"
Width="147px"></asp:TextBox>
                    <asp:RequiredFieldValidator ID="rfvpwd" runat="server"
ControlToValidate="txtpwd"
                        Display="Dynamic" ErrorMessage="用户密码不能为空" Font-Size="Small"
Width="131px"></asp:RequiredFieldValidator></td>
            </tr>
            <tr style="font-size: 12pt; font-family: Times New Roman">
                <td bgcolor="#99ccff" style="width: 198px">
                    英文姓名: </td>
                <td style="width: 150px">
                    <asp:TextBox ID="txtywname" runat="server"></asp:TextBox>
                    <asp:RequiredFieldValidator ID="RequiredFieldValidator1"
runat="server" ControlToValidate="txtywname"
                        Display="Dynamic" ErrorMessage="英文姓名不能为空"
Font-Size="Small"></asp:RequiredFieldValidator></td>
            </tr>
            <tr style="font-size: 12pt; font-family: Times New Roman">
                <td bgcolor="#99ccff" style="width: 198px">
                    电子邮箱: </td>
                <td style="width: 150px">
                    <asp:TextBox ID="txtemail" runat="server"></asp:TextBox>
                    <asp:RequiredFieldValidator ID="RequiredFieldValidator2"
runat="server" ErrorMessage="电子邮箱不能为空" ControlToValidate="txtemail"
Display="Dynamic" Font-Size="Small"></asp:RequiredFieldValidator></td>
            </tr>
            <tr style="font-size: 12pt; font-family: Times New Roman">
                <td bgcolor="#99ccff" style="width: 198px; height: 19px">
                    头像: </td>
                <td style="width: 150px; height: 19px" align="center">
                    <asp:DropDownList ID="ddltouxiang" runat="server"
AutoPostBack="True" ForeColor="Red"
                        OnSelectedIndexChanged="DropDownList1_SelectedIndexChanged"
Width="94px">
                    </asp:DropDownList>
                                    
                </td>
            </tr>
            <tr style="font-size: 12pt; font-family: Times New Roman">
```

```
                    <td colspan="2" style="height: 19px">
                        <asp:Image ID="imgtouxiang" runat="server" Height="118px" Width="116px" /></td>
                </tr>
                <tr style="font-size: 12pt; font-family: Times New Roman">
                    <td style="width: 198px; height: 21px">
                    </td>
                    <td style="width: 150px; height: 21px">
                        <asp:Button ID="btnok" runat="server" OnClick="Button1_Click" Text="保存" Width="39px" />
                             
                    </td>
                </tr>
            </table>
                            </td>
                            <td style="font-size: 12pt; width: 100px; font-family: Times New Roman; height: 4px">
                                 </td>
                        </tr>
                        <tr style="font-size: 12pt; font-family: Times New Roman">
                            <td align="right" style="width: 107px">
                            </td>
                            <td align="right" style="width: 89px">
                            </td>
                            <td style="width: 100px">
                            </td>
                        </tr>
                        <tr style="font-size: 12pt; font-family: Times New Roman">
                            <td align="center" style="width: 107px">
                            </td>
                            <td align="center" style="width: 89px">
                            </td>
                            <td align="center" style="width: 100px">
                                 </td>
                        </tr>
                        <tr style="font-size: 12pt; font-family: Times New Roman">
                            <td style="width: 107px; height: 30px">
                            </td>
                            <td style="width: 89px; height: 30px">
                            </td>
                            <td style="width: 100px; height: 30px">
                            </td>
                        </tr>
                        <tr style="font-size: 12pt; font-family: Times New Roman">
                            <td style="width: 107px">
                            </td>
                            <td style="width: 89px">
                            </td>
                            <td style="width: 100px">
                            </td>
                        </tr>
                        <tr style="font-size: 12pt; font-family: Times New Roman">
                            <td colspan="1" style="width: 107px">
                            </td>
                            <td colspan="3">
                            </td>
                        </tr>
                    </table>
                </td>
            </tr>
            <tr style="font-size: 12pt; font-family: Times New Roman">
```

```html
                    <td align="center" style="width: 90px; height: 17px">
                    </td>
                </tr>
                <tr style="font-size: 12pt; font-family: Times New Roman">
                    <td align="center" style="width: 90px; height: 17px">
                        <uc1:foot ID="Foot2" runat="server" />
                    </td>
                </tr>
                <tr style="font-size: 12pt; font-family: Times New Roman">
                    <td align="center" rowspan="6" style="width: 90px">
                         </td>
                </tr>
                <tr style="font-size: 12pt; font-family: Times New Roman">
                </tr>
                <tr style="font-size: 12pt; font-family: Times New Roman">
                </tr>
                <tr style="font-size: 12pt; font-family: Times New Roman">
                </tr>
                <tr style="font-size: 12pt; font-family: Times New Roman">
                </tr>
                <tr style="font-size: 12pt; font-family: Times New Roman">
                </tr>
            </table>
        </div>
      </div>
    </div>
   </div>
  </form>
 </body>
```

文件 zhuce.aspx.cs 的功能是获取注册表单的信息并验证，将合法的注册信息添加到系统数据库中。文件 zhuce.aspx.cs 的具体实现代码如下。

```csharp
public partial class zhuce : System.Web.UI.Page
{
    protected void Page_Load(object sender, EventArgs e)
    {
        if (!Page.IsPostBack)
        {
            SqlConnection con = DB.createDB();
            SqlCommand cmd = new SqlCommand();
            cmd.Connection = con;
            con.Open();
            string sqlstr = "select * from tb_touxiang";
            SqlDataAdapter myda = new SqlDataAdapter(sqlstr, con);
            DataSet myds = new DataSet();
            myda.Fill(myds, "tb_touxiang");
            this.ddltouxiang.DataSource = myds.Tables["tb_touxiang"];
            this.ddltouxiang.DataTextField = "Image";
            this.ddltouxiang.DataBind();
            this.imgtouxiang.ImageUrl = this.ddltouxiang.SelectedValue;
            con.Close();
        }
    }

    protected void Button1_Click(object sender, EventArgs e)
    {
        if (this.txtname.Text != "Tsoft")
        {
            SqlConnection con = DB.createDB();
            con.Open();
```

```csharp
            SqlTransaction st = con.BeginTransaction();//通过 SqlConnection 的
BeginTransaction 方法创建名为 st 的对象 Transaction
            SqlCommand cmd = con.CreateCommand();
            cmd.Transaction = st;////将 SqlTransaction 对象分配给 SqlCommand 对象的 Transaction
属性
            try
            {
                //向用户表中插入注册信息
                cmd.CommandText = "insert into tb_Users(UserName, UserPwd, Ename, Email, Logo) values('" + this.txtname.Text + "','" + this.txtpwd.Text + "','" + this.txtywname.Text + "','" + this.txtemail.Text + "','" + this.ddltouxiang.SelectedItem.Text.ToString() + "')";
                cmd.ExecuteNonQuery();
                st.Commit();//提交事物
            }
            catch
            {
                Response.Redirect("~/tisixinxi/shibai.aspx");
                st.Rollback();//回滚事物
            }
            Response.Redirect("~/tisixinxi/chenggong.aspx");
        }
        else
        {
            Response.Write("<script>alert('很遗憾,请你输入其他的用户姓名!');location='javascript:history.go(-1)'</script>");
        }
        //con.Close();

    }
    protected void DropDownList1_SelectedIndexChanged(object sender, EventArgs e)
    {
        this.imgtouxiang.ImageUrl =this.ddltouxiang.SelectedValue;
    }
    protected void LinkButton2_Click(object sender, EventArgs e)
    {
        Response.Redirect("~/Default.aspx");
    }


    protected void lyhgl_Click(object sender, EventArgs e)
    {
        Response.Redirect("~/yonghuxinxi/yonghu.aspx");
    }
    protected void LinkButton3_Click(object sender, EventArgs e)
    {
        Response.Redirect("~/dangqianxinxi/dqyhxinxixg.aspx");
    }
    protected void LinkButton5_Click(object sender, EventArgs e)
    {
        Response.Redirect("~/yonghuxinxi/yonghuchaxun.aspx");
    }
    protected void LinkButton4_Click(object sender, EventArgs e)
    {
        Response.Redirect("~/denglu/denglu.aspx");
    }
    protected void ImageButton2_Click(object sender, ImageClickEventArgs e)
    {
        Response.Redirect("~/teizixinxi/addteizi.aspx");
    }
    protected void lbtnsy_Click(object sender, EventArgs e)
```

```
    {
        Response.Redirect("~/Default.aspx");
    }
}
```

注册表单界面的执行效果如图 12-13 所示。

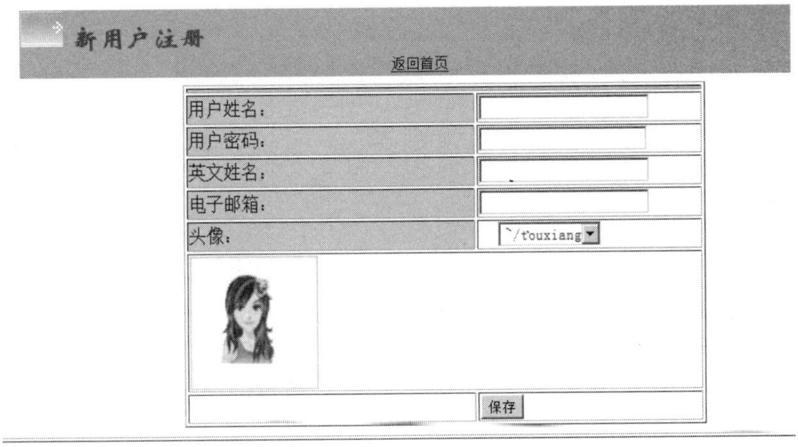

图 12-13　用户注册表单界面效果

在上述单击不同控件按钮的过程中，演示了 C#的事件处理机制。任何进行过图形用户界面开发的编程人员都会知道事件的概念，当用户在使用程序的时候，必然要和程序进行一定的交互。比如当用户单击窗体上的一个按钮后，程序就会产生该按钮被点击的事件，并通过相应的事件处理函数来响应用户的操作，这样用户的直观感觉就是程序执行了我要求的任务。当然，事件并不一定是在和用户交互的情况下才产生的，系统的内部也会产生一些事件并请求处理，比如时钟事件就是一个很好的例子。要想了解 C#中的事件处理机制，需要先了解"委托"的基本概念。在 C#中使用委托后，能够处理在其他编程语言中需要使用函数指针来处理的问题。委托和函数比较类似，和函数相比主要有如下 3 点区别。

(1) 委托是匿名的；
(2) 委托是面向对象和类型安全的，而函数的指针是不安全的类型；
(3) 委托同时封装了对象实例和方法，而函数指针仅指向函数成员。

委托不会关心它所封装的方法或所属的类，它只是负责实现这些方法和委托的类型相兼容。

12.10　浏览帖子详情页面及回帖页面设计

视频讲解　光盘：视频\第 12 章\浏览帖子详情页面及回帖页面设计.avi

在网站首页的帖子信息列表中，当用户单击某条帖子后面的"详细信息"超链接时，即可进入该帖子的详细信息页面。

12.10.1　技术分析

此页面中主要用到了 DataList 控件的两个关键技术：数据绑定技术和删除功能。

(1) DataList 控件的数据绑定技术
(2) 利用连接查询的技术
(3) DataList 控件的 ItemCommand 事件

具体实现过程如下。

(1) 首先创建一个名为"tiezixinxi"的文件夹，在该文件夹下创建一个窗体，命名为"chakan.aspx"，该页主要用于显示用户注册的相关信息。
(2) 在窗体的区域内添加一个 DataList 控件，用于显示帖子的详细信息。
(3) 对 DataList 控件进行模板编辑，添加显示帖子详细信息用到的控件。

对正在浏览的帖子的所有回复帖子和浏览帖子详细信息在同一个页面中，目的是显示当前浏览帖子的所有回帖信息。主要涉及 DataList 控件的利用内连接查询技术，利用 DataList 控件实现分页技术和 DataList 控件的数据绑定技术。回复帖子的处理流程如下。

(1) 利用内连接查询的技术。

内连接又称为相等连接。它返回两个表中的所有列，但只返回在连接列中具有相等值的行。

(2) 利用 DataList 控件实现分页技术。
(3) DataList 控件的数据绑定技术。
(4) DataList 控件的 ItemCommand 事件。

回复帖子模块使用的数据表有 tb_Content 和 tb_Users，具体设计步骤如下。

(1) 首先在窗体 chakan.aspx 中显示正在浏览的帖子的所有回帖信息。
(2) 在窗体的区域内再添加一个 DataList 控件，用于页面的整体布局。
(3) 对 DataList 控件进行模板编辑，添加显示回复帖子详细信息用到的控件。

12.10.2　浏览帖子和回复帖子功能的具体编码

在文件 chakan.aspx.cs 的浏览帖子功能中，首先将从数据库中查询出符合指定条件的记录，并绑定到 DataList 中。然后在 DataList_ItemCommand 事件中，首先判断 CommandName 的值是否是 hf，也就是单击【我要回复】超链接，然后判断是否登录，如果没有登录，将页面跳转到登录页面中；如果已经登录，将回复信息的标题和回复信息的编号读取出来，并且加以显示。

在文件 chakan.aspx.cs 的回复帖子功能中，首先从数据库中查询符合条件的记录，绑定到 Data List 控件。然后实现 DataList 控件的分页功能，在 DataList_ItemCommand 事件中进行补充，判断 CommandName 的值是否是 hfsc，也就是单击【删除此帖】超链接，然后判断是否登录，如果没有登录，将页面跳转到登录页面中；如果已经登录，则判断是否是管理员，如果是则对此帖进行删除。

文件 chakan.aspx.cs 的具体实现代码如下。

```
public partial class chakan : System.Web.UI.Page
{
```

```csharp
protected void Page_Load(object sender, EventArgs e)
{
    lblhtyhm.Visible = false;
    if (!Page.IsPostBack)
    {
        this.aa();//调用绑定方法
        this.pagebind();//调用分页方法
        string ContId = Request["ContId"];
        SqlConnection con = DB.createDB();
        con.Open();
        SqlCommand cmd1 = new SqlCommand("update  tb_Content set HitCount=HitCount+1 where ContId='" + ContId + "'", con);
        cmd1.ExecuteNonQuery();
        con.Close();

    }
    this.hfbind();//调用绑定方法
}
public void aa()
{
    string ContId = Request["ContId"];
    SqlConnection con = DB.createDB();
    con.Open();
    SqlDataAdapter sda = new SqlDataAdapter("select top 1 a.*,b.* from tb_Users as a join tb_Content as b on a.UserName=b.UserName where b.ContId='" + ContId + "'", con);
    DataSet ds = new DataSet();
    sda.Fill(ds, "tb_Content");
    this.dlxx.DataSource = ds;
    this.dlxx.DataBind();
    con.Close();//关闭数据库连接
}
public void hfbind()
{
    string ContId = Request["ContId"];
    SqlConnection con = DB.createDB();
    con.Open();
    SqlDataAdapter sda1 = new SqlDataAdapter("select a.*,b.* from tb_Users as a join tb_hf as b on a.UserName=b.hfname where b.ContId='" + ContId + "'", con);
    DataSet ds1 = new DataSet();
    sda1.Fill(ds1,"tb_hf");
    this.DataList2.DataSource = ds1;
    this.DataList2.DataKeyField = "hfId";
    this.DataList2.DataBind();
    con.Close();
}
public void pagebind()
{
    string ContId = Request["ContId"];
    int curpage = Convert.ToInt32(this.lblPage.Text);
    PagedDataSource ps = new PagedDataSource();
    SqlConnection con = DB.createDB();
    con.Open();
    SqlDataAdapter sda = new SqlDataAdapter("select a.*,b.* from tb_Users as a join tb_hf as b on a.UserName=b.hfname where b.ContId='" + ContId + "'", con);
    DataSet ds = new DataSet();
    sda.Fill(ds, "tb_hf");
    ps.DataSource = ds.Tables["tb_hf"].DefaultView;
    ps.AllowPaging = true;
    ps.PageSize = 2;
    ps.CurrentPageIndex = curpage - 1;
    this.lnkbtnUp.Enabled = true;
```

```csharp
            this.lnkbtnNext.Enabled = true;
            this.lnkbtnLast.Enabled = true;
            this.lnkbtnOne.Enabled = true;
            if (curpage == 1)
            {
                this.lnkbtnOne.Enabled = false;//不显示第一页按钮
                this.lnkbtnUp.Enabled = false;//不显示上一页按钮
            }
            if (curpage == ps.PageCount)
            {
                this.lnkbtnNext.Enabled = false;//不显示下一页
                this.lnkbtnLast.Enabled = false;//不显示最后一页
            }
            this.lblBackPage.Text = Convert.ToString(ps.PageCount);
            this.DataList2.DataSource = ps;
            this.DataList2.DataKeyField = "hfId";
            this.DataList2.DataBind();
            con.Close();

    }
    protected void DataList1_ItemCommand(object source, DataListCommandEventArgs e)
    {
        if (e.CommandName == "hfsc")
        {
            if (Session["UserName"] == null && Session["UserPwd"] == null)
            {
                Response.Redirect("~/denglu/denglu.aspx");
            }
            else
            {
                if (Session["UserName"].ToString() == "Tsoft" && Session["UserPwd"].ToString() == "111")
                {
                    string hfId = this.DataList2.DataKeys[e.Item.ItemIndex].ToString();
                    SqlConnection con = DB.createDB();
                    con.Open();
                    SqlCommand cmd = new SqlCommand("delete from tb_hf where hfId='" + hfId + "'", con);
                    cmd.ExecuteNonQuery();
                    Response.Redirect("~/tisixinxi/chenggong.aspx");
                    this.hfbind();
                    con.Close();
                }
                else
                {
                    Response.Write("<script>alert('很遗憾,你没有权限删除!');location='javascript:history.go(-1)'</script>");

                }
            }
        }
        if (e.CommandName == "hf")
        {
            if (Session["UserName"] == null && Session["UserPwd"] == null)
            {
                Response.Redirect("~/denglu/denglu.aspx");
            }
            else
            {
                lblhtyhm.Visible = true;
```

```csharp
            this.lblhtyhm.Text = Session["UserName"].ToString();
            string ContId = Request["ContId"];
            SqlConnection con = DB.createDB();
            con.Open();
            SqlCommand cmd = new SqlCommand("select a.*,b.* from tb_Users as a join tb_Content as b on a.UserName=b.UserName where b.ContId='" + ContId + "'", con);
            SqlDataReader sdr = cmd.ExecuteReader();
            sdr.Read();
            this.txthtbt.Text = sdr["Subject"].ToString();
            this.txthtbh.Text = sdr["ContId"].ToString();

        }
    }
}
    protected void btnOk_Click(object sender, EventArgs e)
    {

        SqlConnection con = DB.createDB();
        SqlCommand cmd = new SqlCommand();
        cmd.Connection = con;
        con.Open();
        cmd.CommandText = "insert into tb_hf(ContId,hfSubject,hfnr,hfname,hftime) values('" + this.txthtbh.Text + "','" + this.txthtbt.Text + "','" + this.txthtnr.Text + "','" + this.lblhtyhm.Text+ "','"+ System.DateTime.Now.ToString()+"')";
        cmd.ExecuteNonQuery();
        Response.Redirect("~/tisixinxi/chenggong.aspx");
        con.Close();
        this.aa();
    }
    protected void lnkbtnOne_Click(object sender, EventArgs e)
    {
        this.lblPage.Text = "1";
        this.pagebind();
    }
    protected void lnkbtnLast_Click(object sender, EventArgs e)
    {
        this.lblPage.Text = this.lblBackPage.Text;
        this.pagebind();
    }
    protected void lnkbtnUp_Click(object sender, EventArgs e)
    {
        this.lblPage.Text = Convert.ToString(Convert.ToInt32(this.lblPage.Text) - 1);
        this.pagebind();
    }
    protected void lnkbtnNext_Click(object sender, EventArgs e)
    {
        this.lblPage.Text = Convert.ToString(Convert.ToInt32(this.lblPage.Text) + 1);
        this.pagebind();
    }
    protected void LinkButton3_Click(object sender, EventArgs e)
    {
        Response.Redirect("~/Default.aspx");//跳转到网站主页中
    }
    protected void LinkButton2_Click(object sender, EventArgs e)
    {
        Response.Redirect("~/yonghuxinxi/yonghu.aspx");
    }
    protected void btnCancel_Click(object sender, EventArgs e)
    {
        this.txthtnr.Text = "";
```

```
        }
        protected void LinkButton6_Click(object sender, EventArgs e)
        {
            Response.Redirect("~/denglu/denglu.aspx");
        }
        protected void LinkButton5_Click(object sender, EventArgs e)
        {
            Response.Redirect("~/yonghuxinxi/yonghuchaxun.aspx");
        }


        protected void ImageButton2_Click(object sender, ImageClickEventArgs e)
        {
            Response.Redirect("~/teizixinxi/addteizi.aspx");
        }
}
```

查看帖子页面的执行效果如图12-14所示。单击浏览帖子的详细页面的【我要回复】超链接后,在回复帖子页面的最下方显示一个回帖信息,这时便可回帖了。在页面相应文本框中输入回帖人姓名,回复标题和回复内容后,单击该页面【提交】按钮,触发单击事件。

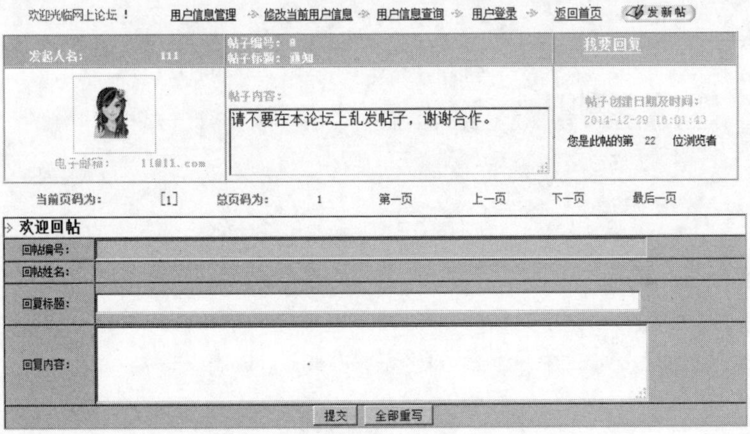

图 12-14　查看帖子页面的执行效果

在上述实现代码中也用到了事件处理机制。有很多专家认为,事件处理机制是 C++、Java 和 C#的最大软肋之一。虽然 C++解决了对象之间的普通消息传递用成员函数的调用问题,并且成员函数调用快是够快,但是导致了消息发送者与接受者之间的紧耦合。在绝大多数情况下这无关痛痒,但是偏偏在事件处理上需要松耦合,于是暴露出了 C++的问题。这样在遇到此类问题时,需要额外编写代码来解决这个问题,不幸的是这部分代码的原理到实现都是初学者难以理解的。

当遇到耦合问题时,其实我们可以借鉴 C 语言的做法:规定一个协议,把 event 数据准备好,放在一个地方,然后就不管了,事件的接收者自己去取数据,自己解析,自己决定如何处理。这样的接收者,在对象分类中,叫作主动对象——active object。这两年在 embedded system programming 中间,大家越来越发现主动对象的种种优势。笔者个人觉得主流编程领域也应该考虑一下这个问题。

主动对象的问题可能是类型不安全,但实际上类型安全没有那么重要,没必要死抱住不放。原来在 C 语言里:

```
int (*compare)();
```

声明的指针可以指向任何返回整数的函数,不管其参数列表如何。在 C++里面,这个指针只能指向一个返回整数的无参函数了,灵活性大大降低。也难怪开源程序员还是偏爱 C。虽然安全性和灵活性同等重要,但是真正的黑客可以用自己的技术来保障安全性,却无法接受灵活性的缺失。

12.11 实现发表新帖子页面

视频讲解 光盘:视频\第 12 章\实现发表新帖子页面.avi

在本页面中,主要涉及利用 Session 来存储管理员的姓名和密码的技术分析。当管理员成功登录后,便在 Session 里保存管理员或会员登录的姓名和密码。如果管理员或会员没有退出该网站,便可在 Session 里始终保存当前使用该网站的管理员或会员的姓名和密码。

12.11.1 实现过程

具体设计步骤如下。

(1) 在 tiezixinxi 文件夹新建一个 Web 窗体,命名为"addtiezi.aspx",主要用于显示发表新帖子的相关信息。

(2) 在 Web 窗体的区域内添加一个 Table 控件,用于页面的布局。

(3) 发表新帖子页面中的主要控件及说明。

12.11.2 具体实现

发表新帖功能的实现文件是 addteizi.aspx.cs,首先利用 Session 来判断是否会员登录,然后将输入的相关信息存储到数据库中。文件 addteizi.aspx.cs 的具体实现代码如下。

```
public partial class addteizi : System.Web.UI.Page
{
    protected void Page_Load(object sender, EventArgs e)
    {
        if (Session["UserName"] == null && Session["UserPwd"] == null)
        {
            Response.Redirect("~/denglu/denglu.aspx");
        }
        else
        {
            this.lblyhm.Text = Session["UserName"].ToString();
        }

    }
    protected void Button2_Click(object sender, EventArgs e)
    {
        SqlConnection con = DB.createDB();
        SqlCommand cmd = new SqlCommand();
        cmd.Connection = con;
        con.Open();
        cmd.CommandText = "insert into
tb_Content(Subject,Words,UserName,CreateTime,LastAnswerTime,HitCount,IsTop,UpperId)
```

```csharp
        values('" + this.txtbt.Text + "','" + this.txtnr.Text + "','" + this.lblyhm.Text + "','" 
+ System.DateTime.Now.ToString() + "','" + System.DateTime.Now.ToString() + 
"','0','0','0')";
            cmd.ExecuteNonQuery();
            Response.Redirect("~/tisixinxi/chenggong.aspx");
            Response.Write("<script language=javascript>alert('恭喜您,信息添加成功!!');</script>");
            con.Close();
        }
    protected void LinkButton1_Click(object sender, EventArgs e)
    {
        Response.Redirect("~/Default.aspx");
    }
    protected void LinkButton3_Click(object sender, EventArgs e)
    {
        Response.Redirect("~/dangqianxinxi/dqyhxinxixg.aspx");
    }
    protected void Button1_Click(object sender, EventArgs e)
    {
        this.txtbt.Text = "";
        this.txtnr.Text = "";

    }
    protected void LinkButton5_Click(object sender, EventArgs e)
    {
        Response.Redirect("~/yonghuxinxi/yonghuchaxun.aspx");
    }
    protected void LinkButton4_Click(object sender, EventArgs e)
    {
        Response.Redirect("~/denglu/denglu.aspx");
    }
    protected void lbtnsy_Click(object sender, EventArgs e)
    {
        Response.Redirect("~/Default.aspx");
    }
    protected void ImageButton2_Click(object sender, ImageClickEventArgs e)
    {
        Response.Redirect("~/teizixinxi/addteizi.aspx");
    }
}
```